ulm ...

Inhaltliche Konzeption,
Recherche, Redaktion und
Gestaltung:
Herbert Lindinger
Egon Chemaitis
Michael Erlhoff
Sibille Riemann
Helmut Staubach

Hochschule für Gestaltung Ulm

Die Moral der Gegenstände

herausgegeben von
Herbert Lindinger
Institut für Industrial Design
Universität Hannover

Ernst & Sohn

Verlag für Architektur
und technische Wissenschaften,
Berlin
Zweite, veränderte Auflage 1991
ISBN 3-433-02272-0

Satz:
Rayhle Fotosatz,
Fellbach

Reproduktionen:
Repro GmbH, Fellbach,
Fellbach

Druck:
SVA Süddeutsche Verlagsanstalt
und Druckerei GmbH,
Ludwigsburg

Bindearbeiten:
Großbuchbinderei Josef Spinner,
Ottersweier

Vielleicht wären Geschichte und Geschicke der Hochschule für Gestaltung noch weitere 30 Jahre im Dunkeln geblieben und wertvolle Quellen für immer verloren, wenn nicht zwei Mäzene und Ratgeber sich ihrer angenommen hätten.

Die Volkswagen-Stiftung, Förderer im Bereich der Wissenschaft, konnte dafür gewonnen werden, die Entstehung dieses Buches zu unterstützen.

Gleichzeitig fand sich die Firma Olivetti bereit, im Rahmen ihrer kulturellen Ausstellungen und Engagements zusammen mit dem Institut für Industrial Design der Universität Hannover eine internationale Wanderausstellung über die HfG zu präsentieren. Es ist kein Zufall, daß dieses italienische Unternehmen sich für die Präsentation der Ulmer Schule engagiert. Olivetti gehörte zu den ersten Unternehmen, die sich damals für das Experiment in Ulm interessierten und Ulmer Designer zur Mitarbeit einluden.

Natürlich wäre die Dokumentation ohne die tatkräftige Mithilfe vieler Ulmer Dozenten und Studenten zum Scheitern verurteilt gewesen. Es gab kein geordnetes zentrales Archiv, Materialien und Quellen waren auf beinahe allen Kontinenten verstreut und teilweise von 30 Jahre altem Staub bedeckt. Dankbar sind wir schließlich für die Unterstützung der Max Braun Stiftung, Arthur Braun, dem HfG-Archiv Ulm, dem Bauhaus-Archiv in Berlin, dem Museum of Modern Art in New York, dem Centre Georges Pompidou in Paris, der Neuen Sammlung in München sowie der Musashino Art University in Tokio.

Herbert Lindinger

Ulm: Legende und lebendige Idee

Design ist in allen Industrieländern zu einem zentralen Anliegen geworden und dies nicht nur in seiner wirtschaftlichen, sondern auch in gesellschaftlich-kultureller Hinsicht. Das ist noch nicht lange so. Eine mehr als 100 Jahre währende Auseinandersetzung parallel zur Industrialisierung ging dem voraus. Die wesentlichen Impulse zu dieser Entwicklung verdanken wir zweifellos Designern, Architekten und aufgeschlossenen Unternehmern in den Beneluxländern, Deutschland, England, Italien, Skandinavien und den USA.

Zu den nachhaltigen Anregern zählen dabei zwei deutsche Schulen: das Bauhaus in den zwanziger Jahren in Weimar, Dessau und Berlin, und nach dem Zweiten Weltkrieg die Hochschule für Gestaltung in Ulm, die inzwischen – wie auch das Bauhaus – ein Hauch von Mythos umweht. Von der „legendären Ulmer Schule" ist die Rede nicht nur in Europa, sondern auch bei Eingeweihten in Amerika, Indien oder Japan, wobei bemerkenswert ist, daß zu diesen „Eingeweihten" nicht nur Architekten, Designer, Filmer und Grafiker zählen, sondern auch gelegentlich Maler, Musiker, Poeten.

Erstaunlich bleibt das Bekanntsein dieser außerordentlich kleinen, fast klösterlichen Schule, an der insgesamt nur 650 Studenten weilten, zwei Jahrzehnte nach ihrer Schließung. War die Ulmer Schule doch eigentlich nur zwölf Jahre existent, wenn man die pädagogischen Provisorien von 1953 und 1954 ebenso beiseite läßt, wie die Jahre 1967 und 1968, in denen die Kräfte überwiegend der verzweifelten Suche nach Überlebensmöglichkeiten gewidmet wurden.

Es waren wohl die ungewöhnlichen Ideen und Leute oder der ungewöhnliche Ansatz insgesamt, die „Ulm" in Erinnerung halten und präsent sein lassen.

Internationaler Anspruch

Ungewöhnlich war sicher die Internationalität dieser Schule. Nahezu die Hälfte der permanenten Dozenten kamen aus Frankreich, Holland, England, der Schweiz, Österreich und Nord- und Südamerika. Verglichen mit dem bei maximal 10% liegenden Ausländeranteil an heutigen Universitäten war der zwischen 40 und 50% sich bewegende Anteil ausländischer Studenten in Ulm ein bemerkenswertes Indiz.

Wenngleich dabei die Studenten der europäischen Nachbarländer, der USA und Japans überwogen, deutet der Umstand, daß die Studenten aus 49 Ländern kamen, nicht nur auf einen beachtlichen internationalen Verbreitungsgrad der Ulmer Gedanken schon in den sechziger Jahren hin, sondern auch auf deren offensichtlich überregionale Aktualität und Stimulanz. Die Ulmer Ideen waren zweifellos eine neue Botschaft. Immerhin zog es die Studenten in ein Land, dem acht Jahre nach dem Zweiten Weltkrieg nicht die größten Sympathien entgegenströmten.

Ungewöhnlich war gewiß auch der dezidierte antifaschistische Impetus der Ulmer Gründer, Inge Aicher-Scholl und Otl Aicher. Die Hochschule war getragen von einer privaten Stiftung, die den Namen der von den Nazis hingerichteten Geschwister Hans und Sophie Scholl trug, Namen, die dieser Schule viele neue Freunde gewannen, aber auch verdeckte Gegner – fernab von den eigentlichen Zielen der HfG – mobilisierten. Gerade diese private Stiftung, die dank einer von dem US-Hochkommissar John McCloy vermittelten amerikanischen Spende und einer Spende der norwegischen Europa-Hilfe zustande kam, sollte der neugegründeten Hochschule für Gestaltung jene Unabhängigkeit von einer konservativen Kultusbürokratie garantieren, die für eine neue experimentelle Haltung und einen betont sozialkritischen Ansatz notwendig schien. Hoffnung und ein noch ungetrübter Optimismus prägten diese Institution, lange getragen von der Begeisterung, am „Aufbau einer neuen Kultur" (Bill) beteiligt zu sein.

Die neuen Ziele

Die Ulmer Schule stellte in der damaligen Ausbildungslandschaft eine völlig neue Konzeption dar.

Die Hochschule für Gestaltung Ulm verstand sich als ein internationales Zentrum für Lehre, Entwicklung und Forschung im Bereich der Gestaltung industrieller Erzeugnisse.

Unter diesen wurden einerseits die Objekte verstanden, die für den alltäglichen, den produktionstechnischen, den verwaltungstechnischen und wissenschaftlichen Gebrauch sowie für den Bereich des Bauwesens bestimmt sind, andererseits die visuellen und sprachlichen Informationsträger, die durch die modernen Massenmedien verbreitet werden.

Die HfG klammerte absichtsvoll, im Gegensatz zu den damaligen Akademien und Werkkunstschulen, das Thema Kunst und das des Kunsthandwerks aus.

Die HfG war in vier Abteilungen gegliedert: Produktgestaltung, Visuelle Kommunikation, Bauen, Information. Angegliedert, ab 1961, war das Institut für Filmgestaltung. Das vierjährige Studium – ein Jahr Grundlehre, drei Jahre in einer Abteilung – konnte mit dem Diplom der HfG abgeschlossen werden.

Im Gegensatz zu der damals vorwiegend sinnlich-emotional betonten Gestalterausbildung bestand der Unterricht in Ulm fast zur Hälfte aus der Vermittlung jener neuen wissenschaftlichen Kenntnisse und Methoden, die geeignet erschienen, die künftige industrielle Gestaltung auf einem höheren Niveau anzusiedeln. Ein Teil der Vorlesungen war für die Studenten aller Abteilungen, der größere Teil war abteilungsspezifisch ausgerichtet. Hinzu kamen zahlreiche Gastvorträge von namhaften Wissenschaftlern und Gestaltern. Dabei wurde jedoch nicht nur ein höher qualifizierter Gestalter angestrebt, sondern in gleichem Maße die Entwicklung eines kritischen sozialen und kulturellen Bewußtseins. Neben dieser pädagogischen Aktivität gab es Institute, deren Forschungs- und Entwicklungsprojekte für die Industrie das Bild der HfG maßgeblich prägten (z. B. BRAUN-Radios).

Dynamik und Konflikt

Die HfG war als eine experimentelle Institution geplant, offen für neue Thesen, Theorien und Entwicklungen. Folgerichtig kam sie nie zur Ruhe.

Allein der enorme Anteil an Gastdozenten (ca. 200) gegenüber den zwanzig ordentlichen, den permanenten Dozenten sorgte für nie abreißende Dynamik, für eine permanente geistige Beunruhigung. Die Liste der damals jungen und noch weitgehend unbekannten Gastdozenten liest sich heute wie ein Who's Who in Wissenschaft, Literatur und Kunst.

Von den Gastdozenten seien genannt: Josef Albers, Frei Otto, Karl Gerstner, Etienne Grandjean, Ralf Dahrendorf, Hans Magnus Enzensberger, Walter Jens, Josef Müller-Brockmann, Martin Walser und Kokei Sugiura, Vorträge hielten u. a. Walter Gropius, Mies van der Rohe, Charles Eames, Norbert Wiener, Buckminster Fuller oder Alexander Mitscherlich.

Dabei geriet die Schule zwangsläufig in viele Konflikte und Widersprüche. Hinterher betrachtet gehörten die Konflikte zum Bild dieser Institution wie zu keiner anderen. Utopien widerstrebten den Niederungen der praktischen Verwirklichung. Experimentellen Intentionen stand der Anspruch garantierter Studiengänge gegenüber. Die Verfechter von Thesen drangen nicht nur auf deren Verkündigung, sondern auch auf ihre Überprüfung und Durchsetzung. Die Pluralität der Auffassungen mußte in diesem kleinen Campus – einem Kloster, wie manche es nannten – an ihre Grenzen stoßen.

Ulmer Gestaltungsphilosophien

Mindestens sechs sehr unterschiedliche Phasen konturieren das Bild der HfG in diesen 15 Jahren. Wesentlich spiegeln sie die Suche nach einer neuen Identität des Entwerfers in der industriellen Gesellschaft wider, aber auch nach denkbarem Leben in einer industriellen Waren-und Medienwelt.

Neue Erziehungsideale

Die erste Phase von Ulm, die Gründungsphase, reicht etwa von 1947 bis 1953. In ihr rangen die Ulmer Inge Aicher-Scholl und Otl Aicher, der Schweizer Max Bill und der Österreicher Walter Zeischegg mit vielen Gleichgesinnten, wie etwa Schriftstellern der Gruppe 47, um das inhaltliche Konzept, kämpften um die Finanzierung und suchten geeignete institutionelle Strukturen und Persönlichkeiten. Plante man ursprünglich eher eine Hochschule für sozialpolitische Aufgaben als Beitrag zu einer neuen demokratischen Erziehung – neue Erziehungsmodelle sollten erprobt werden in einem eigens dafür geschaffenen Campus auf einem Hügel am Rande der Stadt –, so konzentrierte man sich inhaltlich schließlich auf die Gestaltungsfragen der industriellen Gesellschaft. Eine großzügige Spende der Amerikaner erlaubte den Start mit einem Neubau.

Ein „neues" Bauhaus

Die zweite Phase von 1953 bis 1956 ist geprägt durch den ehemaligen Bauhaus-Schüler Max Bill als dem neuen Rektor. Das in dieser Zeit entstehende, von Max Bill entworfene Hochschulgebäude begann das neue Programm sinnfällig und überzeugend zu verkörpern. Bill verlieh durch seine fachliche Kompetenz und durch sein großes Renommee der HfG internationalen Anspruch und Zuspruch. Seine programmatischen Ziele, „vom Löffel bis zur Stadt . . . am Aufbau einer neuen Kultur mitzuarbeiten", vermochten auf die Studenten im Angesicht eines zerstörten Europa große Faszination auszuüben. Dies, wie seine Präferenz des Rationalen und des Funktionalen im Entwurfsprozeß, prägte diese Institution langfristig. Die Anknüpfung an das Dessauer Bauhaus gehörte zum Programm und war in Theorie und Praxis allenthalben spürbar, zumal die ehemaligen Bauhausmeister Albers und Itten und die Klee-Schülerin Nonné-Schmidt 1953–56 die Form des ersten Studienjahres in Ulm, des sogenannten Grundkurses, erheblich prägten. Deren vorwiegend sinnlich ausgerichtete Lehrposition erregte aber bald den Widerstand der Studenten. Auch der Bauhaus-Schüler Max Bill sah dies nur als eine Übergangslösung an, bis Dozenten mit einem neuen Konzept gefunden waren. Die fand er schließlich in dem argentinischen Maler Tomás Maldonado, dem Grafiker Otl Aicher, dem holländischen Architekten Hans Gugelot und dem ehemaligen Mitglied des De Stijl Friedrich Vordemberge-Gildewart. Vor allem die ersteren drängten auf eine radikale Abkehr von den letztlich doch noch handwerklich geprägten Bauhaus-Traditionen und auf eine Neuorientierung hin zur Wissenschaft und zu modernen Großserien-Technologien. Erste erfolgreiche und aufsehenerregende Kooperationen mit der Industrie (BRAUN) verstärkten diese These. Einer solchen Neuorientierung stand in ihren Augen allerdings auch die Philosophie von Max Bill im Wege, daß der Kunst eine überragende Rolle innerhalb der Gestaltung zukomme. Der Konflikt war unlösbar. Bill, einer geplanten kollegialeren Leitung der Hochschule abgeneigt, verließ die HfG unter Protest, die negative Presseresonanz stärkte die konservativen Gegner in den Parlamenten.

Gestaltung und Wissenschaft

Die dritte Phase 1956–58 prägten maßgeblich die Dozenten Aicher, Maldonado, Gugelot, Zeischegg und Vordemberge-Gildewart. Sie versuchten, eine neue und wesentlich engere Beziehung zwischen Gestaltung, Wissenschaft und Technologie aufzubauen. Dabei deutet sich erstmals jenes „Ulmer Modell" an, das bis heute nichts von seiner Aktualität eingebüßt hat. Denn die HfG entwickelte nun ein Ausbildungsmodell, das ein neues, etwas bescheideneres Selbstverständnis der Designer zum Ziel hatte: Da man künftig an komplexere Dinge als an Stühle und Lampen herangehen wollte, konnte der Designer sich innerhalb des industriellen und ästhetischen Geschehens nicht mehr als übergeordneter Künstler begreifen. Er mußte die Teamarbeit mit Wissenschaftlern, Forschungsabteilungen, Kaufleuten und Technikern suchen, um dabei seine Vision einer sozialen Gestaltung der Umwelt zu realisieren. Unter Maldonados Leitung entstand eine neue Form von Grundlehre, die sich von Bauhaus-Konzepten immer deutlicher löste, Wahrnehmungstheorie und Semiotik integrierte und sich heute wie ein Vorgriff auf die spätere Computergrafik ausnimmt.

Die Industrie begann der HfG jetzt auch Großprojekte anzuvertrauen, wie etwa die U-Bahn in Hamburg. In den Abteilungen wurde erstmals eine systematische Methodik des Entwerfens entwickelt.

Die Architektur-Abteilung wandelte sich unter dem Einfluß von Conrad Wachsmann und Herbert Ohl in eine für das industrialisierte Bauen.

Gleichzeitig wurde immer deutlicher, daß die Idee einer privaten Hochschule langfristig nicht zu realisieren war. Die Abhängigkeit von staatlichen Geldgebern und deren Einfluß wuchsen. Die Geburtsstunde des „Ulmer Modells" war allerdings auch latent der erste Schritt in die nächste Krise: die Hegemonie der Wissenschaften über die Gestaltung. Sie wurde möglich, weil die HfG kein Lehrstuhlprinzip mit beamteten Professoren kannte, sondern nur jährlich kündbare Dozenten hatte.

Planungs-Euphorien

Die vierte Phase reichte von etwa 1958 bis 1962. In dem Moment, in dem die Notwendigkeit erkannt worden war, Humanwissenschaften, Ergonomie und operationelle Wissenschaften, Planungsmethodologie und industrielle Technologien stärker in dem Curriculum zu integrieren, wurde das Problem ihrer Gewichtung gegenüber den Gestaltungsfächern virulent. Dies um so mehr, als sich die Designer in der Leitung der Schule gegenüber den Wissenschaftlern plötzlich in der Minderheit sahen. In den Vordergrund rückten Wissenschaftler wie der Mathematiker und Planungstheoretiker Horst Rittel oder der Industrie-Soziologe Hanno Kesting. Dabei entstanden wertvolle Vertiefungen und wissenschaftliche Abstützungen des Entwurfsprozesses. So formulierte etwa der englische Gastdozent Bruce Archer in dieser Zeit die an der HfG im Ansatz entwickelte und praktizierte neue Entwurfsmethodik. In der Folge machte sich allerdings ein wissenschaftlicher Positivismus breit: An die Stelle universaler Billscher Konzeptionen wie „vom Löffel bis zur Stadt . . .", „Aufbau einer neuen Kultur . . ." trat jetzt die neue wissenschaftliche Bescheidenheit, und statt der Manifeste gab es nun die „Arbeitshypothesen".

Zugleich griff die Planungsmethodologie so sehr um sich, daß sie sich bei einigen Studenten zur Heilslehre entwickelte. Es schien für manche nur noch eine Frage der Zeit, durch akribische Wissenschaftlichkeit, durch Systematik und die am Horizont auftauchenden Computer die lästigen irrationalen Schwächen aller Gestaltung zu eliminieren.

Die analytischen Voruntersuchungen der Studienarbeiten und Projekte gerieten mehr und mehr zum Hauptanliegen und die Idee von Wertfreiheit verbreitete sich so sehr, daß Fragen nach Moral, nach Ästhetik und normativer Wertsetzung gewissermaßen anrüchig wurden und zu einem Widerspruch der Designer und Architekten an der HfG führten.

Die lange in die innere Emigration geflüchteten Design-Dozenten Aicher, Gugelot, Zeischegg, Maldonado und Ohl sahen sich nur noch mittels einer umstrittenen Verfassungsänderung in der Lage, der Situation wieder Herr zu werden. Die durch die Verfassungsänderung entmachteten Dozenten und deren studentische Anhänger wandten sich an die Öffentlichkeit. Teile der Presse, vor allem der „Spiegel", schlugen sich auf deren Seite. Die staatlichen Zuschüsse wurden weiter reduziert.

Das Ulmer Modell

Die fünfte Phase von 1962 bis 1966 unter der Leitung von Aicher und Maldonado kennzeichnete den Versuch eines neuen Gleichgewichts zwischen Theorie und Praxis, zwischen Wissenschaft und Gestaltung. Das Selbstverständnis des Designers wurde neu definiert. Die für das Design notwendigen Wissenschaften wurden ihrem faktischen instrumentalen Charakter entsprechend neu gewichtet, ohne daß der Anteil der theoretischen Fächer am Lehrplan zurückgegangen wäre. Zu den bisherigen permanenten Dozenten kamen Bonsiepe, Schnaidt, Lindinger, Kapitzki und der französische Philosoph und Kommunikationstheoretiker Abraham Moles.

Das sogenannte Ulmer Ausbildungsmodell erfährt in dieser Phase seine signifikante Formulierung. Der Anteil der Theorie am Curriculum nahm in dieser Zeit eher noch zu. Die theoretischen Teile der Diplomarbeiten verlagerten sich immer mehr vom Spekulativen zu experimentellen Studien. Der Aktionsradius wurde um die Gebiete Massentransport, Individualverkehr und Elektronik erweitert. Um die Abteilungen wieder stärker zu integrieren, wurden abteilungsübergreifende Projektthemen bearbeitet.

Es tauchten erste ökologische Themenstellungen auf und das Konzept der Grundlehre erfuhr eine enorme Veränderung. Im Bereich der Theorie wurden erste Vorstellungen einer Design-Analyse publiziert, und es entsteht durch die Essays von Maldonado, Aicher, Bonsiepe und Schnaidt in den Zeitschriften ulm 1 bis ulm 21 das, was Kenneth Frampton später eine „Kritische Theorie des Designs" genannt hat.

Die Dozenten der Produktgestaltung nahmen starken Einfluß auf die inzwischen notwendige Professionalisierung des neuen Berufsstandes in Deutschland, indem sie das Berufsbild formulierten und Rahmenpläne für die Ausbildungsstätten erarbeiteten. Dem gegenüber steht, unübersehbar, die nicht aufzuhaltende Erosion der finanziellen Struktur. Der öffentliche Wirbel um die erste und zweite Krise hatte die Gegenkräfte gestärkt, der Druck des Landtags nahm 1963 schon ultimative Formen an. Die älteren Dozenten begannen, das Desaster wohl als unabwendbar anzusehen und ihre Entwicklungsaktivitäten außerhalb der HfG anzusiedeln. Die Jungen wollten es noch nicht wahrhaben.

Agonie und Scheitern

Die letzte Phase der Hochschule, also die sechste, ist in den Jahren 1967 und 1968 teilweise schon von Agonie gekennzeichnet. Man versuchte, sich gegen die unabwendbare Schließung der Hochschule aufzubäumen, und bemühte sich verzweifelt um Rettung durch das Ausarbeiten immer neuer Programme und Vorschläge. Ein Post-Graduate-Programm wird ausgearbeitet, alternativ die Umwandlung der HfG in ein verkleinertes Institut für Umweltplanung konzipiert.

Wegen Geldmangel reduziert sich der Vorlesungsbetrieb, und die Studenten sind unsicher, ob sie das Studium überhaupt jemals abschließen können. In dieser hochgespannten und aufgeladenen Situation wurden die Ulmer vom baden-württembergischen Landtag, inzwischen dem Hauptgeldgeber, aufgefordert, nur noch in Drittelparität erarbeitete Lösungsvorschläge für die weitere Existenz anzubieten, wohlgemerkt 1968, als Studentenvertreter in Ulm natürlich die Zukunft im Lichte der radikalen Forderungen der Studenten in Berlin und Paris sehen mußten. Fazit: Studenten und Dozenten zermürbten sich gegenseitig.

Auf diese Weise gelang es den konservativen Gegnern, die HfG geschickt in den Ruch der Selbstzerstörung zu rücken, als sie die Liquidierung im Landtag am 5. Dezember 1968 beschlossen, nachdem Dozenten und Studenten die verordnete Eingliederung in die örtliche Ingenieurschule ablehnten.

Rote Fäden

Ungeachtet der beharrlichen und teilweise diametralen Versuche, die Relevanz der modernen Wissenschaften für Design und Bauen zu prüfen, ihre Gewichtung zu finden, dabei dem Enzyklopädismus zu entgehen, angesichts des universalen Gestaltungsanspruchs für die Wohn-, Freizeit-und Arbeitswelt, zogen sich, wie diese Dokumentation zeigt, auch rote Fäden durch die HfG.

Dazu zählt zuvörderst das Primat des Rationalen und des Sozialen. So tauchte ausgerechnet an der Hochschule für Gestaltung, obwohl alle danach insgeheim trachteten, der Terminus „schön" nicht auf, war gewissermaßen tabuisiert. Die Dinge galten als „anständig" und „ganz anständig", wenn sie von einer offensichtlichen Meisterhaftigkeit waren. Auf pure Gefühle oder gar Sozialprestige spekulierende Intentionen in Werbung und Design wurden bekämpft, insbesondere das Styling der Detroiter Autokonzerne. Der dahinter stehenden Theorie der „planned obsolescence" wurde die Langlebigkeit und Langgültigkeit als europäisches Konzept entgegengesetzt. Gegenstände nur ihrer Form wegen zu planen galt als anrüchig, als Formalismus. Ein Minimum an Innovation hinsichtlich Funktion, Gebrauchsweise, Kostenreduktion oder neuartiger Materialnutzung war unabdingbar.

Die Ästhetik des Ulmer Funktionalismus war möglicherweise noch stärker aufgabenorientiert als die des Bauhauses. So gab es eine bevorzugte, tektonisch gegliederte Ästhetik mit Präferenz einer von Radien gemilderten Orthogonalität, die etwa Tragendes und Nichttragendes oder die Charaktere der verwendeten Materialien zum Ausdruck brachte oder das zugrundeliegende Prinzip der engsten und ökonomischsten Pakkung thematisierte, und es gab andererseits eine eher organische Ästhetik, vor allem dort, wo die Ergonomie oder die innere Konstruktion dies nahelegte.

Die Maxime „Minimaler Aufwand – maximale Wirkung" durchzog alle Entwürfe. Man könnte geradezu von einem Minimal-Design sprechen, lange vor der sogenannten Minimal art. Es war eine beinahe asketische, puristische Ästhetik, die nie verordnet war, aber vielleicht von dem Gebäude der HfG von Anfang an ausstrahlte.

Dem entsprach auch das Vorherrschen von Weiß und Hellgrau in der Welt der „Ulmer" in krassem Gegensatz zu den damals herrschenden Pastellfarben.
Nicht eine expressive, sondern eine dienende, im Hintergrund des Menschen bleibende, idealerweise sogar unsichtbar werdende Welt der Dinge war das ungeschriebene Leitbild. Demgemäß waren die multifunktionalen Lösungen gesucht, und vor allem der baukastenartige Systemcharakter der Produkte schien eine tragfähige Gegenkultur gegen die schon damals sichtbar werdende Warensintflut.

Die Aktualität Ulmer Konzepte

Ulm gelang es zu seiner Zeit, die Gesellschaft davon zu überzeugen, daß kulturelle Ansprüche nicht nur für das Wohnen gelten, sondern genauso für das tägliche Leben in den Schulen, Verwaltungen, Fabriken, Krankenhäusern oder im Verkehr. Einige Entwürfe waren bahnbrechend und von langer Wirkung, wie etwa das in Ulm entworfene Gestaltungskonzept für die Firma BRAUN, die Hamburger U-Bahn, das Hotelgeschirr TC 100, das Möbelsystem M 125, das erste Hifi-System für BRAUN, das heute noch benutzte Kodak-Dia-Carousel oder das Erscheinungsbild für die Deutsche Lufthansa.

Viele der Ulmer Ideen blieben bis heute überraschend lebendig, nicht in Ulm, aber anderswo, in vielen Ländern. „Ulmer Schule" meint heute eine Art zu denken und zu gestalten.

An über 50 Universitäten und Akademien in Europa, Nord- und Südamerika, Indien und Japan lehren ehemalige Ulmer. Das in Ulm unter leidvollen Konflikten entwickelte Curriculum ist in vielen Ländern Basis der Design-Ausbildung geworden.

Viele Gedanken und Entwürfe wurden Allgemeingut und Alltäglichkeit, waren vorgedacht und – wie sich herausstellt – für die Zukunft entworfen, so daß das Design insgesamt von Ulm profitierte und beeinflußt wurde, oft genug mittelbar und unbewußt.

Vieles hat sich überlebt und scheint heute – wohl auch dank der ungeahnten Prosperität – Lichtjahre entfernt. Wir denken heute kritischer über die Grenzen der Planung und der Ratio. Wir geben dem Gefühlsmäßigen, der Phantasie und dem Spielerischen wie auch dem Individualismus ungleich mehr Bedeutung, insbesondere im privaten Bereich.

Undenkbar, heute etwa der spartanischen Ulmer Philosophie zu folgen, ästhetische Innovationen nur in Verbindung mit technischen und funktionalen Neuerungen zu realisieren.

Aber für die hochfunktionellen Bereiche des täglichen Lebens erwies sich der Ulmer Ansatz als visionär und von zum Teil heute noch ungebrochener Aktualität.

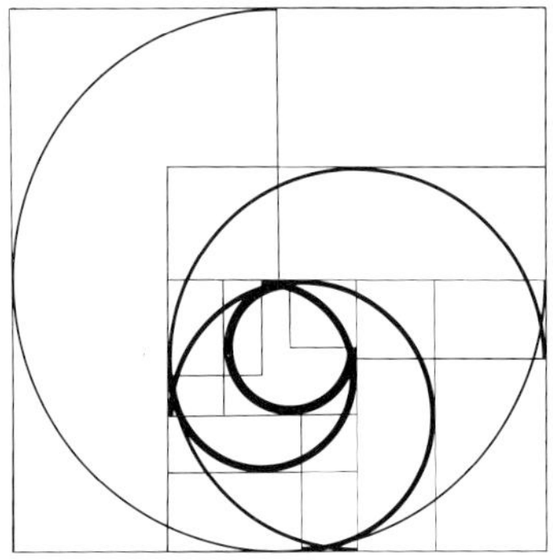

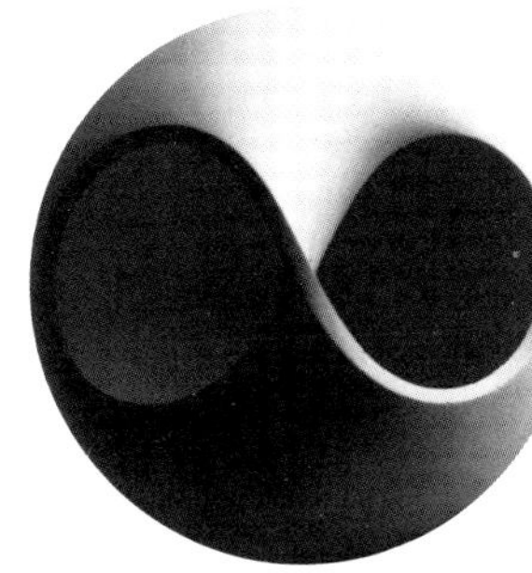

wenn wir sagen grotesk bezeichnen
wir damit eine spezifische form des
alfabets der schrift ohne endstriche

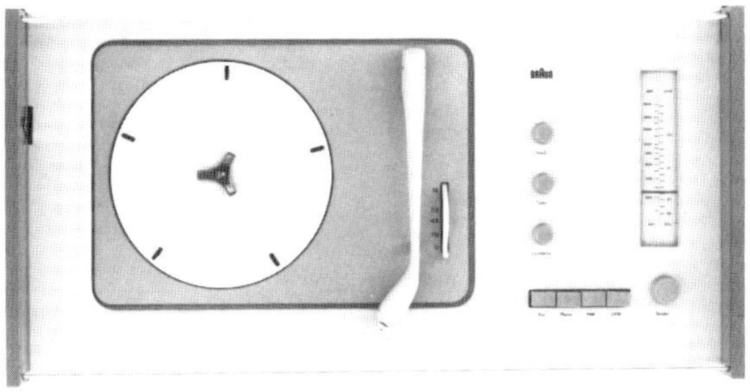

brass in modern jazz
miles davis
philips longplay
bl 286150

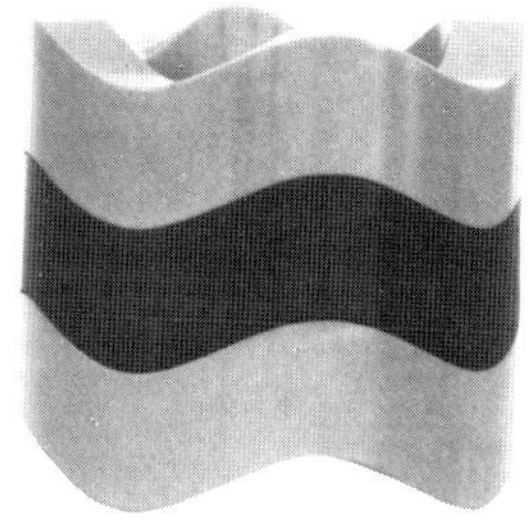

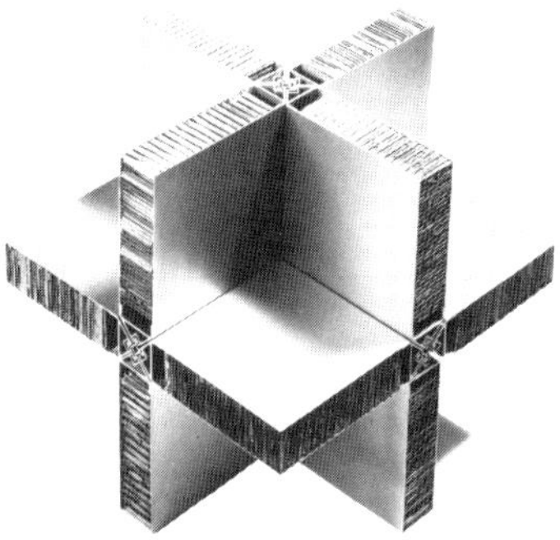

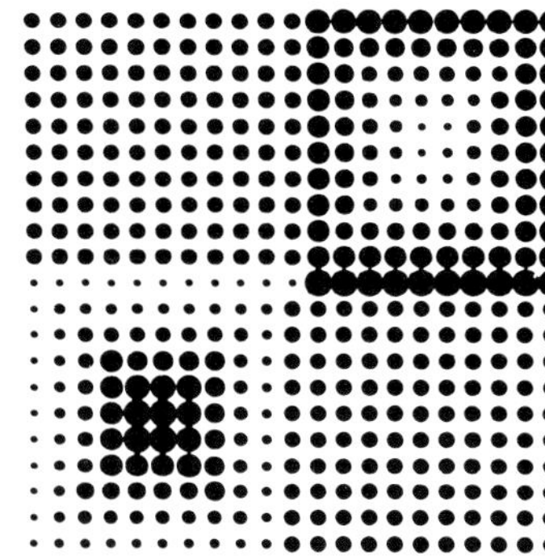

Ulmer „Wurzeln"

Philosophie der Aufklärung,
Rationalität, Positivismus,
Primat der Vernunft

Erziehungsideen: Pestalozzi,
Montessori „aktivistische
Pädagogik"
Kerschensteiner „Arbeitsschule"

Kulturelle Moderne,
Konstruktivismus, de stijl,
Bauhaus

Institutionelle Konzepte
Campus Universität,
Pratt Institute

W. Kandinsky, N. Kandinsky
G. Muche, P. Klee, W. Gropius
1926

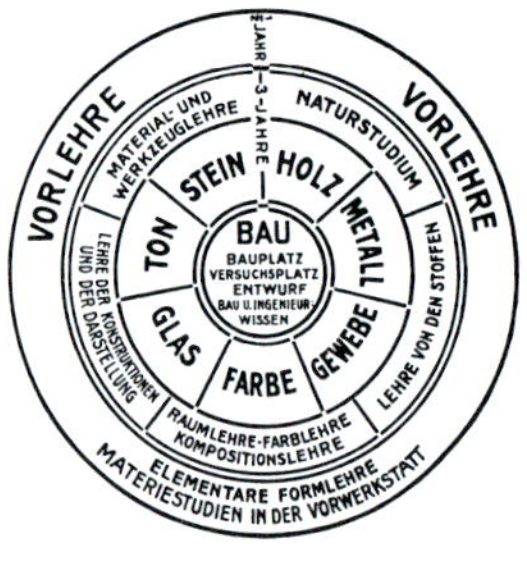

1943

Hans und Sophie Scholl
Mitglieder der Widerstandsgruppe
„Weiße Rose".
Am 22. Februar 1943 von den Nazis wegen
Hochverrats hingerichtet.

„Einer muß ja doch mal schließlich damit anfangen. Was wir sagten und schrieben, denken ja so viele. Nur wagen sie nicht, es auszusprechen."
Sophie Scholl vor dem Volksgerichtshof
in München am 22. Februar 1943

1946

Inge Scholl
realisiert
Ulmer Volkshochschule.

vh

Kontakte Aicher/Scholl mit
Martin Buber, Albrecht Goes,
Marie-Luise Kaschnitz,
Franz Schnabel,
Carl Zuckmayer,
Werner Heisenberg,
Konrad Lorenz,
Carl Orff, Walter Jens,
Hans Magnus Enzensberger,
Hans Werner Richter.

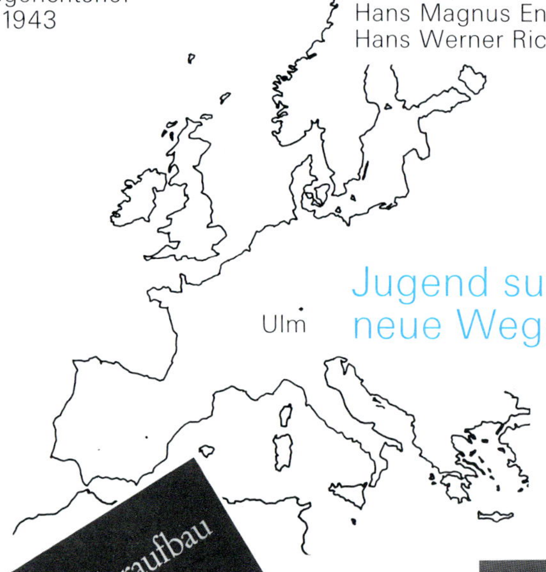

Jugend sucht neue Wege

„Wiederaufbau"
Publikation von
Max Bill

Otl Aicher gestaltet
Plakate für die vh.

Planung

1947

Erste Kontakte Scholl/Aicher/Bill in Zürich

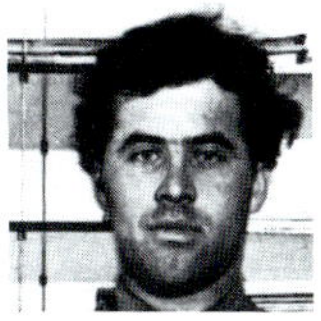

Erste Kontakte mit Bauhäuslern
(Winter, Nonné-Schmidt)
Bauhausideen werden aufgegriffen.

Pläne Scholl/Aicher
eine Hochschule für staatsbürgerliche
und demokratische Erziehung.
„Soziale und politische Wissenschaften"

Neuer Mensch durch neue Schule?

Erste Finanzierungskontakte:
Norwegische Europa-Hilfe

1948

Warum kein neues Bauhaus?

Erste Gespräche mit Bill über
Programm der geplanten
„Geschwister-Scholl-Hochschule"

Hans Werner Richter
Vortrag in der vh

Herbert Wiegandt über die Anfänge der Ulmer Volkshochschule: In jener Zeit war eine Glühbirne ein Wertgegenstand, der sofort verschwand, wo er sich unbeaufsichtigt fand. Es kam deshalb vor, daß die Dozenten, die in der Wagnerschule sprachen, ihre Glühbirnen zuvor im Sekretariat abholten, im Vortragssaal einschraubten und so im Doppelsinn ihr Licht leuchten ließen, um das materielle anderntags persönlich wieder zurückzugeben.

1949

Ende 1949
Kontakte mit Shepard Stone
(Informationsabteilung/
HICOG)

Inge Scholl trägt McCloy
Hochschulprogramm vor.

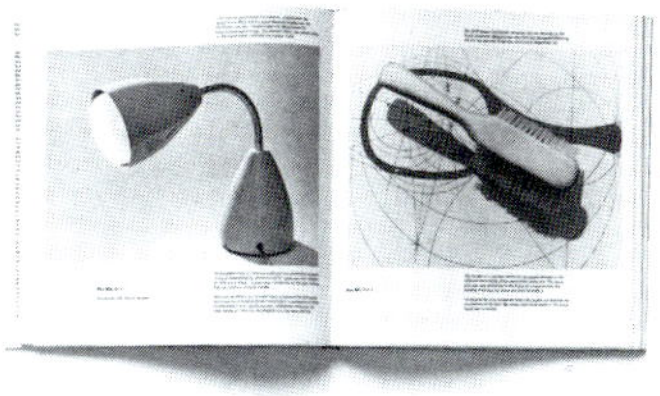

Wanderausstellung
„Die gute Form"
von Max Bill in Basel
(danach in Ulm)

1950

Die intellektuelle Jugend Westdeuschlands, die sich für ihre Zeit verantwortlich fühlt und Verantwortung tragen will – wohl eine zahlenmäßig kleine, für das Allgemeine wichtige Gruppe –, wird für die geistige, wirtschaftliche und politische Zukunft entscheidend sein: im positiven oder negativen Sinne.

Hier sieht die Schule eine große Aufgabe. Sie will ein Kristallisationspunkt sein für die geistige Jugend, die heute ohne genaues Ziel ist oder weder Weg noch Mittel kennt, ihre Ziele zu verwirklichen, ihre Verantwortung zu realisieren.

(Aus: Exposé – Unterlagen für die Besprechung Inge Scholl mit McCloy)

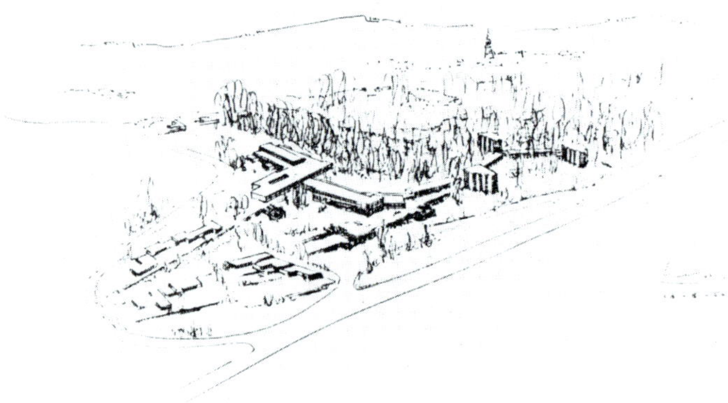

Bill drängt das inhaltliche Konzept in Richtung Umweltgestaltung und Bauhaus-Nachfolge.

Umweltgestaltung – keine Kunst

Hans Werner Richter zieht sich zurück.

26. Januar 1950
McCloy trägt in Boston dem United Council of World Affairs die Pläne für „Geschwister-Scholl-Hochschule" vor. (Abteilung Politik, Journalismus, Broadcasting, Photographie, Werbung, Industrial Design, Stadtplanung)

1951

„... vom Löffel bis zur Stadt ... ?

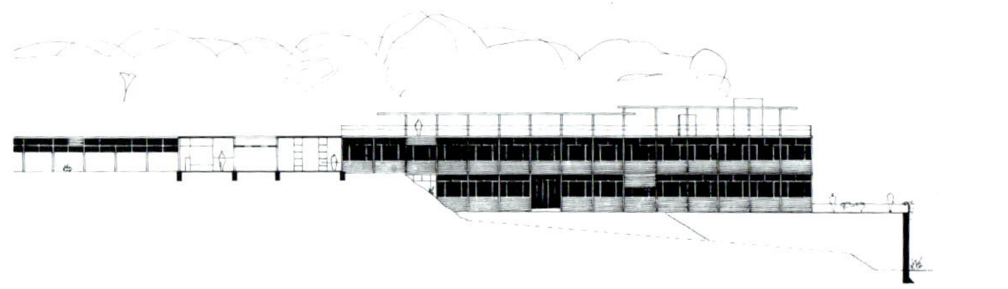

Erste Pläne Max Bills für Bau in Stahl (ein Konzern stellt Stahl-Spende in Aussicht)

Walter Zeischegg kommt und entwirft Konzept für ein der Ausbildung vorgelagertes Forschungsinstitut.

Walter Zeischegg: Ausstellung in Wien „Hand und Griffe"

Mai 1951
Pädagogisches Konzept:
College-System
Mitarbeit der Studenten an Verwaltung
Campus-Idee
Arbeit in Kleingruppen
learning by doing
Erziehung zu Argumentation und Begründung des Tuns
keine fachspezifische, sondern fachübergreifende Ausbildung

Max Bill
Grand Prix der Triennale Mailand

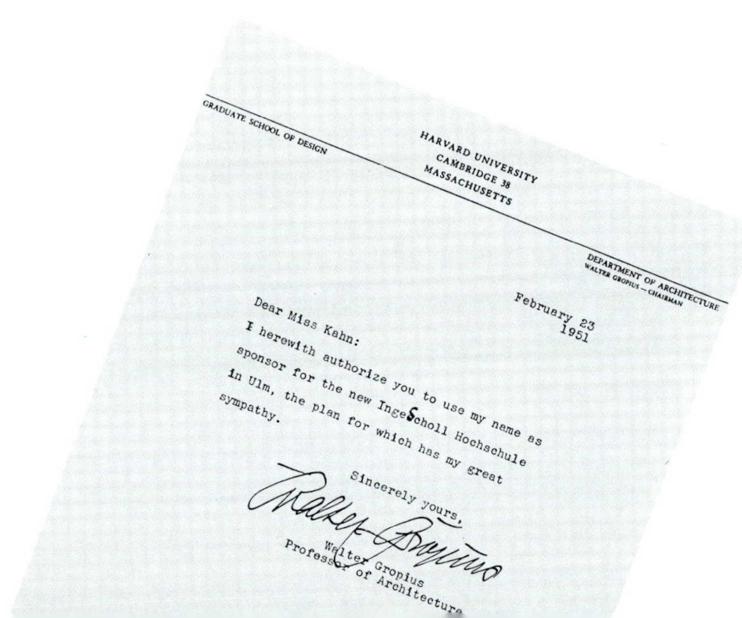

GRADUATE SCHOOL OF DESIGN

HARVARD UNIVERSITY
CAMBRIDGE 38
MASSACHUSETTS

DEPARTMENT OF ARCHITECTURE
WALTER GROPIUS – CHAIRMAN

February 23
1951

Dear Miss Kahn:

I herewith authorize you to use my name as sponsor for the new Inge Scholl Hochschule in Ulm, the plan for which has my great sympathy.

Sincerely yours,

Walter Gropius
Professor of Architecture

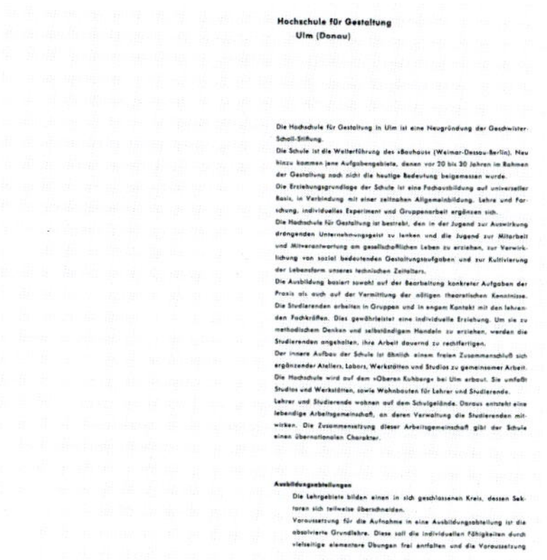
Hochschule für Gestaltung
Ulm (Donau)

Die Hochschule für Gestaltung in Ulm ist eine Neugründung der Geschwister-Scholl-Stiftung.
Die Schule ist die Weiterführung des »Bauhaus« (Weimar-Dessau-Berlin). Neu hinzu kommen jene Aufgabengebiete, denen vor 20 bis 30 Jahren im Rahmen der Gestaltung noch nicht die heutige Bedeutung beigemessen wurde.
Die Erziehungsgrundlage der Schule ist eine Fachausbildung auf universeller Basis, in Verbindung mit einer zeitnahen Allgemeinbildung. Lehre und Forschung, individuelles Experiment und Gruppenarbeit ergänzen sich.
Die Hochschule für Gestaltung ist bestrebt, den in der Jugend zur Auswirkung drängenden Unternehmungsgeist zu lenken und die Jugend zur Mitarbeit und Mitverantwortung am gesellschaftlichen Leben zu erziehen, zur Verwirklichung von sozial bedeutenden Gestaltungsaufgaben und zur Kultivierung der Lebensform unseres technischen Zeitalters.
Die Ausbildung basiert sowohl auf der Bearbeitung konkreter Aufgaben der Praxis als auch auf der Vermittlung der nötigen theoretischen Kenntnisse. Die Studierenden arbeiten in Gruppen und in engem Kontakt mit den lehrenden Fachkräften. Dies gewährleistet eine individuelle Erziehung. Um sie zu methodischem Denken und selbständigem Handeln zu erziehen, werden die Studierenden angehalten, ihre Arbeit dauernd zu rechtfertigen.
Der innere Aufbau der Schule ist ähnlich einem freien Zusammenschluß sich ergänzender Ateliers, Labors, Werkstätten und Studios zu gemeinsamer Arbeit.
Die Hochschule wird auf dem »Oberen Kuhberg« bei Ulm erbaut. Sie umfaßt Studios und Werkstätten, sowie Wohnbauten für Lehrer und Studierende.
Lehrer und Studierende wohnen auf dem Schulgelände. Daraus entsteht eine lebendige Arbeitsgemeinschaft, an deren Verwaltung die Studierenden mitwirken. Die Zusammensetzung dieser Arbeitsgemeinschaft gibt der Schule einen übernationalen Charakter.

Ausbildungsabteilungen

Die Lehrgebiete bilden einen in sich geschlossenen Kreis, dessen Sektoren sich teilweise überschneiden.
Voraussetzung für die Aufnahme in eine Ausbildungsabteilung ist die absolvierte Grundlehre. Diese soll die individuellen Fähigkeiten durch vielseitige elementare Übungen frei entfalten und die Voraussetzung

1952

Die Hochschule für Gestaltung in Ulm ist eine Neugründung der Geschwister-Scholl-Stiftung. Die Schule ist die Weiterführung des „Bauhauses" (Weimar-Dessau-Berlin). Neu hinzu kommen jene Aufgabengebiete, denen vor 20 bis 30 Jahren im Rahmen der Gestaltung noch nicht die heutige Bedeutung beigemessen wurde. Die Erziehungsgrundlage der Schule ist eine Fachausbildung auf universeller Basis, in Verbindung mit einer zeitnahen Allgemeinbildung. Lehre und Forschung, individuelles Experiment und Gruppenarbeit...

Kein Geld für Kommunisten!

anonyme Denunziation der Familie Scholl
Streichung der versprochenen Spenden, u.a. der Stahlspende für den Bau

Es gelingt dennoch!

Die Gründungsmitglieder erreichen Beton- und Holzspende

aus der Schenkungsurkunde...
Der amerikanische Hochkommissar macht hiermit der Geschwister-Scholl-Stiftung eine Schenkung in Höhe von DM 1 000 000.– zur Förderung gemeinsamer Ziele der Vereinigten Staaten und der Bundesrepublik Deutschland.
Diese Schenkung wird zu dem Zwecke gewährt, die Geschwister-Scholl-Stiftung bei der Errichtung einer Hochschule für Gestaltung zu unterstützen, einer Institution, welche auf überkonfessioneller und nicht parteipolitischer Basis betrieben wird und besonders eine koordinierte Unterweisung auf den Gebieten bürgerlicher Verantwortung, kultureller Produktivität und technischer Fertigkeiten anstrebt und die im übrigen Studien und Experimente fördern will zur Verbesserung der Qualität, Form und Nützlichkeit von Gebrauchsgütern, die in Deutschland hergestellt werden.

1953

8. September 1953
Baubeginn auf dem Kuhberg

August 1953
Erster Unterricht in der vh am Marktplatz und Langemühlebau.
Nonné-Schmidt, Peterhans, Albers und Itten unterrichten 19 Studenten.

„Leben als Kunstwerk..."

Max Bill, 1953
Wir betrachten die Kunst als höchste Ausdrucksstufe des Lebens und erstreben, das Leben als ein Kunstwerk einzurichten. Wir wollen, ähnlich wie es seinerzeit Henry van de Velde proklamierte, gegen das Häßliche ankämpfen mit Hilfe des Schönen, Guten, Praktischen. Als Nachfolgerin von van de Veldes Weimarer Kunst-Institution hatte das Bauhaus dasselbe Ziel. Wenn wir etwas weiter gehen als damals, indem wir in Ulm einerseits der Gestaltung von Gegenständen noch mehr Wert beimessen, den Stadtbau und die Planung weiter ausbauen, die Abteilung Visuelle Gestaltung auf den heutigen Stand bringen und schließlich eine Abteilung Information angegliedert haben, so kommt dies aus den natürlichen Bedürfnissen unserer Zeit.

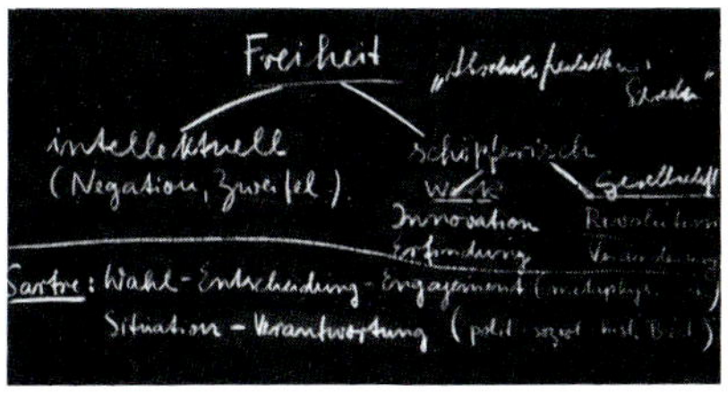

August 1953
Mies van der Rohe und Hugo Häring besuchen Ulm

Eröffnung

5. Juli 1954
Richtfest für den ersten Bauabschnitt

1954

Max Bill wird der erste Rektor der HfG

1955

2. Oktober 1955
offizielle Eröffnung der HfG

Aus der Ansprache von Inge Aicher-Scholl:
...Und sehen Sie, daß diese Schule und ihre Aufgabe viele Menschen ganz verschiedener Art zusammenführte und ihre ganz persönliche Initiative herausforderte, das ist eigentlich das Besondere an ihr, das sie mit einer tiefen Echtheit und Berechtigung auszeichnet. Dieser Bau ist so etwas wie ein Sieg über Resignation und Müdigkeit, über Pessimismus und Skepsis unserer Zeit – dies allerdings nicht durch Zufall, sondern weil er einer Aufgabe der Gegenwart und Zukunft zu dienen hat...

Aus der Ansprache von Max Bill: ... Nicht jeden Tag, nicht jedes Jahr, nicht alle zehn Jahre, sondern in größeren Zeiträumen wird irgendwo eine neue Hochschule gegründet. Wenn etwas Neues entsteht, dann ist es deshalb, weil dieses Neue einem Bedürfnis entspricht. So auch hier. Diese Hochschule entspricht einem Bedürfnis, nämlich dem, jungen Menschen dazu zu verhelfen, daß sie auf die bestmögliche Weise jene Dinge zu entwickeln in der Lage sind, die im täglichen Leben benützt werden...

Auf dem Kuhberg: Einzug

Grand Prix der Triennale Mailand für die von Otl Aicher gestalteten Plakate der Ulmer Volkshochschule

Beim Innenausbau

Walter Gropius in der Eröffnungsrede:
...Breite Erziehung muß den richtigen Weg weisen für die richtige Art der zukünftigen Zusammenarbeit zwischen dem Künstler, dem Wissenschaftler und dem Geschäftsmann. Nur zusammen können sie einen Produktionsstandard entwickeln, der den Menschen zum Maß hat, d.h. der die Imponderabilien unseres Daseins ebenso ernst nimmt wie physische Bedürfnisse. Ich glaube an die wachsende Bedeutung der Arbeit im Team für die Vergeistigung des Lebensstandards in der Demokratie...

1956

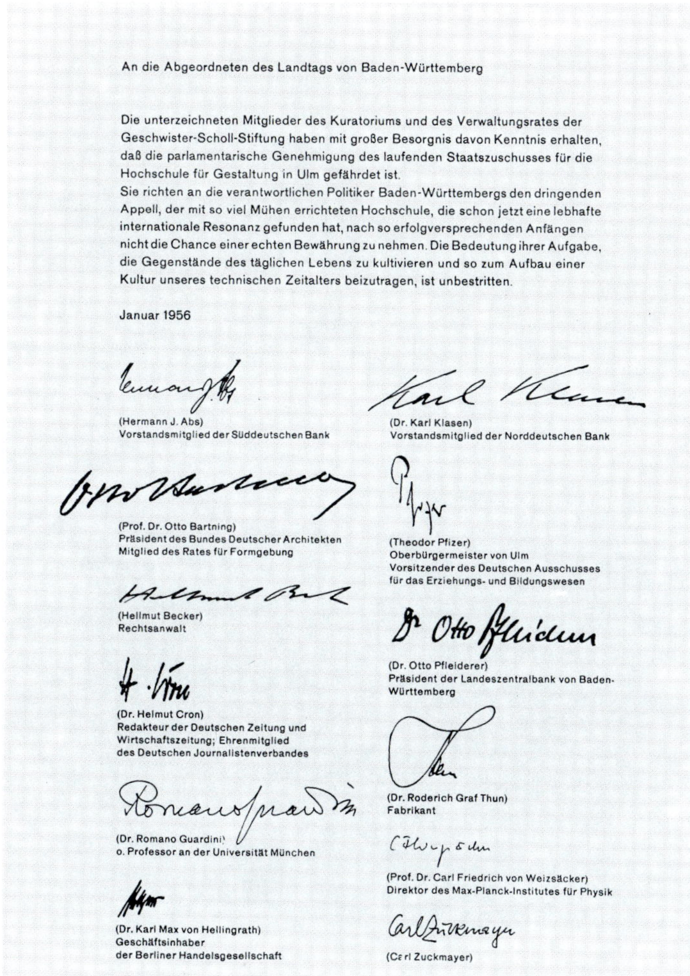

An die Abgeordneten des Landtags von Baden-Württemberg

Die unterzeichneten Mitglieder des Kuratoriums und des Verwaltungsrates der Geschwister-Scholl-Stiftung haben mit großer Besorgnis davon Kenntnis erhalten, daß die parlamentarische Genehmigung des laufenden Staatszuschusses für die Hochschule für Gestaltung in Ulm gefährdet ist.
Sie richten an die verantwortlichen Politiker Baden-Württembergs den dringenden Appell, der mit so viel Mühen errichteten Hochschule, die schon jetzt eine lebhafte internationale Resonanz gefunden hat, nach so erfolgversprechenden Anfängen nicht die Chance einer echten Bewährung zu nehmen. Die Bedeutung ihrer Aufgabe, die Gegenstände des täglichen Lebens zu kultivieren und so zum Aufbau einer Kultur unseres technischen Zeitalters beizutragen, ist unbestritten.

Januar 1956

(Hermann J. Abs)
Vorstandsmitglied der Süddeutschen Bank

(Dr. Karl Klasen)
Vorstandsmitglied der Norddeutschen Bank

(Prof. Dr. Otto Bartning)
Präsident des Bundes Deutscher Architekten
Mitglied des Rates für Formgebung

(Theodor Pfizer)
Oberbürgermeister von Ulm
Vorsitzender des Deutschen Ausschusses für das Erziehungs- und Bildungswesen

(Hellmut Becker)
Rechtsanwalt

(Dr. Otto Pfleiderer)
Präsident der Landeszentralbank von Baden-Württemberg

(Dr. Helmut Cron)
Redakteur der Deutschen Zeitung und Wirtschaftszeitung; Ehrenmitglied des Deutschen Journalistenverbandes

(Dr. Roderich Graf Thun)
Fabrikant

(Dr. Romano Guardini)
o. Professor an der Universität München

(Prof. Dr. Carl Friedrich von Weizsäcker)
Direktor des Max-Planck-Institutes für Physik

(Dr. Karl Max von Hellingrath)
Geschäftsinhaber der Berliner Handelsgesellschaft

(Carl Zuckmayer)

Rektoratskollegium: Aicher, Bill, Gugelot, Maldonado, Vordemberge-Gildewart

Tomás Maldonado und Georges Vantongerloo

1. Preis im internationalen Fotowettbewerb Paris für Herbert Lindinger (Student in der Abteilung Visuelle Kommunikation)

1957

Mai 1957
Inge Aicher-Scholl auf Goodwill-Reise durch die USA

Grand Prix der Triennale Mailand für Produkte der Max Braun AG, Frankfurt, an deren Gestaltung die HfG (Aicher, Gugelot) maßgeblich beteiligt war.

... und Auszug

Bill verläßt die HfG wegen Meinungsverschiedenheiten über pädagogischen Aufbau und Lehrprogramm

Auseinandersetzungen unter den Studenten über den Weggang von Max Bill

Die Presse reagiert zwiespältig.

1958

Rektoratskollegium: Aicher, Gugelot, Maldonado

provisorische Hochschulverfassung:
... Präzisierung des Ausbildungsprogrammes und verstärkte Einführung theoretischer Fächer in den Unterricht.

Wissenschaft und Gestaltung – geht das?

Maldonado, Eröffnungsrede des Studienjahres 1957/58: ... Der Versuch, das Bauhaus buchstäblich weiterzuführen, käme einem nur restaurativen Bemühen gleich. Die besten der ehemaligen Bauhäusler werden gewiß darin beistimmen, daß eine Fortsetzung des Bauhauses heute impliziert, in gewisser Hinsicht gegen das Bauhaus zu sein. Wir übernehmen nur dessen progressive, antikonventionelle Haltung, das Streben, einen Beitrag zu leisten zur Gesellschaft in der jeweils eigenen historischen Situation. In diesem Sinn und nur in diesem Sinn setzen wir die Arbeit des Bauhauses fort...

ulm 1

Oktober 1958
Besuch von Charles Eames und Buckminster Fuller

Oktober 1958
Ersterscheinen der Zeitschrift *Ulm*

Bundespräsident Theodor Heuss besucht (inoffiziell) die HfG

1959

Rektoratskollegium: Aicher, Kesting, Maldonado

Einweihung des Forschungs-Instituts für optische Wahrnehmung

Neue Zielsetzung der Grundlehre durch Maldonado.

Methodologie – 1+1=2?

März 1959
Erstellung einer vorläufigen Verfassung

Herbert Bayer und Friedrich Vordemberge-Gildewart

Besuch von Mia Seeger und Prof. Dr. Hirzel
Rat für Formgebung

HfG-Ausstellung in Aula und Mensa der HfG

Ausstellung von Max Bill im Ulmer Museum

1960

Rektoratskollegium: Maldonado, Ohl, Rittel
ab April: Kalow, Rittel, Vordemberge-Gildewart

Anteil der ausländischen Studenten ca. 40 %,
Anteil der weiblichen Studenten ca. 12 %

1961

Rektoratskollegium: Kalow, Gugelot
ab November 1961: Rittel, Vordemberge-Gildewart

Juli 1961
Pädagogische Konferenz
(Änderung der Aufnahmebedingungen)

eine Kurskorrektur: Spezialisierung der Grundlehre

Aufbau und Entwicklung des Sektors Film innerhalb der Abteilung Visuelle Kommunikation

Herbst 1961
Aus der Grundlehre wird das erste Studienjahr der Abteilungen

Wissenschaft contra Gestaltung

Tagung der Gruppe 47
Thema: Hörspiel

Die Grundlehre des Studienjahres 1960/61 ist die vorläufig letzte gemeinsame Grundlehre an der HfG gewesen...
Zwar ist nach wie vor ein Teil der sogenannten „theoretischen" Fächer für alle Studenten des 1. Studienjahres gemeinsam, aber die Abteilungsarbeit, früher Grundlehrearbeit genannt, ist jetzt in vier unabhängige, nach Abteilungen gesonderte Kurse aufgeteilt. Getrennt von den Studenten anderer Abteilungen, getrennt auch von den übrigen Studienjahren, werden jetzt die neuen Studenten in den Abteilungen unterrichtet.

Juli 1960
HfG-Ausstellung
Triennale Mailand

erste Ausgabe *Output*
Zeitschrift der HfG-Studenten.

April 1960
Vorträge von Aicher, Gugelot und Maldonado am Weltkongreß für Design in Tokio

Kulturpreis des Bundesverbandes der Deutschen Industrie an Hans Roericht für die Diplomarbeit „Gestaltung eines Hotelgeschirrs"

Silbermedaille der Triennale Mailand für die Nähmaschine der Firma Pfaff-Gritzner-Kayser Karlsruhe (Entwicklung: Gugelot, Lindinger, Müller-Kühn)

2. Preis für fünf Studenten der Abteilung Bauen im internationalen Wettbewerb der Mineralölfirma „Avia International" für den Entwurf eines Bausystems für Tankstellen.

1962

Rektoratskollegium: Ohl, Maldonado
ab 1. Oktober 1962: Doernach, Aicher, Staub

Gegensätzliche Auffassungen über die Gewichtung planerischer Fächer

15. Dezember 1962
Beirat erläßt eine neue HfG-Verfassung
... anstelle des Rektoratskollegiums wieder Einmann-Rektorat: Otl Aicher

Ausbau des Sektors Film/Fernsehen
(Oberhausener Gruppe)

Film ist keine Disziplin, die sich esoterisch mit ihren Problemen beschäftigt, sondern ein Instrument zur Analyse und Veränderung der Umwelt. Daraus ergibt sich die Forderung, daß der Filmgestalter aus eigener Initiative Aspekte dieser Umwelt studiert hat. Film ist für ihn das seinem freien Willen entsprechende Ausdrucksmittel. Diesen Voraussetzungen entspricht ein Student, an dessen Vorbildung und Charakter hohe Anforderungen zu stellen sind. Die Entscheidung des Studierenden, Filmgestalter zu werden, muß eine leidenschaftliche sein.

1963

Rektor Otl Aicher

KULTUR

HOCHSCHULEN

ULM

Auf dem Kuhberg

Ein Blatt des Deutschen Gewerkschaftsbundes feierte sie als „Hochschule einer neuen Gesellschaftsordnung". Carl Zuckmayer nannte die Gründung „ein Ereignis, das über Deutschland und Europa hinaus ein Signum neuen Geistes ist". Der ähnlich enthusiasmierte John McCloy verhalf ihr zu einer Million Mark amerikanischer Subventionen, und Baden-Württembergs ehemaliger Kulturminister Schenkel frohlockte: „Das neue Bauhaus!"

Keine andere Akademie-Neugründung im Nachkriegsdeutschland wurde mit mehr Vorschußlorbeeren bekränzt als die der „Hochschule für Gestaltung" (HfG) in Ulm am 2. Oktober 1955.

Keine Gründung hat aber auch so viel mehr versprochen als gehalten, keine andere akademisch-künstlerische Lehr- und Forschungsanstalt wurde bis auf den heutigen Tag von so vielen Krisen und Querelen heimgesucht, von Mitgründern und Mitarbeitern so scharf kritisiert wie das von der „Geschwister-Scholl-Stiftung" getragene Unternehmen auf dem Ulmer Oberen Kuhberg.

Nach der Meinung des kleinschreibenden Züricher Malers, Architekten und Designers Max Bill — Erbauer und erster Rektor der Kuhberg-Akademie — haben „[illegible] fanta[illegible] und tüch-

HfG-Gründerin Inge Aicher-Scholl
Hinter kahlem Beton ...

Hochschule kaum mehr für sich in Anspruch nehmen".

Perrine, dessen von der Ford-Stiftung finanzierte „Forschungsstelle für optische Wahrnehmung" an der Ulmer Schule 1961 einging, schrieb im vergangenen Jahr a[illegible] Verwaltungsrat der Geschwi[illegible]

Designer-Akademie sei neben ähnlichen Instituten in Chicago und London eine der drei führenden Schulen ihrer Art, hauptsächlich auf das neue Image, das die Frankfurter Radio- und Elektrogeräte-Firma Braun in den Jahren 1955 bis 1956 von den Ulmer Gestaltern, vornehmlich von dem Designer Hans Gugelot, bezogen hatte.

Ruhm und Erfolg dieser kompromißlos modernen, auf internationalen Ausstellungen mehrfach preisgekrönten Formgebung trug den Ulmer Entwerfern weitere Aufträge ein: so von der Badischen Anilin- und Soda-Fabrik (BASF), von Olivetti, Krupp, den Farbwerken Hoechst, der Hamburger Hochbahn und der Lufthansa.

Für diese Form-Maßschneiderei wurden in Ulm besondere Entwicklungsgruppen installiert, deren Mehrheit heute in einem von Gestalter Hans Gugelot geleiteten „Institut für Produktentwicklung und Design e. V." in Neu-Ulm zusammengefaßt ist. Dem eigentlichen Hochschulbetrieb indes, dem Gugelot nur noch als Gastdozent verbunden ist, war eine ähnlich kontinuierlich-erfolgreiche Entwicklung nicht beschieden. Krisen-Signale im vergangenen Jahr:

▷ drei Rektoratswechsel, die Einführung einer neuen Schulverfassung und damit verbundene Mißhelligkeiten im Lehrkörper;

▷ zwei Protestaktionen von HfG[illegible] denten, bei denen [illegible] „undemokr[illegible] polemisie[illegible]

Angriffe auf die HfG im „Spiegel"

„Gestaltung ist mehr als analytische Methodik"

19. Dezember 1962
Tod von Friedrich Vordemberge-Gildewart (seit 1954 an der HfG, Mitglied im Rektoratskollegium, von 1955–57 und 1960–62 Dozent in der Abteilung Visuelle Kommunikation, Typografie und Grafik)

Compasso d'oro für das Erscheinungsbild der Fa. Max Braun, zu dessen Prägung die HfG beigetragen hat.

3. Preis und ein Ankauf an Gerhard Mayer und Heinz Wäger in einem internationalen Ideenwettbewerb für einen Sanitär-Installationsblock.

Kulturpeis des Bundesverbandes der Deutschen Industrie an R. Butter für die Gestaltung einer Präzisionswaage

1. Preis an Michael Conrad, Pio Manzù und Hans Werner in einem internationalen Automobilwettbewerb für den Entwurf der Karosserie eines Gran-Turismo-Wagens.

noch eine Korrektur ...

HfG-Wanderausstellung in Stuttgart und Ulm

Finanzierung der HfG in Gefahr

Landtag legt 10-Punkte-Ultimatum vor, u.a. Streichung der studentischen Mitbestimmung. Den aufgezwungenen Auflagen des Landtags wird entsprochen.
Eine neue Stiftungsverfassung wird verabschiedet.

Prädikat „wertvoll" von der Filmbewertungsstelle Wiesbaden für einen Dokumentarfilm von 10 Minuten Dauer mit dem Titel „Thema Fotografie".

Erklärung der Dozenten und Studenten zur Pressekampagne

Auf Betreiben einiger Mitglieder der HfG ist gegen diese Institution eine Pressekampagne eingeleitet worden, die folgende Konsequenzen hat oder noch haben kann:

1. Eine Kürzung des Etats und damit eine Reduzierung der Entfaltungsmöglichkeiten der HfG (Ausbau der Einrichtungen und des Lehrplans).
2. Eine Abwertung des Diploms und der gesellschaftlichen Anerkennung der HfG-Absolventen.
3. Eine Reduzierung der öffentlichen und privaten Stipendienmittel.
4. Eine Schädigung des Ansehens der HfG in Kreisen der Wirtschaft und Industrie.
5. Eine Abschwächung der von der HfG und anderen Institutionen und Bewegungen im In- und Ausland vertretenen Designauffassung.

Wir protestieren deshalb gegen die ungerechtfertigten Diffamierungen dieser Schule und ihrer Angehörigen. Wir stellen fest, daß das heute von einem Teil der Presse lancierte Bild von der HfG, das auf Grund der Aktionen, Hinweise und Vorwürfe einer kleinen Gruppe von HfG-Mitgliedern entstanden ist, nicht der Wirklichkeit entspricht.

Wir erklären mit Nachdruck, daß die HfG nach wie vor einem vitalen Anliegen unserer Gesellschaft entspricht.

Wir meinen, daß ihre Förderungswürdigkeit außer Zweifel steht. Die HfG hat in der Vergangenheit zur Genüge bewiesen, daß sie zur Lösung der von ihr angeschnittenen Probleme nicht nur in Deutschland, sondern weit darüber hinaus entscheidend beiträgt.

Wir sind der festen Überzeugung, daß sie diese Bedeutung in Zukunft weiter ausbauen kann.

Ulm, den 27. Mai 1963

In einem 1963 bei den Professoren Hellmut Becker, Theodor Eschenburg und Alexander Mitscherlich in Auftrag gegebenen Gutachten der Landesregierung warnten diese vor einer Verstaatlichung der HfG. Begründung: die Übernahme der HfG in staatliche Regie sei im Interesse ihres experimentellen Charakters mit seinen besonderen Werten und Vorzügen nicht ratsam.

1964

Rektor Tomás Maldonado

Erster und zweiter Preis des Bundesverbandes der Deutschen Industrie für die Gestaltung des Armaturenbretts eines PKW der Studenten Hofmeister, Conrad, Hess, Manzù.

Der während der Oberhausener 11. westdeutschen Kurzfilmtage gezeigte Film „Portrait einer Bewährung" von Alexander Kluge erhielt einen der vier Hauptpreise in der Kategorie Dokumentarfilm.

Die Filmbewertungsstelle Wiesbaden hat dem Film von Alexander Kluge und Edgar Reitz mit dem Titel „Unendliche Fahrt – aber begrenzt" das Prädikat „besonders wertvoll" zuerkannt

Oktober 1964
Besuch von Mia Seeger
Rat für Formgebung

19.9.1965
Tod von Hans Gugelot

1965

Austritt des Vorstandsvorsitzenden T. Risler.
Dr. Rau wird Vorsitzender des Vorstandes der GSS

April 1965
Tagung des Deutschen Werkbundes in der HfG

Mai 1965
HfG-Wanderausstellung im Stedelijk-Museum Amsterdam

Juli 1965
Kritik an der HfG wegen Spendenaktion für Vietnam

Besuch des amerikanischen Botschafters George McGhee

April 1965
Werkbundtagung

ICSID-Board Meeting in der HfG

1966

Rektor Herbert Ohl

Aicher verlagert seine Entwicklungstätigkeit nach München. Beginn der Arbeit für das Erscheinungsbild der Olympiade.

Die Finanzlage wird kritisch

Bedrohliche Verschuldung der Geschwister-Scholl-Stiftung. Drastische Kürzung von Dozentenstellen, reduzierter Lehrbetrieb

Januar 1966
Sitzung des Deutschen Werkbunds Baden-Württemberg in der HfG

April 1966
Britische Architektur-Pädagogen-Tagung in der Abteilung Bauen

1967

Juni 1967
Nach 13jähriger Tätigkeit scheidet Tomás Maldonado aus der HfG aus.

Juni 1967
Demonstration von HfG-Studenten auf Grund der Erschießung von Benno Ohnesorg

Forderung des Landtags nach Angliederung an die Ingeneurschule – Streichung der Bundeszuschüsse. Finanzielle Situation unhaltbar.

Oktober 1967
Eröffnungsrede Ohl „... wenn Verstaatlichung, dann nur autonome."

... der Druck von außen wächst.

Oktober 1967
Filmabteilung macht sich selbständig als Institut für Filmgestaltung

Anteil ausländischer Studenten 45 %
Anteil weiblicher Studenten ca. 17 %

Ende

1968

Oktober
Die Dozenten lehnen wegen unzureichender finanzieller und personeller Voraussetzungen die Aufnahme eines regulären Studienbetriebs ab. Der Rektor teilt mit, daß Mittel und Planstellen für einen ordnungsgemäßen Studienbeginn nicht mehr vorhanden seien.

November
Der Landtag faßt den Beschluß, die HfG zu schließen.

Dezember
Ministerpräsident
Hans Filbinger erklärt: „**Wir wollen etwas Neues machen, und dazu bedarf es der Liquidation des Alten.**"

Fachwelt und Presse unterstützen die HfG. Vergeblich.

Gui Bonsiepe:
Heroisch war nicht das Ende der HfG, sondern die Hoffnung am Anfang. Die HfG ist nicht zu messen an dem, was sie erreichte, sondern an dem, was zu erreichen ihr verwehrt blieb.

Reyner Banham

Retrospektive

Was veranlaßte so viele Engländer, nach Ulm zu gehen – entweder um dort länger zu bleiben (wie Maurice Goldring und L. Bruce Archer) oder auch nur zu einem oder mehreren kurzen Besuchen (wie ich selbst sowie Richard Hamilton oder Joseph Rykwert, um nur diejenigen zu nennen, die mir unmittelbar einfallen)? Im Rückblick scheint mir, daß es sich um ein besonderes Zusammentreffen von Interessen handelt, die auf der britischen Seite allerdings eher flüchtig waren, während sie an der Hochschule dank deren starker Bindung an ihren grundsätzlichen Zielen und ihren langfristigen Modellen intellektueller Weiterentwicklung weit beharrlicher vertreten wurden. Beide Seiten suchten nach einem Ausweg aus den jeweiligen Sackgassen, in die ihre Design-Theorien geraten waren. Während aber die britische Sackgasse aus einer fast vollständigen Ideenlosigkeit bestand (die aus den dreißiger Jahren ererbten „gentlemen's agreements" hatten sich erschöpft, und es fehlte außerhalb der Arts and Crafts jegliche Grundlage, auf die man hätte zurückgreifen können), schien uns die deutsche Situation, so wie sie von Tomás Maldonado vertreten wurde, von äußerster Rigidität gekennzeichnet zu sein und einem gußeisernen System „kategorischer Imperative" zu unterliegen.

Aber gerade die unerbittliche Logik und die intellektuelle Klarheit waren für uns Besucher so beeindruckend. Ich wunderte mich immer wieder, warum sich in Ulm überhaupt jemand die Mühe machte, mit mir zu sprechen. Ich fühlte mich so dumm mit meinem Mangel an dialektischer Methodik, und ich bekam Kopfschmerzen bei der Suche nach intellektuellen Begründungen für Sätze wie „Ja, ich hätte gern noch ein Brötchen." Dennoch war es sehr aufregend, sich in einer Umgebung zu befinden, in der Design-Fragen derart intensiv diskutiert werden konnten. Vor allem, wenn man gerade aus London kam, wo es zu jener Zeit überhaupt keine geistige Auseinandersetzung mit dem Design gab. Was wir im Gegenzug in unserer unmethodischen Weise anzubieten hatten, war – denke ich – eine Vielzahl von pragmatischen Sichtweisen des Designs, die auf allem Möglichen beruhten und von der industriellen Praxis bis zu Erwin Panofskys berühmtem Film-Essay reichten.

Diese Ad-hoc-Methodologien fügten sich zwar nicht zu einem kohärenten System, aber sie waren teilweise ausgezeichnet anwendbar. Panofskys Ikonologie, die ich mir als Kunstgeschichtler angeeignet und dann bei Untersuchungen über Pop-art und Produkt-Styling angewandt hatte, erwies sich an der HfG als wertvoll und brauchbar: wertvoll als ein Ausweg aus deren rigiden Systemen und brauchbar als ein Werkzeug zur Untersuchung der visuellen Rhetorik von Werbung. Nützlich, aber nicht unmittelbar benutzt: Zu viele festverwurzelte ideologische Positionen an der HfG wurden durch den Vorschlag bedroht, der Pop-art oder der Werbung ernsthafte Aufmerksamkeit zu widmen, und die chaotischen angelsächsischen Ideen wurden nur mit großer Vorsicht aufgenommen. Letzten Endes jedoch wurden sie akzeptiert. Die „Systemleute" von Ulm waren geistig wendiger und mehr bereit, intellektuelle Risiken auf sich zu nehmen, als jene angeblich eklektischen oder kompromißbereiten Führer des angelsächsischen Designs, die ihre alten Parolen wie „form follows function" oder „Gutes Design ist für die Ewigkeit" nicht aufgeben konnten.

Unter dem Rektorat von Maldonado wurden selbst die ausgefallensten Ideen skeptisch aber objektiv untersucht und sowohl im Verhältnis zu den realen Bedingungen als auch zu stringenten philosophischen Modellen überprüft, bevor sie akzeptiert oder – was häufiger vorkam – verworfen wurden. Die skeptische Strenge des Denkens an der HfG – die zum großen Teil aus der Frankfurter Schule herrührte, welche in England noch fast unbekannt war – war wie der Stoß eines schmerzhaft frischen Winterwindes, der vom schneebedeckten Kuhberg herabblies.

Leider konnten nur wenige Design-Produkte, die von den Studenten und dem Lehrkörper geschaffen wurden, den Vergleich mit der Qualität des Denkens aushalten. So gut sie auch sein mochten: Sie waren alle noch zu sehr der stilisierten Sichtweise des Bauhauses verhaftet, wie sie von Max Bill übernommen und täglich durch das Beispiel von Lehrern wie Hans Gugelot wiederholt wurde. In dieser visuellen Tradition der „guten Form" waren kulturelle Werte enthalten, die als grundlegend gedacht wurden und nicht ohne weiteres aufgegeben werden konnten; für uns Angelsachsen dagegen, die wir mit Lawrence Alloway darin übereinstimmten, daß „gutes Design nur eine andere Art von Ikonographie ist", war die streng durchgeführte „Semantik und Semiotik" von Maldonados Informationsseminar genau die Art intellektueller Stärkung, die wir brauchten.

Und gerade als das Londoner Design-Establishment endlich das richtige Klischee gefunden hatte, das es für geeignet hielt, die HfG als irrelevant abtun zu können („Nur Theorie ohne praktischen Sinn"), zog Maldonado ihnen mit seinem zeitgerechten und revisionistischen Diktum von 1963 den Boden unter den Füßen weg: „Für das Design von einfachen Gegenständen wie Löffeln oder Gabeln sind guter Geschmack und gesunder Menschenverstand ausreichend."

Santa Monica 1987
Übersetzung: Ronald Voullié

Geschwister Scholl Stiftung

Die Geschwister-Scholl-Stiftung
Rechtliche und wirtschaftliche Trägerin der HfG war die Geschwister-Scholl-Stiftung. Sie wurde 1950 auf Initiative von Inge Aicher-Scholl im Gedenken an ihre 1943 von den Nazis hingerichteten Geschwister Hans und Sophie Scholl errichtet. Stiftungsziel war Aufbau und Unterhaltung einer Hochschule für Gestaltung in Verbindung mit einem Forschungsinstitut für Produktform.

Die juristische Konstruktion geht maßgeblich auf Hellmut Becker zurück (später Direktor des Max-Planck-Instituts für Bildungsforschung Berlin). Er gehörte zu den frühen Beratern des Gründerkreises und war bis zur Schließung Mitglied des Verwaltungsrates.

Die Stiftung wurde geleitet: 1950–53 von Inge Aicher-Scholl, Otl Aicher und Max Bill; 1954–58 von Inge Aicher-Scholl; 1958–63 zusammen mit Prof. Max Guther und Thorwald Risler; 1963–65 von Thorwald Risler mit Prof. Walter Erbe und Hans Zumsteg; 1965 übernahm Dr. Friedrich Rau die Leitung der Stiftung.

Neben dem Vorstand war der 14köpfige Verwaltungsrat bzw. Stiftungsrat wichtigstes Organ bei der Entscheidungsfindung und -durchsetzung. Ihm gehörten die Vertreter von Bund, Land, Stadt Ulm und öffentlichen Körperschaften an.

Ein Kuratorium namhafter und einflußreicher Persönlichkeiten unterstützte die Stiftungsziele nach außen. Administrative Instanz für die HfG war der Verwaltungsdirektor (H. Schlensag, G. Schweigkofler).

Verwaltungsrat:
Hellmut Becker, Kreßbronn
Brigitte Bermann-Fischer, Frankfurt
Helmut Cron, Stuttgart
Karl Max von Hellingrath, München
Karl Klasen, Hamburg
Otto Pfleiderer, Stuttgart
Werner Plappert, Heidenheim
Roderich Graf Thun, Jettingen

Kuratorium:
Hermann J. Abs, Frankfurt
Otto Bartning, Darmstadt
Walter Gropius, Cambridge, USA
Romano Guardini, München
Odd Nansen, Oslo
Herbert Read, Stonegrave, England
Ignazio Silone, Rom
Henry van de Velde, Ober-Ägeri, Schweiz
Carl Friedrich von Weizsäcker, Göttingen
Carl Zuckmayer, Chardonne, Schweiz

Symptomatisch für die Geschichte der GSS bzw. der HfG war der ständige Kampf um die finanzielle Sicherung des Lehr-, Studien- und Forschungsbetriebs.

Trotz eigener Einnahmen, die aus der Kooperation mit in- und ausländischen Unternehmen erzielt wurden, war man stets auf Zuschüsse – des Bundes, des Landes, der Stadt – angewiesen.

Auch das öffentliche Eintreten der Kuratoriums-Mitglieder für die Sache der Stiftung konnte die prekäre Finanzlage nicht dauerhaft stabilisieren.

Kommentare zur Gründung

Das Institut wird die Kunstgewerbeschule, die ich 1906 in Weimar gründete, und das Bauhaus, das Gropius daraus aufbaute, an europäischer Bedeutung übertreffen.
Henry van de Velde

Seit meinem ersten Besuch im kriegszerstörten Deutschland stehe ich mit der Arbeitsgemeinschaft in dauernder Verbindung und durfte Zeuge werden, wie ein immer weiterer Kreis lebendiger weltaufgeschlossener Kräfte entstand und zu wirken begann. Seine Wirksamkeit kann heute für ganz Deutschland produktiv und bedeutsam werden, wenn es gelingt, die aus der bisherigen Arbeit erwachsenen Pläne zu verwirklichen.
Carl Zuckmayer, Schriftsteller

Von der Jugend sind bisher infolge der völligen Erschöpfung nach dem Kriege leider viel weniger Impulse ausgegangen als etwa nach dem Ersten Weltkrieg. Um so mehr begrüße ich Ihren Versuch. Ich bin überzeugt, daß sich aus diesem Plan ein gesunder Kern geistigen Lebens in Deutschland entwickeln kann.
Prof. Werner Heisenberg, Physiker

Etatentwicklung	1957/58	1958/59	1959/60	1960/61	9 Monate 1961
Kultusministerium Baden-Württemberg	180 000,–	180 000,–	180 000,–	180 000,–	250 000,–
Wirtschaftsministerium Baden-Württemberg			100 000,–	125 000,–	130 000,–
Bundesinnenministerium	75 000,–	90 000,–	170 000,–	150 000,–	152 000,–
Stadt Ulm	75 000,–	64 000,–	61 000,–	62 000,–	61 000,–
Eigeneinnahmen	312 000,–	405 000,–	516 000,–	671 000,–	437 000,–
Etatvolumen	642 000,–	739 000,–	1 027 000,–	1 188 000,–	1030 000,–

Etatentwicklung	1962	1963	1964	1965	1966	1967
Kultusministerium Baden-Württemberg	500 000,–	600 000,–	600 000,–	600 000,–	900 000,–	900 000,–
Bundesinnenministerium	300 000,–	269 550,–	246 000,–	200 000,–	200 000,–	
Stadt Ulm	95 000,–	150 000,–	200 000,–	200 000,–	200 000,–	200 000,–
Eigeneinnahmen	602 000,–	950 000,–	636 240,–	339 654,–	649 778,–	keine Angabe
Etatvolumen	1 497 000,–	1 970 252,–	1 682 240,–	1339 654,–	1949 778,–	

Der Deutsche neigt dazu, in eine andere Welt zu fliegen und seine Bildungswelt nicht mehr im Einklang mit der Tagesarbeit zu halten. Ich glaube daher, daß das, was Sie vorschlagen und planen, gerade das ist, was wir brauchen.

Hermann J. Abs, Präsident der Wiederaufbaubank

Den Absichten der Geschwister-Scholl-Stiftung scheinen mir wertvolle und förderungswerte Gedanken zugrunde zu liegen.

Dr. Ludwig Erhard, Bundesminister für Wirtschaft

Wenn man sehen muß, wie das Versagen der Hochschulen an der fehlerhaften Organisation liegt, an der völligen Beziehungslosigkeit der einzelnen Fakultäten und Abteilungen untereinander, so empfindet man das beabsichtigte Programm als den ersten mutigen Versuch, auf der Basis zeitnotwendiger Voraussetzungen zu allgemeingültigen Resultaten zu kommen.

Prof. Will Grohmann, HdK Berlin

Die Hochschule für Gestaltung ist ein internationales Zentrum für Lehre, Entwicklung und Forschung im Bereich der Gestaltung industrieller Erzeugnisse.

Unter diesen sollen hier einerseits die Objekte verstanden werden, die für den alltäglichen, den produktions-, verwaltungstechnischen und wissenschaftlichen Gebrauch sowie für den Bereich des Bauwesens bestimmt sind, andererseits die visuellen und sprachlichen Informationsträger, die durch die modernen Massenmedien verbreitet werden.

Die HfG war in vier Abteilungen gegliedert: Produktgestaltung, Visuelle Kommunikation, Bauen, Information. Angegliedert war das Institut für Filmgestaltung.

Das Studium dauerte 4 Jahre – 1 Jahr Grundlehre, 3 Jahre in einer Abteilung – und konnte mit dem Diplom der HfG abgeschlossen werden. Der Unterricht bestand aus der praktischen Entwurfstätigkeit sowie aus Vorlesungen und Seminaren.

Dabei wurden den Studenten wissenschaftliche Kenntnisse und Methoden vermittelt, die bei der Gestaltungsarbeit eine Rolle spielen. Ein Teil der Vorlesungen wurde für die Studenten aller Abteilungen gemeinsam abgehalten, andere Vorlesungen waren abteilungsspezifisch ausgerichtet. Dieser Unterricht wurde durch Gastvorträge von namhaften Wissenschaftlern und Gestaltern ergänzt.

Die Ausbildung zum Beruf des Gestalters sollte gleichzeitig eine Ausbildung zu sozialer und kultureller Verantwortung sein. Zum pädagogischen Konzept der HfG gehörte ein mit kritischem Bewußtsein verbundenes, solides berufliches Können.

Neben dem pädagogischen Sektor gab es an der HfG Institute, in denen Forschungs- und Entwicklungsaufgaben aus den entsprechenden Aufgabenbereichen der Produktgestaltung, des Bauens und der Kommunikation im Auftrag verschiedener Industrien und Organisationen durchgeführt worden sind.

Grundlehre

Alle Studenten der HfG mußten im 1. Studienjahr die Grundlehre absolvieren; sie war Voraussetzung für die Aufnahme in eine der 4 Abteilungen. Ziel der Grundlehre: die Vermittlung allgemeiner Gestaltungsgrundlagen sowie theoretisch-wissenschaftlicher Kenntnisse; die Einführung in die Entwurfsarbeit, einschließlich Modellbau und Darstellungstechniken; die Sensibilisierung der Wahrnehmungsfähigkeit; das Experimentieren mit den elementaren Mitteln der Gestaltung. Die Lehrprogramme der Grundlehre enthielten – wie jene der Abteilungen – einen nahezu gleichen Anteil praktischer und theoretischer Fächer. Sie wurden im Laufe der Zeit mehrmals modifiziert.

Anfangs noch vom Bauhaus beeinflußt, tendierte die Grundlehre um 1955 immer mehr zu den exakten mathematisch-geometrischen Grundlagen, zu einer visuellen Methodik.

Um 1960 rückten methodisch-abstrakte Problemstellungen in den Vordergrund.

1962 wurde die allgemeine in eine abteilungsspezifische Grundlehre umgewandelt. In der Abteilung Produktgestaltung beispielsweise wurden in der Folge Themen der Grundlehre in allen Studienjahren bis zum Diplom behandelt.

Dozenten: die Lehrenden der Abteilungen sowie Albers, Itten, Huff, Nonné-Schmidt, Peterhans, Rittel.

Grundlehre
In der Grundlehre wird der Studierende dazu erzogen, unvoreingenommen an jede Aufgabe heranzutreten und diese zu lösen nach den Anforderungen ihrer Funktion, ihrer sozialen Auswirkung und kulturellen Bedeutung. Eine der wichtigsten Grundlagen der Grundlehre ist die gegenseitige Kritik, die zur Rechtfertigung der eigenen Arbeit führen soll. Dabei sollen eingefahrene Anschauungen und vorgefaßte Meinungen erschüttert werden, um ein selbständiges Arbeiten zu ermöglichen.

Die Grundlehre besteht aus
Elementare Gestaltungslehre, Arbeit mit Farbe, Form und Licht;
Elementare Ausdrucksübungen, Arbeit in Wort und Schrift;
Elementare Techniken, Arbeit mit verschiedenen Materialien und Werkzeugen;
Auseinandersetzung mit Tagesfragen der Politik und Soziologie, Kultur und Wissenschaft, Kritik und Debatte, Teilnahme an allgemeinen Diskussionen und Aussprachen.

Aus: *Programm der Geschwister Scholl-Stiftung*, 1952

Gestörte Ordnung
Mary Viera 1954/55
Dozent Josef Albers

Dieses Buch als Objekt.

Michael Erlhoff

Jedes Buch ist ein Gegenstand, in dessen Form und Inhalt Konzepte und Gedanken aufgehoben, also vergegenständlicht sind, die sich im gesamten Buch als Äußerung präsentieren. Und so wie andere Gegenstände tritt auch das Buch zuerst als Einheit in Erscheinung, die nach dem Öffnen Einzelheiten, unterschiedliche Funktionen, verschiedene Abläufe und einen eigenen Prozeß preisgibt, ohne dabei in einem Vielerlei zu verfließen und ohne die widersprüchliche Einheit aufzugeben. Wenn das Buch klug ist, verhält es sich so.

Zugleich aber ist ein Buch nur abgeleiteter Gegenstand: Metagegenstand, Werkzeug und Anhängsel. Es ist nicht allein selbstgenügsam, sondern berichtet über etwas anderes, faßt einen großen Gegenstandsbereich zusammen, setzt sich darüber. Das Buch als Metagegenstand hebt auf – in jener dreifachen Bedeutung des Vorgangs: es bewahrt (im vorliegenden Fall wird die Hochschule für Gestaltung archiviert und festgehalten), verzehrt (die HfG wird greifbar, erbaulich, vereinnehmbar, kenntlich, verdinglicht) und erhebt (die Ulmer Hochschule wird öffentlich, erfahrbar und kritisierbar gemacht und dadurch neuen Erkenntnismöglichkeiten ausgesetzt). Deshalb schildert dieses Buch, wenn es klug ist, nicht irgendeine Objektivität, sondern setzt seine, angreifbare.

Aber auch diese Objektivität ist lediglich anhänglich; denn das vorliegende Buch ist kein Roman (mit der Hochschule als windigem Helden). Vielmehr

Unterricht Josef Albers
1954/55

Herstellung von Texturen
Ermanno Delugan 1953/54
Dozent Josef Albers

Papierfaltstudien bei
Josef Albers
Student Christoph Naske
findet in der Pause eine von
Albers nicht vorgesehene
Nutzanwendung der Arbeiten
seiner Kommilitonen
1953/54
Dozent Josef Albers

Zug-Druck-Konstruktionen
Ermanno Delugan 1953/54
Dozent Josef Albers

sollen historische Realität und heutige Bedeutung der Ulmer Hochschule vergegenwärtigt werden: Genesis, Struktur, Theorien, Objekte, Einflüsse... Denn die, die einst „Ulm" bedeuteten, müssen sich gefallen lassen, daß sie heute auch Geschichte sind. – Dies darzustellen, ist denkbar und vorstellbar allein durch eine widersprüchliche Verknüpfung divergenter Materialien: Dokumente aus der Zeit der Hochschule für Gestaltung, zeitgenössische Marginalien, ahistorische und historische Fotografien, heutige Kommentare ehemals Beteiligter, damalige Pläne und kategorisierende Texte.

Aus diesem Grund ist das vorliegende Buch Ergebnis wissenschaftlicher, archivarischer und gestalterischer Arbeit, wurde es ebenso durch Anekdoten und Ereignisse wie durch Gegenstände und Denken geformt.

Wobei Ordnung entsteht, die sich über die ehemaligen Abläufe und Wichtigkeiten legt und dennoch versucht, alle möglichen Bezüge zwischen Aktionen und Objekten und Theorien und Geschichte zu verdeutlichen oder aufzuheben. Im oberen Teil der Publikation sind deshalb in unterschiedlichen Schriftgraden Dokumente der an der HfG Beteiligten zu finden: Texte aus den *Ulm*-Heften und anderen internen Publikationen jener Zeit, daneben stehen Auszüge aus Gesprächen, die vor kurzem mit ehemaligen Ulmer Dozenten geführt wurden, und von demselben Personenkreis neuere Texte, die für diese Publikation geschrieben wurden; zudem gibt es Abbildun-

Farbtransparenz
Eva-Maria Koch 1954/55
Dozent Josef Albers

Verändern der Farbwirkung
durch Quantität
Maurice Goldring
Dozent Johannes Itten

Gesetzmäßige Anordnung
von Elementen
Almir Mavignier 1953/54
Dozent Max Bill

gen Ulmer Objekte und Marginalien zu Ulm. Der untere Teil dagegen umfaßt dokumentierende Materialien aus externen Publikationen und theoretische, aufarbeitende und erläuternde Essays aus heutiger Sicht (unter anderem zur politischen und intellektuellen Situation in Deutschland nach 1945, zur Gegenständlichkeit, zur Grundlehre, zu Systematisierung und Industrie, zum kulturellen Umfeld, zu den Folgen...); diese Essays sind unausgewogen und bedenken die Ulmer Hochschule als geschichtliche Institution und als gegenwärtiges Problem. Mithin sind sie anderen Charakters als die Dokumente, aber weder subjektiver noch objektiver als jene. – Und das Lesen des Buchs kann gleichermaßen im oberen Teil verharren oder sich im unteren festbeißen oder springen, ohne auf gegenseitig unmittelbare Erklärungen hoffen zu können. Denn das Buch entsteht im Kopf.

Da also dieses Buch Gegenstand und Metagegenstand ist und eigene Objektivität setzt, bedarf es zu seiner Realisation der Handhabung durch Leserinnen und Leser, die damit eine Handhabe für das Verständnis der Ulmer Hochschule für Gestaltung ergreifen.

In der Grundlehre sollen die Studierenden die allen Lehrgebieten der Hochschule gemeinsamen sachlichen und geistigen Grundlagen erwerben: die Fähigkeit zu schöpferischer Arbeit, zu selbständigem, von der Konvention unabhängigem Urteil und das Verständnis für die kulturellen Probleme unserer Zeit.

Die Arbeit in der Grundlehre gliedert sich in Visuelle Einführung, Darstellungsmittel und Werkarbeit; hinzu kommt die Kulturelle Integration, die auch in den Abteilungen Bestandteil der Ausbildung ist.

Die Visuelle Einführung umfaßt zu einem wesentlichen Teil Studienarbeiten und Experimente mit einer klar begrenzten Aufgabenstellung, die von den Studierenden selbständig gelöst und dann gerechtfertigt werden. Diese Übungen sollen die verschiedenen visuellen Mittel (Farbe, Raum, Gestalt) zum Bewußtsein bringen und zu einem methodischen, kontrollierten Vorgehen anleiten. Verbunden damit sind systematische Analysen, die auf die heutigen wissenschaftlichen Grundlagen (Wahrnehmungslehre, Morphologie, Topologie, Semantik) zurückgreifen. Durch Übungen und durch Untersuchungen von Darstellungsmethoden, wie Foto, Schrift, freies und technisches Zeichnen, lernen die Studierenden die Darstellungsmittel beherrschen. In den Werkstätten werden elementare praktische Aufgaben gestellt, die mit Hilfe verschiedener Materialien (Holz, Metall, Gips) und Techniken gelöst werden, um Materialkenntnis und manuelle Fähigkeiten zu entwickeln.

HfG-Info 1955/56

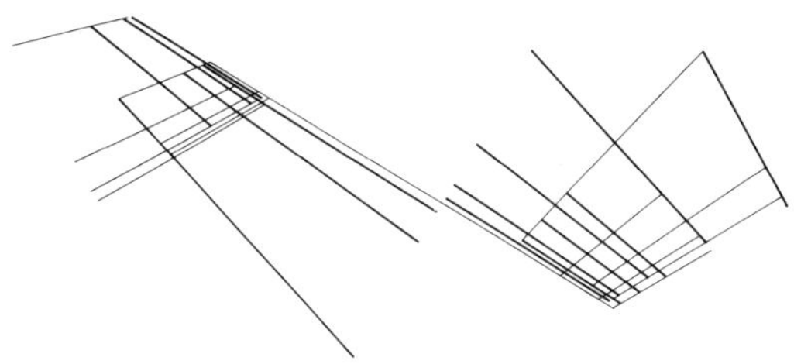

Geometrische Gesetzmäßigkeiten
Almir Mavignier 1954/55
Dozent Hermann von Baravalle

Finden neuartiger Texturen
Richard Rau 1953/54
Dozent Walter Peterhans

Ausstellung im Ulmer Museum
Arbeiten von Hans Conrad, auf der Bank: Helene Nonné-Schmidt

Max Bill im Unterricht

Eine Kurve, die nicht um ihrer selbst willen (als Ornament) einen Raum trennt und teilt, an ihren offenen Stellen wieder ineinander fließen läßt oder wie eine Membrane nur darin vibriert, im Raum arbeitet, ihn bindet und verdichtet.
Aufgabenstellung: Walter Peterhans

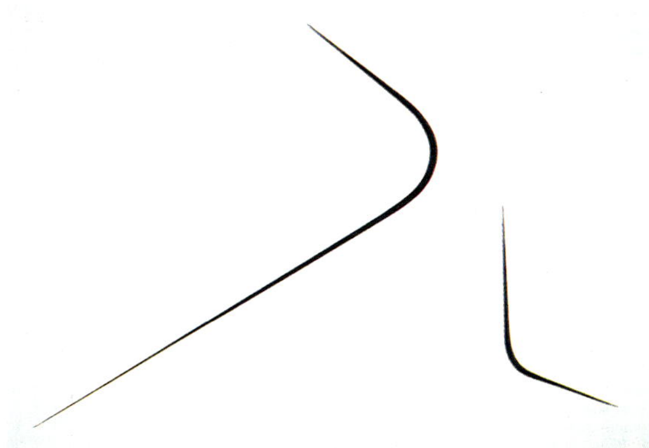

Raumbildende Linien
Peter Gautel 1953/54
Dozent Walter Peterhans

Walter Peterhans

Zwischen Utopie und Restauration

Michael Erlhoff

Ein Situationsbericht über die Jahr nach 1945 in Deutschland

Noch im Frühjahr 1945 kündete ein deutsches Flugblatt drohend: „Wir werden niemals kapitulieren! Wir kommen wieder! Es lebe der Führer!"

Der aber nahm sich Ende April 1945 das Leben, als Berlin schon weitgehend von der Roten Armee besetzt war. Am 2. Mai kapitulierte Berlin, am 9. Mai wurde die Gesamtkapitulation unterzeichnet. Ein freies Deutschland unter der Besetzung der Alliierten.

Die weiteren Daten sind bekannt: Konferenz von Potsdam, Londoner „Viermächteabkommen", Errichtung eines „Alliierten Kontrollrates" und weitere Konferenzen; dann 1947 die gescheiterte Moskauer Konferenz und damit der offene Konflikt zwischen den westlichen Alliierten und der Sowjetunion (was noch während der Konferenz durch die „Truman-Doktrin" bekräftigt und später „Kalter Krieg" genannt wurde); eine Auswirkung dieses Konfliktes war Mitte 1947 der Marshallplan, der gegen öffentlichen, also potentiell staatlichen, Besitz die Förderung der „freien Unternehmerwirtschaft" in Direktiven umsetzte (was vom amerikanischen Militärgouverneur Lucius D. Clay bis in die Ländergesetzgebungen durchgesetzt wurde). Es folgten die Währungsreform und die Gründung der beiden deutschen Staaten.

Auch das Verhalten der Mehrheit der deutschen Bevölkerung ist bekannt: Die Befreiung wurde als Niederlage empfunden (so wie noch heute immer vom „Ende des Krieges"

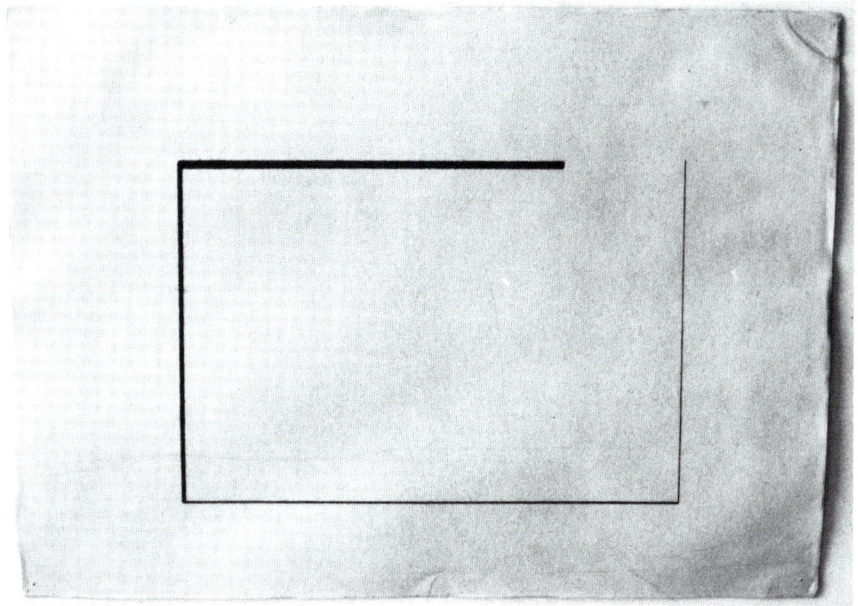

Verteilung und
Differenzierung von drei
Linien auf einer Fläche
Ermanno und Ello Delugan
1953/54
Dozent Max Bill

Gesetzmäßige Anordnung
von sechs Elementen
Herbert Lindinger 1954/55
Dozent Max Bill

und nicht von dem des "Nationalsozialismus" die Rede ist); und tatsächlich hatte man sich nicht selber befreit, sondern war befreit worden – kam aber mit jener erstaunlichen Normalität, die schon den deutschen Faschismus getragen hatte, nun mit den Alliierten zurecht. Emsig wurden die Trümmer aufgeräumt und der Wiederaufbau betrieben (einige Jahre später kündete eine Werbeanzeige: „Freudig schaffen, froh genießen"), und heftig wurde der Kopf in den Sand gesteckt: „Nach'm Regen scheint Sonne, nach'm Weinen wird g'lacht", prophezeite ein damaliger Schlager, und Jupp Schmitz sang 1949 erfolgreich und wunderlich schuldlos: „Wer soll das bezahlen, wer hat das bestellt." Die Mehrheit eines Volkes verdrängte, mußte nach eingefleischten Prinzipien verdrängen. Weshalb der aus der Emigration zurückgekehrte Stefan Heym am 21. Oktober 1945 – die Nürnberger Prozesse begleitend – öffentlich schrieb: „Sich unangenehmen Tatsachen gegenüber zu verschließen, ist ein Schutzmechanismus der menschlichen Seele." Dabei bildeten ja diese Prozesse wie auch die zwangsläufig nur formelle „Entnazifizierung" den Anfang einer das gesamte deutsche Volk entlastenden Personalisierung der deutschen Geschichte zwischen 1933 und 1945 und gaben jenen obskuren Thesen von Verführung und Irrationalismus Legitimationsfähigkeit. Ein unverstandener Prozeß. Aber wie sollte es anders sein, wenn doch eine radikale Analyse der Geschichte und der sie bewegenden Verhältnisse die

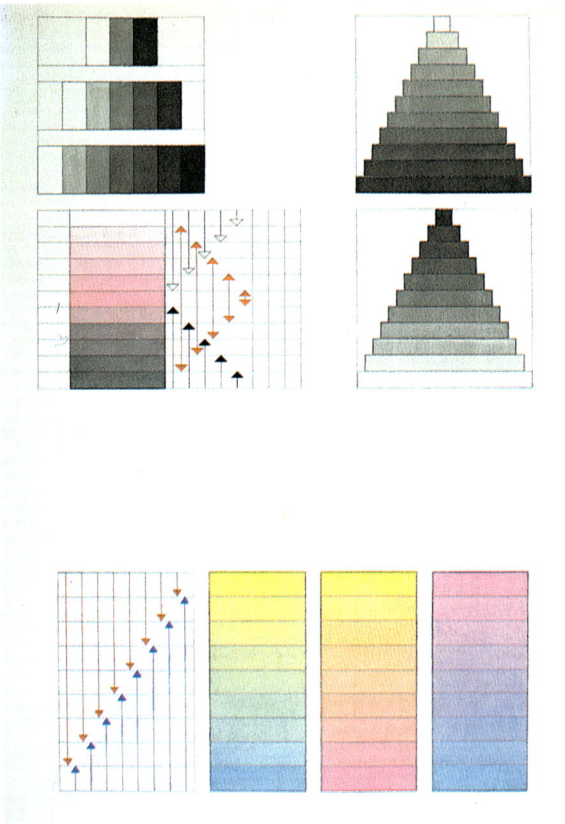

Farbenlehre nach Paul Klee (Aquarell-Technik) Dozent Helene Nonné-Schmidt

Oben
Bernd Meurer 1956/57

Links
Klaus Franck 1955/56

Rechts
Hans von Klier 1955/56

Alliierten selber mit hineingezogen hätte. Wie sollte sich nach 1945 Bewußtsein ohne solche radikale Analyse und Kritik ändern. Neue Ideologeme wurden angeboten, und die Phrasen blieben gleich: 1948 schrieb zum Beispiel die Alltagspresse – wie Reinhard Lettau zitiert – einfach weiter von: „Gefechtgang der Diskussionen" und von „geballtem Stil", wurde eine „echte Haltung" gefordert und „auf den Zahn gefühlt". Wobei die Sprache lediglich äußerte.

Auch dieses sollte bekannt sein: Unzählige Menschen wurden im Deutschland von 1933 bis 1945 ermordet – politische Gegner, Kritiker, Juden, Zigeuner, Intellektuelle. Nur wenige entwickelten offenen oder geheimen Widerstand – die Geschwister Scholl, einige Pastoren und Namenlose. Manche zogen sich zurück, machten mit, ohne mitzumischen – der Dr. phil. Serenus Zeitblom als literarische Figur solcher Anmaßung. Und viele waren emigriert, lebten irgendwo in fremder Umgebung, auch dort ungern gelitten, und standen 1945 vor der möglichen Frage einer Rückkehr nach Deutschland. Viele kehrten zurück, zögernd, aber auch in der Hoffnung, ein neues, demokratisches Deutschland aufbauen zu können. Gemeinsam mit den wenigen, die in Deutschland geblieben und dennoch nicht vom „Dritten Reich" korrumpiert worden waren, versuchten sie statt Wiederaufbau einen Neuaufbau, gingen sie in die Rundfunkanstalten und Tageszeitungen, gründeten sie Zeitschriften und Bildungseinrich-

Helene Nonné-Schmidt und Student William S. Huff

Johannes Itten bespricht die Ergebnisse seines Farbkurses 1954/55

die grundlehre hat den sinn, den widerspruch zwischen reinem wissen und gewohnheitsmäßigem tun zu überwinden. aufgrund praktischer übungen und damit verbundenen systematischen untersuchungen werden die theoretischen grundlagen für neue gestaltungsmethoden entwickelt.

die grundlehre umfaßt 4 arbeitsbereiche: visuelle einführung. training und experiment auf dem gebiet der visuellen wahrnehmungsphänomene (farbe, gestalt, raum). darstellungsmittel, übungen und analyse der elementaren darstellungsmethoden (foto, schrift, freies und technisches zeichnen). werkarbeit. praktische einführung in die manuellen techniken (holz, metall, gips) und analyse der gestaltungsmittel. kulturelle integration, vorlesungen und seminare über zeitgeschichte, gegenwartskunst, philosophie, kulturelle anthropologie, morphologie, psychologie, soziologie, ökonomie und politische wissenschaften.

Von Tomás Maldonado formuliertes Grundlehre-Konzept, 1955

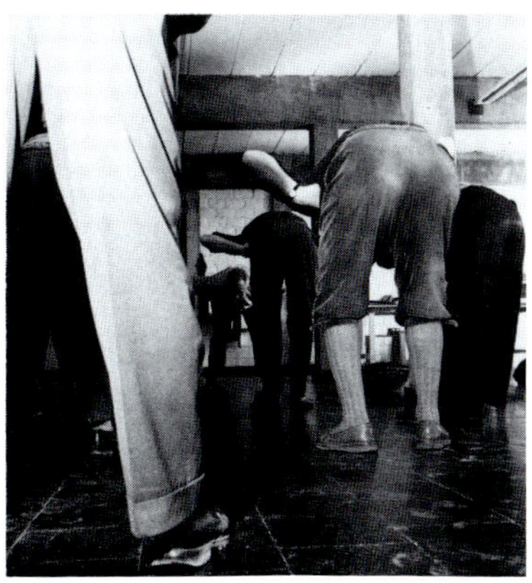

Die bei Itten obligaten Atem- und Meditations-Übungen vor Beginn des Unterrichts 1955

tungen. Inge Scholl und Hans Werner Richter, Stephan Hermlin, Hans Mayer, Alexander Mitscherlich und so viele andere.

Von heute aus betrachtet überraschen und beeindrucken das damalige Vertrauen in gesellschaftliche Möglichkeiten und der Enthusiasmus, mit dem eine Demokratisierung Deutschlands erdacht wurde; und zwar eine Demokratisierung von oben, also als Bildung und Aufklärung. – Symptomatisch dafür ist die Vielzahl der Zeitschriftengründungen in Deutschland nach 1945 und sind deren Titel: „Aufbau", „Das Andere Deutschland", „Die Wandlung", „Aussaat", „Die Fähre", „Das goldene Tor", „Die Pforte"... Zuversicht, Utopie, Aufbruchstimmung, die sich über die Lähmung der Geschichte hinwegzusetzen suchten. Da wurde an die Potentialität eines Jetzt geglaubt, schien so etwas wie eine gesellschaftliche Katharsis möglich. Ganz pathetisch wurden Tore aufgetan, Wege gewiesen, Freiheiten ausgeheckt – materielles Elend und die Schwierigkeit, in der deutschen Geschichte ohne Anknüpfungspunkt und deshalb eigentlich sprachlos zu sein, überspringend. Und so sehr auch diese Vorstellungen und Aktivitäten – wenn nicht in den Zielen, so doch in der Form und im Gestus – auf verwirrende Weise denen der Alliierten glichen und von diesen kontrolliert wurden, so waren sie doch (und vielleicht gerade in ihrer Unbedenklichkeit) propulsiv, schufen sie Denkansätze und Fakten, die über die zunehmend restaurative Politik der Alliierten, über

Die „Ulmer" 1955
von links:
Gugelot, Vordemberge,
Aicher, Inge Aicher-Scholl,
Maldonado, Bill, Wachsmann, Werkstattleiter,
Angestellte und Studenten

stupende Emsigkeit der deutschen Bevölkerung und der späteren Bundesregierung hinauswiesen und sich punktuell durchsetzten; die Erfolge von Inge Scholl zeugen davon ebenso wie die „Gruppe 47" und wie viele Ideen der 60er Jahre, die das hier Begonnene bearbeiteten und mit neuem Impetus erweiterten. Dennoch wäre jegliche vergoldende Rückschau auf diese Zeit trügerisch. Nicht nur nämlich setzten die Alliierten jeweils ihre Prinzipien von Demokratie und vor allem von Ökonomie gegen jegliche Utopie einer freien Gesellschaft durch (bekanntlich wurde das Heft 17 der von Alfred Andersch und Hans Werner Richter edierten Zeitschrift „Der Ruf" von den Amerikanern verboten und mußten die beiden Herausgeber die Zeitschrift verlassen – worauf Richter für eine satirische Zeitschrift keine Lizenz erhielt und deshalb im September 1947 oppositionelle Mitarbeiter des „Ruf" zu einem Gespräch einlud: der Beginn der „Gruppe 47"); nicht nur besetzten die im deutschen Faschismus tätig gewesenen Bankiers, Lehrer, Professoren, Fabrikbesitzer, Richter und andere Verantwortliche weitgehend erneut ihre alten Sessel und hatte sich real gar nicht soviel geändert; und nicht nur sprachen die Menschen, als verfügten sie noch über eine deutsche Sprache, und agierten sie, als sei alles normal und ginge es nur um das Überleben, und suchten sie Sicherheit und Gemütlichkeit, als müßte man sich nur einrichten: vielmehr entwickelte sich – an den utopischen und seriösen

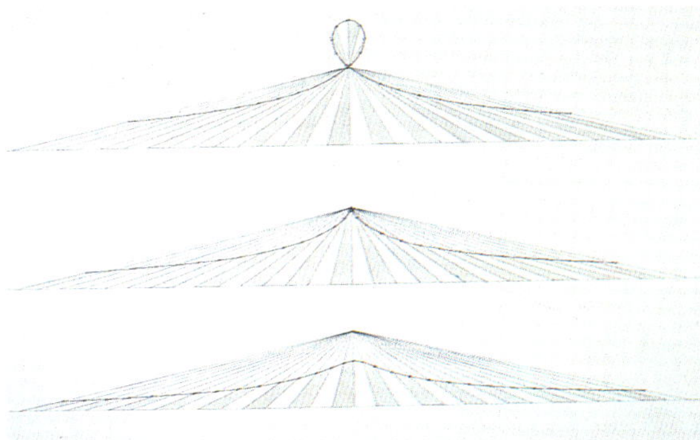

Hermann von Baravalle im Unterricht 1955/56

Geometrische Studien (Conchoide)
Dominique Gilliard 1955/56
Dozent Hermann von Baravalle

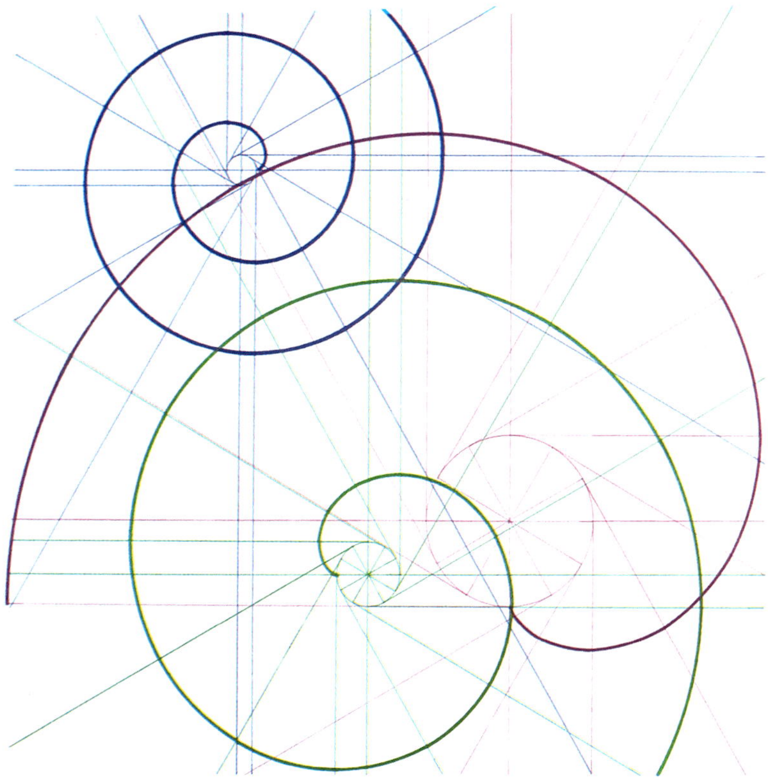

Konstruktive Geometrie
Eva-Maria Koch 1954/55
Dozent Hermann von Baravalle

Gedanken vorbei – auch explizit ein politisches und intellektuelles Klima, in dem Werte wieder gehandelt wurden und die gesellschaftliche Verdrängung der Geschichte ideologisiert werden konnte. Reinheitsideale wurden errichtet, als hätte nicht die Geschichte zuvor genug von Hygiene geplappert, das „sprachliche Kunstwerk" der „kleinen Versschule" und „ergriffenes Dasein" wurden gepriesen, als verfügte man über irgend etwas. Nun ging es allein noch um Aneignungsweisen, um schnelle Besitzstandserweiterung, um saubere Lösungen und fixe Expansion. Das offizielle Denken grenzte sich ideologisch und in wuchtigem Pragmatismus gegen das ab, was Ideologie genannt wurde und Irrationalismus meinte, und die Kultur wurde zum Konfetti wiederaufbauender Selbstgewißheit. Die Auseinandersetzung mit deutscher Geschichte wurde – daran partizipieren wir noch heute – in Päckchen gepackt, mit Antikommunismus ausgetauscht und bestenfalls ins akademische Kalkül gezogen. Die 50er Jahre begannen und brachten allenthalben Zusammenbrüche kluger Projekte, Zeitschriften und Ideen; einige Unverzagte wechselten in die DDR über und wurden dort zusehends zerstört, und nur wenige Projekte retteten sich – nicht ohne Beschädigungen. Wenn man bedenkt: Zu den Diskussionen des Ulmer Kreises um Inge Scholl und Otl Aicher gehörte der den Amerikanern mißliebige Hans Werner Richter, und auch in der Gründungsphase der Ulmer Hochschule war er dabei. Aber

...Die Aufnahme in die Hochschule ist der Ritus einer Initiation: die Studenten schneiden einander selbst die Haare. Der Haarschnitt ist die erste Weihe. Ein sehr kurzer Haarschnitt. Sehr funktionell und begründet: gleichlang auf dem ganzen Kopf, wie die Haare gleichlang wachsen, eine sehr mönchische Frisur. Die zweite Stufe ist die Übernahme der Kleinschrift. Nicht aus historischen oder sprachphilosophischen Überlegungen. Aus Zweckmäßigkeitsgründen. Großbuchstaben sind Umwege für Hand und Auge. In Ulm schreibt man klein. Der dritte Grad: Verlust des Familiennamens, Verlust einer Herkunftsbelastung. Man hat nur den eigenen Namen. Zugleich Verlust der konventionellen Stellung in der Anrede. Das Du anstelle des Sie. Der letzte Grad: Umfunktionieren der Denkweise. Ummontieren des Denkens und Empfindens. Vor allem durch ständigen Zwang, alles (alles!) zu begründen. ...

Bernhard Rübenach: „Der rechte Winkel von Ulm", Rundfunkessay 1959

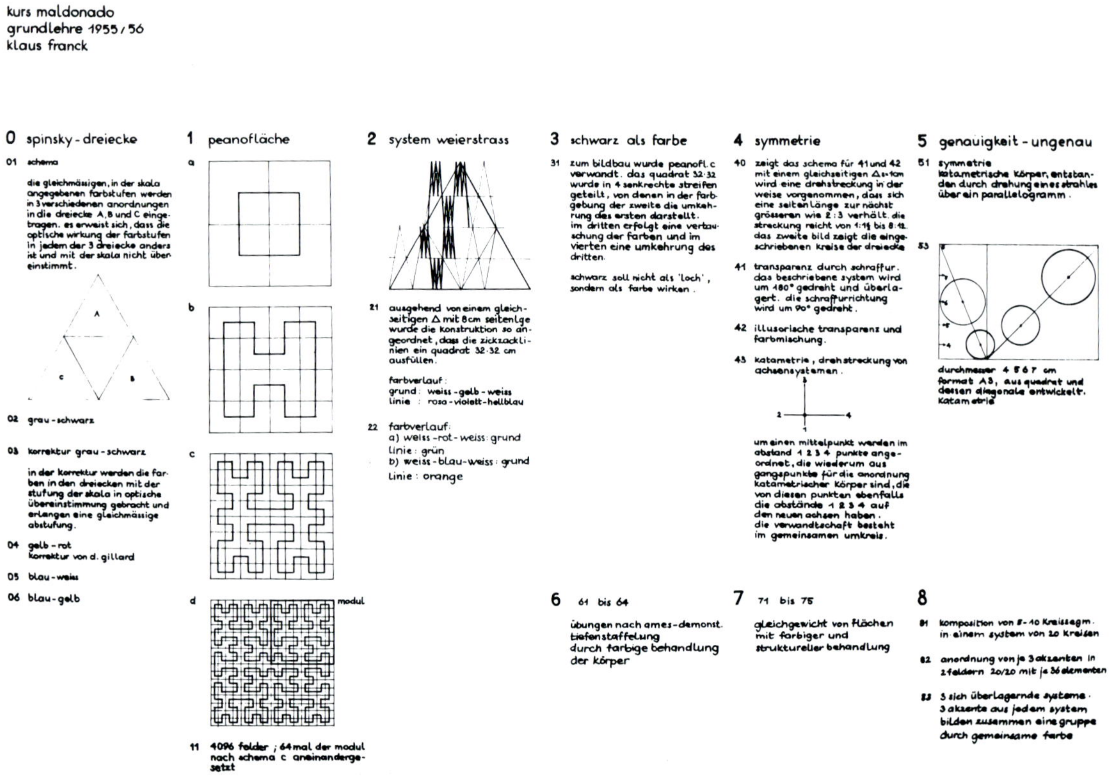

Aufgabenstellung
Maldonado
Klaus Franck 1955/56
Dozent Tomás Maldonado

statt einer Ulmer Hochschule für demokratische Bildung oder Aufklärung – was auch immer das hätte werden können – entstand eine Hochschule für Gestaltung – was auch immer daraus wurde –, und statt einem offensichtlich möglichen Rektor Hans Werner Richter wurde der neutrale Schweizer Architekt und Künstler Max Bill Gründungsrektor und Erbauer der HfG. – Oder man könnte die Reihe der Widersprüche erweitern und fragen, warum die amerikanische Besatzungsmacht und vor allem der Kreis um den Hochkommissar McCloy die Gründung der HfG mit einer für jene Zeit unfaßbaren Summe Geld ermöglichte und förderte, oder weshalb derselbe Kreis offenbar auch bei der Neugründung des Frankfurter Instituts für Sozialforschung behilflich war. Gewiß nämlich intendierten diese Förderer nicht das, was aus diesen Institutionen wurde: Zentren intellektueller Diskussion und Opposition, Proben veränderter Verkehrsformen und eingreifenden Handelns. Mithin geschah beides: Die Förderung rannte sich selber voraus, gewährte – ähnlich den Vorgängen um die Nürnberger Prozesse und die „Entnazifizierung" und wie die Gründung der Bundesrepublik Deutschland – nicht nur Entlastung, Kompensation, sondern auch die Möglichkeit und Notwendigkeit, Konflikte auszutragen, Öffentlichkeit zu erklären und Denkformen zu entwickeln; zugleich aber wurden diese Institute auch durch den Widerspruch konturiert, litten sie an den Zuweisungen und implantierten Restriktionen der

die grundlehre verfolgt vier ziele:

1. sie führt die studierenden in die arbeit der abteilungen ein, vor allem in die methoden, auf denen die abteilungsarbeit beruht.

2. sie macht die studierenden mit den wichtigsten fragen unserer technischen zivilisation vertraut und vermittelt auf diese weise die horizonte der konkreten gestaltungsaufgaben.

3. sie trainiert die zusammenarbeit verschiedener disziplinen und bereitet dadurch die studierenden vor auf die arbeit im team, d.h. auf die arbeit in gremien von spezialisten, in denen es darauf ankommt, daß jeder einzelne die fragestellungen und die perspektiven der übrigen mitarbeiter versteht.

4. sie gleicht darüber hinaus unterschiede der vorbildung aus, die sich daraus ergeben, daß die studierenden nicht nur aus verschiedenen fachgebieten, sondern auch aus verschiedenen ländern mit andersartigen erziehungssystemen kommen.

Aus: HfG-Info, 1958/59

Ungenauigkeit mit exakten Mitteln
Adolf Zillmann 1955/56
Dozent Tomás Maldonado

amerikanischen (und auch der deutschen) Förderer. Was substantiell ebenso die Gründungsphase der Bundesrepublik Deutschland zwiespältig machte.

Umgebungsabhängigkeit der Farbwirkung
Hans von Klier 1955/56
Dozent Tomás Maldonado

1957 kam ich nach Deutschland als Stipendiat des DAAD, um beim Studio für elektronische Musik des Westdeutschen Rundfunks in Köln zu arbeiten. Kurz danach nahm ich mit Tomás Maldonado Kontakt auf – für dessen Zeitschrift „Nueva Visión" ich in Buenos Aires geschrieben hatte – und besuchte ihn in Ulm. Mein erster Eindruck in der Eiseskälte von Februar 1958: Ein spartanisches Leben, gekennzeichnet von pragmatischem Idealismus und der Suche nach

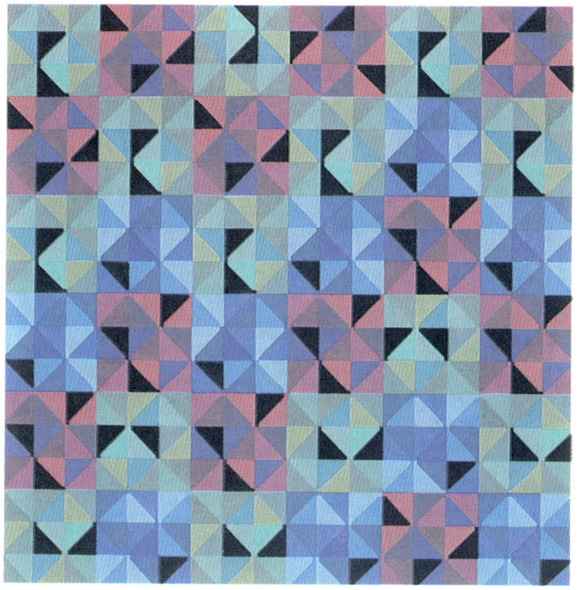

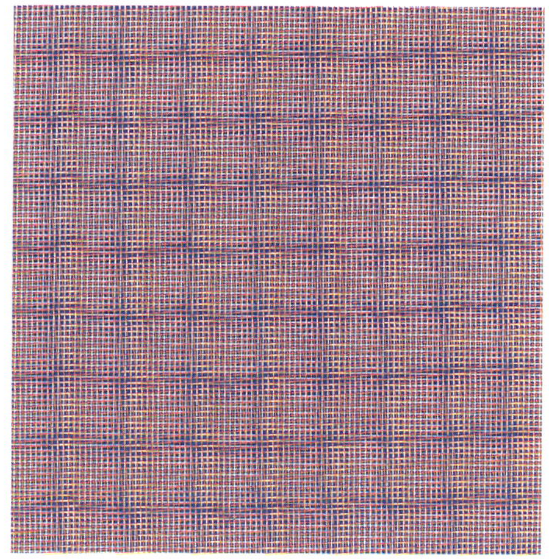

links
Schwarz als Farbe
Kombination von Helligkeitskontrasten, bei der Schwarz nicht als Loch, sondern als Farbe wirkt.
Urs Beutler 1956/57
Dozent Tomás Maldonado

rechts
Interferenzen
Überlagerung farbiger Strukturen
Gunnar Jonsson 1955/56
Dozent Tomás Maldonado

links
Unschärfe hergestellt mit exakten Mitteln
Dominique Gilliard 1955/56
Dozent Tomás Maldonado

rechts
Studien mit Peanoflächen
Andries van Onck 1955/56
Dozent Tomás Maldonado

einer Ästhetik, deren Verwirklichung von relevantem praktischen Wert für die Gesellschaft sein müßte. Lehrer und Studierende verfolgten das Ziel einer allumfassenden visuellen Erziehung, die zur gerechten Gestaltung aller Gegenstände im Umfeld des Menschen führen sollte. Daß die ideologische Plattform des Vorhabens angreifbar war und Spannungen auslöste, läßt sich nicht leugnen. Aber gibt es irgendetwas, was nicht in Frage gestellt werden könnte? Als faktisches Erbe des Bauhauses hatte die neue Hochschule seit ihrer Gründung den Ruhm bahnbrechender Didaktik, aber auch die Hypothek solcher Aura übernommen. Wesentlich ist, daß die Hochschule für Gestaltung zu einer Zeit gegründet wurde, als sie für die Erneuerung der pädagogischen Landschaft der Bundesrepublik unerläßlich war. Für eine historische Analyse dieser Bedeutung kommt es schließlich nur auf diesen Stellenwert und seine mittelbaren Folgen an.

Mauricio Kagel, 1987

Unterricht Tomás Maldonado

Unterricht Otl Aicher

Spiral-Konstruktionen
Marcel Herbst 1958/59
Dozent Otl Aicher

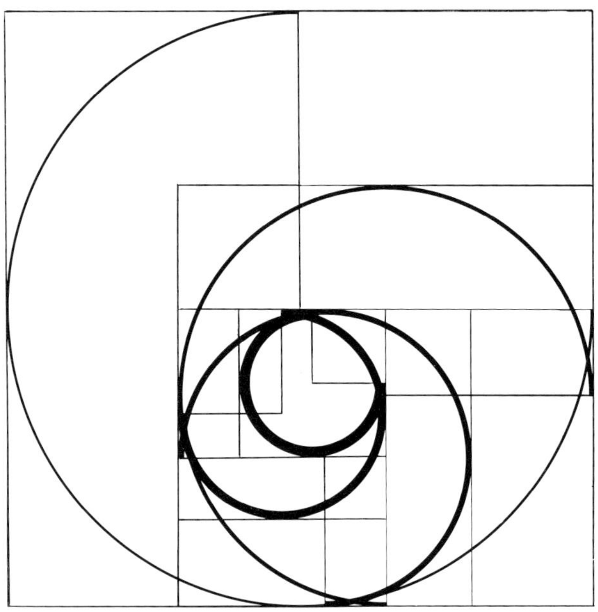

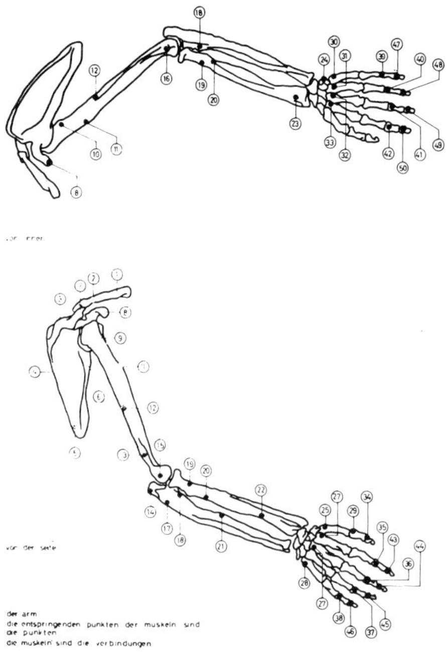

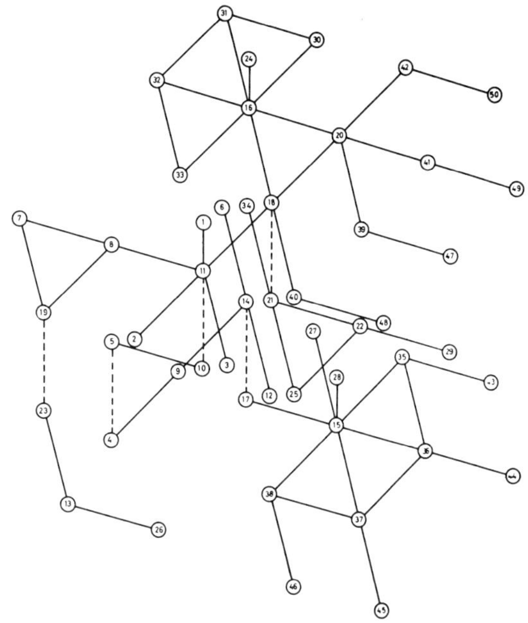

Theorie der Graphen
Visualisierung von Bewegungsabläufen und Funktionen in grafischer Darstellung
John Lottes 1958/59
Dozent Anthony Fröshaug

Ein Anthropologie-Seminar mit E. F. Podack auf der Terrasse

...dort also, wo sich der mensch auf seine existenz als mensch besinnt, ist er fähig, seine umwelt nicht nur zu technisieren, d.h. nach seinen allernötigsten materiellen bedürfnissen einzurichten, sondern er ist in der lage, seine umwelt wirklich zu gestalten. dafür braucht es ästhetische argumente, braucht es die künste, die integration der künste in das tägliche leben. ...

es fehlen dem ulmer programm gerade die entscheidenden komponenten des ästhetischen trainings, das heißt „training und experiment auf dem gebiet der visuellen wahrnehmungsphänomene", „übungen und analyse der elementaren darstellungsmethoden". gerade sie sind die unumgänglichen grundlagen der arbeit an einer hochschule für gestaltung, keinesfalls jedoch die einführung in die abteilungsarbeit."...

Max Bill, „Der Modellfall Ulm", *Form*, 6, 1959

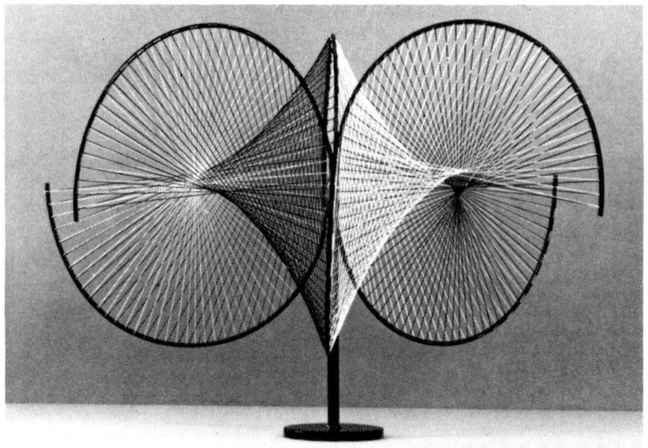

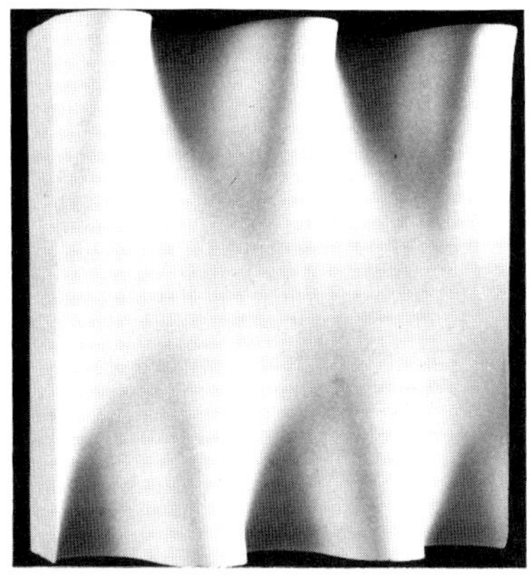

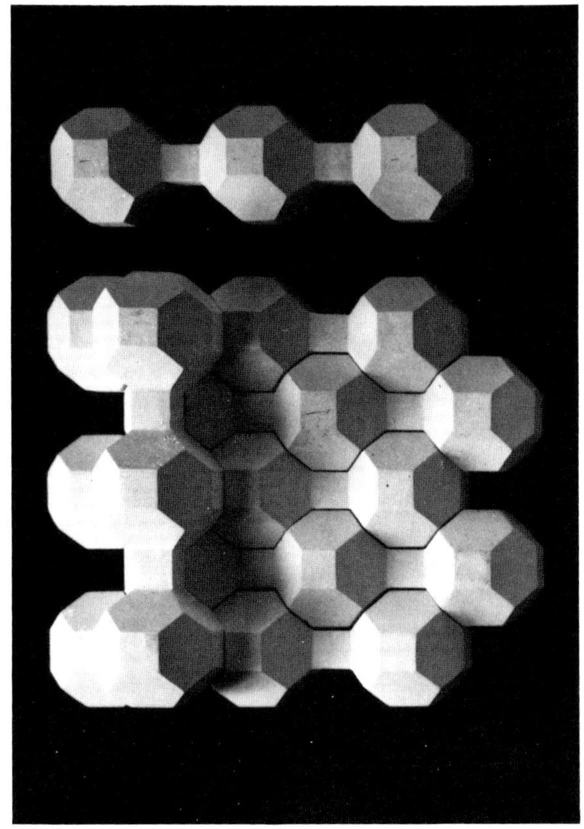

Formschlüssig stapelbare
Körper – lückenlose Nutzung
des Raumes
Herbert Falk 1959/60
Dozent Walter Zeischegg

Sinus-Fläche
Gerhard Mayer 1959/60
Dozent Walter Zeischegg

Gipswerkstatt
1955/56

Metallwerkstatt
1955/56
Werkstattleiter Cornelius
Uittenhout mit Studentin
Elke Koch-Weser

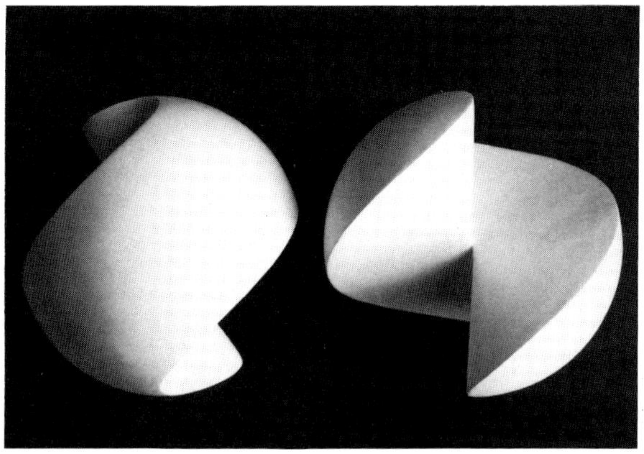

Teilung einer Kugel in
gleiche Hälften
Eduardo Vargas 1957/58
Dozent Tomás Maldonado

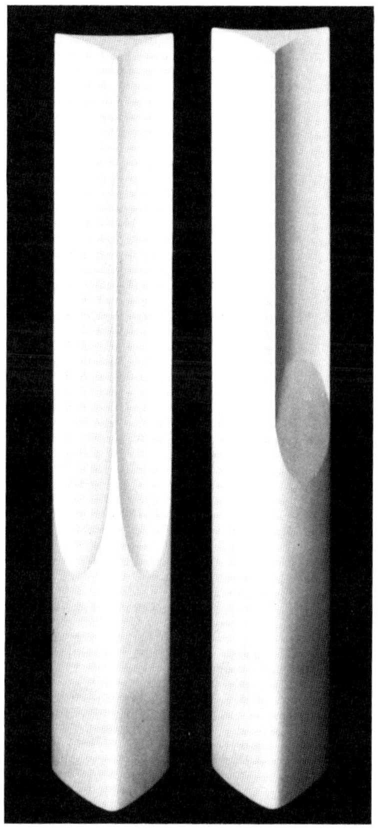

Formübergangs-Studien
Reinhart Butter 1958/59
Dozent Georg Leowald

Nicht orientierbare Fläche, die Kugel besteht im Prinzip aus nur einer sich drehenden einseitigen Fläche.
Ulrich Burandt 1958/59
Dozent Tomás Maldonado

Hans Gugelot

...Die Grundlehre des Studienjahres 1960/61 ist die vorläufig letzte gemeinsame Grundlehre an der HfG gewesen. Schon während des vergangenen Studienjahres ist ihr Name – auf Anraten des baden-württembergischen Kultusministers Dr. Storz – in „1. Studienjahr" geändert worden. Mit Beginn dieses Studienjahres wurde auch die Institution selbst beseitigt: Alle neu eintretenden Studenten wurden sofort in eine der vier Abteilungen aufgenommen. Zwar ist nach wie vor ein Teil der sogenannten „theoretischen" Fächer für alle Studenten des 1. Studienjahres gemeinsam, aber die Abteilungsarbeit, früher Grundlehrearbeit genannt, ist jetzt in vier unabhängige, nach Abteilungen gesonderte Kurse aufgeteilt. Getrennt von den Studenten anderer Abteilungen, getrennt auch von den übrigen Studienjahren werden jetzt die neuen Studenten in den Abteilungen unterrichtet. Während in den vergangenen Jahren die Studenten der Grundlehre mit Dozenten aus allen Abteilungen einschließlich der Dozenten für die theoretischen Fächer arbeiten konnten, kommen sie jetzt nur noch mit den wenigen Dozenten ihrer eigenen Abteilung zusammen, mit denen sie auch in den weiteren drei Jahren zusammen arbeiten werden. Zwischen den einzelnen Abteilungen besteht keine Koordination mehr. Das Amt des „Abteilungsbeauftragten Grundlehre", das im letzten Jahr Herr Rittel innehatte, ist abgeschafft worden. Statt dessen hat jetzt jede Abteilung ihren eigenen verantwortlichen Dozenten für das 1. Studienjahr ernannt, und bestimmt Ausbildungsziel und Lehrprogramm in eigener Regie.

Karl-Achim Czemper, in: *Output*, 6/7, 1961

...Die zur Diskussion stehende Änderung hat eine lange Vorgeschichte. Genaue Daten kann ich dazu nicht geben. Soviel ich mich erinnere, wurde zuerst 1956 oder 1957 der Wunsch laut, die fachliche Ausbildung in den Abteilungen zu aktivieren. Diese Aktivierung der Fachausbildung war in der Diskussion um die Grundlehre der Hauptpunkt. Es gab in den folgenden Jahren verschiedene Versuche, spezialisierten Charakter in die Aufgaben der alten Grundlehre zu bringen.

Ein weiterer Faktor, der bei der Änderung in Betracht gezogen wurde, war die Zahl der Studenten in der Grundlehre. In den letzten Jahren war die Grundlehre mit 40–50 Studenten die größte Abteilung, weit mehr als ein Dozent bewältigen konnte.

Deshalb war die Kritik der Studenten berechtigt, daß keine individuelle Besprechung der Arbeiten durchgeführt würde. Die Dozenten klagten über die Unübersichtlichkeit der Grundlehregruppe. Für die Abteilungsdozenten, die nur sehr kurze Zeit in der Grundlehre unterrichteten, war es unmöglich, neben ihrer Arbeit in der Abteilung richtige Kritik zu geben. Z.B. hatte ich im letzten Studienjahr 40 Studenten in der Grundlehre und 8–10 Studenten in der Abteilung. Die jetzige Lösung war also eine logische Folgerung aus dem Bestreben, eine individuellere Ausbildung zu ermöglichen und mehr fachliche Spezialisierung in das 1. Studienjahr zu bringen. Wir haben die Erfahrung gemacht, daß 2 Jahre Ausbildungszeit in der Fachabteilung zu wenig sind für Studenten, die sich noch nicht mit technologischen Problemen befaßt haben. Sie mußten sich am Anfang des 2. Studienjahres zuerst die technischen Kenntnisse erwerben, die sie für die Abteilungsarbeit brauchten. ...

Hans Gugelot, Interview zur Grundlehre, in: *Output*, 6/7, 1961

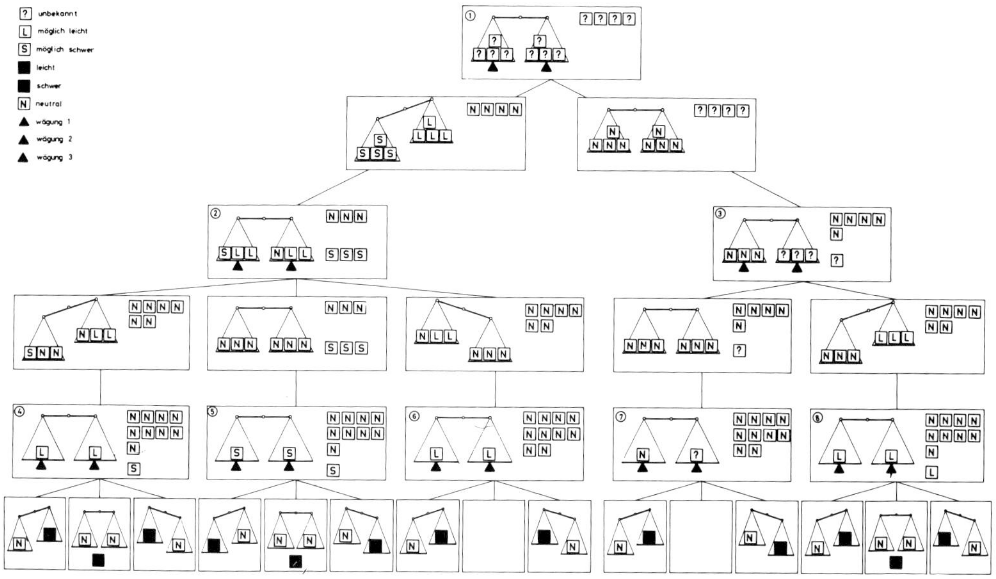

Operationsschema zur Suche nach einem fehlerhaften Muster
Heinz Grüber 1960/61
Dozent Bruce Archer

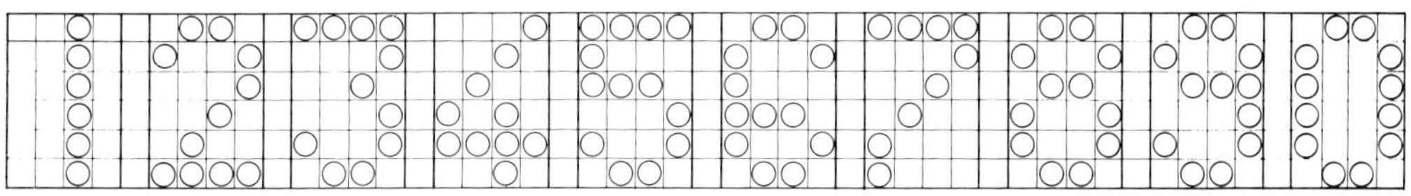

rasterzahlen feld 1-9-0

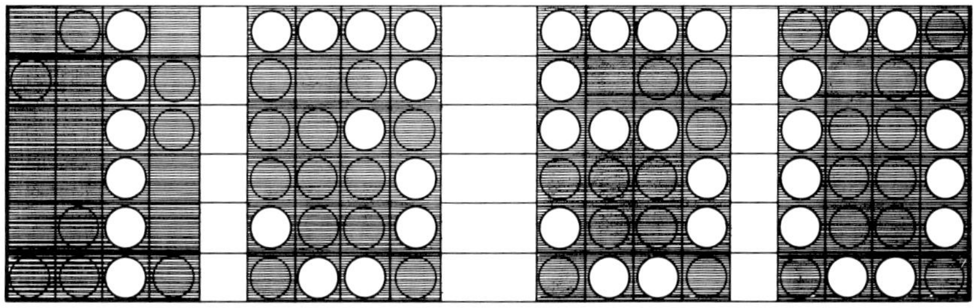

feld a
ziffernwechsel 1 & 2
gesamtzahl der leuchten 14

feld b
ziffernw. 0 1 2 3 4 5 6 7 8 & 9
ges. zahl der leuchten 23

feld c
ziffernw. 0 1 2 3 4 5
ges. zahl der leuchten 23

feld d
ziffernw. 0 1 2 3 4 5 6 7 8 & 9
ges. zahl der leuchten 23

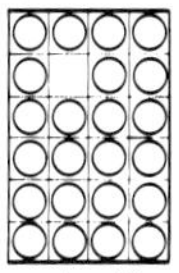

gesamte verteilung der leuchten für samtliche ziffern

Optimierungsübung
Maximale Lesbarkeit von Ziffern mit möglichst wenigen Leuchtquellen
Robert Graeff 1959
Dozent Anthony Fröshaug

zwei felder sind mit farbtönen aus zwei vergleichbaren tonwertreihen zu belegen. die erste tonwertreihe besteht aus einer grauleiter mit zehn gleichmäßigen stufen von weiß bis schwarz. die zweite tonwertreihe besteht ebenfalls aus zehn feldern, von denen das erste wieder weiß und das letzte wieder schwarz ist. die acht dazwischenliegenden felder sind mit verschiedenen bunten farben so auszufüllen, daß die bunten farben in ihrer abstufung den stufungen der grauleiter entsprechen. dazu soll hier folgende konvention gelten: eine zahlenreihe 0,1,2,3, ... 8,9 ist den zehn stufen bei den tonwertreihen zugeordnet. die zahlenreihe beginnt immer bei weiß mit null und endet bei schwarz mit neun. die beiden felder bestehen aus je 8 mal 13 quadraten zu je 10 mm kantenlänge. die farbquadrate grenzen ohne zwischenraum aneinander. die anordnung der farbtöne innerhalb der felder ist durch folgendes zahlenschema bestimmt:

1	6	3	3	8	5	6	3	1	4	0	0	1
1	1	9	7	1	6	3	5	6	8	0	4	5
0	3	4	4	2	6	5	3	6	9	3	0	8
6	9	2	2	6	3	6	6	5	3	9	1	1
3	4	0	7	3	2	3	5	4	4	7	9	7
9	6	1	8	2	4	6	9	1	4	1	3	5
4	0	4	2	7	1	0	7	1	7	1	0	7
1	8	7	8	5	8	0	2	3	1	8	9	8

(die zahlen sind einer zufallstabelle entnommen. ihre reihenfolge ist völlig regellos.)
darzustellen ist auf einem weißen karton DIN A 2 mit temperafarben (bzw. mit tusche):
11 die grauleiter mit den entsprechenden zahlen von 0–9.
12 die bunte tonwertreihe mit den entsprechenden zahlen von 0–9.
21 ein feld mit dem zahlenschema.
22 ein feld mit den entsprechenden tonwerten aus 11 belegt.
23 ein feld mit den entsprechenden tonwerten aus 12 belegt.
die beiden tonwertreihen und die beiden dazugehörigen felder sind auf dem blatt so anzuordnen, daß ein vergleich gut möglich ist.

Anthony Fröshaug: Aufgabenstellung Farblehre, 1960

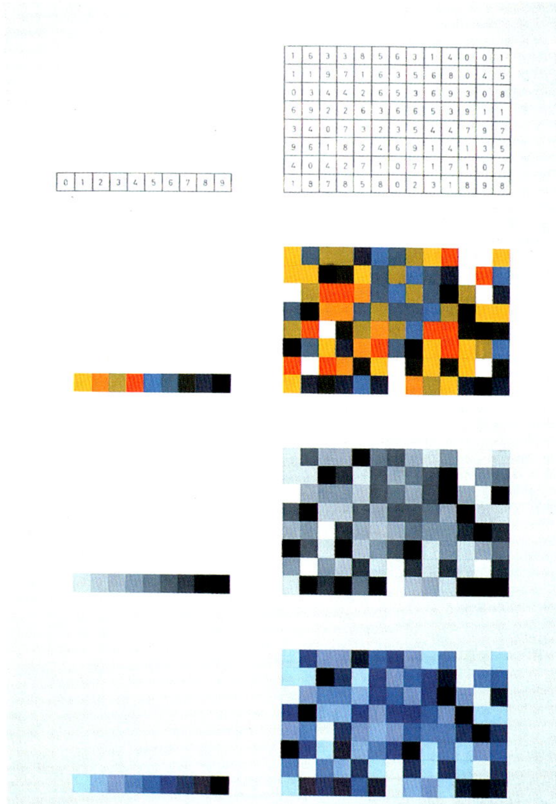

Zufällige und absichtliche Verteilung
Kombinieren von Farben mit der aleatorischen Methode (Würfeln)
Tom Dalley 1960/61
Dozent Anthony Fröshaug

Links
Unterricht William S. Huff

Rechts
Friedrich Vordemberge-Gildewart und Horst Rittel

Links
Raster
Peter Fischer 1964/65
Dozent William S. Huff
Aufgenommen in die ständige Sammlung des Museum of Modern Art, New York

Rechts
Ausbalancieren von Kontrasten (sog. „Primadonna")
Herbeiführung eines Gleichgewichts durch Quantitätsmodifizierung.
Erich Rufer 1960/61
Dozent Vordemberge-Gildewart

Schein-Räumlichkeit
Ernst Buchwalder 1965
Dozent William S. Huff

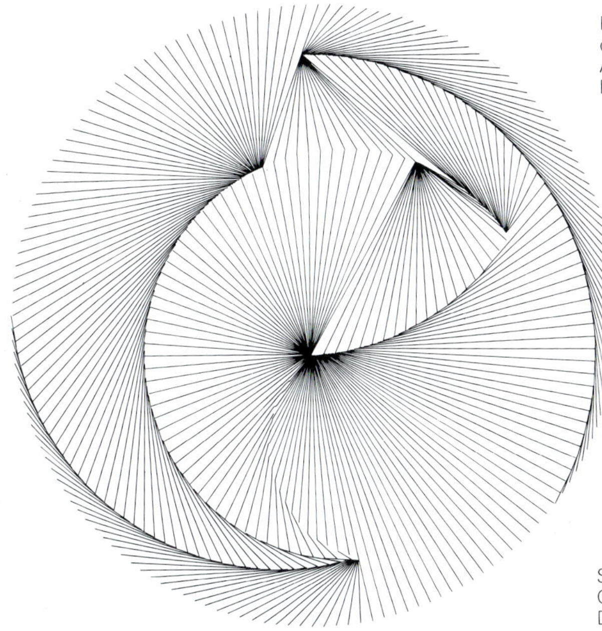

Programmierte Strukturen
durch Symmetrieoperationen
Albrecht Hufnagel 1966/67
Dozent William S. Huff

Schein-Räumlichkeit
Günter Elstner 1965/66
Dozent William S. Huff

Positiv-Negativ-
zweideutigflach
Giovanni Anceschi 1962/63
Dozent Tomás Maldonado

Interferenzen
Lothar Spree 1962/63
Dozent Otl Aicher

Formschlüssiges Netz aus
katametrischen Elementen
Klaus Schmitt 1961/62
Dozent Tomás Maldonado

Zeichen-Transformation
Peter Polland 1963/64
Dozent Tomás Gonda

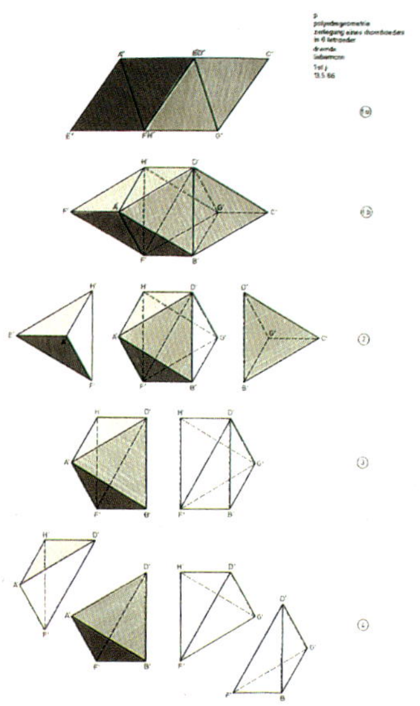

Polyedergeometrie
Erik Liebermann 1965/66
Dozent Horst Emde

Gitter aus katametrischen
Elementen
Jan Thylén 1961/62
Dozent Tomás Maldonado

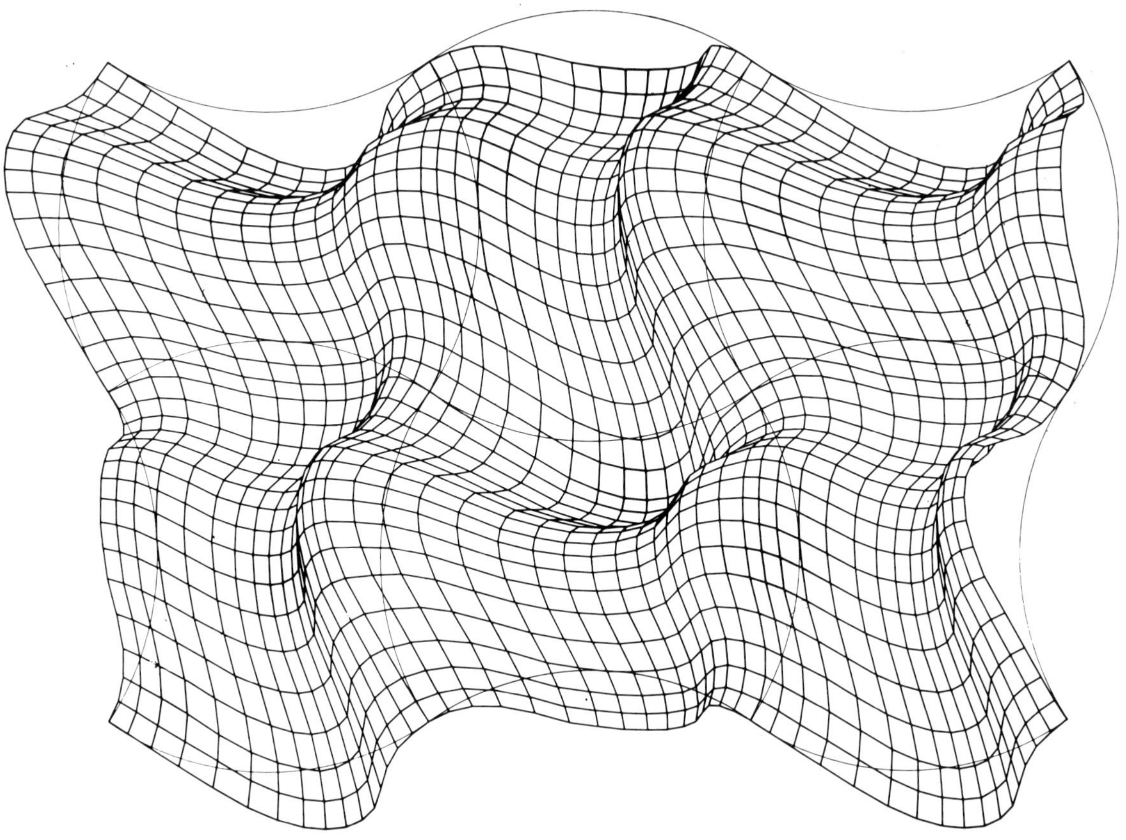

Netz-Transformation
Kurt Christen 1965/66
Assistent Günter Schmitz

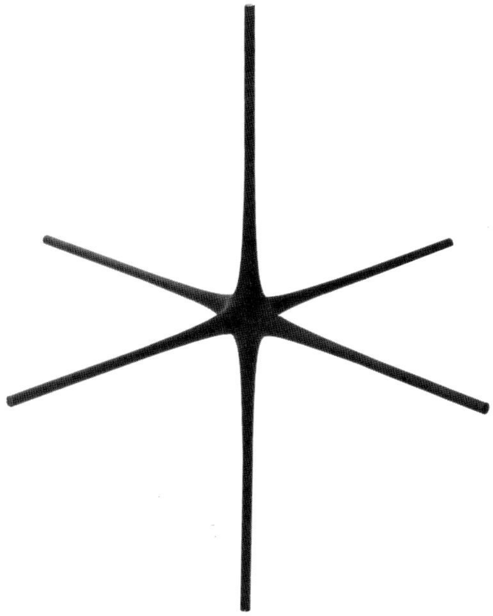

Knotenpunkt
1. Studienjahr 1962/63
Abt. Produktgestaltung
Dozent Walter Zeischegg

Verzweigungselement zweier Netzsysteme
Niklaus Hufenus 1963/64
Assistent Günter Schmitz

Seit Oktober 1962 besteht der sich über ein Jahr erstreckende Einführungskurs aus etwa 12 Übungen. Diese werden aus einem ständig wachsenden Repertoire verschiedener Probleme ausgewählt. Sie sind so formuliert, daß dem Studenten innerhalb des vorgegebenen Rahmens genügend Spielraum für die Gestaltung bleibt. Dabei wird eine möglichst große Streubreite angestrebt. Obwohl die Themen bisweilen relativ abstrakt lauten, um die Phantasie des Studenten anzuregen, beziehen sie sich indirekt auf Probleme des Bauens. Die Komplexität der Aufgaben nimmt zu, so daß der Student schrittweise die Behandlung verschiedener Faktoren beherrschen lernt.

Bei den Aufgaben werden folgende Ziele verfolgt: Anregung der Phantasie im Entwerfen, Vermittlung der Grundlagen für das Entwerfen vorgefertigter Bauwerke, rationale Entscheidungsfindung, Üben einer methodischen Arbeitsweise einschließlich zielgerichteter Experimente, Übung präziser Darstellungstechniken.

Alle Aufgaben beruhen auf der sinnvollen Anwendung flächiger oder räumlicher Raster: Netz- und Gitterstrukturen verschiedener Art dienen als geometrische Ordnungsmittel, durch die neue Formen entwickelt werden können. Dabei kommt es auf eine zweckmäßige Anordnung, Verbindung und Verteilung von Einheiten an. Die Einflußgrößen können sein: Abhängigkeiten, Kräfte, Strukturen, Richtungen, Intensitäten, Funktionen, Abläufe, Verfahren.

Die Strukturierung von Systemen ist längst zur vordringlichen Aufgabe der architektonischen Gestaltung geworden. Die praktische Beschäftigung mit diesen grundsätzlichen Übungen vermittelt dem Studenten wesentliche Grundlagen für die Gestaltungsprobleme des industrialisierten Bauens.

Günter Schmitz, in: *Ulm*, 19/20, 1967

Wie alle Abteilungen an der HfG hat die Abteilung Visuelle Kommunikation seit nunmehr vier Jahren ein abteilungsspezifisches Einführungsjahr. Geblieben ist zwar in mancher Hinsicht die Grundidee des Vorkurses, aber die Aufgabenstellungen konzentrieren sich nunmehr allein auf das Aufgabengebiet des visuellen Gestalters. Zudem wurde auch das ursprüngliche Vorkursprinzip insofern verlassen, als im letzten Quartal des ersten Jahres konkrete Gestaltungsprobleme bearbeitet werden. Dieser Schritt wurde unternommen, um einen besseren Übergang in die angewandte Abteilungsarbeit des 2. und 3. Studienjahres zu erreichen.

Der Student beginnt mit analytischen Studien über jene Phänomene, die ein Zeichen von seiner Umgebung unterscheiden bzw. abheben: Figur/Grund-Beziehungen in den Dimensionen der Helligkeit, Schärfe, Qualität, Quantität. Anschließend daran folgen Studien über die Beziehungen zwischen den visuellen Elementen: Kontraste und Minimaldifferenzierungen, Ähnlichkeit und Verwandtschaft, geometrisches und farbiges Flimmern, Darstellung von Prozessen, Transformationen, Interferenzen. Hierauf folgen, kombiniert mit einem Farbkurs, Studien über die Ordnungsprinzipien, d.h. über Symmetrien. Diese Übungen und Studien werden, abgesehen von dem allgemeinen theoretischen Unterricht, von Seminaren über Symmetrielehre, Strukturtheorie, Gestaltpsychologie und Farbtheorie begleitet.

Im letzten Quartal werden Aufgaben bearbeitet, die zwar noch einen allgemeinen Charakter haben, aber bereits zu den konkreten angewandten Abteilungsaufgaben hinüberführen: Grundprinzipien der Typographie, Satzspiegel, Umbruch und fotografische Übungen.

Herbert Lindinger, in: *Ulm*, 17/18, 1966

Wirkungs-Ambivalenz
Erhard Schreiber 1965/66
Dozent William S. Huff

Farbtransparenz und
Ordnungsprinzipien
Lothar Spree 1962/63
Dozent Herbert Lindinger

U-L-M spells H.f.G.
A visit to Ulm means only one thing in our circle. Hochschule für Gestaltung doesn't roll off the tongue like Bauhaus – Ulm, however badly pronounced, is easier than college for the untranslatable...

Richard Hamilton, 1966,
in: *Collected Words*, 1953–1982,
Thames and Hudson, London

Vermeidung räumlicher Illusion
Erhard Schreiber 1965/66
Dozent William S. Huff

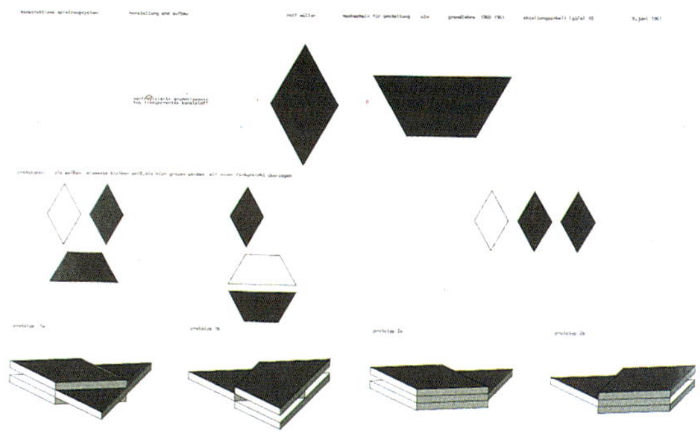

Konstruktiver Spielbaukasten
Rolf Müller 1960/61
Dozent Anthony Fröshaug

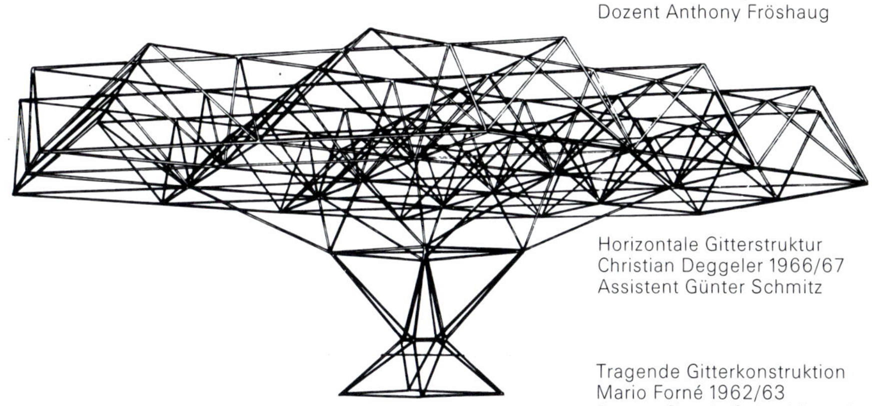

Horizontale Gitterstruktur
Christian Deggeler 1966/67
Assistent Günter Schmitz

Tragende Gitterkonstruktion
Mario Forné 1962/63
Dozent Claude Schnaidt und
Günter Schmitz

Schalenstrukturen
Eric Boss 1965/66
Dozent Herbert Ohl

Studenten der Bau-Abteilung
1962/63

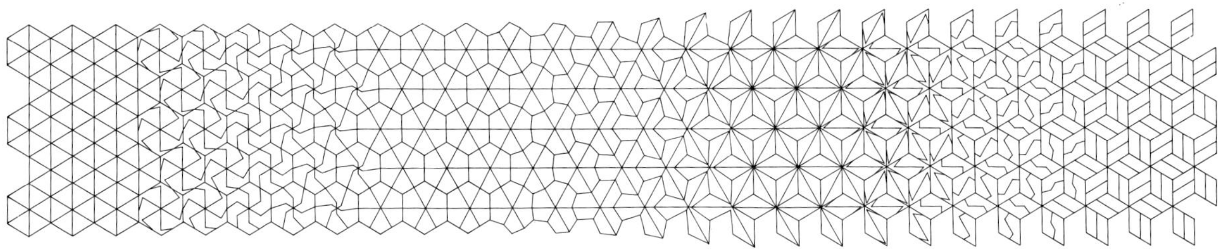

Netz-Transformationen
Arno Caprez 1965/66
Rolf Glasmeier 1965/66
Pietro Rusconi 1963/64
Dozent William S. Huff

Rechte Seite
Nicht orientierbare Fläche
Dirk Schmauser 1965/66
Dozent Gui Bonsiepe

Auto-Warnleuchten
im Hintergrund das damals
marktübliche Modell
Werner Zemp, Peter
Westenfelder, Peter
Hofmeister, Ciril Cesar,
Uwe Rutenberg
1963/64
Dozent Herbert Lindinger

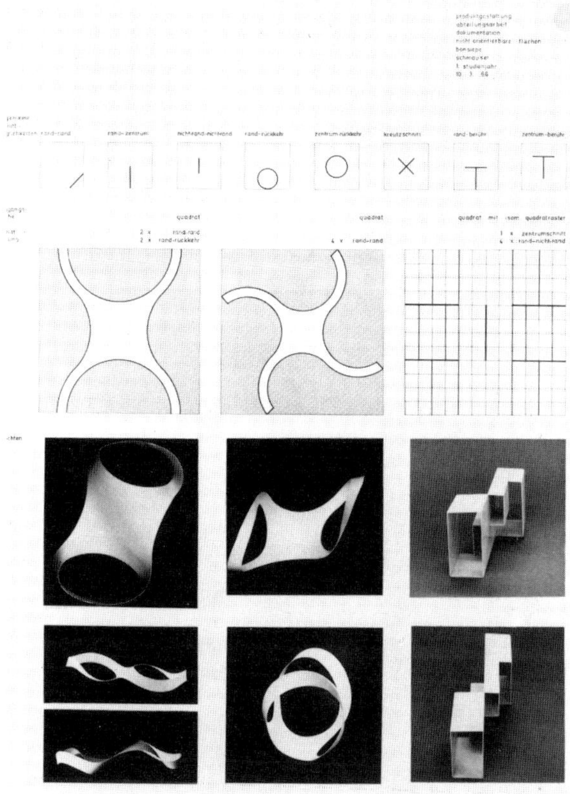

Michael Erlhoff:
Es gibt ja jenes sicherlich häufig verkürzt zitierte Wort von Ihnen, die Gestaltung habe „vom Löffel bis zur Stadt" zu gehen. – Gestaltung also als integratives Moment, als Ordnung, als Ordnung-Stiften.

Max Bill:
Das ist eine sehr verkürzte Darstellung von derartigen Problemen, weil es sich im allgemeinen natürlich um generelle Umweltprobleme handelt. Bei denen die Objekte, die man gewissermaßen täglich hinzufügt zu dem Bestehenden, eigentlich nach bestimmten, ich würde vielleicht sagen: nach ökologischen, ökonomischen aber auch ästhetischen Gesichtspunkten ausgelegt sein sollen. So daß man nicht einfach nur konsumfördernd produziert oder reine Mechanismen, sondern Dinge, die in einer bestimmten Harmonie zu unseren Lebensverhältnissen stehen.

Michael Erlhoff:
Aber bedeutet das nicht in Ihrer Vorstellung, daß eine konzeptuelle Idee in einem größeren Rahmen darzustellen sei, nicht nur als vereinzeltes Stück, sondern als Eingreifen in jedes der Details – was ja schon der Bau oder die Architektur von Ulm demonstriert?

Max Bill:
Ja, man muß die Verantwortung übernehmen, daß alles klappt, und daß nicht einfach gewisse Dinge vernachlässigt werden. So daß die Dinge in einem gewissen Sinne – wirtschaftlich wie ästhetisch, technisch... – übereinstimmen sollen; aber die Übereinstimmung kann nicht nur einseitig sein: zum Beispiel waren die Bauten in Ulm für einen bestimmten Zweck da, die Übereinstimmung war automatisch gegeben, weil es ein Mensch war, der sich das ausgedacht hat. Ich denke eigentlich in dem Sinn weiter, daß andere ähnlich denken sollten, und dann ähnliche Dinge entstehen würden. Selbstverständlich steckt dahinter eine Ideologie, die sich vorstellt, das wäre überhaupt möglich. Wenn aber diese Ideologie nicht bestehen würde, dann entstände dieses Durcheinander, das wir heute in allen Warenhäusern haben.

Michael Erlhoff:
Wobei in der Vorstellung, die Sie formulieren, ja auch über die gesellschaftliche Verantwortung des Designers gesprochen wird.

Max Bill:
Unbedingt. Das ist Voraussetzung. Ohne das geht es gar nicht, sonst wird Design sich nie um Ökologie und Ökonomie oder um irgend etwas kümmern, wenn es nicht die Verantwortung für das Ganze übernehmen will.

Michael Erlhoff:
Nun gibt es aber den Vorwurf gegen diese Theorien, wie Sie sie jetzt formulieren und wie Sie sie ja auch praktiziert haben, daß dies der Versuch ist, von oben her in die Gesellschaft einzugreifen; gegen Ulm wurde zum Beispiel ins Feld geführt, es sei nur der Versuch gewesen, mit den Waren die Warengesellschaft zu demokratisieren.

Max Bill:
Es handelt sich absolut nicht um ein Diktat von oben: Daß die Designer – wobei es ein Fehler war, daß man das als Design bezeichnet hat – die Verantwortung übernehmen sollen, war nicht ein Diktat, sondern das ist eine moralische Verantwortung, so wie Ärzte die Verantwortung übernehmen sollen, daß die Leute gesund bleiben, und nicht nur, daß man sie wieder zusammenflicken kann.

Michael Erlhoff:
Nun gibt es aber den Vorbehalt, daß Ulm eine Gleichförmigkeit produziert habe und daß damit eine Nivellierung der Objekte stattgefunden habe. Alles sehe gleich aus, die Differenz sei weg.

Max Bill:
Das ist ja auch ein Fehler, der daher kommt, daß man die Dinge uniformiert hat, statt sie aus ihren eigenen Gegebenheiten zu entwickeln. Und dieser sogenannte Ulmer Stil, mit seinen winzig kleinen Zettelchen dran, mit diesen Papierchen: das ist absolut ein Irrtum. So kann man es ja nicht machen. Mir kann man so etwas nie nachweisen.

Michael Erlhoff:
Aber Sie pochen auf ästhetische Kategorien, sowohl im Design als auch in der Architektur.

Max Bill:
Das tue ich nicht von Anfang an. Vielmehr habe ich eine Vorstellung, wie ein Ding funktionieren muß; danach, wenn das Ding gebaut wird, muß man die Möglichkeiten nutzen, die notwendig sind. Sagen wir einmal, ein Fenster ist eine Notwendigkeit, und ich brauche soundsoviel Licht in diesem Raum; nachher muß ich das Fenster analysieren: was ist zum Öffnen an diesem Fenster, was soll geschlossen bleiben, wo kann ich Licht hineinlassen, ohne daß es hineinregnet oder irgend etwas anderes. Wenn ich diese Dinge alle ordne, müßten sie zusammen ein Fenster ergeben, und dieses Fenster hat eine gewisse Unterteilung, und diese Unterteilung hängt davon ab, wieviel von jedem einzelnen Teil ich brauche. Und am Schluß kann ich immer noch sagen: Was jetzt an diesem Fenster so eingeteilt ist, das kann ich immer noch regulieren. Die freien Möglichkeiten sind sehr gering. Ich habe immer erklärt, daß in der Architektur die Freiräume, wenn man sie ernst nimmt, gering sind, und daß man aber diese Freiräume wirklich beherrschen muß. Daß man also etwas daraus machen sollte, aus Zwängen gewissermaßen zu einem Resultat kommt, das ästhetisch ebenso gut ist wie zweckmäßig.

Michael Erlhoff:
Die Harmonie zwischen den Dingen – das meint ja auch Widerspruch oder Kontroverse – rufe also einen schönen Schein, die Ästhetik von selber hervor. – Könnte man die Formulierung entwickeln: „Zweckmäßigkeit ist schön"?

Max Bill:
Die ist nicht von selbst schön. Sie ist dann schön, wenn in diesem Freiraum, der immer bleibt – bei jeder Entscheidung, ob es eine Maschine oder ob es eine Tür ist oder ein Fenster –, ästhetische Argumente entstehen, mit denen man die letzte Entscheidung trifft. Wenn die nachher der Zweckmäßigkeit nicht widersprechen, kann man es so machen.

Michael Erlhoff:
Das würde jedoch bedeuten, daß heute noch Architektur- und Designausbildung sich mit einer Ästhetik-Ausbildung verbinden müßten?

Max Bill:
Das ist das, was wir immer von der Grundlehre erhofft haben. Wir wünschten von der Grundlehre, daß eine zweckfreie Ästhetik geübt werde, für jeden einzelnen, der sich solchen zweckfreien Problemen gegenübersieht; damit er die Entscheidung treffen kann, ob man nun hier so oder so vorangehen sollte. — Ich habe einmal in Ulm eine Gruppe von Menschen die gleiche Aufgabe lösen lassen, dann die Resultate einander gegenübergestellt und eine Diskussion darüber in Gang gesetzt, welches Resultat das bessere sei. Sagen wir einmal: vier verschieden große Quadrate auf einer Fläche, um sowohl die Spannung als auch die Harmonie der vier Quadrate zu erkennen oder irgendeinen zusätzlichen Ausdruck zu erzeugen. Deutlich wurde, daß diese Übungen von allen diskutiert werden können, und daß daraus eine Art ästhetischen Trainings und ästhetischer Argumente entstehen. Merkwürdigerweise glauben die Menschen am Anfang nie, daß die Dinge verschieden wären. Jeder setzt sich hin und versucht etwas und nachher wird das diskutiert. Wir hatten einen Kurs in Ulm — in der Grundlehre —, in dem ich das selbst durchgeführt habe: dabei war sehr frappant, daß am Schluß alle einig waren über ein Blatt, das einfach die beste Lösung dieser Aufgabe war. Ich denke, das beweist, daß man Ästhetik trainieren kann. Daß man eine Qualität trainieren kann, und das ist natürlich eine Grundvoraussetzung für ein Design, das nach rein technischen Gesichtspunkten gemacht wird, in dem aber auch die Freiräume gemacht werden können oder müssen und nicht aus dem letzten Musterbuch herausgenommen werden dürfen. Dieser Freiraum, der da ist, darf sich nicht nach dem letzten BRAUN-Apparat zum Beispiel richten, sondern muß begreifen, was in diesem Apparat steckt.

Michael Erlhoff:
Wobei es doch am Anfang von Ulm auch Überlegungen dazu gab, die Verkehrsform, also auch die Produktionsform verändern zu können.

Max Bill:
Die Produktionsform kann man ja nicht verändern, man kann nur die ökonomischen Formen verändern. — Damals, als Ulm gegründet wurde, war eine Überproduktion vorhanden. Man hatte den Krieg überstanden, es gab einen großen Nachholbedarf. In vielen Fällen mußte überhaupt etwas Neues gemacht werden — so mußten gute, genügend gute und brauchbare Objekte erzeugt werden. Das war eine Situation, mit der wir konfrontiert wurden. Während unserer Vorarbeiten hat sich dann die Situation ein bißchen verändert, und zwar so sehr verändert, daß es eine Zeitlang sogar fraglich war, ob wir die Hochschule überhaupt gründen sollten, weil schon viel zuviel vorhanden war. Da hatte schon das Wirtschaftswunder zu rumoren begonnen, es kam die Remilitarisierung von Deutschland, und die Probleme, denen wir dort in dem Moment gegenüberstanden, haben mich beinahe einmal dazu gebracht zu sagen, wir fangen gar nicht an. Obwohl ich von der Notwendigkeit überzeugt war. Es hat sich dann gezeigt, daß natürlich mit zunehmendem Wirtschaftswunder oder mit zunehmender größerer Produktionsmöglichkeit und großerem Produktionszwang, der dann kam, — daß also von der Produktionsseite her der Zwang entstand, mehr zu produzieren, mehr zu verkaufen... Das kam eigentlich schon damals auf. Es hat sich dann im Laufe der Jahre sehr deutlich gezeigt. Aber im Anfang gab es eine andere Situation, in dieser Phase des Wiederaufbaus von Deutschland gab es so viele junge Leute, die wollten irgend etwas tun, und wir wollten denen die Möglichkeit geben, mitzuarbeiten an diesem Wiederaufbau. Und ich glaube, aus diesem Gesichtswinkel war die Schule überhaupt erst einmal notwendig und gerechtfertigt; ob es heute gerechtfertigt wäre, ist eine ganz andere Frage. Ich würde sagen: Heute gehört wieder eine Art Wirtschaftspolizei auf den Platz.

Michael Erlhoff:
Damals konnte so eine Hochschule für Gestaltung oder konnten Designer und Architekten eine moralische Verantwortung noch in Produkte umsetzen...

Max Bill:
Man muß all diese Dinge von der ökonomischen und politischen Situation aus betrachten, sonst verfällt man in ein Durcheinander. Ich meine, es war damals ein glücklicher Umstand. Ich habe kurz vorher einen Vortrag gehalten, also in der Zeit, in der wir schon in Ulm im Gespräch waren – ich war seit 1946/47 mit Ulm im Gespräch, und da war überall natürlich noch nichts, standen noch keine Bauten, gab es keine normalen Gebrauchsartikel, die man hätte richtig kaufen können; es war alles schwierig zu bekommen. Und es war eine Kriegssituation, die auch einen Materialmangel mit sich brachte, andererseits aber die Möglichkeit barg, daß man riskieren konnte, so etwas überhaupt in Gang zu setzen. Denn man konnte damals ja nicht ohne weiteres annehmen, daß die Wirtschaftslage sich auf eine derart rapide Weise verändern würde. Bei der Gründung der Ulmer Hochschule sahen wir uns einer weitgehenden Zerstörung gegenüber und waren mit sehr vielen Problemen konfrontiert. Zum Beispiel: In der Zwischenzeit hat es sich gezeigt, daß die täglich gebrauchten Objekte einen großen Teil unserer Kultur darstellen, und daß wir gewöhnliche Objekte, die man früher einmal gebraucht hat, heute als Kulturgüter jener Zeit betrachten – und seien es die allereinfachsten Dinge, etwa einfache Werkzeuge – wir betrachten sie heute als Wunderwerke einer lang zurückliegenden Kultur. Und so war eine Frage bei der Gründung der Hochschule, ob denn etwas, was man jetzt von heute finden würde, noch in irgendeiner Form museumswürdig sei. Dieser Gedanke, der irgendwie auch hinter der Gründung der Hochschule steckte, meinte natürlich schon, daß wir eine Kultur des industriellen Zeitalters begründen und Bestandteile dazu schaffen wollten.

Berlin 1986

Produktgestaltung

Die Studenten dieser Abteilung wurden ausgebildet auf das Ziel hin, Objekte zu gestalten, die für den alltäglichen, den verwaltungs- und produktionstechnischen Gebrauch sowie für die wissenschaftliche Arbeit bestimmt sind.

Dabei ging es einerseits darum, alle Faktoren zu integrieren, die an dem Gestaltungsprozess eines Produktes teilhaben: funktionelle, kulturelle, technologische und wirtschaftliche Faktoren. Andererseits ging es auch darum, neue und sinnvolle Gebrauchsweisen zu konzipieren und zu bestimmen. Die Gestaltungsaufgaben richteten sich nicht so sehr auf einzelne, für sich stehende Produkte, sondern auf Gruppen von Produkten, die ein geschlossenes Erscheinungsbild aufweisen sollten.

Dozenten: Bill, Bonsiepe, Gugelot, Leowald, Lindinger, Maldonado, Zeischegg.

...Eine Sitzgelegenheit für die Studierenden. Aus diesem Programm entstand der Hocker. Den haben wir selbst in der Werkstätte hergestellt. Die Idee war, daß wir am Arbeitstisch eine normale Sitzhöhe haben, daß wir, wenn wir zusammensitzen zur Diskussion und so weiter, eine bequemere Sitzhöhe haben und daß wir ihn in der Mensa und in der Kantine haben konnten. Also wanderte man mit diesen Hockern herum. Und wenn man nun sein Arbeitszeug, seine Bücher oder so mithatte, legte man die dahinein und ging von einem Raum in den anderen. ...

Max Bill in einer WDR-Sendung, 1981

HfG-Hocker
Max Bill, Hans Gugelot
1954

Vom Gegenstand

Michael Erlhoff

Karl Gerstner, konkreter Maler aus der Schweiz, publizierte einst den Vorschlag, sich wenigstens einen Tag lang sämtliches Geschehen und Agieren als puren Zufall vorzustellen. Was den Subjekten jegliche Gewißheit rauben würde und den Gegenständen deren imaginäre Integration in einen sinnvollen und ihnen äußerlichen Plan. – Nicht aufregend, aber den Versuch wert.

George Brecht – ein amerikanischer Künstler, der mit Fluxus verbunden war – entwarf in den sechziger Jahren seine „Universal Machine": einen einfachen rechteckigen und flachen Kasten, auf dessen Grund sehr viele Standardobjekte abgebildet sind (jedes für sich isoliert), und zu dem der Vorschlag gehört, beliebig andere Gegenstände hineinzulegen, alles zu schütteln und aus der halb zufälligen, halb gewollten nun materialen Verknüpfung der Dinge mögliche Kombinationen und Verflechtungen gedanklich nachzuvollziehen. Womit das environment der Dinge zu sprechen begann. Erstaunlich ist, wie sehr Menschen – die sich doch allemal als Subjekte wähnen – vor Sprechmaschinen gebannt stehenbleiben: sei dies der seufzende Teddybär oder die röhrende Lautsprecheranlage, oder seien es miserable, gleichwohl offensichtlich äußerst attraktive Kunstwerke, die durch ein Vorbeigehen oder Sich-Bewegen zum Piepsen oder Klingeln angeregt werden. Der Gegenstand als guter Freund: Ein bißchen schubbert es zwar (Schauerromantik – Mary Shelleys „Frankenstein"), doch die Animation gewinnt

Studentenzimmer im Wohnturm

HfG-Türgriff
Max Bill und Student
Ernst Moeckl 1955

Türbeschlag – Drücker und Langschild. Die Bewegungen der Hand am Türdrücker beim Betätigungsvorgang wie Zugreifen, Berühren, Angleiten, Drücken, Ziehen bzw. Schieben und Ableiten, die fließend ineinander überlaufen, ergeben die bogenförmige Grundform des Griffes und einen Querschnitt ohne jede Kante, der sich elliptisch entwickelt. Das freie Ende des Griffes ist im Verlauf des Bogens etwas stärker zur Türfläche hin eingebogen, dadurch hat die Hand selbst am Ende des Griffes noch einen guten Halt und unerwünschtes Abgleiten wird vermieden. Außerdem ist das Öffnen und Schließen mit den Armen möglich (wenn beide Hände tragen), ohne dabei nach hinten abzurutschen. Das Hängenbleiben mit Kleidungsstücken und anderen Gegenständen ist durch das nach innen gebogene Ende ebenfalls verringert.

Ernst Moeckl, 1955

Max Bill im Unterricht

(und Computerspiele – Ada Lovelaces Babbage-Transkriptionen). Was einst allein dem kleingeistigen Famulus Wagner zugeeignet war, ergreift nun alle, fern von faustischem Subjektivierungsdrang. Woran auch die Spielarten der op art partizipierten (Vasarely, Soto, Mavignier, Morellet bis hin zu sich drehenden Scheiben von Mack und den vielen beweglichen Objekten der frühen sechziger Jahre). Denn diese Künstler beseelten die Objekte, auf daß diese die Betrachter animierten, sich ihnen aufdrängten, mit den Betrachtern spielten. Eine unglaubliche Emphase der Objekte wurde vorgezeigt, ein Glaube ans gute, harmlose, selbstgewisse Objekt (was ja den Schauer begründet). Der schon von den nouveaux réalistes geprüft worden war in versuchter Wiederaneignung der Gegenstände (Armans zertrümmerte und verbrannte Objekte) und in der Behauptung der Dinge als einem An-Sich, dem die Künstler nur per Rahmung, Ausschnitt und gediegener Präsentation das Für-Sich zu geben hätten (Hains, Villeglé, Dufrene, Vostell, Rotella und andere). – Das Innere nach außen kehren und das Ergebnis patinieren: Wider eine ebenso kleingeistige wie heroische Feier des Subjekts insistierten Anfänge der sechziger Jahre auf dem Eigenleben der Gegenstände (und heroisierten hinterrücks den Entdecker als Schöpfer). – Woran beizeiten auch die Hochschule für Gestaltung teilhatte.

Solchem Ausbund des Besonderen aber noch etwas Allgemeines: Hans Arp schlug

Die Verantwortung des Entwerfers von Gebrauchsgütern gegenüber der Allgemeinheit ist sehr gewachsen, seitdem das Serienerzeugnis immer mehr an die Stelle des handwerklichen Einzelstücks tritt. Die Gestaltung guter Formen, also technisch richtiger, im Gebrauch zweckmäßiger und ästhetisch einwandfreier Erzeugnisse, ist ebenso ein kulturelles wie ein wirtschaftliches Erfordernis.

Die Entwicklung eines Produktes, das in großer Serie hergestellt werden soll, stellt andere Anforderungen als der Entwurf eines kunstgewerblichen Gegenstandes. Der Entwerfer muß sich mit den technischen Gegebenheiten auseinandersetzen, mit dem Herstellungsgang vertraut machen und in ständigem Kontakt mit Technikern, Wirtschaftlern und dem Verbraucher sein.

Aus: HfG-Info, 1955/56

Blick in die zentrale Halle

Architektur
Max Bill

Beleuchtung
Walter Zeischegg

Innenaufgang

vor, Wörter in einen Hut zu werfen und daraus dann Gedichte zu ziehen; Kurt Schwitters vertraute sich in Collagen und im Merzbau der Kraft von Gegenstands-Sammelsurien an und Raoul Hausmann der von körperlicher Lautbildung; auch in den zwanziger Jahren wurde um das Objekt, mithin um Gegenständlichkeit, Sinnlichkeit und Erfahrbarkeit gerungen, und Konstruktivisten, Dadaisten, Dozenten des Bauhauses sowie viele andere Architekten, Künstler und Designer suchten dem (zum geflügelten Wort verdinglichten) „Ding an sich“ die Präsenz abzuringen, ihm zu jener Gestalt zu verhelfen, die daraus abgeleitete Gestaltung hätte legitimieren können. Gleichwohl stand immer auch eine Metamorphose der Objekte (wie sie die Surrealisten betrieben) zur Debatte und setzte diese sich gesellschaftlich allemal durch. So ist nicht zu verhehlen, daß die, die auf die Objekte pochten, gegen die gesellschaftliche Wirklichkeit opponierten – gegen eine gesellschaftliche Realität, in der die Gegenstände ihre Widersetzlichkeit zusehends verloren und im weichen Schein der Ware zu Dingen verkamen. Objektivität zerstob im Warentausch und erreichte im Geld – als dem großen Vermittler – symbolische Kraft. Weshalb die Tische zwar zu tanzen begannen, jedoch nur in ebenso durchschaubarer wie realer Phantasmagorie, und man hinterhereilen mußte, sie wieder in Magie zu bannen und zu versinnlichen – der Zauberer Houdin, der Thermodynamiker Konrad Lorenz, der Dichter

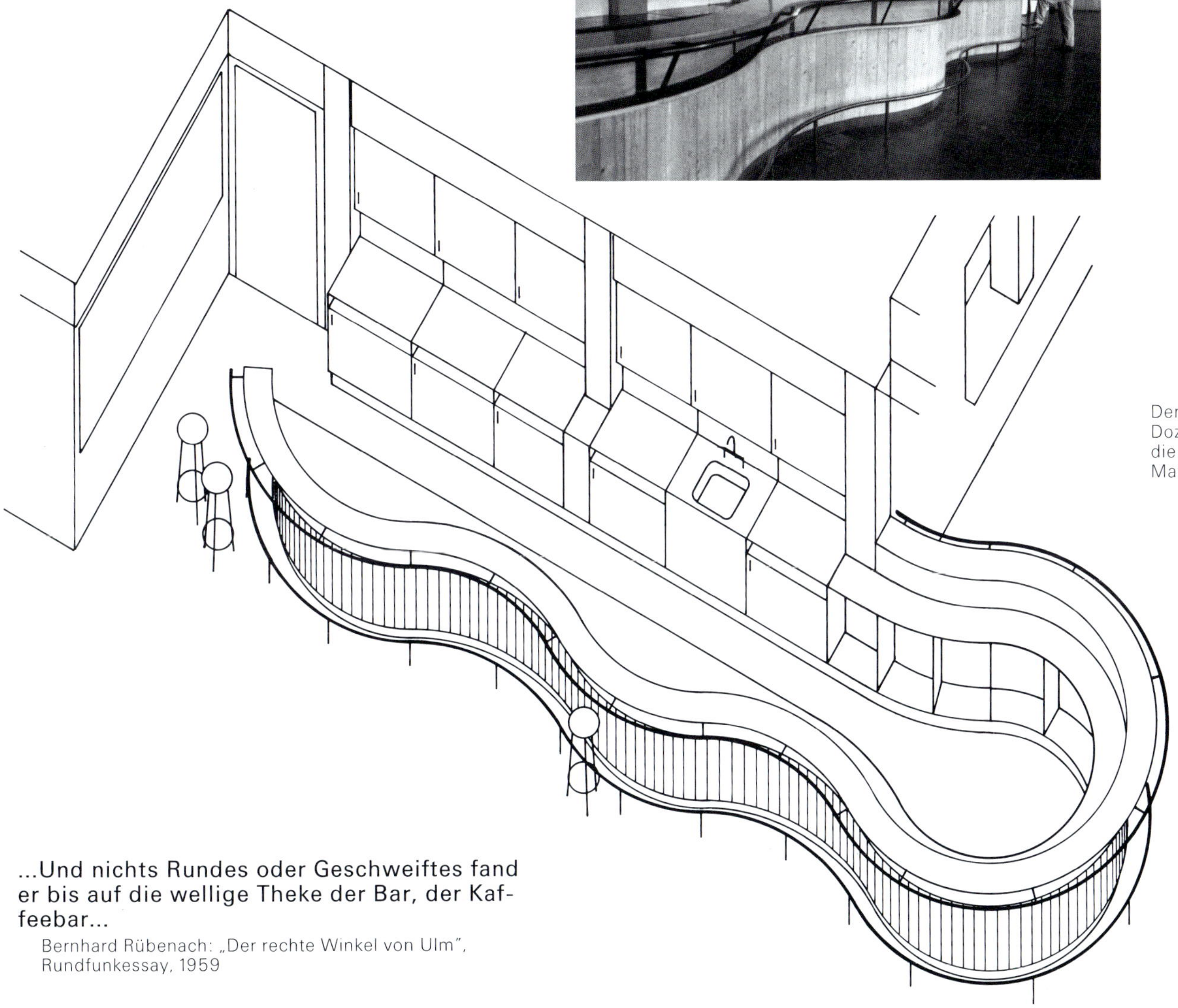

Der tägliche Treffpunkt der Dozenten und Studenten: die Bar
Max Bill 1955

...Und nichts Rundes oder Geschweiftes fand er bis auf die wellige Theke der Bar, der Kaffeebar...

Bernhard Rübenach: „Der rechte Winkel von Ulm", Rundfunkessay, 1959

Paul Scheerbart oder der Philosoph Ernst Mach. In der Hoffnung auf mildtätige Gaben der Gegenstände. Wie nun aber, wenn tatsächlich die List der Vernunft, die ja laut Hegel einzig die Dinge belebe, vielmehr Tücke des Objektes wäre, und statt der Phänomenologie des Geistes die der Gegenstände zu beschreiben wäre: Was tut er denn wirklich, der verflixte Baum, wenn ich ihm den Rükken zukehre. Zweifellos erscheint solch Vorgehen als absurd, vertrauen wir weiter aufs Subjekt. Und dennoch lieben wir es, uns ab und an den Objekten zu überantworten – den Genüssen oder Eisenbahn und Flugzeug, optischen Leitsystemen, Geborgenheit versichernden Häusern, schlaftrunkenen Betten –, und fürchten wir andererseits (und von dieser Furcht fasziniert) die verborgene Eigenwilligkeit der Objekte: die Pistole, die von selbst losschießt, das Atomkraftwerk, das explodiert, das Buch, das einfach zuklappt, die Lokomotive, die aus sich heraus rätselhaft losrast, oder die Computer, die unbegreifbar vor sich hinwerkeln; und die Fülle jener Märchen, vor allem des 19. Jahrhunderts, in denen die Gegenstände um Mitternacht und unbeobachtet rege und lebendig werden, sich tummeln und Faxen machen. Oder Pinocchio, das vom Subjekt zum Leben erweckte Objekt, dessen Andersheit aufgehoben ist und das deshalb seinen Schöpfer zum teuflischen Gott erhebt: Ein Ding mit Leben zu erfüllen, begeistert uns und ist Motor all der hilflos vor sich hinbrütenden Kreativität; und auch der identitätsstiftende

HfG-Bett
Hans Gugelot
für Fa. Dunlop, 1954
Bill, Aicher,
Verwaltungsdirektor
Schlensag, Hildinger,
Gugelot

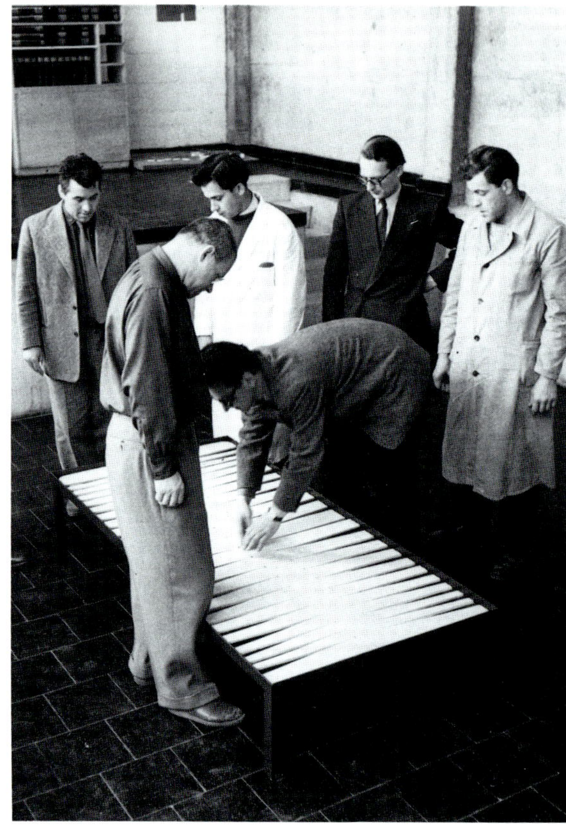

Küchenuhr
Max Bill, Ernst Moeckl
für Fa. Junghans
1956

Gerätestecker
Max Bill
1955

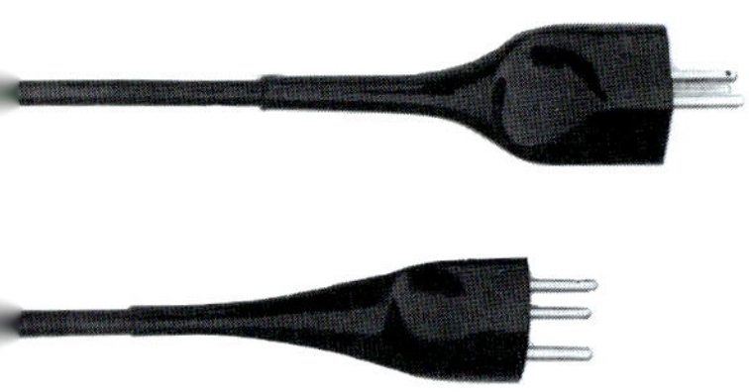

Waschtisch
für Studentenwohnheim und
Atelier
Max Bill, Walter Zeischegg,
Otto Schild 1955

Telefonzentrale
Max Bill und
Carl-Heinz Bergmiller
1956

Blick in den Spiegel ist so eindringlich, weil nur in ihm ein Gegenstand vorübergehend vollständig angeeignet und mit dem Ebenbild beseelt wird und gleichzeitig das Subjekt in seinen Bann schlägt, es sichtbar und in seinen Konturen lebendig macht.

Bei Sigmund Freud findet sich folgende Aufschlüsselung dieses Lustprinzips: Ein Kind – die Eltern sind ausgegangen – sitzt mit einer Holzrolle, um die ein Faden gewickelt ist, in seinem Bett und rollt diesen am Faden letztendlich gehaltenen Gegenstand jauchzend und furchtsam von sich weg, um sich sodann jauchzend und enttäuscht den Gegenstand zurückzuholen. Keine Frage: Auch die bürgerliche Gesellschaft mit ihrem sowieso lediglich postulierten Vernunftprinzip leidet unter den Objekten und deren Verlust. Wurden in alten gottgläubigen Gesellschaften die Gegenstände – bedrohlich, wie sie waren – sowie die Naturgewalten (die ja erst einmal auch dem Objektbereich zuzuordnen waren) dadurch neutralisiert, daß man ihnen gottgleiche Bedeutung zumaß, sie also durch Überhöhung aus der Widersetzlichkeit entpflichtete und in übergeordnete Sphären jenseits des Stofflichen (obwohl die Dinge stofflich blieben) verbannte (Amulette, Talismane, Kultgegenstände, die noch heute Kirchen, Krankenhäuser, Universitäten, Büros und Privatwohnungen durchziehen), so stand die nach-cartesianische Gesellschaft unter dem Zwang, zwecks Formulierbarkeit der Kategorie des Subjekts harte Gegenstände behaupten zu

...Am Eröffnungstag schütteln sich Gropius und Bill die Hände. Und am Eröffnungstag stehen stehen sie vor einem der weißen Braun-Radios. Beim Shakehands machen sie keepsmiling: Bauhaus und Hochschule reichen sich die Hand. Vor dem Rundfunkgerät hat Bill sich gebückt, demonstriert lebhaft. Gropius steht aufrecht, eine Hand in der Tasche, kritisch und reserviert...

Bernhard Rübnach, „Der rechte Winkel von Ulm“, Rundfunkessay 1959

Radio-Phono-Gerät G 11 Super
Hans Gugelot
für Fa. Max Braun, Frankfurt
1955

Walter Gropius und Max Bill
1955

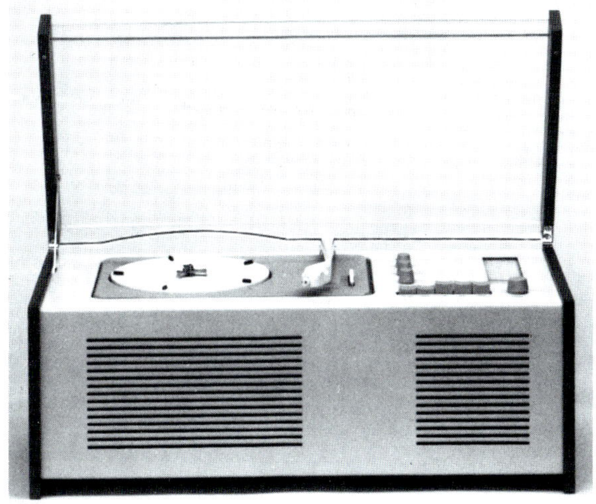

Radio-Phono-Kombination SK4
Hans Gugelot
für Fa. Braun 1956

müssen. Die allerdings Gefahr liefen, im formulierten Subjekt sogleich vertilgt zu sein, also wieder und wieder neu hergestellt werden mußten. Da eilte einsichtige Aufklärung zu Hilfe, das Dunkel zu erhellen: „Unsere Natur bringt es so mit sich, daß die Anschauung niemals anders als sinnlich sein kann, d.i. nur die Art enthält, wie wir von Gegenständen affiziert werden. Dagegen ist das Vermögen, den Gegenstand in sinnlicher Anschauung zu denken, der Verstand. Keine dieser Eigenschaften ist der anderen vorzuziehen.“ Was zu klären scheint – und doch ergänzte Immanuel Kant, aus dessen „Kritik der reinen Vernunft“ soeben zitiert wurde, in der 2. Auflage dieser Schrift an anderer, doch thematisch vergleichbarer Stelle: „Wenn die Anschauung sich nach der Beschaffenheit der Gegenstände richten müßte, so sehe ich nicht ein, wie man a priori von ihr etwas wissen könne; richtet sich aber der Gegenstand (als Objekt der Sinne) nach der Beschaffenheit unseres Anschauungsvermögens, so kann ich mir diese Möglichkeit ganz wohl vorstellen. Weil ich aber bei diesen Anschauungen, wenn sie Erkenntnisse werden sollen, nicht stehenbleiben kann, sondern sie als Vorstellungen auf irgend etwas als Gegenstand beziehen und diesen durch jene bestimmen muß, so kann ich entweder annehmen, die Begriffe, wodurch ich diese Bestimmung zu Stande bringe, richten sich auch nach dem Gegenstande, und denn bin ich wiederum in derselben Verlegenheit, wegen der Art, wie ich a priori hiervon

etwas wissen könne; oder ich nehme an, die Gegenstände, oder, welches einerlei ist, die Erfahrung, in welcher sie allein (als gegebene Gegenstände) erkannt werden, richte sich nach diesen Begriffen, so sehe ich sofort eine leichtere Auskunft, weil Erfahrung selbst eine Erkenntnisart ist, die Verstand erfordert, dessen Regel ich in mir, noch ehe mir Gegenstände gegeben werden, mithin a priori voraussetzen muß". — Verständlich, daß Kant dieser Bemerkung eine kurze Reflexion über Kopernikus vorausschickte, da doch dieser erklärt habe, daß nicht die Sterne ihre Zuschauer, sondern diese Zuschauer die Sterne umkreisten. Daß also — ganz analog Kant — nicht die Gegenstände in ihrer Erscheinung Begriffe setzten, noch auch die Subjekte aus ihren Köpfen Gegenstände gebärten (obzwar ausdächten), sondern ein a priori, ein Vernunftprinzip, die Ordnung halte, das zu erkennen Emanzipation hätte genannt werden können. Eine Geduldsprobe ohnegleichen, die auch Philosophen (und gar die Künstler und Architekten) nicht befriedigte. Weshalb sie sich auf die Suche nach Emanationen oder Herstellungsweisen der Gegenstände a priori machten (und bekanntlich meinte schon Goethe, da etwas gefunden zu haben). Während nun der bürgerliche Staat sehr schnell trachtete, die Gegenstände in cameralistischen Systemen zu behausen (und daran noch am Ende des zwanzigsten Jahrhunderts nagt), und die Ökonomen sich suteten, Natur und Dinge und sogenannte Mitmenschen als

Gesamt an Objektwelt der Herrschaft wegen in Kapitalien aufzuteilen (seitenlang könnte Adam Smith zitiert werden) und dabei übersahen, daß im Markt eine eigentümliche Metarealität geschaffen wurde, die die Objekte unbeherrschbar machte und auf wohlverdiente wie diffizile Weise freisetzte, und während dem bürgerlichen Selbstvertrauen (die Objekte zu beherrschen) zuwider die Dinge seit Manufaktur und Industrie bedrohlich die Menschen zu beherrschen begannen und zu ihren Objekten machten — während also das Elend der Subjekte und der Objekte seinen Gang nahm, fochten Philosophen und Künstler (und die Zauberer) um eine Versinnlichung alles Lebens und um Gegenständlichkeit. Was nicht nur den Wiener Kreis oder Mach und Marcus oder Impressionisten und Konstruktivisten belebte, sondern auch die Naturwissenschaft selbst: kaum eine physikalische, biologische oder chemische Entdeckung, bei der nicht versucht worden wäre, ihr ein Abbild, also scheinende Gegenständlichkeit zu geben (noch die Relativitätstheorie erhielt in ihrer veralltäglichten Formel quasi sinnliche Dimension — und heutzutage: Warum wurde denn der Fuß fernsehgerecht auf den Mond gesetzt oder fuhren unsere Autos dort herum, und warum erhalten häufig gerade die Wissenschaftler Nobelpreise, die etwas sichtbar machten). Andererseits — dies sei nicht verschwiegen — gab es allemal auch jene Theoretiker und Künstler, die als Apologeten der realen Metamorphose der

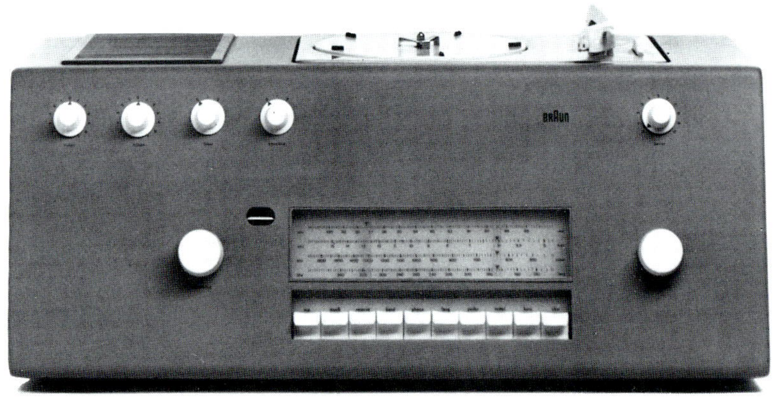

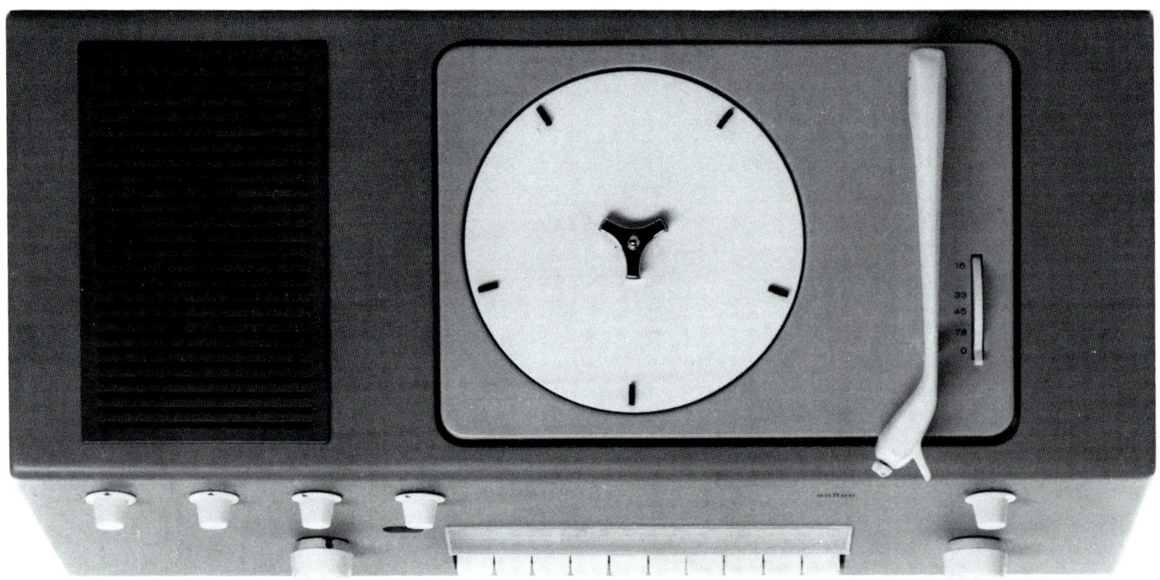

Steuergerät Studio 1
Gugelot, Lindinger
für Fa. Braun 1956
Gehäuse aus
glasfaserverstärktem
Kunststoff (GFK)

Gegenstände auftraten und diese – wie schmerzlich oder triumphalistisch auch immer – beförderten: expressionistische Maler oder Dilthey, selbsternannte Realisten und Adepten des Faschismus wären bei aller annehmbaren Gegensätzlichkeit da zu notieren, oder auch die schon erwähnten Surrealisten oder die behauptete Postmoderne. Jedoch ist die Zwietracht zwischen jenen und diesen – so heftig und unüberbrückbar sie ist – auch fiktiv, folgt sie lediglich den Widersprüchen selber. Empirie nämlich (und damit die Gegenständlichkeit) ist politisch wie ästhetisch, erkenntnistheoretisch und alltäglich das zentrale Problem unseres Lebens. Ob Hamburger-Bäcker oder Designer (oder ob Schreiber und Leser absichtsvoll gegenständlicher Wörter): Man muß sich entscheiden – für den weichen medialen Matsch oder für die Utopie einer befreiten Ordnung der Objekte. Eingedenk widersprüchlicher Trennschärfen für Klops oder Steak, Plappern oder Sprechen, Vermitteln oder Denken, für Gemütlichkeit oder Funktion, Metapher oder Gegenstand. Wobei die Entscheidung wahrscheinlich ("the proof of the pudding is in the eating") längst hinfällig wurde, erledigt durch Microelectronic und soft ware, oder an anderem Ort, irgendwo diesseits oder jenseits gesucht werden mußte.

Was zu Ulm zurückführt. – Denn aufregend an den Arbeiten der Ulmer Hochschule ist ja nicht allein deren vom Bauhaus übernommener Drang zur Vergegenständlichung und zur logischen und praktischen Ret-

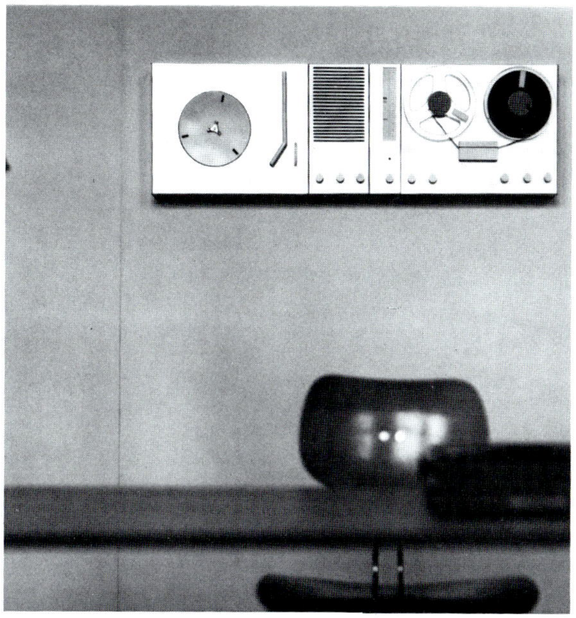

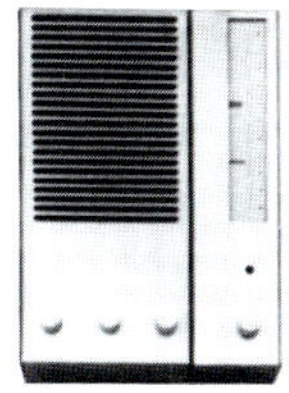

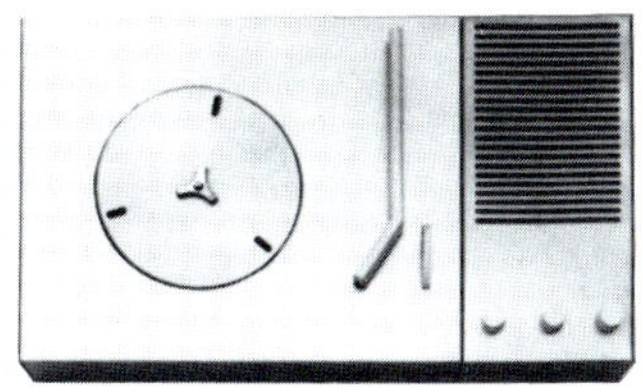

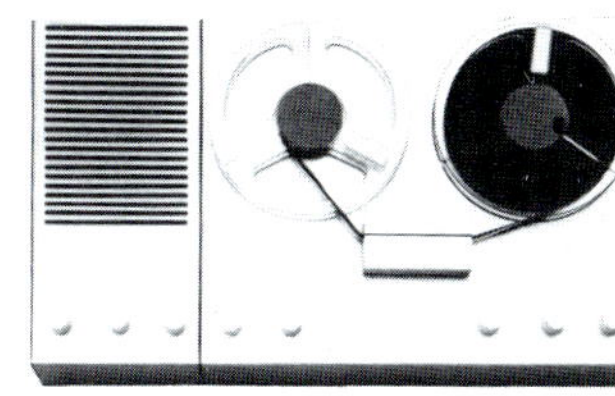

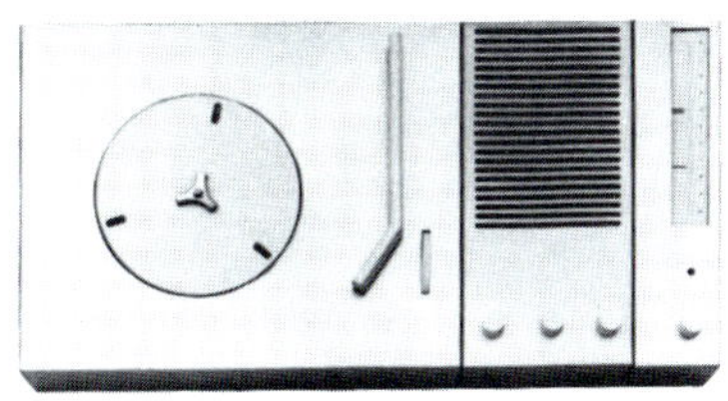

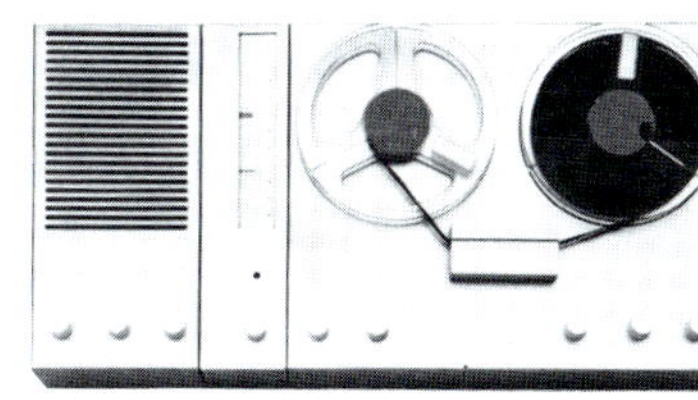

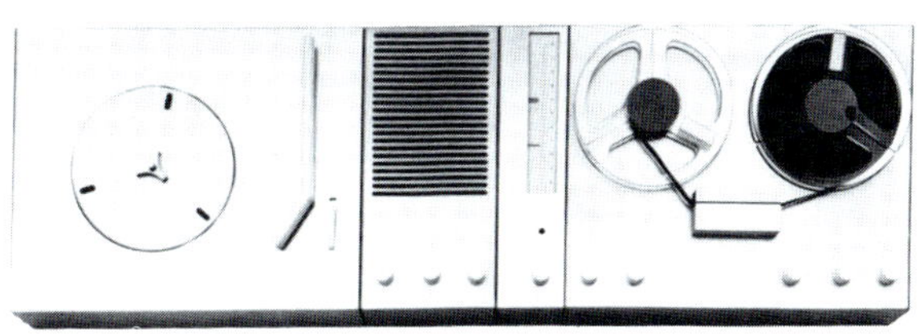

Hifi-Baukastensystem
Herbert Lindinger
Diplomarbeit 1958 innerhalb der Entwicklungsgruppe Gugelot
für Fa. Braun AG, Frankfurt
Ein Vorläufer der Hifi-Systeme der Siebziger Jahre
Von Braun ab 1962 als audi 1 und 2 realisiert.

tung der Objekte, vielmehr auch das offensichtliche Mißtrauen der Ulmer gegenüber so einfachen Lösungen. Tatsächlich nämlich wurden in Ulm lediglich sehr wenige Gegenstände entworfen und produktionsreif entwickelt; und häufig schob man sich eher in theoretische Diskussionen bis hin zur gegenstandslosen Metatheorie schlechthin: der Systemtheorie. Zumal in der Rückschau (auch in der einiger ehemaliger Ulmer Dozenten) erweist sich die Geschichte der Ulmer Hochschule womöglich eher als die von Konzepten und Ideen denn als die der Gegenstände und fällt der Zweifel an jener apodiktischen Idealität der Objekte auf, die die zwanziger Jahre formierte und hinterrücks – wie anfänglich beschrieben – die Objekte zurichtete, statt sie zur Geltung zu bringen. Weshalb in Ulm die Vermitteltheit der Mittel betont wurde, also auch die Historizität der Dinge. Aber mehr noch: Selbst einige der berühmten Ulmer Gegenstände drücken den Widerspruch innerhalb der Empirie aus. Allen voran jenes Dia-Projektions-Karussell von Gugelot, das zweifellos eine große technische Innovation bedeutete, unerreichbar praktisch und klug ist; und dennoch dürfte sicher kein Zufall sein, daß gerade dieser Projektor etliche Künstler zu visuellen und akustischen Aktivitäten und Installationen anregte, und daß er allein schon akustisch das gesellschaftliche Bild von Dia-Projektion formte; zudem kenne ich kaum ein Gerät, das so sehr die fragile Realität der Tücke des Objekts ausdrückt und sowieso hinter meinem Rücken, als sei

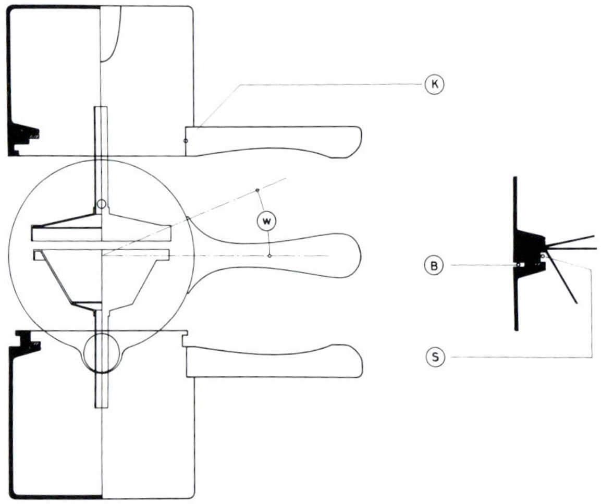

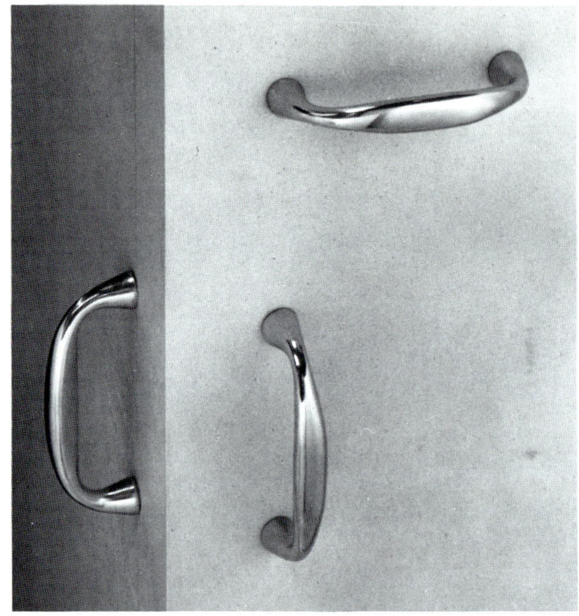

Griffe für Stahlschränke
Georg Leowald
für Fa. Pohlschröder
1956

Espresso-Maschine
Hans von Klier
2. Studienjahr 1956/57
Dozent Georg Leowald

Georg Leowald mit den
Studenten Andries van Onck
und Hans von Klier

es lebendig, weiterarbeitet, ohne Unterlaß. – Und das „Schneewittchensarg" genannte Radio setzte bis in den Volksmund hinein Zeichen, das Stapelgeschirr verleitete zum riskanten Türmchenbau (wohl nicht unversehens publizierte man damals sogleich die Höhe der Stapelbarkeit), und die Hochschule selber war mehr Institution als Gebrauchsgegenstand. Mithin beeindruckt die Arbeit der Ulmer Hochschule noch immer, weil sie weder (was beim Wort „Gestaltung" nahegelegen hätte) die Objekte und damit sich selbst sanktionierte, noch die Gegenstände und damit die Utopie von Identität und befreiter Arbeit einfach preisgab. Sie stellte auf die Probe, antizipierte und lehrte Gebrauch.

Schreibgeräte
Hans Roericht
3. Studienjahr 1957/58
Dozent Hans Gugelot

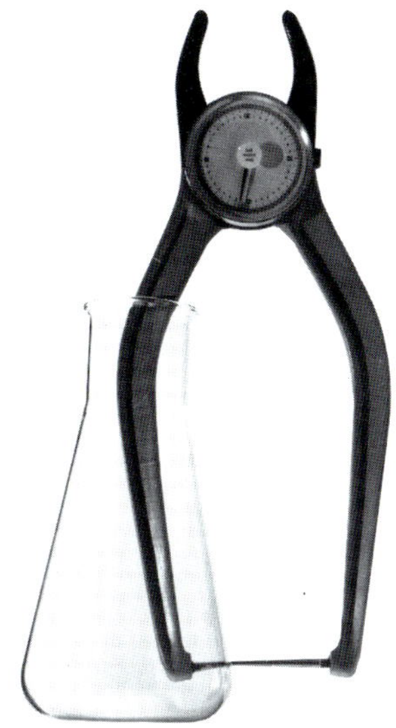

Doppelrachenlehre
Klaus Krippendorf
2. Studienjahr 1957/58
Dozent Dieter Ostreich

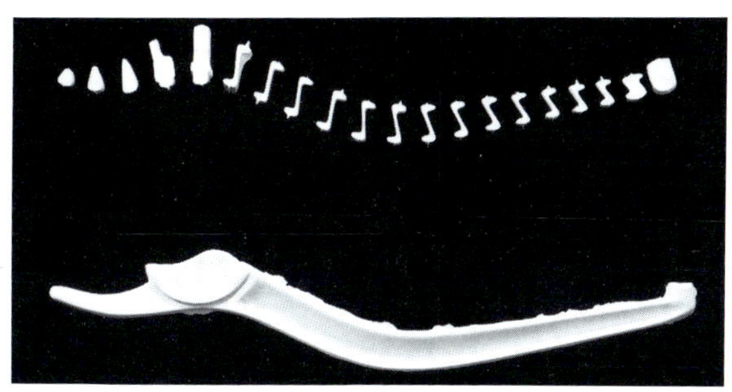

Besteck
Ernst Moeckl
Diplomarbeit 1957/58

Herausgebergespräch

Über all die Jahre der Recherchen und Planungen hinweg bildeten Diskussionen die Grundlage des Projekts „Ulm..." – Gespräche und Auseinandersetzungen, von denen in dem vorliegenden Buch zwar vieles aufgehoben ist und die sowohl das Buch als auch die Ausstellung strukturieren, die letztlich aber doch intern blieben, wir unter uns führten. Bis wir nach fast schon getaner Arbeit beschlossen, eines dieser Gespräche zu veröffentlichen, also aufzuzeichnen und hier im Buch abzudrucken. Da wir zudem an dem Punkt angelangt waren, retrospektiv und prospektiv überlegen zu müssen, was in der Publikation ausreichend bedacht worden sei und was vielleicht nicht, gab uns dieses Gespräch auch Gelegenheit, noch einige Fehlstellen zu füllen und Hinweise auf eine erweiterte Betrachtung der Ulmer Aktivitäten zu entfalten.

Entwicklung einer Brille
Herbert Lindinger
2. Studienjahr 1956/57
Hans Gugelot
für Fa. Angerer Linz/Donau

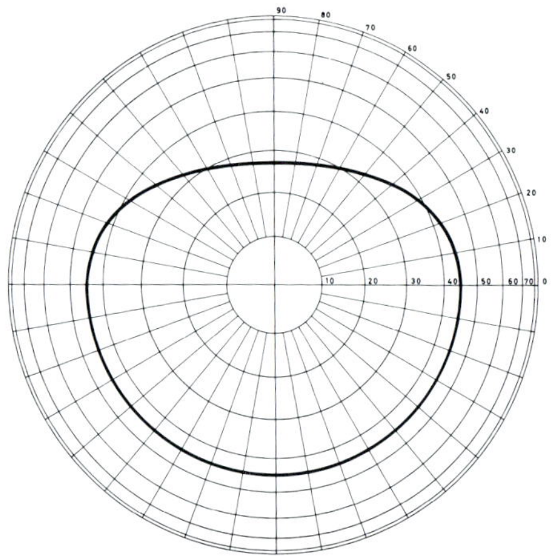

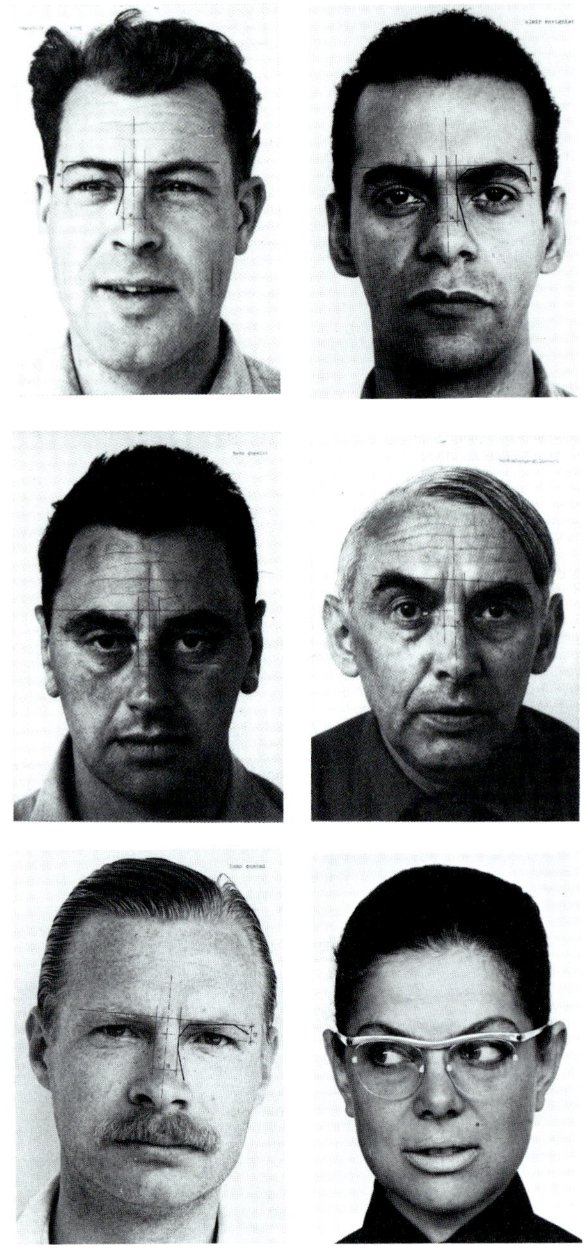

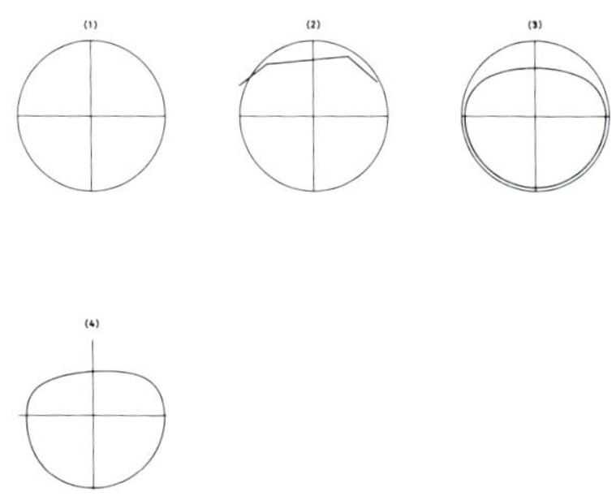

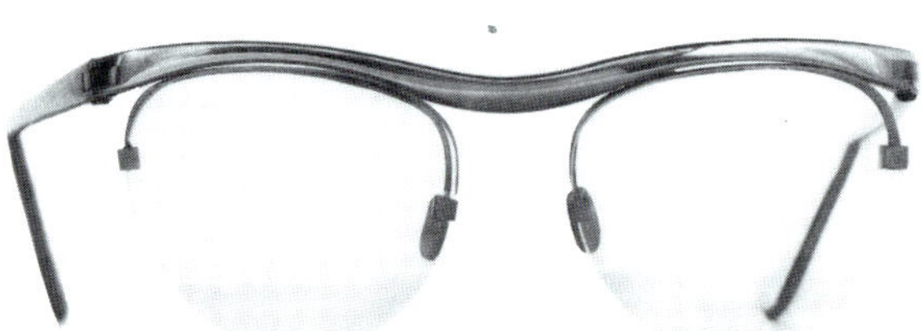

Augenbrauenstudien bei Paul Hildinger, Almir Mavignier, Hans Gugelot, Friedrich Vordemberge-Gildewart, Hans Conrad, Deborah Sussman

Die Suche nach den Gründen und Systemen

Herausgebergespräch

Erlhoff:
Ritual und System – beides ist elitär und schafft lediglich Gruppen-Demokratie, beides gewährt Sicherheit und Momente von Identifikation. Nun steht die Hochschule in ihrer inneren Struktur für eben auch diese Ritualisierung und in ihren theoretischen Äußerungen für die Suche nach Systematisierung. Also nach legitimationsfähigen Kriterien von Objektivierbarkeit und Ordnung. Etwas Begründbares zu finden, das wirklich sei – das vereint doch Goethes Hoffnung auf das Urgestein, und die der Anarchisten auf die Urgesellschaft und die der Positivisten auf eine Urbegründung. Wollte nicht Ulm auch nur ein System, damit man etwas schwarz auf weiß nach Haus tragen konnte?

Lindinger:
In der Tat gab es ja eine ganze Reihe von Bewegungen, wie etwa de Stijl, die das Ideal verfolgten, zu den letztendlich nicht mehr teilbaren und reduzierbaren Farben und Formen zu gelangen. Auch das frühe Bauhaus war davon noch angetan. Diese Vorstellung, gewissermaßen mit den Urelementen der Gestaltung zu operieren, gab es an der HfG nicht. Vielmehr existierte dort eben eher der Glaube, dem Chaos am ehesten mit Rationalität begegnen zu können und die schon damals hereinbrechende Sintflut von Gegenständen durch deren baukastenartige Systematisierung in Grenzen zu halten; und was die Methoden betrifft, so zielte die Arbeit an der HfG ausschließlich auf deren instrumentellen Charakter.

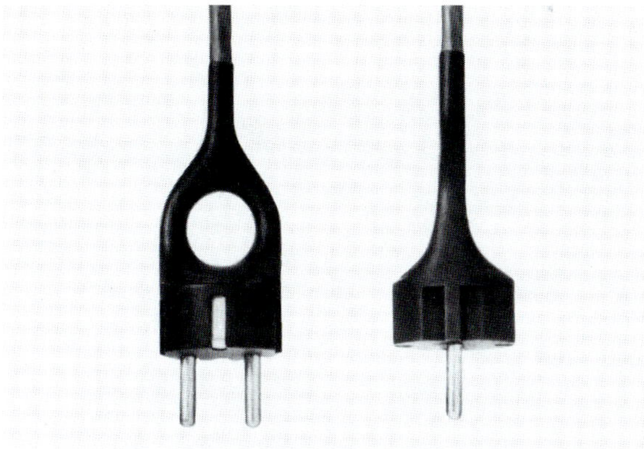

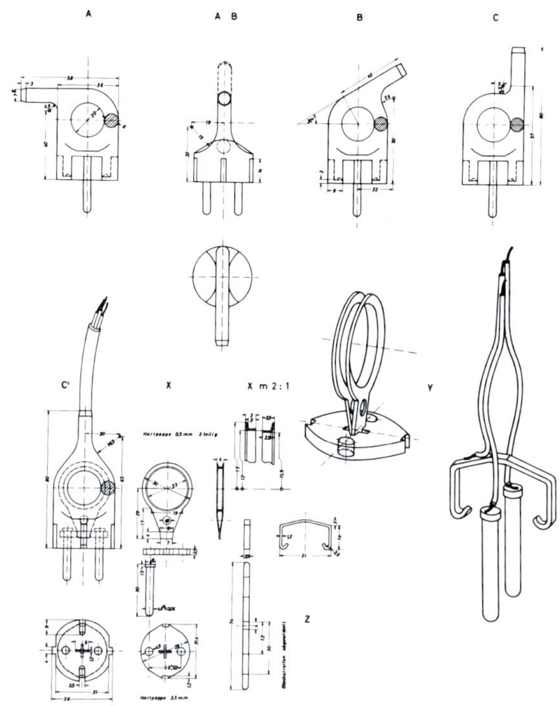

Gerätestecker aus Weich-PVC
Aribert Vahlenbreder
2. Studienjahr 1958/59
Dozent Walter Zeischegg

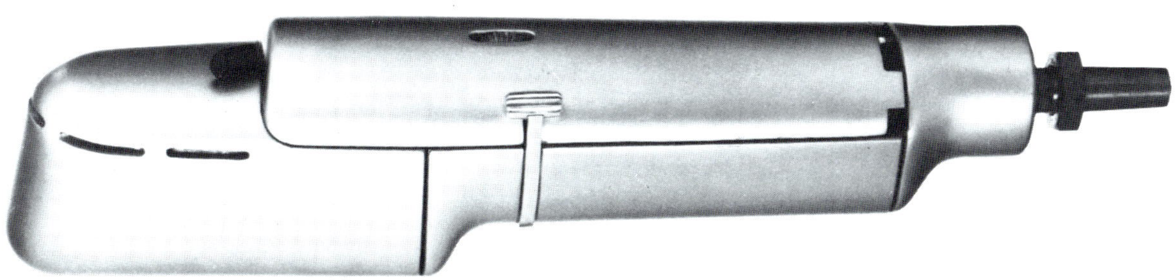

Mehrzweckbohrmaschine
Richard Fischer
Diplomarbeit 1958/59

Erlhoff:
Was damals vielleicht noch nicht gedacht werden konnte, verwirrt jedoch heute: Der Glaube nämlich an die Rationalität, an die Objektivierbarkeit und Operationalisierbarkeit unterschlug die Dialektik der Aufklärung. – Wenn aber diese Dialektik der Aufklärung nicht mitgedacht wurde, dann verband sich Ulm mit den in den fünfziger Jahren sehr üblichen Hoffnungen auf Wertfreiheit und mit dem, was später „hilfloser Antifaschismus" genannt wurde – eben dieser Glaube an Gegenstände jenseits der Politik.

Lindinger:
Aber das war gerade nicht typisch für die HfG.

Erlhoff:
Das ist es ja eben – die HfG bewegte sich in immanenten Widersprüchen.

Lindinger:
Die Dominanz des Rationalen in Ulm – das hat mehrere Wurzeln: Erstens hatten wir alle den Faschismus als den Versuch in Erinnerung, Menschen ihrer Ratio zu berauben, sie bewußt mit Symbolen und Irrationalität hörig zu machen.

Wir glaubten dagegen an die Machbarkeit dieser Welt, an das Rationale und daran, an die Tradition der Aufklärer anknüpfen zu können. Insbesondere Bense und Bill verstärkten dies. Bense rückte fast in jeder seiner Vorlesungen Hegel, Kant und Descartes in den Vordergrund. Bill, als Person wahrlich nicht der Rationalist par excellence, vertrat eine Lehre, in der das Argumentieren und die Fähigkeit, das Entwerfen zu begründen, in den Vordergrund rückten, sogar zelebriert wur-

Möbelsystem M 125
Hans Gugelot
für Fa. Bofinger, Stuttgart
1957
Das 1. umfassende Möbel-Programm in kunststoffbeschichteter Plattenbauweise

den. Der ganze Ansatz Ulms ist im Grunde genommen ein aufklärerischer, nämlich der Versuch einer organischen Verbindung von Gesellschaft und Kultur einerseits und von Wissenschaft und Technologie andererseits. Dies schien mit einem gefühlsmäßigen Ansatz gar nicht möglich. Daß wir dann gewissermaßen zwangsläufig auch die Extreme auskosten mußten, bis zu dem Versuch, die Dinge wertneutral anzuschauen, war logische Konsequenz und mußte später zu einer Korrektur führen. Schließlich darf man nicht vergessen, daß unsere heutige Einsicht und ein kritisches Bewußtsein gegenüber Fortschritt und Technologie angesichts von Tschernobyl und den ökologischen Katastrophen damals noch nicht denkbar war.

Sicherlich aber ist richtig, daß es in Ulm eine Fixierung auf die Geometrie als der visuellen Sprache gab. Die Bevorzugung des Rationalen in Ulm führte zwangsläufig zu Bevorzugung des mathematischen Denkens auch bei der Gestaltung. Was nicht zuletzt ausgelöst wurde durch Max Bill und dessen Essay „Die mathematische Denkweise der Kunst in unserem Jahrhundert".

Erlhoff:
Wahrscheinlich konnte man damals wirklich noch nicht wissen, daß der Faschismus in hohem Maße der Rationalität folgte und daß – so schrecklich das ist – die Ermordung von Juden, Zigeunern und politischen Gegnern nicht zuletzt schlicht ökonomischen Daten folgte.

Die Geschichte besteht eben nicht aus einem Dualismus von

Besuch des Bundespräsidenten Theodor Heuss 1958 Vorstellung des Möbelsystems M125

...Die Idee, in Systemen zu denken und größere Komplexe in Einheiten zu zerlegen, die mit einfachen Fertigungsmethoden hergestellt werden konnten, hat im Bereich des Möbelbaus zahlreiche Anhänger gefunden, und die Vielfalt heute bestehender Angebote auf diesem Sektor ist nur ein Beweis für die grundlegende Richtigkeit der Konzeption von Hans Gugelot. Sein Hauptanliegen war immer die Entwicklung von Verbindungen, weil jedes System die Zerlegung in Elemente voraussetzt, die irgendwie wieder zusammengesetzt werden müssen. Solches analytische Denken führte ihn auch zum Modul von 12,5 cm, also dem achten Teil des Meters, mit dem der Architekt umzugehen weiß, und dessen Vielfaches fast alle die Gegenstände abdeckt, die der Mensch in einem Schrankbehältnis unterzubringen hat. ...

...Gugelot erklärte, daß er grundsätzlich nur noch Möbelsysteme entwickeln würde und keine Einzelmöbel mehr. ...

Rudolf Baresel-Bofinger, in: *Hans Gugelot-System Design*, Ausstellungskatalog, München 1984

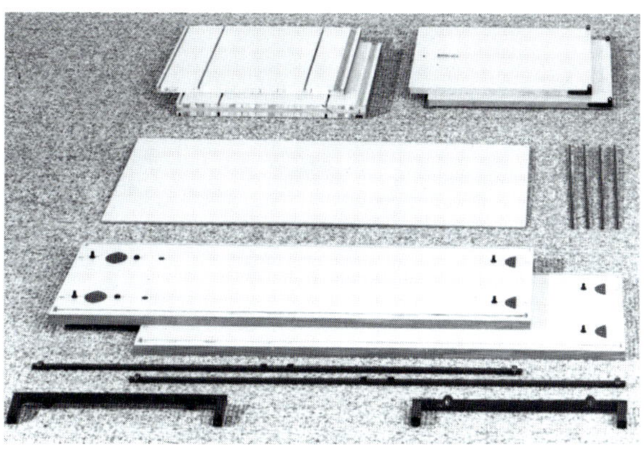

M 125 in Einzelteilen

hier Rationalität dort Irrationalität oder Emotion; vielmehr gibt es zwischen diesen Polen diverse widersprüchliche Berührungsverhältnisse. Diese Berührungsverhältnisse aber wurden von Ulm negiert, was in der beharrlichen Vertretung von Systematisierungen deutlich wird. Ich weiß, daß diese Überlegungen zur Systematisierung etwa des Bauens sich über die Utopie eines demokratischen Bauens hätten legitimieren können: Systematisierung schien alles billiger zu machen und den Menschen die Dinge leichter zur Verfügung zu stellen. Doch auch dieses demokratische Ideal unterliegt leider noch der Dialektik.

Lindinger:
Dadurch, daß wir von Anfang an nicht nur die Kunst aus der Lehre heraushielten, sondern auch die Geschmacksgüter und die Mode, haben wir uns ja gewissermaßen freigemacht auch von den gefühlsträchtigen und irrationalen Merkmalen dieser Bereiche. Wir operierten zunächst einmal in Bereichen, in denen wir unbelastet der Ratio frönen konnten. Nicht zuletzt ist damit auch begründet, daß die Ulmer im Bereich der Geschmacksgüter und der Wohnung sich nie engagiert haben oder dort besonders reussierten – was mit einigen Ausnahmen bis heute gilt –, und daß die Ulmer Lehre und die Ulmer Theorie bis heute auch nur in jenen Bereichen lebendig ist und praktiziert wird, in denen diese gebrauchstechnischen, wirtschaftlichen und neuerdings auch die ökologischen Interessen der Gesellschaft im Vordergrund stehen. Also eben

...Die Mitarbeit des Industrial Designers wird in der Steigerung des Gebrauchswertes eines Artikels liegen. Durch seine koordinierende Tätigkeit, seine konstruktive Fähigkeit und seine Spezialisierung auf Mensch-Geräte-Beziehungen ist er der einzige im ganzen Team, der die endgültige Struktur des Produktes bestimmt. ...

Hans Gugelot, Vortrag in Tokio, 1960

Tierbaukasten
Hans von Klier
3. Studienjahr 1957/58

Zerlegbarer Sessel
Hans Gugelot
1959

Entwicklungsgruppe Gugelot
Helmut Müller-Kühn,
Hans Gugelot,
Herbert Lindinger
1959

nicht im bürgerlichen Wohnzimmer, nicht bei der Mode, wohl aber bei den Gebrauchsgütern, im Bürobereich, bei den Instrumenten, Maschinen, im Krankenhaus, im Kinderzimmer, Bad, Küche und auf der Straße.

Chemaitis:
Aber in den Köpfen spielt heute merkwürdigerweise Ulm doch auch stilbildend eine Rolle – wenn man gegenwärtig etwa die Menschen fragen würde, was sie gut fänden oder was gutes Design sei, dann kämen sehr viele Ulmer Gegenstände vermittelt zum Vorschein. Selbst wenn diese Menschen zuhause mit allerhand Geschwungenem und Verwirrendem eingerichtet sind.

Lindinger:
Ja, aber dann ist Ulm nur Mythos.

Systeme und Baukastensysteme
Zirkelkästen, Anbaumöbel, Küchenmaschinen mit einem Antriebsblock und mehreren Anbauteilen sind geläufige Beispiele für Baukastensysteme. Ebenso wie die Systeme, von denen sie eine Teilklasse bilden, bestehen sie aus Elementen. Diese Elemente müssen in ihren Eigenschaften aufeinander bezogen sein, seien es nun metrische, qualitative, formale oder sonstige Eigenschaften. Ein System liegt also erst dann vor, wenn seine Elemente koordiniert sind. Geschäftspapiere z.B. gehören erst dann einem System an, wenn ihre Abmessungen innerhalb einer Reihe und typographischen Konstanten festgelegt sind...
Gui Bonsiepe, in: *Ulm*, 6, 1962

Zerlegbarer Stuhl nach dem Prinzip des „Kolonialstuhles"
Carl-Heinz Bergmiller, Ernst Moeckl
für Fa. Wilde & Spieth, Esslingen/N. 1958

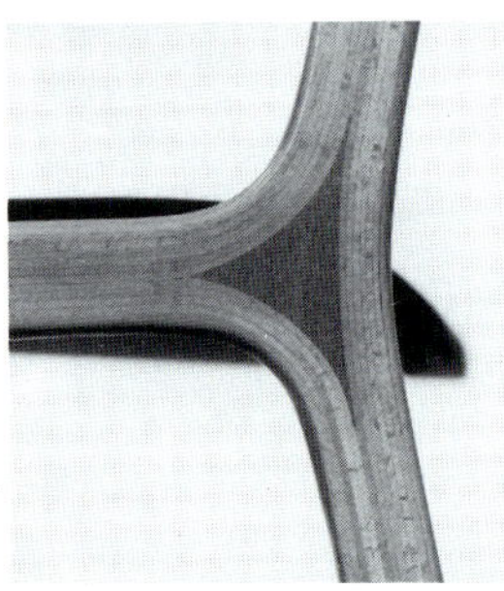

Schichtholzstuhl
Wilhelm Ritz
Diplomarbeit 1958/59
für Fa. Wilkhahn,
Bad Münder
Neuartige patentierte Verbindung von Schichtholz, bald 30 Jahre auf dem Markt. Aufgenommen in die ständige Sammlung des Museum of Modern Art, New York

HfG und Industrie

Herausgebergespräch

Lindinger:
Wo aber ist Ulm wirklich in die Wohnungen eingedrungen, in die vier Wände, in die Wohnzimmer? Ein bißchen durch Gugelot, aber im Grunde genommen nur bei Intellektuellen – selbst der „Schneewittchensarg" ist ja nie ein Massenartikel geworden.

Staubach:
Aber im Bürobereich, in der Verwaltung, im Ordnen.

Erlhoff:
Und selbst dort erst einige Jahre später. Ich denke, Ulm ist zu seiner Zeit nirgendwo allgemein geworden. Nicht einmal die deutsche Industrie hat an Ulm wirklich partizipiert.

Lindinger:
Doch: Zum Beispiel die U-Bahn von Hamburg, die von Anfang an von Millionen von Hamburgern jeden Tag benutzt wurde; oder das Dia-Karussell von Kodak.

Erlhoff:
Gut: Wir haben die U-Bahn in Hamburg, die Braungeräte, wir haben Pfaff, Kodak und Lufthansa. Das ist doch nicht viel. Der große Schub für Ulm, die Tatsache, daß Ulm in gewisser Weise zur Schule der Alltäglichkeit wurde, kam erst sehr viel später. Mich irritiert einfach – etwa angesichts der Beziehung zwischen dem amerikanischen Design und der US-Industrie oder der zwischen italienischem Design und der italienischen Industrie –, daß in der Bundesrepublik Deutschland seit Beginn und fast bis heute kaum eine Akzeptanz von gutem Design zu finden ist. Ulm wurde – in der ganzen Stärke, in der es sich heute präsentiert und unsere gegenwärtige Formenwelt scheinbar

Hotelstapelgeschirr TC 100
Hans Roericht
Diplomarbeit 1958/59
für Fa. Thomas/Rosenthal AG
Aufgenommen in die ständige Sammlung des Museum of Modern Art, New York

dominiert –, Ulm wurde von der deutschen Industrie, mit ganz wenigen Ausnahmen, nicht wirklich umgesetzt. Mein Eindruck ist, daß in Deutschland der unerschütterliche Glaube an die Markenartikel, an das „made in Germany", und der Enthusiasmus des Wiederaufbaus die Kategorie des Design in Vergessenheit geraten ließ. Was ebenso für die deutsche Öffentlichkeit gilt. – Eine Hochschule, die über fünfzehn Jahre mit solcher Vehemenz und Qualität arbeitete, hätte doch irgendwann in der Bundesrepublik Deutschland eine wirkliche öffentliche Aufnahme und eine intensive Anbindung an gesellschaftliche Prozesse finden müssen.

Lindinger:
Ich bin nicht derselben Meinung. Erstens sollte man bedenken, daß Ulm ja nicht alleingeblieben ist. Die Auffassungen, die Ulm vertreten hat, sind auch an anderen Schulen in Deutschland, England, Japan und Südamerika aufgegriffen worden, zugegeben mehr oder minder gut; der Multiplikations-Effekt auf dieser Ebene ist gar nicht abzuschätzen. Das heißt: Die Konzeption hat sich verbreitert, wenngleich auch verändert und vielleicht verbessert.

Zum zweiten würde ich sagen, daß sich die Ulmer Auffassung bis auf den Bereich des Wohnens weithin etabliert hat. Im Bereich der Gebrauchs- und Investitionsgüter ganz sicherlich.

Staubach:
Aber in welcher Form, durch und für die Industrie bereinigt.

Lindinger:
Nun, ich spreche von Ulmer

Nähmaschine mit Koffer
Phantomaufnahme
Hans Gugelot, Herbert Lindinger, Helmut Müller-Kühn
für Fa. Pfaff AG, Kaiserslautern
1959/60

Auffassungen und nicht von einer bestimmten Morphologie. Ich meine die Denkweise, wie man ein Objekt plant und gestaltet, wie man an etwas herangeht in der Analyse, der Bewertung, der Synthese. Diese grundsätzliche Art hat sich etabliert. Die morphologischen Konzepte haben sich gewandelt, wobei zu betonen ist, daß Ulm eine universale Morphologie ablehnte. Es gab die runde Form nur dort, wo sie aus ergonomischen Gründen gefragt war, und die eckige oder kubische dort, wo es um Kompaktheit ging.

Staubach:
Ich meine mit bereinigt analog unserem Titel: bereinigt von der Moral.

Lindinger:
Das ist wirklich einer der Widersprüche, denn diese Moral ist Utopie geblieben, da – in dem Maße, in dem die Industrie an dem Ulmer Konzept Gefallen gefunden hat – der moralische Überbau als lästiges Beiwerk beiseitegeschoben wurde. Design wurde schlicht zum Marketinginstrument denaturiert.

Erlhoff:
Die Frage also ist: Hat sich Ulm grundsätzlich durchgesetzt oder nur quasi, in Versatzstükken und an der Oberfläche?

Staubach:
Sicher nicht grundsätzlich. Wohl aber in bestimmten Lebensbereichen: Produktion, Haushalt, Verwaltung – wir haben bereits darüber gesprochen.

Eine zweite große Einflußsphäre ist die gesamte Designausbildung. Der curriculare Überbau ist – immer noch – wesentlich von Ulm, von

Nähmaschine
Gugelot, Lindinger,
Müller-Kühn
für Fa. Gritzner/Kayser,
Karlsruhe 1959

Ulmern bestimmt. Allerdings glaube ich, daß die Ulmer Ideen nicht selten zur Doktrin geronnen sind. Die Gesellschaft hat sich ja seither verändert, politisch, sozial, kulturell. Wenn ich beispielsweise an die Ulmer Haltung zu Konsum, zu Technologie denke, könnte man sagen: die Gesellschaft, die Menschen haben sich von Ulm wegentwickelt.

Lindinger:
Ja, gewissermaßen. Aber weil das Bild vom künftigen Menschen, das Ulm nun einmal hatte, eine Utopie geblieben ist. Das war ein Traumbild – ungeachtet dessen, daß diesem Traumbild einige Individuen, Gruppen, Teilschichten entsprachen und auch heute weiterhin entsprechen. Die ungeheure Differenzierungstendenz, die pluralistische Gesellschaft ab den siebziger Jahren hatte man in den fünfziger Jahren nicht geahnt.

Erlhoff:
Also sprechen wir von dem Traum der Aufklärung und der Moderne – von dem Traum, der diese bürgerliche Gesellschaft eigentlich als bürgerlich am Laufen hält und zugleich von ihr nie eingelöst wird.

Lindinger:
Genau. Nur macht man es sich zu leicht, dies nur auf die Industrie abzuschieben. Sie produziert letzten Endes erfolgreich nur das, was gefragt wird. Die durchschnittliche italienische Familie hat genausowenig Design von Bellini in ihrem Wohnzimmer, wie die deutsche Familie Gugelot oder Rams.

U-Bahn Hamburg
Hans Gugelot, Herbert Lindinger, Helmut Müller-Kühn.
Grafik: Otl Aicher, Peter Croy
für Hamburger Hochbahn AG
Hersteller Linke-Hoffmann-Busch, Salzgitter 1960–62

Herbert Lindinger und Helmut Müller-Kühn bei der Entwicklung der U-Bahn-Sitze

Innenraum der Hamburger U-Bahn

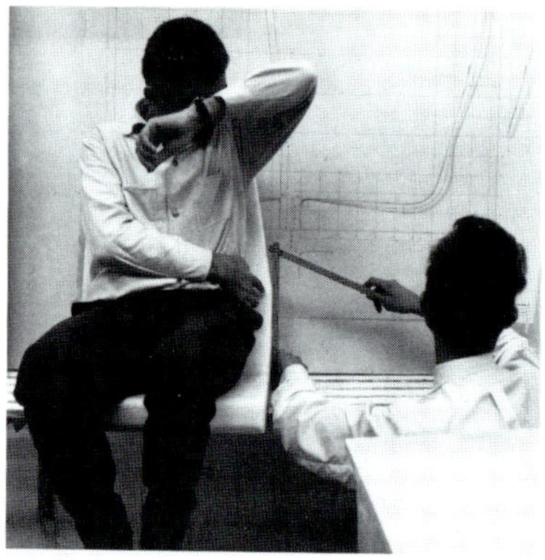

Erlhoff:
Somit könnten wir uns vielleicht darauf einigen, daß Ulm wirklich immer noch ein Stachel in der Realität ist.

Lindinger:
Ja, weil das damit vielleicht auch erklärt, daß noch immer eine gewisse Beeindruckung von Ulm ausgeht – bei kritischen Menschen –, weil diese in Ulm immer noch einen Ansatzpunkt für Widerstand sehen.

Vorderansicht
Seitenansicht

Eine Reihe von Ideen, die von den Gestaltern entwickelt wurden, führten zu Konstruktions-Standards im europäischen Schienenfahrzeugbau: die konsequente Anwendung des damals noch neuen Materials GFK, die von der Decke bis zum Boden reichenden GFK-Seitenwände aus einem Teil, der rund in die Seite übergehende Fußboden und die durchgehenden Lichtbänder.

...Sicher sind das alles gleichzeitig Aufgaben des Ingenieurs oder des Architekten oder des Wissenschaftlers. Aber der Designer steht nicht mit allen diesen Spezialisten in Konkurrenz, im Gegenteil: Er ergänzt nicht nur ihre Tätigkeit, vielmehr bearbeitet er ein wichtiges Niemandsland zwischen allen diesen Spezialbereichen. Er geht von der Zweckbestimmung der zu entwerfenden Gegebenheit aus, sein Entwurf ist unter vielerlei Gesichtspunkten zu optimalisieren, sein Ausgangspunkt ist die Planung des gesamten Gebildes in seiner komplizierten Verhaftung mit seiner Umwelt. Zum Beispiel prüft er den Entwurf auf seine Eignung für die zukünftigen Benutzer oder Empfänger, auf seine Herstellbarkeit, seine Gebrauchseigenschaften usw. Während der Ausgangspunkt des Ingenieurs das Bestreben nach technologischer Funktionserfüllung ist oder der des Künstlers vielleicht allein das Bestreben nach einer ästhetischen Aussage, soll der Designer darüber hinaus weitere Aspekte, eben jenes Niemandsland, in Betracht ziehen. Ein technisch gut funktionierendes Automobil braucht noch lange nicht schön zu sein, und ein schönes kann schlecht sein. Die Arbeit des Designers endet also keineswegs an der Oberfläche der Dinge. Er ist nicht ein Kosmetiker der äußeren Form oder ein Gehäusetechniker. Die Zupassung eines Objektes auf die komplexen Erfordernisse ist nur möglich, wenn auch die Gegebenheiten unter der Oberfläche durchdrungen werden, was in den meisten Fällen nur in Zusammenarbeit mit den einschlägigen Spezialisten geschehen kann. Der Designer ist nicht Ingenieur und nicht Künstler; vielmehr hat sein Beruf eine neue, eigenständige Qualifikation.

...Die Aktualität des Problems liegt auf der Hand: Wir leben in fast ausschließlich industriell gefertigen, hochtechnisierten Umgebungen; wir sind angeschlossen an komplexe Kommunikationsnetze wie Rundfunk, Fernsehen, Presse und Verkehr; wir sind gleichzeitig Akteure auf den verschiedenen Spielfeldern unserer komplizierten Sozialgefüge: Konsumenten, Steuerzahler, Käufer, Wähler usw. Mit der Entstehung der großen Produktions- und Kommunikationssysteme wird der Entwurf eines Stuhles zum schwierigen Problem: Noch vor 150 Jahren war dies eine Angelegenheit zwischen dem Handwerker und dem Kunden, der auch gleichzeitig der Benutzer war. Heute gilt es, eine Produktionsserie von 20 000 Stühlen zu planen für eine anonyme Menge von Benutzern, die höchstens statistisch beschrieben werden kann; die Herstellung erfolgt in einem weitgehend mechanisierten Produktionsbetrieb, der Vertrieb läuft über mehrere Handelsstufen. Dazu kommt ein weitverzweigter Markt und eine heftige Dynamik der Geschmacksformen. Fehlplanungen hätten weitreichende Folgen. ...

Horst Rittel, in: *Werk*, 8, 1961

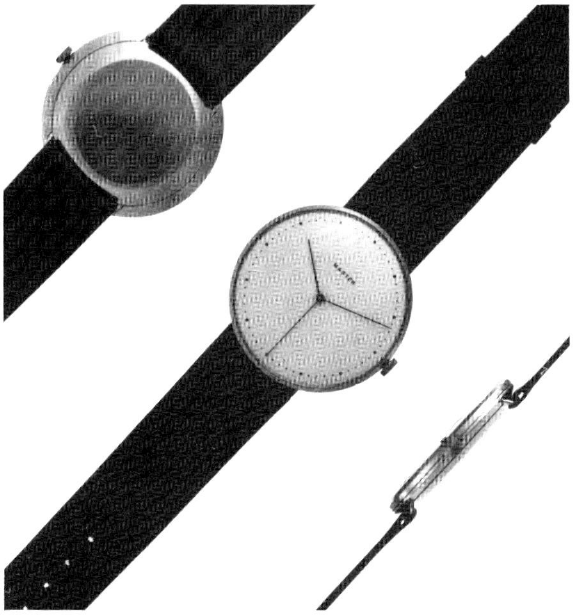

Armbanduhr
Reinhart Butter
3. Studienjahr 1960/61
Dozent Bruce Archer

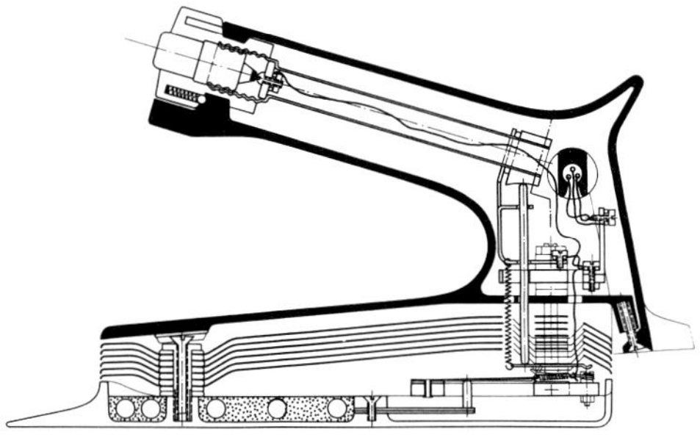

Bügeleisen
Reinhold Weiß
Diplomarbeit 1958/59
Offener Griff im Gegensatz zu den damals üblichen geschlossenen Griffen zur besseren Handhabung beim Bügeln.

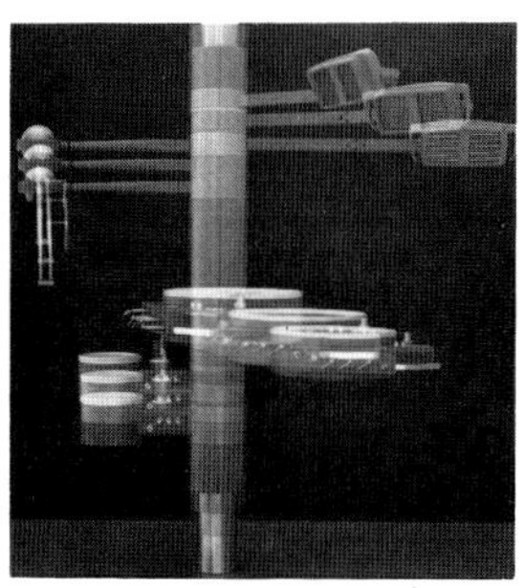

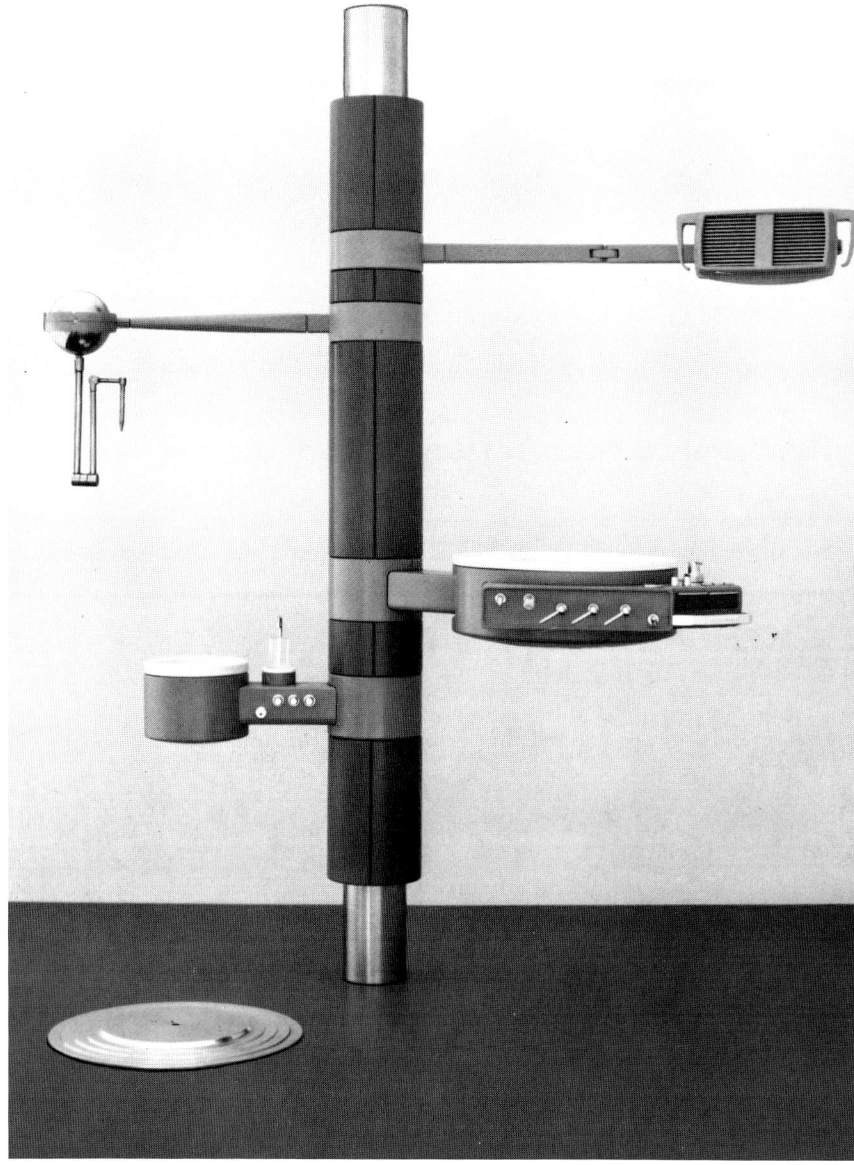

Dental-Einheit
Peter Emmer, Peter Beck,
Reinhold Deckelmann,
Dieter Reich
3. Studienjahr 1961/62
Dozent Walter Zeischegg

Aufgabe: Sanitäreinrichtungen für den Wohnbereich
Dozent: Walter Zeischegg
Studenten: Robert Graeff, Walter Kiehlneker, Heinz Wäger

Präzisierte Aufgabenstellung

Erscheinungsbild
Sanitärkörper und Armaturen sollen keine zu harten Formen haben; Oberflächen glatt; Farben der Einrichtung hell und ansprechend.

Anordnung
Das Hygienesystem soll für möglichst viele Varianten von Grundrissen anwendbar sein; WC möglichst vom Baderaum getrennt; Bedienungselemente in Reichweite des Benutzers; Einbau von Zubehör (Toilettenpapier, Seifenablagen usw.), Ablagen in ausreichender Menge.

Reinigung
Schmutzwinkel sollen vermieden werden; Übergänge mit ausreichend großen Radien; der Fußboden soll mit Stielreinigungsgerät gereinigt werden können, ohne daß man sich zu bücken braucht.

Konstruktion
Installation innerhalb des Hygienesystems; nur die Bedienungselemente sichtbar; selbsttragendes System (keine Belastung der Gebäudewände); Schall-Erzeugung und Schall-Leitung sollen verhindert werden.

Herstellung
Das Hygienesystem soll in Serie hergestellt werden; Verwendung von neuen geeigneten Materialien; schnelle und einfache Montage.

Klima
Zugfreie Lüftung; Gebäudewände und Decke sollten Dampf absorbieren können.

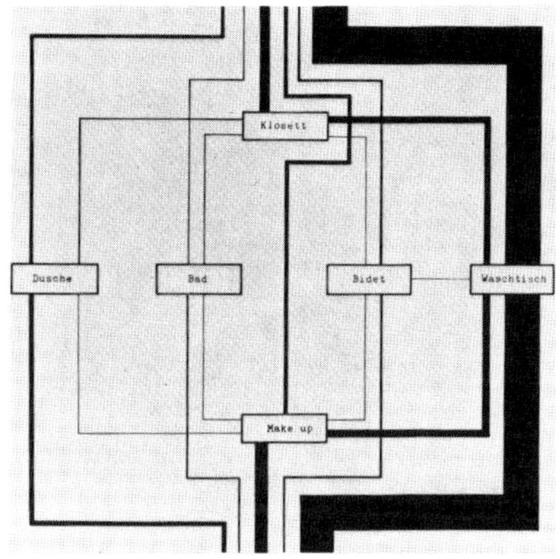

Schema der Benutzungsstatistik des Hygieneraumes

...Während zweier Quartale im Studienjahr 1961/62 wurde unter der Leitung von Walter Zeischegg von Studenten des 3. Studienjahres der Abteilung Produktgestaltung eine Reihe von Entwürfen für sogenannte Sanitärzellen gemacht. Entgegen dem allgemein üblichen Verfahren sollten die einzelnen Einrichtungsgegenstände dieses Sanitärblocks – die Sanitärkörper – nicht als isolierte Stücke, sondern als Teile eines umfassenden Systems betrachtet und entwickelt werden. Die Aufgabe bezog sich auf die Festlegung der einzelnen Typen der Sanitärkörper, deren formaler und konstruktiver Ausbildung sowie auf die Montage. Die umfangreichen Funktionsanalysen wurden von den Studenten im Team gemacht. Die verschiedene Bewertung des Materials führte zu jeweils eigenen verschiedenen Lösungen. ...
Aus: *Ulm*, 8/9, 1963

Projektbesprechung Walter Zeischegg und Studenten

Grundrißbeispiele für Räume mit dem Sanitärblock

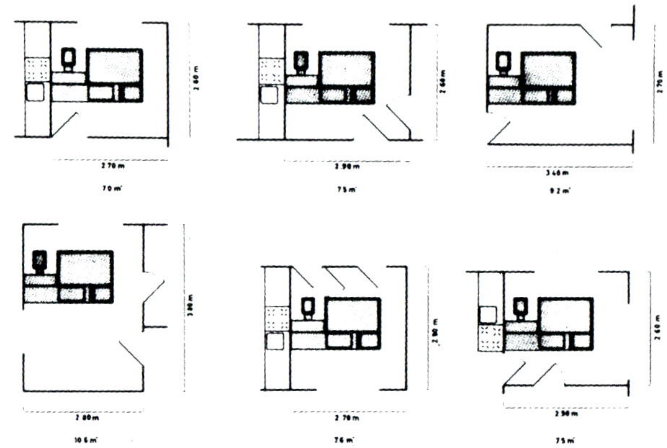

Installationsübersicht mit Heizkörpern, WC-Aufhängung und Hohlraum für Waschmaschine und Warmwasserzubereitung

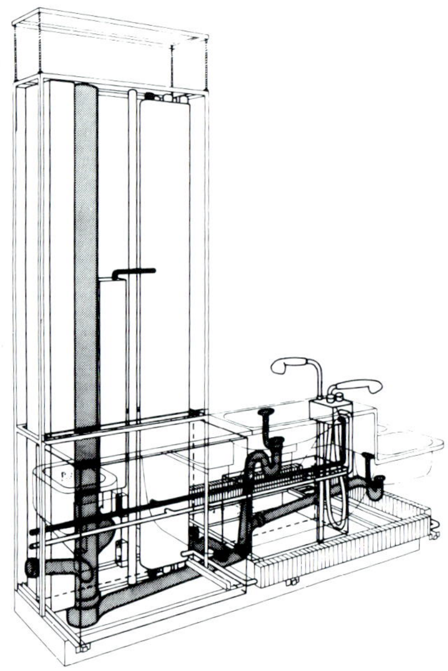

Sanitärblock
Walter Kiehlneker
3. Studienjahr 1961/62
Dozent Walter Zeischegg

...Alle Sanitärkörper sind zu einem Block vereint, der wandfrei im Hygieneraum aufgestellt wird. Folgende Überlegungen führten zu diesem Entwurf: Da das System wandfrei ist, können Fenster und Türen auf jeder Seite des Raumes angebracht werden; da die Einheit relativ unabhängig vom Raum ist, eignet sie sich zur Serienherstellung; die Hohlräume zwischen den einzelnen Körpern fallen zusammen und können somit besser ausgenutzt werden; die Installationsleitungen zwischen den einzelnen Körpern innerhalb des Blocks sind kurz und können schon im Werk eingebaut werden; sie sind gut zugänglich für Reparaturen; im Rohbau eines Gebäudes braucht für die Montage des Blocks nur ein Loch im Boden für Zu- und Ableitungen vorgesehen zu werden. Die Waschmaschine, die mit zum „Naßbereich" der Wohnung gehört, ist in die Hygieneeinheit einbezogen. ...

Aus: *Ulm*, 8/9, 1963

Ulm als Modell der Moderne

Michael Erlhoff

Angesichts des heute vielfältigen Jubels über ein behauptetes Ende der Moderne und den Beginn einer neuen postmodernen Ära ist es angebracht, nicht nur – wie in den anderen Essays – implizit, vielmehr auch ausdrücklich die Ulmer Hochschule als Wegmarke des Projektes Moderne zu bezeichnen.

Wodurch grundlegender die Paradoxie „Ulm", das Schwanken zwischen Apologie und Kritik als objektives Problem beschreibbar wäre (auch wenn hier selbstverständlich nicht einmal im Ansatz eine Theorie der Moderne entwickelt werden kann: zu deren Studium gibt es umfangreichere und qualifiziertere Arbeiten von Parsons, Max Weber, Karl Marx, Jürgen Habermas und etlichen anderen). Das Dilemma der HfG nämlich begründet sich in der unausweichlichen Paradoxie der Moderne selbst, da diese sowohl Eigendynamik entwickelt, als auch ergriffen sein will, da sie Freiheit und Unfreiheit setzt.

Übernehmen wir bei aller Verkürzung Max Webers einprägsamen Gedanken, die Moderne als „Durchdringung von Ethik und Welt" zu kategorisieren, so stellen sich zwangsläufig weitere, mit der Vorstellung von Moderne verbundene Kategorien ein: Subjekt und Objekt, Arbeit, Erfahrung und Begriff (als gegenstands- und subjektkonstituierende und potentiell oder utopisch Subjekt und Objekt vermittelnde Momente), Moral und Funktion (als säkulare Legitimationen der Moderne), Öffentlichkeit und gesellschaftliche Verantwortung, zudem

Bruce Archer im Seminar

Besuch von Charles Eames 1955

Motorgrader
Klaus Krippendorf
Diplomarbeit 1960

Freiheit und die Möglichkeit von Individuation, sowie – gewissermaßen als Subkategorien – ein Potential von Diskurs, von Kategorisierung selber, von Transparenz, Wissenschaft, Technik und Industrie (also dem redlichen Fleiß). – Nun verdeutlicht schon diese (sicher erweiterbare) Aufzählung die jeweils zweifache Signifikanz der Kategorien, und zwar sowohl grammatisch – denn sie sind ebenso Beschreibung wie Anspruch – als vor allem historisch, denn sie wurden in Geschichte allemal auch deformiert, verdinglicht: aus Arbeit wurde entfremdete Lohnarbeit, aus Moral Bigotterie, aus Funktion Abstraktion, aus Öffentlichkeit Lug und Trug, aus Freiheit die imaginäre des Kaufakts etc. Überaus konkret ist diese Zweischneidigkeit zusammengefaßt in der geschichtlichen Wanderung der mit Moderne so eng verkoppelten Kategorie Rationalität: Was da einst und immer wieder als Forderung nach Vernunft, nach vernünftiger Ordnung von Welt auftrat, war stets begleitet von Profanisierungen der Vernunft, also von herrschaftlichen Legitimationsstrategien, Rationalisierungen und Bürokratie. Aber mehr noch: Zur inneren Rationalität der Moderne gehörte unverbrüchlich jener moderne Prozeß, der Kapitalisierung und Inhumanität evozierte, der zum Primat der Theorie gegenüber der Erfahrung führte und verwissenschaftlichte, aufspaltete, entsinnlichte. Denn die Moderne ist – und das letztlich auch in ihren visuellen Emanationen – Abstraktionsprozeß: „Die kulturelle Überlieferung

Rasierer „Braun Sixtant"
Hans Gugelot
für Fa. Braun AG, Frankfurt
1961
Einführung des
seidenmatten Schwarz

muß schon so weit verflüssigt sein, daß legitime Ordnungen traditionsfester dogmatischer Grundlagen entbehren können. Und Personen müssen innerhalb des Kontingentsspielraums abstrakt und allgemein normierter Handlungsbereiche schon so weit autonom handeln können, daß sie ohne Gefährdung der eigenen Identität von moralisch definierten Zusammenhängen verständigungsorientierten Handelns auf rechtlich organisierte Handlungsbereiche umschalten können." (Jürgen Habermas) Mithin gewährt eben das Abstraktionsbildende der Moderne die einzig und lediglich an ihr erkennbare Utopie von Autonomie und Emanzipation. Gerade gegen diese Real-Abstraktion jedoch richtete sich immer wieder der nicht nur von wahnhaften Sektierern, sondern auch von beflissenen Modernen geführte Kampf — so richtig modern nämlich war allein die Moderne selbst, doch sie barg und birgt ihre Modernität im Anblick historischen Schreckens. Kein Wunder, daß die, denen man den Beginn der Moderne gern andichtet oder die als emsige Verfechter der Moderne gepriesen oder verfemt werden, ihre handfestesten Kritiker waren und dadurch die Moderne ungeduldig steuern oder zum Glück zwingen wollten: die Aufklärer vermochten kaum die absehbaren Konsequenzen zu akzeptieren, für Hegel wie für Romantiker war „modern" ein negativ sanktioniertes Wort, die Impressionisten verbanden ihre eigene Versunkenheit in der Moderne mit der Natur (und halfen, diese zu kolonialisie-

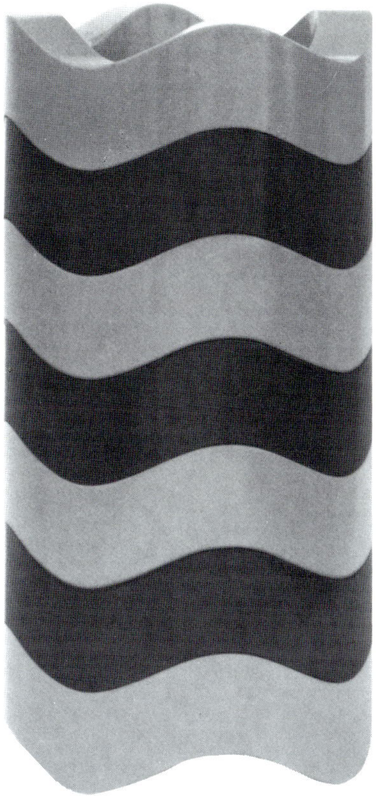

...Die Abteilung legt besonderen Nachdruck auf die Gestaltung von Geräten, Maschinen, Instrumenten – Produkten also, die von der kunsthandwerklichen Tradition wenig oder überhaupt nicht berührt sind. Die Gestaltung von Geschmacks- und Luxusgütern gehört nicht zum Aufgabenbereich der Abteilung Produktgestaltung. ...

Ulm, Katalog einer Wanderausstellung, 1963

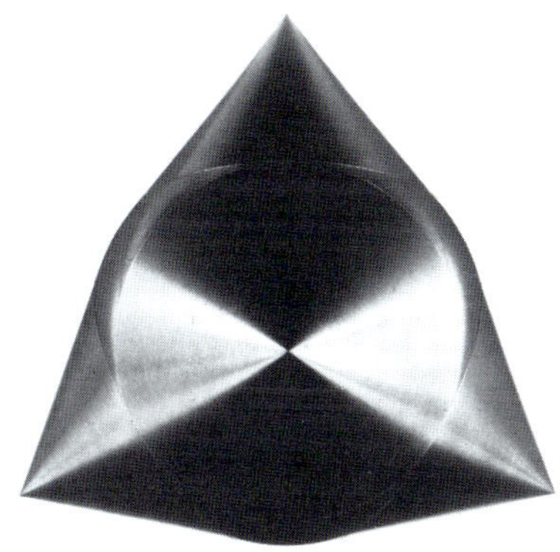

Stapelbarer Aschenbecher
Walter Zeischegg
für Fa. Helit 1966/67

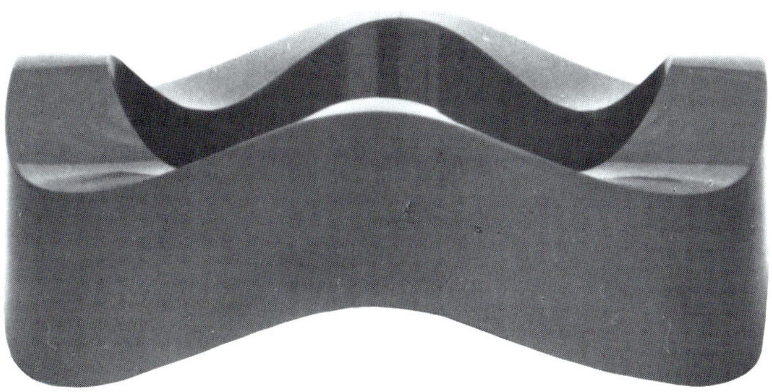

Tetrakonosphäre
Walter Zeischegg 1966

ren). Dada lief Sturm gegen sich selbst, Konstruktivisten suchten die Begründung für ihre visualisierte Abstraktion in vielschichtigen religiösen oder sozialen Motiven, die Verfechter modernen Bauens boten Gymnastikräume und Sanatorien als Modell ihrer Vorstellung an, und die Ulmer Hochschule: Sie rekurrierte im Plädoyer für die Moderne völlig zu Recht auf die letzte Phase des Bauhauses, trieb in Systematisierungen die Abstraktionen voran, befand sich auf der Seite von Moderne und mußte unversehens aus demselben Anspruch Prinzipien der Humanität folgen und die Wirklichkeit ihrer Moderne niederringen. Der Ulmer Hochschule widerfuhr, was schon 1798 Novalis formuliert hatte: „Wir suchen überall das Unbedingte, und finden immer nur Dinge."

Andererseits: So sehr wahr ist, daß „die Kultur in der Moderne aus sich selbst... Rationalitätsstrukturen hervorgetrieben" hat (Jürgen Habermas) und daß auch „ohne Anleitung durch die Kritik der

...Man findet bisweilen die Ansicht vom Design als Zauberformel, mit der sich alle Probleme unserer Umwelt wunderbar lösen lassen sollen, d.h.: Design als Weltanschauung. Das Streben jedoch, die gesamte menschliche Erfahrung über einen Leisten von Design als Seinstheorie zu schlagen, ist vergeblich. Vom Kaffeelöffel bis zur Stadt: einverstanden, aber ohne der Befangenheit eines einheitlich gezimmerten Gesamtbildes der Wirklichkeit zu verfallen. Es gibt den vollkommenen definitiven Kaffeelöffel ebensowenig wie die vollkommene definitive Stadt. Was es wirklich geben kann, sind Annäherungen an den besten der möglichen vorstellbaren Kaffeelöffel sowie Annäherungen an die beste der möglichen vorstellbaren Städte in einer bestimmten Kultur und einer bestimmten gesellschaftlichen Ordnung. Wo dagegen Design als beengende Ideologie fungiert, erscheint der Designer als Großinquisitor, der in der Welt Gnade und Recht verteilt. Beispielhaft äußert sich diese Auffassung im Verhältnis des Designers zur Industrie. Danach wäre der Designer jemand, der die Form der Produkte von außen diktiert gemäß dem Motto: der Designer befiehlt und der Ingenieur gehorcht. ...

Aus einer Rede von Tomás Maldonado in der HfG, 1957

Unidata Programm
Tomás Maldonado,
Gui Bonsiepe,
Rudolf Scharfenberg
für Fa. Alex Linder GmbH
1963/64

Elektrische Schreibmaschine
„Tekne 3"
Ettore Sottsass in
Zusammenarbeit mit
Tomás Maldonado
für Fa. Olivetti, Mailand
1960

Tomás Maldonado und
Ettore Sottsass

Schreibmaschinentastatur
Vorstudien für Tekne 3
Tomás Maldonado
für Fa. Olivetti, Mailand
1960

reinen und der praktischen Vernunft die Söhne und Töchter der Moderne lernen, wie sie die kulturelle Überlieferung unter jeweils einem dieser Rationalitätsaspekte in Wahrheitsfragen, in Fragen der Gerechtigkeit und des Geschmacks aufspalten und fortführen" (ebenda), und so sehr neben dem „Eigensinn des Ästhetischen" (Peter Bürger) ebenso ein Eigensinn der Moderne besteht, so wahr ist aber auch, was Tomás Maldonado 1986 in einem Gespräch über die Hochschule für Gestaltung formulierte: „Das Projekt der Moderne ist nicht nur ein philosophisches, sondern auch ein sehr praktisches Problem. ... Wenn es uns nicht gelingt, diese Sache, dieses Projekt, diese große Verabredung mit der Geschichte zu lösen, existiert sehr wahrscheinlich auch das Projekt der

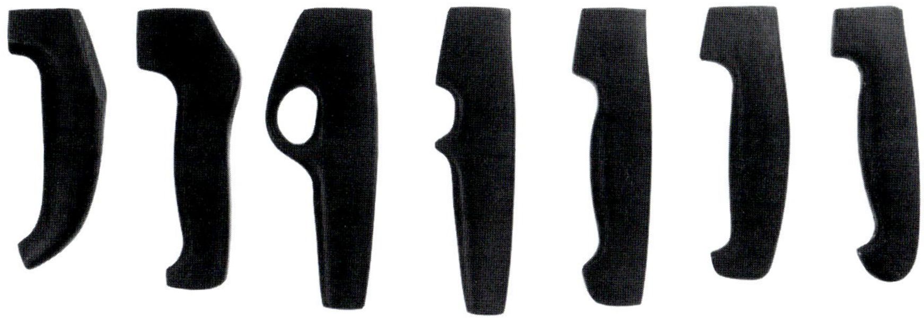

Griffe für Metzgermesser
Peter Staudacher
3. Studienjahr 1964/65
Dozent Peter Raacke

Schraubenzieher
Frank Hess
3. Studienjahr 1963/64
Dozent Peter Raacke

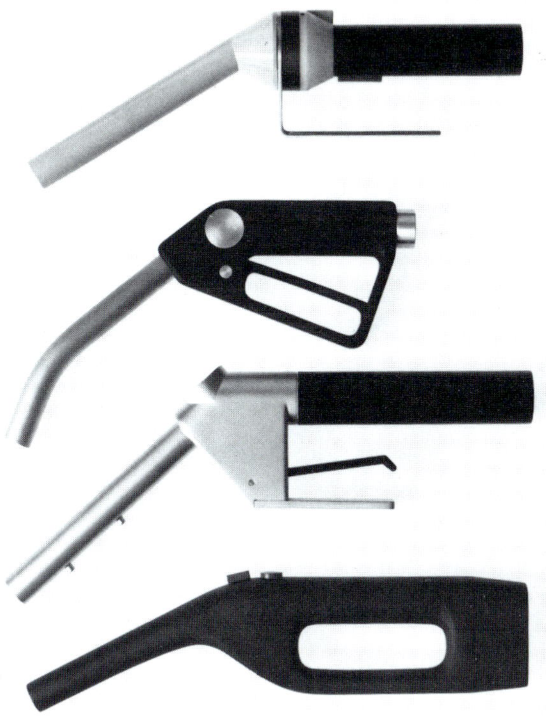

Zapfstation
Peter Hofmeister,
Werner Zemp, Verena Loibl,
Edith Ross
2. Studienjahr 1964/65
Dozenten Gui Bonsiepe,
Peter Raacke

Moderne nicht mehr." Als sei die Moderne – unzulässig verbildlicht – von paralleler Gestalt, ein unauflösbares Ineinander von Kontinuität und Bruch, jedoch berührungslos. Oder: Da läuft etwas ab, in das wissend hilflos eingegriffen werden muß. Wie aber sollten dabei die, die eingreifen wollen – und wie sollte dereinst die Hochschule für Gestaltung – hierbei unbeschädigt Klarheit, Eintönigkeit und Eindimensionalität produzieren. Was auch meint, daß letztlich der endliche Zusammenbruch der Ulmer Hochschule diese nur im Prozeß der Moderne aufhebt und damit ihren historischen Ort markiert. „Denn Design, wie die Selbstbestimmung des Menschen auf Erden mit Hilfe eines kollektiven Bewußtseins, verbleibt uns immer noch als ein positives Legat der Aufklärung" (K. Frampton).

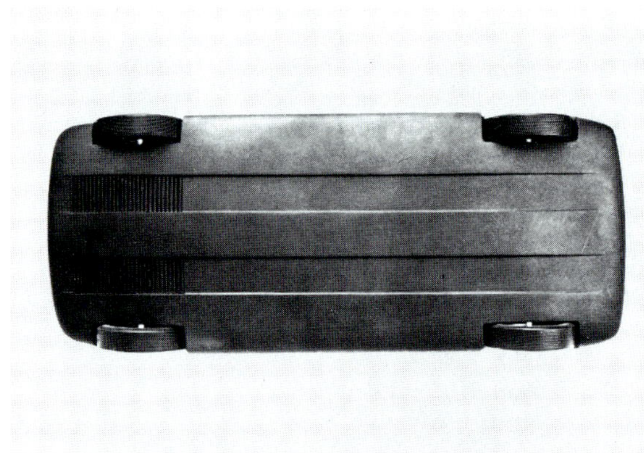

Karosserie eines PKW
Pio Manzù
3. Studienjahr 1962/63
Dozent Rodolfo Bonetto

Kleintransporter
Kerstin Bartlmae, Peter Kövari, Michael Penck
2. Studienjahr 1963/64
Dozent Rodolfo Bonetto

Rodolfo Bonetto und Studenten des 2. Studienjahres bei Projektbesprechung

Ulm als Lebensstil

Herausgebergespräch

Erlhoff:
Das Leben an der Ulmer Hochschule war sowohl bei den Studenten als auch bei den Dozenten geprägt durch spezifische Haltungen und Gesten, jenen berühmten Ulmer Mystifikationen: Man durfte nicht fahrradfahren, alle trugen schwarze Kleidung, man warf die Ringelsocken weg und schnitt sich gegenseitig die Haare.

Lindinger:
Das stimmt grundsätzlich schon: Wer sich nicht in den ersten zwei Wochen aller Reste von Bourgeois-Kleidung entledigte, war stigmatisiert. – Zuerst veränderte sich der Haarschnitt, dann wandelten sich die Hemden und Anzugstoffe. Schwarz stimmt allerdings nicht, denn das große Leitbild damals war, sich von eben diesen bürgerlichen Stoffen zu entfernen. Das einzige, was man damals bekam, war der sogenannte Schwesterndrillich – also der Stoff, den die Schwestern trugen – und sonst nur bestimmte harte Stoffe, die von Arbeitern getragen wurden. Aus diesen Stoffen haben wir unsere Kleidung, auch Hemden, selbst gemacht. In jener Zeit existierten ja noch genügend Menschen, die preiswert schneiderten. Zudem wurden alte Anzüge sofort eingefärbt – einer der bestbeschäftigten Ulmer war der Färber. Die Dozenten und Assistenten trugen meist elegant wirkende graue Anzüge, die Studenten ab und an auch Pullover. An der HfG fand eine gewisse Angleichung statt, die

Straßenwalze
Frank Hess
4. Studienjahr 1964/65
Dozent Walter Zeischegg

Traktor
Pio Manzù
Diplomarbeit 1963/64

jedoch nirgends formuliert worden war: Ungeschriebene Regeln, die irgendwie im Raum standen. Man hat sie quasi gerochen, und jemand, der sie nicht spürte, wurde schnell zum Außenseiter.

Chemaitis:
Außerdem soll es an jedem Wochenende Feste gegeben haben – und kleinere Parties fanden offensichtlich jeden Abend statt.

Erlhoff:
Was natürlich ja auch durch das insgesamt enge Verhältnis zwischen Studenten und Dozenten geprägt wurde. Es ist heute kaum vorstellbar, wie intensiv da der Zusammenhang war.

Riemann:
Bemerkenswert ist darüber hinaus, daß man sich außerhalb desselben Jahrgangs mit „Sie" anredete und sich in der Schule normalerweise nicht duzte.

Erlhoff:
Auf den Photos scheint das tägliche Ulmer Leben ein bißchen vergleichbar mit den französischen Kino-Filmen jener Zeit: Hagere Typen, die immer etwas herunterhängenden Anzüge, die quasi ordentlich aussehen, es aber nie sind.

Lindinger:
Auf keinen Fall durften die Schultern gepolstert sein.

Chemaitis:
Existentialismus schimmerte überall durch.

Lindinger:
Da kam vieles zusammen: Campus-Idee, unweigerlich verbunden mit der Abgeschiedenheit oben auf dem Berg.

Beinahe 20 Jahre der Entwicklung voraus war dieser Prototyp in seiner konsequenten, alle Teile integrierenden Gesamtgestaltung, seinem strukturellen Konzept und einer Reihe konstruktiver Ideen, als er 1965 auf der Internationalen Automobilausstellung in Frankfurt vorgestellt wurde.

Im Gegensatz zu dem damals mehr am amerikanischen Styling orientierten Automobildesign, das in erster Linie auf Prestige-Bedürfnisse zielte, versuchten die Gestalter hier unbefangen die Erhöhung des Gebrauchswertes mit einem neuen Gestaltungskonzept vom Auto zu verbinden.

Die Kompaktheit, die extreme Nutzung des Innenraumes, die größere Wageninnenhöhe mit dem dadurch gegebenen bequemeren Ein- und Ausstieg und besseren Sicht- und Sitzverhältnissen oder auch die in die Karosserie integrierten Stoßschalen anstelle der damals üblichen Stoßstangen, sind Ideen, die erst ab 1980 langsam Standard wurden.

Herbert Lindinger, 1987

Autonova fam
Fritz B. Busch, Michael Conrad, Pio Manzù
1965

abseits der Stadt; die revolutionäre Auffassung von Leben und Gestaltung, die sich nicht vertrug mit der herrschenden bürgerlichen Vorstellung dieser kleinen Stadt; die Fremdheit der Terminologie, die ausgelassenen Feste. Das hat sich gegenseitig alles bedingt.

Erlhoff:
Was die Dozenten und Studenten der HfG jedoch – ähnlich anderen Intellektuellen jener Zeit – in einen merkwürdigen Widerspruch trieb: Man mußte sich als Elite produzieren, obwohl man eigentlich mit einem großen demokratischen Gestus durch die Welt laufen wollte. Zwangsläufig nahm man eine Sonderstellung ein: Da oben auf dem Kuhberg, mit all den Ritualen und mit der Grundlehre als einem wahrhaftigen Initiations-Ritus. Das Bild des Klosters drängt sich wirklich immer wieder auf.

Lindinger:
Allerdings hat sich das in den insgesamt 15 Jahren der Hochschule doch sehr geändert, das Bild und die Art der Studenten wandelten sich. Man darf nicht vergessen, daß in der Anfangsphase viele der Studenten durch die besondere deutsche Situation vor 1945 geprägt waren und manche durch den Krieg an einem Studium zuvor gehindert worden waren, also als Erwachsene mit teils leidvollen Erfahrungen nach Ulm kamen. Das waren Leute, die einfach aus Begeisterung etwas Neues begannen, ganz egal wo. Im Bereich Design zum Beispiel gab es Mitte und Ende der fünfziger Jahre kei-

Prototyp Autonova fam im Straßenbild 1965

nerlei Aussicht auf irgendeine zukünftige berufliche Tätigkeit in Deutschland. Das Berufsbild des Designers gab es noch nicht. Dennoch sind die jungen Leute gekommen und haben das studiert – in der phantastischen Vorstellung, sie könnten die Welt in diese Richtung bewegen.

Riemann:

Etwa 1957 änderte sich das aber.

Lindinger:

Ja, denn mit der zunehmenden Prosperität der Bundesrepublik Deutschland kam eine Generation von Studenten an die Hochschule, die auf Diplome Wert legte, woran die ersten Studenten überhaupt nicht gedacht hatten. Plötzlich wurde das Diplom und wurde die Formalisierung des Studiums auf Grund des Drucks der Studenten ein Problem. Natürlich ging das zunächst von der Bauabteilung aus, weil Bauen ohne anerkanntes Diplom schwierig ist. Aber auch die anderen Abteilungen gerieten zunehmend unter Druck, wodurch die Hochschule tendenziell akademisiert und der pädagogische Spielraum eingeschränkt wurde. Die HfG hatte ein Angebot gemacht, das sie nun einlösen mußte: Der Übergang vom Plan, von der Utopie, in die Realität hinterläßt Spuren.

Dia-Projektor „Carousel S"
Hans Gugelot
für Fa. Kodak AG 1963

Ulmer Studenten

Herausgebergespräch

Erlhoff:
Wie wurde man eigentlich Student in Ulm? Bewarb man sich, existierte ein Auswahlverfahren?

Lindinger:
Es gab ja diese spartanischen Prospekte von Ulm, und die waren in ihrer grafischen Erscheinung und in ihrer emphatischen Sprache sehr ungewöhnlich für die damalige Zeit. Außerdem war alles kleingeschrieben – und in der generellen Zielsetzung zum Beispiel für mich ein Signal, alles stehen und liegen zu lassen, um dorthin zu eilen. An der Hochschule mußte man dann selbstverständlich den Nachweis erbringen, daß man für das Studium begabt war. Absichtlich sollten keine konfessionellen oder politischen Komponenten eine Rolle spielen, ebensowenig das Abitur oder sonst irgendeine abgeschlossene Ausbildung. Auch in diesem Punkt wollte man sich – und das war die pädagogische und auch reformerische Idee – aus den bisherigen Kreisen herausbewegen. Allerdings mußten Fragebögen über Kultur und Gesellschaft beantwortet werden.

Chemaitis:
Gefragt war offensichtlich eine gewisse Allgemeinbildung im Sinne der „kulturellen Integration" – eine Anteilnahme am politischen, sozialen und kulturellen Geschehen.

Lindinger:
Aber statt eines effektiven oder profunden Wissens wurde eher die unkonventionelle Haltung zu den Fragen gesucht.

Erlhoff:
Wie groß war die Chance, an der Hochschule aufgenommen

Katechismus für Konstrukteure

Was der Konstrukteur tat, stand bislang selbstgenügsam-sicher fest. Die Art und Weise seines Beitrages zur Form und Struktur von Produkten blieb so lange unbehelligt, wie sich das Industrial Design noch nicht etabliert hatte. Im Laufe der vergangenen vier Jahrzehnte hat das technische Produkt, bzw. die Einstellung zu ihm, eine inhaltliche Erweiterung erfahren, woraus sich entnehmen läßt, daß die Tätigkeit des Konstrukteurs offenbar nicht alle Seiten eines Produktes erfaßt. Seinem Bewußtsein war der Impuls zu einer Kultivierung der Zivilisation wenn auch nicht fremd, so jedenfalls nicht dringend-nah. Man konstruierte, wie man bisher konstruiert hatte, weil man bisher so konstruiert hatte. Die Richtigkeit dieses Tuns stand außer Frage bis zu dem Augenblick, da die Qualität der Resultate in Zweifel gezogen wurde. Konstruieren beinhaltete kein breit angelegtes Programm. Das Industrial Design hingegen trug Ansprüche vor. Unter anderem, daß die technische Umwelt humanisiert werden müsse. Weiterhin, daß die Technik eine legitime kulturelle Äußerung sei.

Im Gefüge der Industrie wurde das Industrial Design teils mißtrauisch betrachtet, teils hoffnungsvoll willkommen geheißen, teils auch schlechtweg ignoriert. Eilfertig traten – und das trifft wohl nur für die deutsche Industrie zu – Mittler auf den Plan, darunter unverdrossene Apostel einer Morphologie, mit der Absicht, die Industrie aufzuklären. So wurden bei einem großen Teil des Managements schiefe Vorstellungen über Ziele und Arbeitsmethoden des Industrial Designers verbreitet. Die Konstrukteure befanden sich nicht weniger im unklaren über ihren neuen Partner. War er ein frivoler technischer Laie? Eine unliebsame Konkurrenz? Ein kommerzialisierter Künstler? Ein Kosmetiker?...

Gui Bonsiepe, in: *Ulm*, 7, 1963

zu werden?

Lindinger:
Ich habe in Erinnerung, daß etwa ein Drittel der Bewerber aufgenommen wurde. Ein gutes Drittel jedoch der Neuaufgenommenen mußte dann in der Regel nach dem ersten Studienjahr die Hochschule wieder verlassen. Außerdem wurde im zweiten Studienjahr noch einmal gesiebt, so daß ein erheblicher Ausleseprozeß stattfand, bei dem es sicherlich einige eklatante Fehlentscheidungen gab.

...Ulm is a beautiful and memorable city in my youthful days and is also my „Heimat"...

Sennosuke Schimizu, Tokio, 1987

Straßenbeleuchtung
Peter Hofmeister, Thomas Mentzel, Werner Zemp
3. Studienjahr 1965/66
Dozent Walter Zeischegg

links
Aufsicht auf Knoten mit 3 Leuchtkörpern

rechts
Leuchtkörper in Netzen

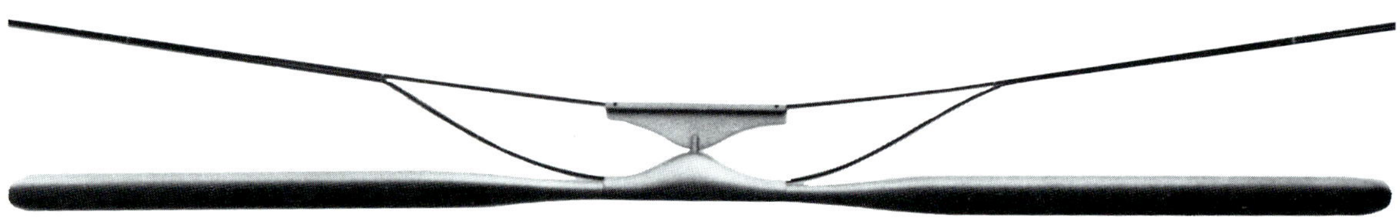

Hänge-Leuchte

Der Kuhberg als männliche Domäne

Herausgebergespräch

Erlhoff:
Nun fällt ja wirklich auf, daß in der Hochschule für Gestaltung sehr wenig Frauen anwesend waren.

Lindinger:
Ja, das war ein großes Drama von Ulm. Die häufige Behauptung, Ulm sei ein Kloster gewesen, ist ja nicht nur durch die topographische Abgeschiedenheit zu erklären, sondern schlicht auch damit, daß der weibliche Anteil zu gering war.

Erlhoff:
Und Ulm somit zu einem Männerbund wurde.

Staubach:
Die Frauen an der HfG: waren sie gleichberechtigt? Oder war es nicht so, daß sie ungleich mehr Durchsetzungsvermögen brauchten – auch um nicht auf sogenannte frauliche Rollen und Pflichten festgelegt zu werden? War das Frauenbild in der HfG traditionell, entsprachen die Frauen diesen traditionellen Mustern?

Lindinger:
Nein, es war eher umgekehrt. Wenn ich das aus der Sicht der heutigen Emanzipationsbewegung und der heutigen Einschätzung der Rolle der Frau betrachte, war damals zu beobachten, daß viele Frauen ihre neue Rolle durch fachliche Kompetenz erkämpft haben – was damals durchaus nicht üblich war. Es gab also erste Ansätze dieses neuen Bewußtseins.

Chemaitis:
Die Ulmer waren eben nicht repräsentativ. Avantgarde kann nicht repräsentativ sein.

Erlhoff:
Aber wieviele von den Frauen sind denn zum Beispiel Professorinnen geworden, da doch

...Der in Ansätzen sich befindende Prozeß der Rationalisierung – unumgänglich für die Designer, sofern sie nicht riskieren wollen, zukünftig an die Peripherie gedrängt zu werden – zeitigt bislang nicht allein ermutigende Folgen. Oftmals läßt sich da mehr Deformation als Formation, mehr Verbildung als Bildung feststellen. An amerikanischen Architekturfakultäten kursiert die sarkastische Bemerkung, wer zur Architektur nicht tauge, gehe in die Planung. (Es werden möglicherweise nicht viele Jahre vergehen, bis man sich genötigt sieht, diesen Spruch umzukehren.) Gewiß ist nicht nur Ranküne am Werk, wenn behauptet wird, daß sich oft gerade diejenigen von der glitzernden Designmethodologie faszinieren lassen, denen es an – wie gerne gesagt wird – gestalterischen Fähigkeiten gebricht; sie bedienten sich der Systematik beim Gestalten weniger, um zu brauchbaren Ergebnissen zu kommen, denn als Schirm für ihre unzulänglichen Designideen. Die Aneignung rationaler Methoden, die Eingliederung wissenschaftlicher Verfahren und Kenntnisse in den Entwurfsprozeß kann von vielfältigen, sich widersprechenden Motiven geleitet werden. Zum einen wirkte und wirkt der Wunsch, wissenschaftliche Ergebnisse für die Humanisierung der Umwelt nutzbar zu machen – eine Aufgabe, die bislang sträflich vernachlässigt wor-

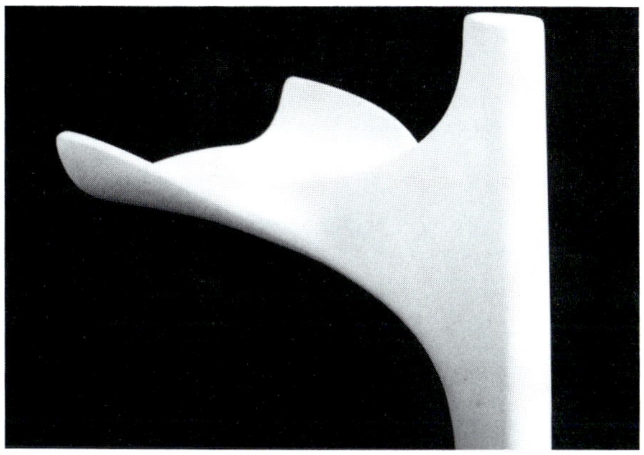

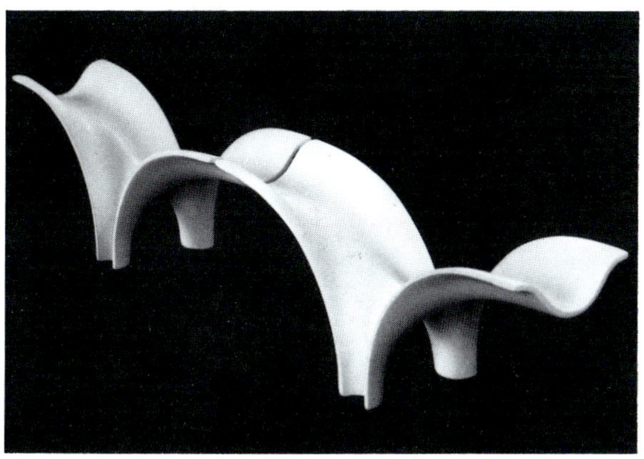

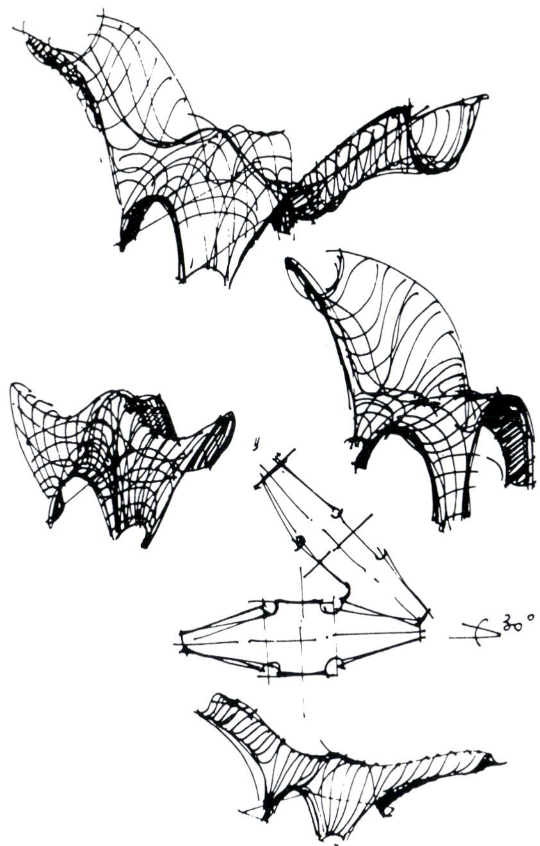

Aus der Diplomarbeit „Naturstudien und Abstraktion"
von Werner Zemp
Diplomarbeit 1967

insgesamt etwa 10 % der Ulmer Absolventen irgendwann und irgendwo Professoren wurden?

Riemann:
Wenige – Frau Vargas lehrte in Chile, Eva Pfeil an der Auburn University.

Lindinger:
Gleichwohl reussierten einige. Ilse Grubrich war lange Cheflektorin beim S. Fischer Verlag und gab die Sigmund Freud-Gesamtausgabe heraus. Margit Staber hat das Kunstgewerbemuseum in Zürich geleitet. Deborah Susman entwarf das Farbkonzept der Olympischen Spiele von Los Angeles. Ulla Stöckl und Janine Meerapfel drehten interessante Filme und erhielten dafür beachtliche Preise.

Chemaitis:
In der Hochschule selber jedoch gab es wenig Dozentinnen, Nonné-Schmidt...

Riemann:
... und Käthe Hamburger, Helge Pross und Elisabeth Walther.

den ist. Zum anderen erfüllte und erfüllt die Hinneigung zur „Wissenschaft" eine plakative Funktion im Vorgang der gesellschaftlichen Konsolidierung des Designers. Anpassung an herrschende Verhältnisse ist ein zweifelhaftes Verdienst, selbst wenn es die der „Wissenschaft" sind, deren konservative Aufgaben ihren einst kritischen Impuls allzu leicht verdrängen. Wer auf rationale Entscheidungskriterien pocht und mit optimalen Designlösungen brilliert, der empfiehlt sich eben dadurch auch durch Vorweisen handfester Nützlichkeit, wie sie in einem Industriesystem verlangt wird. Verwissenschaftlichung des Design kann zweierlei beinhalten: einerseits ein instrumen-

Entwicklung eines geländegängigen Fahrzeugs im Baukastensystem
Alexander Neumeister
Diplomarbeit 1966/67

1. selbsttragende Kunststoffkarosserie
Hans Werner
Diplomarbeit 1963/64

Verkehrszeichenanlage
Richard Schaerer
2. Studienjahr 1965/66
Dozent Herbert Lindinger

telles Interesse und andererseits einen quietistischen Kotau vor der Wissenschaft – oder vor dem, was die Gestalter jeweils dafür halten. ...

Gui Bonsiepe, in: *Ulm*, 19/20, 1967

...Der Bildungsbegriff ist brüchig geworden; und damit auch der Begriff des Geschmacks. Denn Geschmack begleitete die Bildung – freilich seltener als umgekehrt. Gerade die deutsche bürgerliche Kultur hatte sich eine Ästhetik des Alltags versagt und Kultur als die Ausnahme auf den Abend verlegt. Zwiespältig ist es seitdem um den Geschmack bestellt, der ursprünglich einmal das allgemeine ästhetische Differenzierungsvermögen bezeichnete. Heute ist er anspruchsloser geworden; er manifestiert sich vornehmlich im „Interior"- und „Personal-Design", in der Innen- und Eigen-Ausstattung, im Arrangement. Flinke Werbetexter lassen es sich angelegen sein, die längst ausgelaugte Potenz seiner einst aristokratischen Aura bis aufs letzte auszunutzen und sie da zu fördern, wo es an ihm ein wenig noch gebricht. Doch der Umworbene ist immer auch zugleich der Betrogene. Immer kommt er zu spät. Geschmack, industriell in Regie genommen, versagt genau jene Spontaneität, dank derer er sich nur entfalten kann. Geschmack wäre dort allein, wo das Artifizielle seine Künstlichkeit übersteigt und in Natürlichkeit umschlägt. Geschmack hätte also, wer ihn hinter sich läßt. Das verkennen sowohl jene, die mit wütendem Stolz darauf hinweisen, keinen Geschmack zu haben, als auch jene, die ihn zur conditio sine qua non der Gestaltung verklären möchten. Will eine Industrie einen Geschmack als Norm anpreisen, so dichten sich die eifrigen Propagandisten gegen die Erkenntnis ab, daß Geschmack, wenngleich immer von Gruppenlizenz abhängig, gerade den gewahrten Einstand mit dem Konsensus über die Feinabweichungen bedeutet. Der angedrehte Geschmack treibt durch ein Nadelöhr; Oszillationen kennt er nicht. ...

Gui Bonsiepe, in: *Ulm*, 10/11, 1964

Stadtlinienbus
Herbert Lindinger,
Michael Conrad, Pio Manzù
1966
1. Preis im internationalen
Wettbewerb

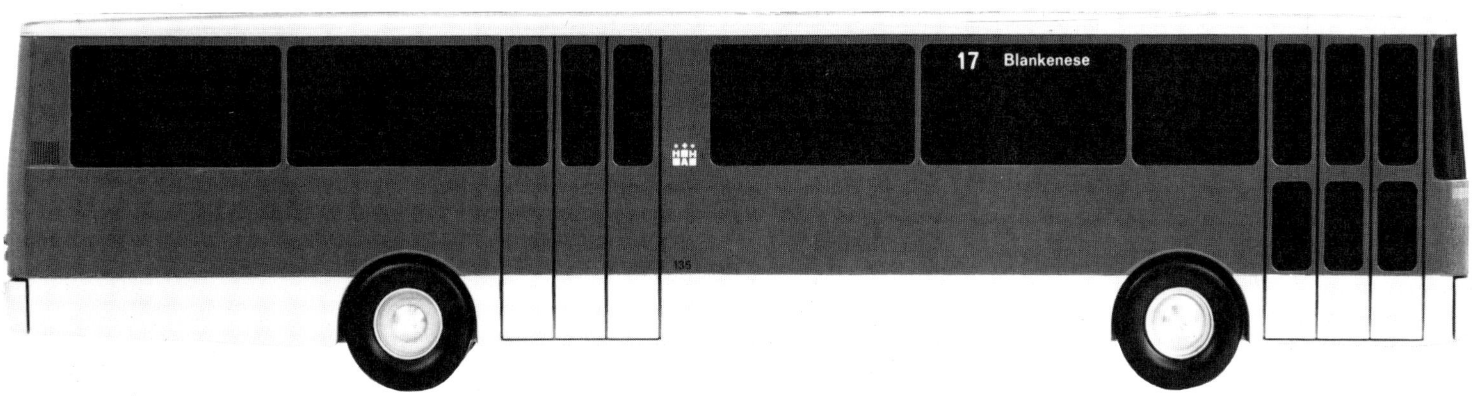

Kunststoff-Schalenkoffer
Peter Raacke, Dieter Raffler
für Fa. Hanning, Paderborn
1965/66

Entwicklungsgruppe
Maldonado
Gui Bonsiepe,
Rudolf Scharfenberg,
Tomás Maldonado

Gastdozent Peter Raacke

Ulmer Neugier

Herausgebergespräch

Erlhoff:
Ich kann mich des Eindrucks nicht erwehren, daß die theoretischen Auseinandersetzungen in Ulm auch durch Zufälligkeit geprägt wurden. Was damals als rational verfochten wurde, erscheint heute häufig sehr kontingent. So wurden mit gleicher Energie ziemlich schnell hintereinander unterschiedlichste Theorien als wahr behauptet – und dann einfach wieder beiseite gelegt.

Staubach:
Das ist das, was Maldonado beschreibt: Man hatte mehr oder weniger zufällig etwas gehört, mitbekommen, und schon wurde versucht, es umzusetzen. So gab es auch in den theoretischen Fächern keine Kontinuität, sondern hingen diese davon ab, wer gerade da war. Vom nächsten Dozenten wurde womöglich mit gleicher Vehemenz etwas ganz anderes vertreten. Es gab kein durchgehendes theoretisches Fundament der Ulmer Hochschule, man wollte auch in diesem Punkt wirklich Avantgarde sein.

Lindinger:
Die Zeit war – nicht nur in Ulm – von grenzenloser Neugier gekennzeichnet, die auch auf dem Kuhberg insbesondere von Maldonado geschürt

Herbert Lindinger und
Claude Schnaidt

Hubschrauber BO 105
Herbert Lindinger
für Fa. MBB, Ottobrunn
1968–70

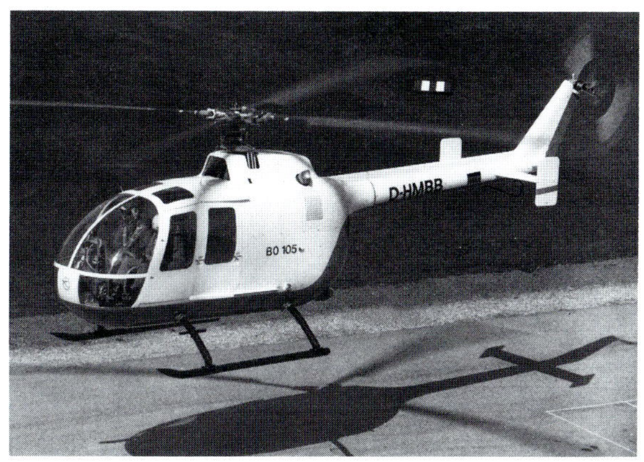

Bushaltestelle
Karl Gröbli, Jean-Claude
Ludi, Rudolf Schaerer,
Michael Weiss
4. Studienjahr 1967/68
Dozenten Herbert Lindinger
und Claude Schnaidt
Interdisziplinär bearbeitetes
Projekt der Abt. Bauen,
Produktgestaltung, Visuelle
Kommunikation
1. Preis eines deutschen
Wettbewerbs,
Hauptausstellungsbeitrag der
Bundesrepublik auf der
Triennale Mailand 1968

wurde, der bewußt die intellektuelle Unruhe als vornehmstes Merkmal der Hochschule herausstellte. Mit großer Begeisterung wurde Neues aufgesogen, an dem dann aber häufig schon deshalb nicht beharrlich weitergearbeitet werden konnte, da der Hochschule die notwendigen apparativen und instrumentellen Einrichtungen sowie die finanziellen und personellen Möglichkeiten fehlten; so konnte nie in irgendeinem Bereich langfristig geforscht werden – sei es Ergonomie, Wahrnehmungstheorie oder Semiotik. Außerdem fehlte eine personelle Kontinuität: Der große Anteil von Gastdozenten gegenüber den festen Dozenten bedeutete einen permanenten Zustrom neuer Ideen und teilweise auch die Überforderung und Verwirrung bei manchen Studenten. Das Vulkanische an Ulm ist untrennbar mit diesem Gemisch von Permanenz und Wandel verbunden. Viele Anregungen blieben da auf der Strecke.

Chemaitis:
Andererseits hat diese grenzenlose Neugier, dieses Sich-Aneignen und damit Spielen, bis der Blick abgelenkt wird, auch etwas Naives.

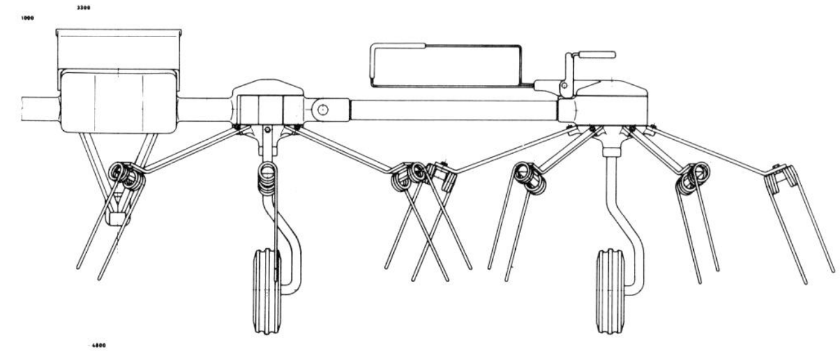

Heuwender
Eberhard Wahl
Diplomarbeit 1965/66

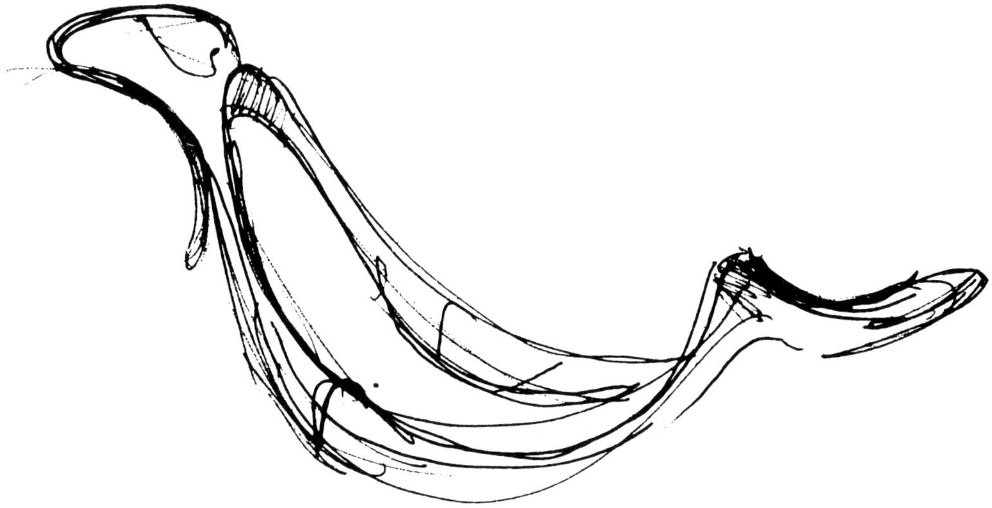

Kinderschaukelstuhl aus glasfaserverstärktem Kunststoff (GFK)
Peter Hofmeister
Diplomarbeit 1967

Horst Rittel

Das Erbe der HfG?

In jenen, heute verklärten 50ern, im Dunst der Adenauer-Ära, während der Blüte des Gelsenkirchener Barock und des Nierentisches waren Ulmern die Ausgeburten der „hochschule für ungestaltung" ein Ärgernis, bestenfalls unverständliche Marotten. Der „rechte Winkel von Ulm", die gepflegte Kargheit in Grau und Weiß, Kleinschreiberei, abstruse Sprache, exotisches Gehabe und die permanenten Kräche waren braven Schwaben ein Greuel.

Gleichzeitig bestaunte, diskutierte, analysierte eine zwar nicht sehr zahlreiche, aber internationale Elite das „Wunder von Ulm" als Avantgarde einer neuen Kultur, als zukunftsträchtigen Sauerteig einer aufgeklärteren Welt.

Auf beiden Schauplätzen war dem Experiment Ulm für eine Weile Erfolg beschieden. Stapelbarkeit, ergonomische Zupassung, Zeichensysteme mit „semiotischem" Anspruch wurden marktfähig, zunächst für den gehobenen Bedarf, denn „der Luxus von heute ist der Massenbedarf von morgen". Tatsächlich fand dann der Ulmer Stil seinen Weg ins Kaufhaus und in die Wohnküchen, wenn auch nicht selten als verwässerter und mißverstandener Abklatsch. Die Leute wurden „design-bewußt", indem sie auch Reisewekker und Waschmaschinen als ästhetische Objekte anzusehen und auf ihr gutes und zweckmäßiges Design zu achten lernten.

Ein Pyrrhussieg? Die Zeiten haben sich geändert, und mit ihnen die Leute und ihre Ideen. Zwar ist „Design-Bewußtheit" heute verbreiteter denn je, aber aus der Gestaltung à la HfG wurde „Design", worunter man die Aufprägung eines modischen, zeichenhaften Mehrwertes auf sonst ganz ordinäre Produkte (wie Rutschhosen oder Kaffeemaschinen) versteht. Design ist Styling, Produktkosmetik geworden; es liefert Status, signalisiert subkulturelle Zugehörigkeit. Man kauft „Image"; die Erfüllung der Profanzwecke ist daneben von zweitrangiger Wichtigkeit. Im Extremfall bezahlt man das Recht, den in das Hemd eingewirkten Namenszug eines Designers zur Schau zu tragen. Dem orthodoxen HfG-ler graut es; Veblen hätte seine Freude am Triumph des Geltungsnutzens; Raymond Loewy hatte doch recht. Der HfG-Look ist zur biederen Episode der Mode- und Stilgeschichte geworden, alter Hut, höchstens noch für Spezialmärkte tauglich.

Als kulturelles Ferment hat die HfG dauerhaftere Wirkung gehabt. Lehrer und Absolventen zogen hinaus in die Welt und verkündeten allerwegen ihre jeweilige Version der rechten Umweltgestaltung. Unzählige Schulen haben auf ihre Weisen ulmische Ideen assimiliert. Und noch über ihren Exitus hinaus war die HfG beliebtes Thema kulturkritischer Feuilletons.

Rückblickend zeigt sich, daß der nachhaltigste Beitrag der HfG der notorische Konflikt war, der diese Institution unter Dampf hielt. Nach landläufiger Legende ist die HfG am „Richtungsstreit" zwischen „Gestaltern" und „Theoretikern" zugrunde gegangen. Das Gegenteil ist der Fall. Die HfG war lebendig, solange sie ein Pandämonium der Auseinandersetzung war.
Kräche gab es seit den mythischen Anfängen, zuerst zwischen „Gründern" und dem Erzvater Bill. Ihre erste Kulmination kam mit dem Aufstand der Assistenten gegen ihren Meister, welcher in dessen Weggang resultierte. Es folgte die lange Phase der „wissenschaftlichen Aufrüstung", in der eine bunte Vielfalt herbeigerufener Dozenten in neuen Fächern Rechtfertigung für die neue Gestaltung erarbeiten sollte. Das führte bald zur heftigen Dauerkrise, da die „wahren Gestalter" Subversion und negative Gesinnung aufkommen sahen. Als dann „Gründer" und „wahre Gestalter" wieder unter sich waren, verkrachten sie sich untereinander, zerstoben schmollend in alle Winde. Das folgende lustige, anarchische Finale führte durch Eingriff der Landesregierung zum Exitus letalis – ihr hatte die ganze HfG ohnehin nie behagt.

Eine sektiererische Provinzposse? Sicherlich auch: unverdauliches Bauhauserbe, bündischer Sandalenduft, pseudowissenschaftliche Heilslehren gehörten zum Kolorit.

Trotzdem: dieser Konflikt war ein Lehrstück für das Kernproblem von Umweltgestaltung als zielstrebige Bemühung um die Verbesserung der condition humaine. Er läßt sich als Gegensatz zwischen zwei Auffassungen, nennen wir sie X und Y, beschreiben.
Typ X fühlt den sittlichen Auftrag, die Welt zügig und gründlich verbessern zu sollen. Er hat eine klare Vision von jener Sollwelt. Es ist eine klare, ordentliche, durchgestaltete Welt, bevölkert von positiven Menschen, die untereinander und mit ihrer Umwelt nach Lebensstil und Gesinnung in freudiger Harmonie leben. Garant ihrer Utopie ist ihnen der gesunde Menschenverstand und das Sendungsbewußtsein. Typ X kennt keinen Zweifel daran, was eine „gesunde Welt" ausmacht; er weiß, was für uns alle das Beste ist, und wie es herbeizuführen ist.

Typ Y sind Leute, denen eine solche beneidenswerte Selbstsicherheit und die Gewißheit endgültiger Wahrheit nicht vergönnt sind. Auch sie finden es um die Welt nicht zum besten bestellt. Sie möchten gern herausfinden, was gesollt werden sollte. Je mehr sie darüber nachdenken, desto schwieriger das Problem, desto größer die Skepsis gegenüber Behauptungen zeitlos gültiger Lösungen und ewiger Wahrheiten, desto stärker die Neigung zu pluralistischer Toleranz.

Das Bemerkenswerte an der HfG war, daß beide Typen (die Y trotz aller Dezimierungen zahlreicher als X) so lange unter einem Dach koexistierten, in eklatanter Widersprüchlichkeit. Welch großartige Szene, wenn die Y nicht wissenschaftlich bestätigen konnten, daß Akzidenz-Grotesk die objektiv lesbarste und damit beste aller Schriftarten ist, oder darlegten, daß es eine universal verständliche piktographische Strichmännchen-„Sprache" nicht gibt! Oder: daß das „universelle integrale industriell vorgefertigte Bauelement" im speziellen Fall dem Ziegelstein durchaus unterlegen sein kann! Oder: daß Geltungsnutzen auch ein Nutzen ist, manchmal für manche wichtig, manchmal für viele gar nicht! Die Y haben damit allerdings der Rollenerwartung nicht entsprochen, den platonischen Utopien der X das Gütezeichen „wissenschaftlich geprüft" zu erteilen.

Besonders wirksam ist der Bodensatz der Kontroversen gewesen: ein Verständnis von „Gestaltung" (weniger mystisch: Design, Entwerfen, Planen), über das es sogar einigen zähneknirschenden Konsens gab: Design ist planendes Handeln, bemüht um die Kontrolle seiner Konsequenzen. Es ist harte intellektuelle Arbeit und erfordert sorgfältiges informiertes Urteilen. Es ist nicht immer vorrangig mit dem Erscheinungsbild befaßt, sondern mit allen Aspekten seiner Folgen, wie Herstellung, Handhabung, Wahrnehmung, aber auch den ökonomischen, sozialen, kulturellen Effekten. Zu entwerfende Objekte sollten nicht in Isolation, sondern im Zusammenhang mit den Kontexten verstanden werden, in die sie plaziert werden. Vor allem sollte der Designer sich beim Entwerfen selbst kritisch über die Schulter gucken: Wie man entwirft, ist entscheidend für das Ergebnis. Kritische „Vorgehensbewußtheit" ist angeraten.

Die „Gründer" haben die Verselbständigung „ihrer" Schule zu einem Forum über diese Themen nicht toleriert. Die tägliche Praxis war repressiv. Trotzdem oder deswegen hat kaum ein Student die Schule naiv absolviert. Der X/Y-Konflikt hat die Degeneration der HfG in ein „Gesamtkunstwerk" verhütet.

Fazit? Die Lawine der Umwelt-Katastrophen, der Bankrott der Großplanungen, die Arroganz „postmoderner" Architektur zeigen, daß es auch heute an Gurus nicht mangelt. Es gibt Arbeit für viele HfG's, gesegnet mit saftigen X/Y-Konflikten.

Berkley 1987

Gastdozenten
Mauricio Kagel,
Lucius Burckhardt,
Henry Bahrick

Visuelle Kommunikation

Die Studenten dieser Abteilung wurden ausgebildet auf das Ziel hin, die Gestaltungsaufgaben im visuellen Bereich der Massenkommunikation zu lösen. Die Abteilung war in zwei Sektoren gegliedert: Sektor Typografie und Sektor Film/Fernsehen.

Zum Sektor Typografie gehörten Grafik, Fotografie, Typografie, Ausstellungen, Verpackungen.

Einen wichtigen Bestandteil der Arbeit bildeten die Probleme der Werbung. Hinzu kam das erst später erschlossene Gebiet der sogenannten technischen Kommunikation, zu der die Gestaltung von Anzeigevorrichtungen an Maschinen und Geräten, von technischen Zeichensystemen und von Darstellungen wissenschaftlicher Sachverhalte zählte. Der visuelle Gestalter sollte in der Lage sein, sowohl Spezialaufgaben selbst zu lösen, als auch koordinierende Funktionen auszuüben.

Dozenten: Aicher, Fröshaug, Kapitzki, Vordemberge-Gildewart.

Die Abteilung Visuelle Gestaltung basiert auf der vorangegangenen Grundlehre. Sie arbeitet in enger Verbindung mit der Abteilung Information.

Die Abteilung ist aufgebaut wie ein graphisches Atelier auf breiter Basis. Im Laufe der Zeit werden die Studierenden eingehend mit den verschiedenen Techniken vertraut gemacht, die auf dem umfassenden Gebiet der visuellen Gestaltung von Nutzen sind.

Fachwissen über Typographie, Photographie u.a. wird in zusammenhängenden Zeitabschnitten gelehrt. Theoretische Fächer ergänzen die Ausbildung im Atelier...

Das Ziel der Ausbildung in der Abteilung Visuelle Gestaltung ist die Heranbildung von Fachleuten für die gesamte Werbegestaltung einschließlich Buchgestaltung, Ausstellungsgestaltung etc., also von Fachleuten, die nicht innerhalb einer eng begrenzten Tätigkeit wie z.B. Typographie, Graphik oder Photo ausgebildet sind, sondern solche, die alle diese Gebiete beherrschen und sie untereinander verbinden können...

Aus dem Lehrplan der HfG von 1950

Plakatsäule der Ulmer Volkshochschule 1953 Otl Aicher

Otl Aicher in seinem Atelier

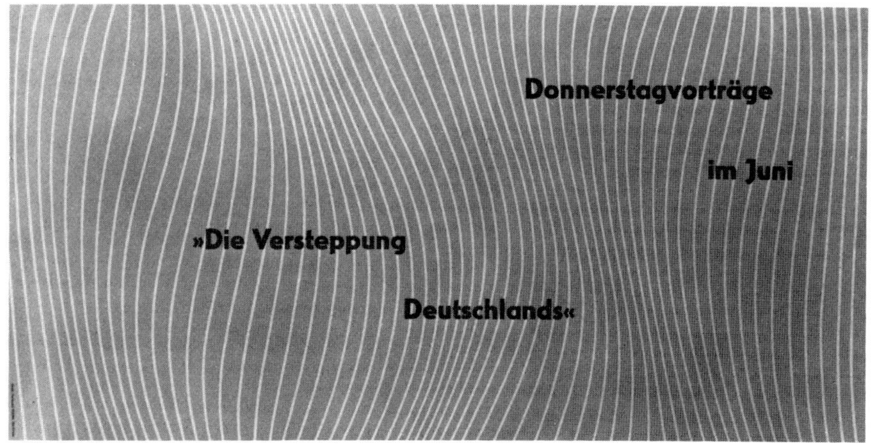

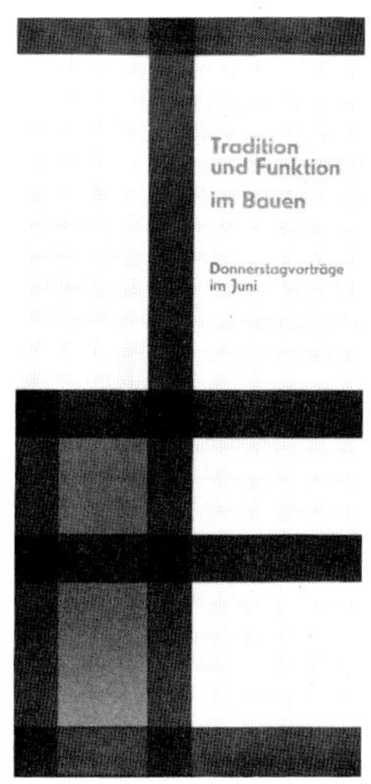

Plakate für die Volkshochschule Ulm
Otl Aicher 1954/55
Die von Otl Aicher gestalteten Plakate für die Volkshochschule Ulm wurden auf der Mailänder Triennale 1954 mit dem Grand Prix ausgezeichnet.

Otl Aicher

Bauhaus und Ulm

als walter gropius uns damals in ulm anbot, die hochschule für gestaltung „bauhaus ulm" zu nennen, hatten wir das abgelehnt.

darüber bin ich heute fast selber erstaunt. in unserer heutigen zivilisation, in der die verpakkung einer sache oft mehr bedeutung hat als der inhalt, haben querverbindungen, bezeichnungen und beziehungen ein anderes gewicht. wer aber eben vom krieg heimgekehrt war und half, eine neue schule aufzubauen, stand in einem anderen umfeld. es war so wenig an substanz übriggeblieben, weder an materieller noch an politischer oder kultureller, daß ein denken in beziehungen, anleihen oder wechselwirkungen fast gegenstandslos war.

natürlich hatten auch wir damals erkannt, welche kulturpolitische aura eine schule bekäme, die sich „bauhaus ulm" nennen würde. aber „ansehen" war eine eher negativ besetzte vokabel. wir wollten machen, was in der sache richtig war, ohne auf öffentliche wirkung und anerkennung zu spekulieren.

und unsere absicht war, kein zweites bauhaus zu machen, keine wiederholung. wir wollten uns von ihm absetzen, bewußt.

wenn ich von „wir" spreche, bedarf dies einer differenzierung, denn die grundlegenden vorstellungen waren damals nicht einhellig, insbesondere was das verhältnis der freien kunst zum design betraf: max bill dachte hierüber anders als walter zeischegg, tomás maldonado, hans gugelot oder ich selbst. max bill wollte zwar ebenfalls keine wiederholung, aber doch in mancher hinsicht eine art neues bauhaus. zwar waren wir uns einig, daß im ulmer lehrplan im gegensatz zu dem des bauhauses malerei und bildhauerei bewußt nicht vertreten sein sollten; doch bills pläne für den neuen bau enthielten künstlerateliers und eine werkstätte für gold- und silberschmiedearbeiten.

walter zeischegg und ich waren zunächst selbst im bereich der kunst tätig geworden, hatten aber bald die akademien verlassen, er in wien und ich in münchen. dieser bruch hatte prinzipielle ursachen.

wir kamen aus dem krieg heim und sollten in der akademie nun an der ästhetik um der ästhetik willen arbeiten. das ging nicht mehr. wer ohren hatte zu hören und augen zu sehen, mußte erkennen, daß kunst eine flucht war aus den vielfältigen aufgaben, die auch der kultur erwuchsen, als die naziherrschaft in brüchen lag.

wir mußten uns die frage stellen, ob eine kultur und eine kunst sich nicht selbst bloßstellten, die die wirklichen menschlichen probleme einer nachkriegszeit ignorierten. war kunst nicht insgesamt ein alibi, um die wirklichkeit denen zu überlassen, die sie beherrschten? war kunst nicht eine bürgerliche sonntagsattitüde der verschleierung, um in sachen alltag um so mehr das heft in die hand zu bekommen? hatten nicht die am allermeisten für die kunst getan, die an herrschaft interessiert waren?

ich konnte damals noch keine schlüssige antwort darauf geben, nur war unser interesse vollständig umgepolt worden. wir interessierten uns für die gestaltung des täglichen lebens und der menschlichen umwelt, für die produkte der industrie, das verhalten der gesellschaft. wir wollten nicht länger einsehen, daß kreativität sich nach objekten klassifizieren sollte. sollte weiterhin die höchste humane kreativität die der zweckfreien reinen ästhetik sein, während dinge der praxis und des täglichen gebrauchs von zweitklassiger bedeutung wären? nach dem grundsatz, daß das seelische höher wäre als das körperliche? ein solcher dualismus ist heute überholt, was psychologie, medizin oder philosophie betrifft. aber ein dichterisches wort ist uns noch immer mehr wert als ein journalistisches, und die ästhetik der museumsobjekte ebenfalls mehr als die der straße. wir trennen noch immer in geist und materie und brauchen als beleg dazu die kunst.

was, nach unserer meinung, fällig war, war nicht die kunst um ein paar werke mehr zu bereichern, sondern zu zeigen, daß kultur heute das leben insgesamt zum thema haben müsse. ja wir glaubten sogar, im herkömmlichen kulturbetrieb einen trick zu erkennen, von den dingen des alltags und des täglichen lebens abzulenken, die dem kommerz, der ausbeutung überlassen worden waren. kunst wird groß geschrieben von denen, die am schund verdienen. ewige werte werden von denen verkündet, die bei ihrem schmutzigen geschäft nicht ertappt werden wollen. diesen platonismus wollten wir nicht mitmachen. kultur sollte sich der wirklichkeit zuwenden.

wir entdeckten das bauhaus, den konstruktivismus, die stijl-bewegung, und konnten, was wir suchten, nachlesen bei malewitsch, tatlin, bei moholy-nagy.

gestaltung des alltäglichen, des wirklich wirklichen, das design, war zur plattform jeder humanen kreativität geworden. und wenn jemand sich mit quadraten, dreiecken und kreisen, mit farben und linien beschäftigte, so waren das sinnvolle ästhetische experimente, etwas höheres war es nicht. im gegenteil, sein wert sollte sich erweisen an der bewältigung des wirklichen, so kaputt, dreckig und desolat es auch sein mochte.

max bill war ein überlebender des bauhauses und rettete zum teil im schweizer werkbund, was in deutschland und österreich verboten war und ausgemerzt wurde. er war für uns das authentische bauhaus, das wir zunächst nur in büchern kennenlernten. aber bill hatte auch eine andere erfahrungswelt. design sollte seine resultate aus dem objekt entwickeln, soweit waren wir uns alle einig. aber für bill behielten malerei und bildhauerei darüber hinaus einen alles überragenden rang, während wir verhindern wollten, daß design wieder in die bahnen der angewandten kunst käme und seine lösungen der kunst entlehnte. eben waren die stühle von charles eames bekannt geworden, überzeugende modelle für die einheit von technologie, funktionalität und ästhetik. das war design aus der aufgabenstellung heraus, design ohne formale anleihen bei der kunst. umgekehrt entpuppten sich die konstruktivistischen stühle von rietveld als mondrians zum sitzen, untaugliche kunstobjekte mit der vorgabe, nützlich sein zu wollen.

für plato, sogar noch für aristoteles, war das materielle die verdeckung des geistigen. die welt wäre ideal, wenn es keine materie gäbe. der geist wäre frei, wenn es keinen körper gäbe, die liebe wäre groß, wenn es keine sexualität gäbe. diese auffassung, aus der die bürgerliche gesellschaft ihren kulturbetrieb herleitete, war so allgemein, dagegen dachte damals kaum jemand an. am ehesten noch die dada-bewegung: der küchenhocker, die kloschüssel, die fahrradfelge und der besenstiel gelangten als provokation ins museum.

es galten nun auch die umkehrsätze: wer nichts mitzuteilen hat, sucht den stil, wer vom materialismus lebt, verehrt den geist, wer geschäfte macht, fördert die kultur.

hugo ball war der initiator der dada-bewegung in zürich, hielt vorträge über kandinsky. er war aber auch der erste, der aus dem dadaismus ausstieg. die verneinung des bürgerlichen war ihm zu wenig. folgerichtig verurteilte er das bürgerliche an dada und die flucht in die geistigkeit. 1919 befaßte er sich mit einer antithetischen „philosophie des produktiven lebens": „der achtung und anerkennung des nächsten, der liebe zum nächsten, kann eine ordnung der dinge folgen, in der die gewaltige pflege der produktivität die grundlage der moral abgibt." gegenüber der kunst der reinen geistigkeit entwirft er eine philosophie der humanen gestaltung konkreter dinge, eine art philosophie des design. er entwickelt zweifel an den dekorativen kurven kandinskys.

auch für adolf loos gab es in der architektur nicht mehr stil und konstruktion getrennt wie leib und seele, und karl kraus ließ sprache nicht mehr zerfallen in inhalt und form. die form war eine form der aussage.

damals in ulm mußten wir zurück zu den sachen, zu den dingen, zu den produkten, zur straße, zum alltag, zu den menschen. wir mußten umkehren. es ging nicht etwa um eine ausweitung der kunst in die alltäglichkeit, in die anwendung. es ging um eine gegenkunst, um zivilisationsarbeit, um zivilisationskultur.

architektur entdeckten wir insbesondere beim bau von fabriken, form in der konstruktion von maschinen, gestalt in der machart von werkzeugen.

walter zeischegg lernte ich kennen, als er in der nähe von ulm ein institut für grifforschung aufsuchte, dessen material er für eine ausstellung „hand und griff" in wien verwenden wollte. ich selbst machte plakate. es bestätigte nur meine grundsätze, als kurz nach dem abgang von der akademie ein plakat von mir im museum of modern art neben einem bild von paul klee hing. ich schuf für die straße, wie die anderen fürs museum. da ich keine meiner arbeiten signierte, um auch so aus den gepflogenheiten des kunstbetriebs auszusteigen, stand bei dem plakat in new york: artist unknown. auch das paßte mir. wie andere ihren namen suchten und sich auf dem markt der erscheinungen präsentierten, gefiel mir die anonymität. handwerker, konstrukteure, ingenieure signieren nicht.

das bauhaus hatte verschiedene innere mutationen durchgemacht, innere revolten, so die vom handwerksdesign zum industriedesign, von der malerei eines hoelzel und itten zu der eines van doesburg, von einer werkbund-ideologie zu einer stijl-ideologie. den sprung weg von der kunst hat es nicht geschafft.

im gegenteil. die wahren fürsten waren die malerfürsten. kandinsky, klee, feininger und schlemmer. und ihnen ging es nach wie vor um das geistige. „das geistige in der kunst" ist der titel des theoretischen werkes von kandinsky.

kandinsky und mondrian waren anhänger der theosophie, einer doktrin der reinen geistigkeit, die im einswerden mit dem absoluten geist, mit gott, den materialismus überwinden will. für beide war malerei ein zugang zum reinen geist und der weg in die gegenstandslosigkeit war ein abschied von der konkreten, von der materiellen welt.

malewitsch in rußland suchte den reinen raum, die reine fläche, die reine farbe mit einem anspruch, den man sonst nur ikonen entgegenbrachte. das ziel war eine entrückte ästhetik der reinen form, der quadrate, dreiecke und kreise, der linien und der farbe. klee sprach vom kosmos, von urgeschichte und urbewegung. bei kandinsky wurden gegenstände zu energiespannungen und linienkomplexen. er suchte in seiner malerei rein abstrakte wesen als gleichberechtigte bürger des abstrakten reiches. man suchte spiritualität, das überwirkliche, das überindividuelle.

aber besteht die welt wie sie ist, nicht nur aus dem einzelnen, aus dem konkreten? ist das geistige, das allgemeine nicht nur teil einer begriffswelt des menschen, um sich so mit der welt sprachlich auseinandersetzen zu können? schon wilhelm von ockham, ein früher vorläufer der heutigen analytischen philosophie, hätte das bestätigt.

doch mit dieser geistigkeit seiner maler wäre das bauhaus noch nicht richtig gesehen. es gab von anbeginn eine tendenz zum konkreten. das erste programm forderte eine rückkehr zum handwerk, eine neue zunft der handwerker, die arbeit aus dem geist der werkstatt. es forderte die einheit der künste am bau und erklärte kunst als steigerung des handwerks. die kunstgewerbliche diktion dieses programms wird im schlußsatz des ersten manifests 1919 erkennbar: „bilden wir... den neuen bau der zukunft, ... der aus millionen händen der handwerker einst gen himmel steigen wird als kristallenes sinnbild eines neuen kommenden glaubens."

man kann diesem satz noch etwas abgewinnen, wenn darin zum ausdruck kommen sollte, daß das handwerkliche zeitalter ein hohes arbeitsethos hatte. die sache wurde um der sache willen gemacht. eine auf profit fixierte industrie und ein auf profit fixiertes dienstleistungsgewerbe bedienen sich essentiell der täuschung, die aufmachung steht vor der sache.

der architekt gropius hielt das bauhaus offen auch für profanes, für bauten, tische, stühle und möbel, aber nicht als solche, sondern als elemente eines neuen glaubens. diesen fanden die maler in der elementargeometrie, im quadrat, im dreieck, im kreis und den primärfarben rot, gelb, blau, schwarz und weiß.

damit war der konflikt programmiert: ist design eine angewandte kunst, tritt es also auf in den elementen quadrat, dreieck und kreis oder ist es eine disziplin, die ihre kriterien aus ihrer aufgabenstellung, aus dem gebrauch, aus der fertigung und technologie bezieht? ist die welt das einzelne und konkrete, oder ist sie das allgemeine und abstrakte? diesen konflikt hat das bauhaus nicht ausgetragen, konnte es nicht austragen, solange der begriff kunst nicht enttabuisiert war, solange man einem unkritischen platonismus der reinen formen als weltprinzipien verhaftet blieb.

gewiß, es gab einzelne stimmen der opposition. vor allem jüngere wie josef albers, mart stam, hannes meyer und marcel breuer stellten die unterordnung unter eine ideale ästhetik in frage. ihre arbeitsresultate betrachteten sie als produkte der arbeitsmethoden, der materialeigenschaften, der technik und der organisation. als empiriker standen sie den idealisten der reinen form gegenüber. hannes meyer mußte das bauhaus verlassen. er riskierte den satz, kunst sei komposition und damit zweckwidrig. das leben sei unkünstlerisch, ästhetik sei ein resultat der ökonomie, funktion, technik und der gesellschaftlichen organisation.

beherrschend für das bauhaus blieb ein geometrischer stil, der sich aus der kunst ableitete. es hat damit mehr art deco beeinflußt als die moderne industrielle produktion. das bauhaus hat sich mehr in museen niedergeschlagen als in der heutigen technik und ökonomie.

geometrische gestaltungsprinzipien ließen sich vielleicht gerade noch bei möbeln oder in der typographie anwenden, aber schon bei stühlen wurden solche formalen vorgaben bedenklich, erst recht bei autos, maschinen oder geräten. die industrielle produktion ging andere wege und erst bei entwerfern wie charles eames wurde erkennbar, was es heißt, produkte aus ihrem zweck, aus material und fertigungsmethode, aus dem gebrauch zu entwickeln.

wir hatten allen grund, vorbehalte gegen das bauhaus anzumelden.

dabei waren weder zeischegg noch ich ökonomisten, die ästhetik als abfallprodukt der rein technischen fertigung angesehen hätten. es erschien uns sinnvoll, ästhetische kategorien wie proportionen, volumen, reihungen, durchdringungen oder kontraste zu benennen und sie experimentell zu erfassen, aber nicht als selbstzweck und schon gar nicht als übergeordnete, übergreifende und spirituelle disziplin, sondern als eine art grammatik, als syntax des entwerfens. das resultat eines entwurfs mußte der aufgabe entsprechen, seine kriterien waren der gebrauch und das herstellen, das ästhetische experiment war uns eine wichtige sache, die begriffliche kontrolle ästhetischer vorgänge war zudem ebenso aufregend wie notwendig, aber wir hielten die newtonsche physik nicht für richtiger als die natur selbst.

mit hans gugelot kam ein technisch-erfinderischer kopf zur aufbaugruppe, mit maldonado ein ebenfalls aus der malerei aussteigender theoretiker und entwerfer. gugelot schuf die technisch-ingeniöse basis der ausbildung der produktgestaltung, maldonado organisierte die wissenschaftliche struktur des lehrplans.

bill schien eine zeitlang mitzugehen, wenn es um die zuordnung von kunst und design ging. der kritische punkt war, ob er unserer auffassung folgen konnte, daß malerei oder bildhauerei eine experimentelle disziplin sei zur bestimmung von farben und volumen, also ohne übergeordnete bedeutung.

für gugelot spitzte sich die frage zu auf die hierarchie von ingenieur und produktgestalter. steht der designer über dem techniker?

gugelot hatte sich nie mit kunst beschäftigt und konnte hier ohne parteinahme entscheiden.

für bill blieb der gestalter dem ingenieur übergeordnet. für gugelot war das ein unechtes problem. beide, der gestalter und der ingenieur, gingen unter verschiedenen aspekten an eine sache heran, der eine unter denen der technischen effizienz, der andere unter denen des gebrauchs und der erscheinung. gugelot nahm den ingenieur so ernst, daß er sich seine unterordnung nicht vorstellen konnte, so wie er vom techniker erwartete, daß er den designer so ernst nehme, daß auch der nicht untergeordnet erscheint. die welt dachte er nicht mehr in oben und unten, sondern in einem verbund und einer vernetzung unterschiedlicher, gleichrangiger aktivitäten. zudem setzte ihm technik zuviel ästhetische qualitäten frei, als daß er sich prinzipiell über sie hätte erheben wollen. er selbst wurde deshalb techniker, um die ästhetischen reserven der technik ausschöpfen zu können. ähnlich ging es zeischegg, der nun mehr bücher über mechanik und kinetik studierte als über kunst. seine intellektuelle neugierde befriedigte er mehr auf technischen messen als auf schaustellungen des kunstbetriebs. gleichzeitig arbeitete er sich in die mathematik der körper und der lagen ein, um den gesetzmäßigkeiten von volumen und topos auf die schliche zu kommen. was für ihn resultat der standorte und der betrachtungswinkel war, konnte er nicht in hierarchien unterbringen. maldonado und ich beschäftigten uns mit mathematischer logik, um schließlich herauszufinden, daß die antworten, die wir auf die fragen der welt erhielten, von der methode abhingen, wie wir die fragen formulierten. auch hier brach eine vertikale weltordnung zusammen. geist war eine methode, aber keine substanz. die ordnungen der welt erfahren wir als ordnungen des denkens, als informationen.

eines der ersten bücher, die ich für die bibliothek der hfg anschaffte, war die zeichentheorie von charles morris. mit der klassifikation von information als semantik, syntax und pragmatik hatten wir auch einen theoretischen fundus, gestaltungskriterien zu definieren und kunst als ein syntaktisches handwerk zu interpretieren. das hatte für uns eine bedeutung wie für viele sigmund freud, als er das psychische als organisationsform des körperlichen erklärte.

ich lernte einmal mehr, wie gefählich eine rein syntaktische kunst der quadrate, kreise und dreiecke werden konnte, wenn sie sich nicht bewußt war, daß sie sich der semantischen dimension der information entzog. meine plakate waren in das formale feld der sogenannten „konkreten kunst" geraten, und ich hatte mich zu fragen, ob sie noch zuerst der kommunikation dienten. ein fotograf, christian staub, der den fotounterricht leitete, machte mich bei meinen fotos auf die gefahr aufmerksam, daß sie formaler „künstlerischer" selbstzweck werden könnten, und syntaktische übungen sollte ich nicht mit information verwechseln. wo blieb die mitteilung?

vier jahre nach eröffnung der schule schied max bill aus. ohne ihn hätte es eine hochschule für gestaltung in ulm nicht gegeben. wir suchten seine erfahrungen mit dem bauhaus. seine ansichten über gestaltung erschienen uns richtungsweisend. aber im grundsätzlichen blieb er für uns dem bauhaus verhaftet. er blieb der künstler und reservierte für die kunst einen besonderen rang.

ich selbst hatte für typographie und grafikdesign vom bauhaus wenig nutzanwendung beziehen können. im gegenteil, im bereich der typographie war die bindung an die geometrischen grundelemente quadrat, dreieck und kreis, etwa beim entwurf und bei der bewertung von schriften, eher verhängnisvoll. eine gut lesbare schrift kennt kein kreisrundes O oder ein A auf der basis eines gleichschenkligen dreiecks. eine geometrische schrift ist ein rückfall in den ästhetischen formalismus. eine lesbare und damit funktionelle schrift versucht, den schreib- und lesegewohnheiten des menschen gerecht zu werden.

ähnlich ist es mit der fotografie. das bauhaus hat pionierarbeit geleistet, wenn man an die syntaktischen aspekte der fotografie denkt. aber fotografie als mitteilung stand nicht hoch im kurs. es ging um perspektiven, licht und schatten, kontraste, strukturen, blickpunkte. die fotografie als kommunikationsmittel wurde von anderen leuten entwickelt, den reportagefotografen um die großen illustrierten zeitungen. so von felix h. mann, stephan laurant, erich salomon, eugene smith, robert capa oder henri cartier-bresson. die fotografie eines man ray oder moholy-nagy war primär formaler ästhetizismus, ästhetisch-formaler selbstzweck, im besten fall syntaktische erfahrung. realität wurde als signal wiedergegeben, was allerdings der bedeutung dieser fotografie für werbung und grafik zugute kam. daß diese fotografie heute als kunst gehandelt wird, unterstreicht nur diese einschätzung. ihr formaler anspruch stand im umgekehrten verhältnis zur mitteilungsfunktion.

schließlich kann sich auch das heutige postmoderne design auf das bauhaus berufen, die möbel zerfallen wieder, wie schon zu rietvelds zeiten, in würfel, kegel, zylinder, und dies in der farbigkeit elementarer gestaltung. die kugelkannen, zylindertöpfe des bauhauses sind solange unsterblich, als elementargeometrie als kunst gehandelt wird, siehe aldo rossi.

man wird nicht umhin können, darauf zu verweisen, daß man heute entdeckt hat, in welchem umfang man kandinsky für den kommerz ausschlachten kann. seine linien, stäbchen, wel-

... Das Bauhaus hat ja allerhand Wege gemacht in verschiedenen Ländern, aber ich spüre schon beim Eintreten in dieses Haus, daß hier wohl doch die echtesten Wurzeln weitergediehen sind...

Walter Gropius in einem Vortrag zur Eröffnung 1955

len, kreise, punkte, kreissegmente, halbmonde und dreiecke werden zur zeit als letzte mode verbraucht, nachdem mondrian zu kalt und klee zu poetisch geworden waren. kandinsky ist der formenspender der heutigen visuellen mode. sogar architekturpläne schlachten sein syntaktisches repertoire aus. die zeit ist wieder dem höheren, dem allgemeinen zugetan. kunst steht in höherer gunst als antworten auf einen sachverhalt, als das resultat aus dem fallstudium, als die lösung für eine situation. kunst beschert das ewige.

wir sind wieder beim streit der dadaisten angekommen. sie zerfielen in zwei lager: die ästheten und die moralisten. hugo ball zog sich als moralist zurück und ließ die ästheten unter sich. auch marcel duchamp, der schon seine expressionistische malerei über bekam, hörte auf, provokationsobjekte als bürgerschreck zu fabrizieren. die moralisten wollten sich der anklage nicht entziehen, daß die welt aus schund, lug und trug besteht. das prinzip des modernen marktes basierte auf dem gewinn, und weder das produkt der fabrik noch die mittel der chemie, noch die erzeugnisse der lebensmittelindustrie entsprangen einer verantwortung gegenüber dem produkt und der sache. die moralisten mußten die ästheten im stich lassen.

An dieser situation hat sich eigentlich bis heute nicht viel geändert. die welt ist nicht viel anders geworden, als sie war. die meisten designer sind ins lager der stylisten, der ästheten übergelaufen, um produkte dem aspekt der ästhetischen verkaufsförderung entsprechend aufzumachen. aufmachung ist noch immer alles. schade, daß es kein ulm mehr gibt.

Rotis 1987

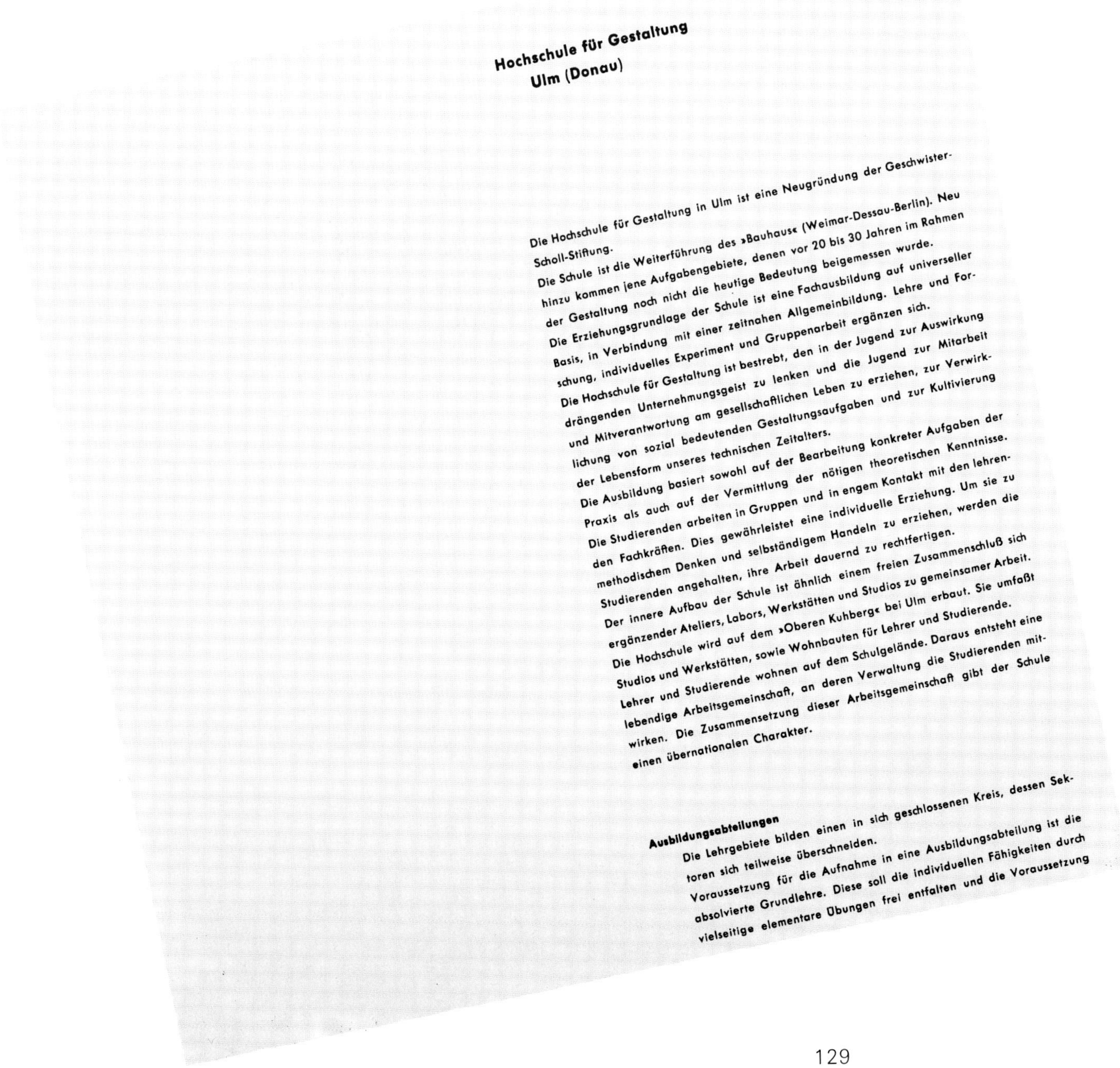

Hochschule für Gestaltung
Ulm (Donau)

Die Hochschule für Gestaltung in Ulm ist eine Neugründung der Geschwister-Scholl-Stiftung.
Die Schule ist die Weiterführung des »Bauhause (Weimar-Dessau-Berlin). Neu hinzu kommen jene Aufgabengebiete, denen vor 20 bis 30 Jahren im Rahmen der Gestaltung noch nicht die heutige Bedeutung beigemessen wurde.
Die Erziehungsgrundlage der Schule ist eine Fachausbildung auf universeller Basis, in Verbindung mit einer zeitnahen Allgemeinbildung. Lehre und Forschung, individuelles Experiment und Gruppenarbeit ergänzen sich.
Die Hochschule für Gestaltung ist bestrebt, den in der Jugend zur Auswirkung drängenden Unternehmungsgeist zu lenken und die Jugend zur Mitarbeit und Mitverantwortung am gesellschaftlichen Leben zu erziehen, zur Verwirklichung von sozial bedeutenden Gestaltungsaufgaben und zur Kultivierung der Lebensform unseres technischen Zeitalters.
Die Ausbildung basiert sowohl auf der Bearbeitung konkreter Aufgaben der Praxis als auch auf der Vermittlung der nötigen theoretischen Kenntnisse.
Die Studierenden arbeiten in Gruppen und in engem Kontakt mit den lehrenden Fachkräften. Dies gewährleistet eine individuelle Erziehung. Um sie zu methodischem Denken und selbständigem Handeln zu erziehen, werden die Studierenden angehalten, ihre Arbeit dauernd zu rechtfertigen.
Der innere Aufbau der Schule ist ähnlich einem freien Zusammenschluß sich ergänzender Ateliers, Labors, Werkstätten und Studios zu gemeinsamer Arbeit.
Die Hochschule wird auf dem »Oberen Kuhberg« bei Ulm erbaut. Sie umfaßt Studios und Werkstätten, sowie Wohnbauten für Lehrer und Studierende.
Lehrer und Studierende wohnen auf dem Schulgelände. Daraus entsteht eine lebendige Arbeitsgemeinschaft, an deren Verwaltung die Studierenden mitwirken. Die Zusammensetzung dieser Arbeitsgemeinschaft gibt der Schule einen übernationalen Charakter.

Ausbildungsabteilungen
Die Lehrgebiete bilden einen in sich geschlossenen Kreis, dessen Sektoren sich teilweise überschneiden.
Voraussetzung für die Aufnahme in eine Ausbildungsabteilung ist die absolvierte Grundlehre. Diese soll die individuellen Fähigkeiten durch vielseitige elementare Übungen frei entfalten und die Voraussetzung

1. Prospekt der Hochschule für Gestaltung der Geschwister-Scholl-Stiftung, Ulm, Bahnhofstr. 1, 1953

...jede aufgestellte these, die unverrückbar festgenagelt wird, birgt in sich die gefahr, starr zu werden und eines tages gegen die entwicklung zu stehen. es ist aber wenig wahrscheinlich, daß das sogenannte „asymmetrische" oder organisch geformte satzbild durch die entwicklung rascher überholt sein würde als der mittelachsensatz, der vorwiegend dekorativen, nicht funktionellen gesichtspunkten entspricht. wir haben uns glücklicherweise vom renaissance-schema befreit und wollen nicht wieder dorthin zurückkehren, sondern die befreiung und ihre möglichkeiten ausnützen. die haltlosigkeit des alten schemas wurde schlüssig bewiesen, viel überzeugender als die rückkehr dazu, und die erfahrung lehrt, daß die moderne typografie um 1930 auf dem richtigen weg war...

als wandlung der „neuen typografie" um 1930 zur funktionellen typografie unserer tage ist zu erkennen das verschwinden der einstmals als charakteristische modische zutat erschienenen fetten balken und linien, der großen punkte, der überdimensionierten paginaziffern und ähnlichen attributen, die sich später als feine linien noch eine zeitlang bewährten, um das satzbild zu ordnen und zu akzentuieren. alle diese elemente sind unnötig und heute überflüssig, wenn das satzbild selbst richtig organisiert ist, wenn die wortgruppen in richtigen proportionen zueinander stehen. dies will nicht heißen, daß derartige zutaten grundsätzlich zu verwerfen wären, sie sind lediglich im allgemeinen ebensowenig notwendig wie irgendein anderes ornament, und durch das weglassen gewinnt das typografische satzbild an einfacher raumspannung und ruhiger selbstverständlichkeit. ...

Max Bill über Typographie, in: *Schweizer graphische Mitteilungen*, 4, 1946

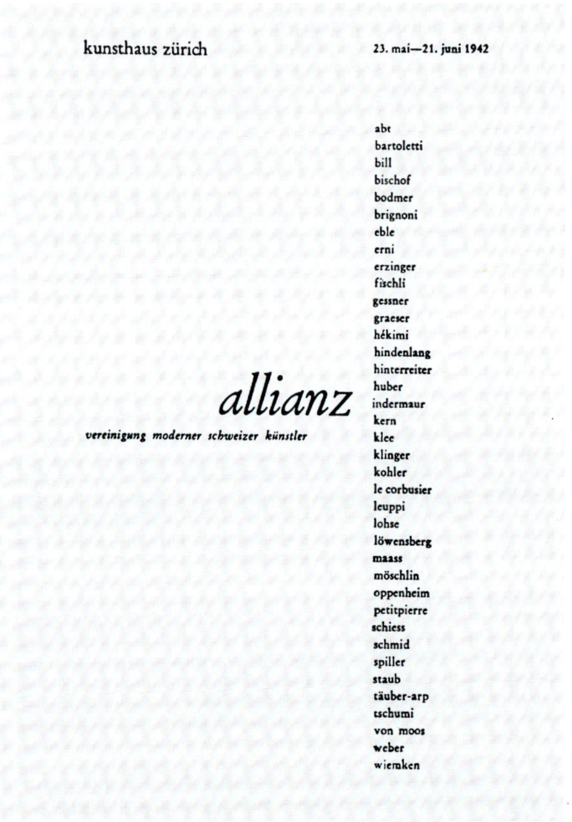

Katalogumschlag der Ausstellung „allianz"
Max Bill
1942

Einsam im Strom. Innerlich

Michael Erlhoff

Die Hochschule für Gestaltung und die Kultur der fünfziger und sechziger Jahre

1. Inmitten

Auch für die Ulmer Hochschule gilt, daß sie sich leichter als eine bestimmte Negation denn als wuchernd Positives definieren läßt: Allemal konturierten die gemeinsamen Gegner den Ulmer Zusammenhang und verlor sich diese Gemeinsamkeit mit dem Schwinden offensichtlicher Konfrontation oder – nur anders formuliert – mit der allmählichen Integration der HfG in die Normalität und damit dem Aufbau der HfG als Position (der nur schwache Widerstand gegen die 1968 erfolgte Schließung der Hochschule war eine der Folgen dieser Liaison). Ulm war Widerspruch gegen eine Restauration deutscher Gemütlichkeit, gegen einen neuen Konservatismus, der „keine Experimente" wollte, gegen Dummheit und Gefühlsduselei, gegen Befindlichkeiten und trübe Blicke, aber auch gegen sich organisch gebärdende Nierentische, gegen die Heckflossen des protzenden Auto-Designs, gegen das Styling überhaupt, das nur verpackte, schönen Schein lieferte und lediglich verdeckte, daß unter der neuglänzenden Verpackung allein Altmodisches, Schludriges und Nichtsnutziges verborgen war, gegen K 2 r, Odol, Brisk, Rexona-Seife und Colgate-Lächeln, gegen den Klüngel und die Reaktion, gegen die, die den Augsburger Bertolt Brecht von den deutschen Bühnen verbannten und stattdessen Kotzebue priesen, gegen die Heimlichkeiten heimeliger Hei-

Vordemberge-Gildewart lehrte uns nicht nur Typographie und Geschichte der Malerei. Er war selbst ein Stück von ihr, hatte sie miterlebt, mitgestaltet.

Man hatte nach seinen Dia-Vorträgen immer das Gefühl, Tatlin und Mondrian persönlich getroffen zu haben und gerade dabei gewesen zu sein, wie Schwitters seine Anna Blume rezitierte.

„Und wenn Sie diesen El Lissitzky im Original sehen wollen", schloß VauGe, wie wir ihn nannten, „kommen Sie doch anschließend zu mir rüber. Dort drüben, das letzte Dozentenhaus." Ich ging hin. Ein Haus voller Arps, Delaunays, van Doesburgs, Lohses, Moholy-Nagys und Schwitters'. Und seine eigenen Formen der Farbe.

Walter Müller, 1987

Friedrich Vordemberge-Gildewart in seinem Atelier

Plakat für eine Kunstausstellung, Vordemberge-Gildewart 1956

matfilme, gegen die Strickmuster konservativer Politik, gegen Borgwards „Isabella" und Volkswagen „Käfer", gegen Musiktruhen, Kunstgewerbe und „heile Welt", gegen den behaupteten „Tod der Geometrie" und die Anarchie städtischen Wiederaufbaus, gegen Nyltest-Hemden, Fahrradfahrer, Gartenzwerge und Lebemänner, gegen Glücksklee und somit gegen die offizialisierte, erfaßbare Mehrheit der neuen bundesdeutschen Bevölkerung.

Denn: So richtig avantgardistisch sprang die HfG im Doppelsalto in die Zukunft, war sie Kritik der Kritik. Nierentisch, Odol und Styling nämlich wähnten sich selber als Avantgarde, als Zeichen der neuen Zeit und als Kritik der alten; und tatsächlich entschieden sich noch 1955 in einer Allensbacher Umfrage nur 8% der Bundesdeutschen für den Nierentisch, während 60% für altdeutsch votierten und 20% treudeutsch vorzogen. Mochte diese Mehrheit auch noch so heftig die Nasen an den Schaufenstern der neuen Autosalons und Möbelhäuser (1952 eröffnete die amerikanische Firma „Knoll international" ihr erstes deutsches Geschäft) plattdrükken – gekauft wurde erst einmal die Biederlichkeit des Wiederaufbaus: Kommode und Polstergarnitur (Modell „Sieger"), lange Unterhose und Gummibaum und „Südfrüchte" dazu. Die Mehrheit wählte christdemokratisch, lauschte ergriffen der „Freiheitsglocke" von Friedland und dem Waffengeklirr der neuen deutschen Armee, rief „dreigeteilt niemals" und unterstützte die „Aktion saubere Leinwand".

Nur die, die sich für modern hielten und sich das leisten konnten, plädierten schon Mitte der fünfziger Jahre für das, was an deren Ende allgemein wurde: Stromlinie, Konserve, Plastik, für den guten Ton der Benimmbücher, die Regeln der neuen Gesellschaft und die Modernität schlechthin. Für die autogerechte Stadt der sanftgeschwungenen Kurven und später für Zweckmöbel, Klapp-Couch, Praktikabilität und vor allem für das do-it-yourself des Mittelstands. Denn erst an diesem Ende der fünfziger oder gar am Anfang der sechziger Jahre griffen die zuvor präventiven Ulmer Theoreme direkt herrschenden Geschmack an, wurde aus dem doppelten ein einfacher Salto; nun trat die Ulmer Morphologie aus dem Schatten heraus und war es möglich, für die Firma Braun jene Radios zu entwerfen, die auf der Berliner Funkausstellung von 1955 Sensation und Empörung hervorriefen. Radios übrigens für eine Firma, die selber noch 1954 Entwürfe der „Kronberger Werkstatt für Gestaltung" (W. Schwagenscheidt, T. Sittmann und H. Dormauf) für einen neuen Radiotyp kurzerhand mit den entsetzten Wörtern abgelehnt hatte: ... und teilen Ihnen hierauf höflich mit, daß das deutsche Publikum nach unserer Ansicht für moderne Gehäuseformen für Rundfunkgeräte nicht aufnahmefähig ist. Der Deutsche hängt zu sehr an dem Althergebrachten, und keine Rundfunkfabrik kann es sich erlauben, mit einer größeren Serie ausgefallener Gehäuseformen zu erscheinen. Dieses Risiko würden wir auch

Aus den bei einem an der HfG veranstalteten Tapeten-Wettbewerb entstandenen Entwürfen wählte die Jury, bestehend aus den Dozenten Max Bill, Hans Gugelot und Tomás Maldonado, die zwölf entwicklungsfähigsten Vorschläge aus. Die Preisträger waren Gui Bonsiepe, Angela Hackelsberger, Meret Mitscherlich, Herbert Lindinger, Peter Hoffmann, Helmut Müller-Kühn, Eva Pfeil, Wilhelm Ritz, Hermann Roth, Theodor Zeitler. Unter der Leitung von Max Bill bearbeitete die aus den Preisträgern gebildete Arbeitsgruppe die Entwürfe für die Fabrikation. Hauptanliegen der meisten Entwerfer war durch annähernd gleichhelle Farben eine scheinbare Immaterialisierung der Fläche zu erreichen.
Fa. Salubra. Schweiz
1956

niemals übernehmen, zumal wir ja unsere Geräte nur in Großserien auflegen. Wir bedauern daher, von Ihrem Anerbieten keinen Gebrauch machen zu können." Außerdem blieb das Politikum HfG, blieb dieser Gegenentwurf zum bestehenden Hochschulsystem mitsamt seinen alternativen Studienmodellen und expliziten Politikkonzepten. – Und dennoch: Ganz so einsam, wie es heute scheint, stand die Ulmer Hochschule nicht in der bundesdeutschen Realität. Immerhin regten sich die Ostermarschierer (zu denen auch Mitglieder der HfG gehörten), gab es eine partiell kämpferische Gewerkschaftsbewegung, existierten in der Sozialdemokratie jener trotzkistische Flügel der Zeitschrift „Sozialistische Politik" und der SDS. Zudem publizierten einige Theoretiker – wie Ernst Bloch und Hans Mayer – in der DDR, arbeiteten in Frankfurt unter anderem Adorno und Horkheimer und daneben Alexander Mitscherlich, und gab es Ansätze einer zumindest liberalen Presse.

Auch innerhalb der ästhetischen Diskussion und Praxis war die HfG nicht allein, jedoch nahm sie jedoch erstaunlich wenig explizite Kenntnis von dem, was sie umgab: zum Beispiel von den Rundfunkrebellen Ernst Schnabel und Alfred Andersch oder von dem Ulmer Theaterintendanten Hübner. Zudem war 1954 der „Rat für Formgebung" gegründet worden – ganz ideal gedacht als Bewahrer und Beförderer eines guten deutschen Designs, der guten Form; dann 1958 die Brüsseler Weltausstellung mit dem auch in Deutschland

Die Verständigung unter den Menschen geschieht heute zu einem wesentlichen Teil durch bildhafte Mitteilung, z.B. durch das Foto, das Plakat, das Zeichen. Solche Mitteilungen ihrer Funktion entsprechend zu gestalten und hierfür Methoden zu schaffen, die mit den Bedürfnissen unserer Zeit übereinstimmen, ist das Ziel der Abteilung „Visuelle Kommunikation". Deswegen werden Grafik, Fotografie, Typografie und Ausstellungsgestaltung als einheitliches Gebiet behandelt, das später durch Film und Fernsehen ergänzt werden soll.

Die Abteilung ist wie ein grafisches Atelier organisiert und übernimmt praktische Aufträge. Bei der Zusammenarbeit mit Firmen wird angestrebt, durch die Gestaltung der Mitteilungsformen vom Briefkopf und Firmenzeichen bis zum Messestand nach außen ein Bild der Firma zu geben, das ihr gemäß ist.

Die Forschung innerhalb dieser Abteilung zielt darauf ab, durch Experimente und Analysen die visuellen Aussagen so eindeutig wie möglich ihrem Gegenstand zuzuordnen und in ihrer Bedeutung zu bestimmen. Hierbei stehen neue wissenschaftliche Erkenntnisse zur Verfügung, die in den letzten Jahren auf dem Gebiet der Wahrnehmungs- und Bedeutungslehre gewonnen wurden.

Die Studierenden der Abteilung arbeiten an den praktischen und theoretischen Aufgaben je nach ihrem Ausbildungsstand mit. Als Vorbildung werden abgeschlossene Berufsausbildung und praktische Tätigkeit auf einem der Teilgebiete sowie Grundkenntnisse des gesamten Gebietes verlangt.

Aus: HfG-Info, 1955

Anzeige für die Fa. Braun
Otl Aicher

Otl Aicher und Tomás Maldonado

publizierten Pavillon von Le Corbusier; oder die deutsche Architektur und Städteplanung nach 1945 und die Aktivitäten des Deutschen Werkbunds; oder die Idole einer revoltierenden Jugend: Rock'n Roll, James Dean und Marlon Brando; oder in der Kunst die Kenntnisnahme der ersten Happenings von Alan Kaprow, der in Deutschland 1962 gegründeten Kunstform „Fluxus", der Aktionen des „Living Theatre", der Texte konkreter Poesie; und später das Auftreten der Beatles, sowie – ganz anders und doch nicht unabhängig denkbar – der „direkten Aktion", der „Viva Maria Kommune" und der Politik von SDS und Protestbewegung. Diese fünfziger und der Anfang der sechziger Jahre: das sind auch die Auseinandersetzungen um Sartre und den sich spiegelnden Existentialismus, das sind die französischen Filme jener Zeit und die damit rezipierten Gesten und Träume. Und inmitten der sechziger Jahre: „Marx und Coca Cola".

Außerdem begann die „documenta" – gegründet von jenem Arnold Bode, der Anfang der fünfziger Jahre (wie auch andere Künstler der Zeit) Stoffe entwarf und spiritus rector der „Göppinger Plastics" war, für die er dekorierte. „Die documenta 1 entsprang der Initiative eines einzelnen Mannes: des Kasseler Akademieprofessors, Malers, Ausstellungsdesigners Arnold Bode. Er gründete 1954 zusammen mit seinen Freunden eine ‚Gesellschaft Abendländischer Kunst des 20. Jahrhunderts e.V.', die als Träger der ersten documenta fungierte. Spiritus rector (oder

Schaufenster Display
für Fa. Braun
Otl Aicher, Hans G. Conrad
1958

Flexibles Ausstellungssystem
für den Messestand der
Fa. Braun, 1955
Otl Aicher, Hans Gugelot

„Das gute Spielzeug"
Wanderausstellung
Otl Aicher
1956
30 Jahre lang in vielen
Ländern gezeigt.

Ausstellungspavillon der Fa. Braun während der Rundfunkausstellung auf der Frankfurter Messe
Otl Aicher, Hans Gugelot 1959
Erscheinungsbild BRAUN
In den Jahren 1955–60 formulierten in Ulm Otl Aicher und Hans Gugelot mit ihren Mitarbeitern durch ihre Thesen und Entwürfe die essentiellen Grundzüge des neuen Corporate Identity der Fa. Braun Frankfurt. Gemeinsam mit Erwin und Arthur Braun und Dr. F. Eichter legten sie eine neue Philosophie für die Haltung des Unternehmens zur Gesellschaft, zu den Kunden und für Konzeption und Gestaltung der Produkte, Ausstellungen, Fotos, Werbung, Sprache und Architektur.

Chefideologe?) wurde der Kunsthistoriker Werner Haftmann, der eben sein Standardwerk über die ‚Malerei im 20. Jahrhundert' veröffentlicht hatte.

Als Ausstellungsort dienten 5 000 qm im klassizistischen Museum Fridericianum. Der im Krieg ausgebrannte, 1953 notdürftig ausgeflickte Bau wurde von Bode in ein wirkungsvolles Ambiente zwischen Ruinen-Unbehaustheit, moderner Funktionalität und antimusealem Verfremdungseffekt verwandelt.

Die documenta 1 reagierte, wie oft bemerkt wurde, auf ein Defizit. Sie deckte – nach zwölf Jahren Naziherrschaft und zehn Jahren Wiederaufbau – einen Nachholbedarf an Information und Reflexion über die Kunst des 20. Jahrhunderts ab. Sie besiegelte nach dem Interregnum der Barbarei die Rückkehr der deutschen Kunst in die Kontinuität der europäischen Moderne – durchaus handfest, wenn etwa der Kasseler Fritz Winter riesengroß mit Picasso konfrontiert wurde. Sie zeigte die ‚europäischen Verflechtungen und Zusammenhänge' der modernen Kunst. Sie inthronisierte diese Kunst als triumphale Fortführung der europäischen Tradition und notwendigen, legitimen Ausdruck moderner Welterfahrung. Das idealistische Pathos solcher Bekenntnisse bewies 1955 seine volle Tragfähigkeit." (Manfred Schneckenburger)

Die Hochschule für Gestaltung: eingebettet, bewegt und sich bewegend in dem widersprüchlichen Strom der deutschen Geschichte nach 1945,

...Der Unterricht wurde aufgeteilt in: Abteilungsarbeit, Zeichentheorie, Kommunikationsmittel und Technologie. Die Abteilungsarbeit leiten meine Kollegen Herr Otl Aicher und Herr Friedrich Vordemberge-Gildewart sowie der neu berufene Dozent Prof. Anthony Froeshaug aus London. Mit den Studierenden der visuellen Kommunikation und Information werde ich in einem Kurs über Zeichentheorie zusammenarbeiten. Den Unterricht in dem Fach Kommunikationsmittel (Typographie) (2. Studienjahr) führt mein Kollege Herr Otl Aicher. Als Dozent für das Fach Kommunikationsmittel (Photographie) (3. Studienjahr) wurde der amerikanische Photograph Thomas Rago berufen, aus der Schule Callahans vom Institute of Design in Chicago. Das geschichtliche Seminar für visuelle Kommunikation und Information hält mein Kollege Herr Vordemberge-Gildewart. Herr Prof. Franzen leitet weiterhin das soziologische Seminar mit dem Titel: Probleme der Kommunikation. ...

Tomás Maldonado: Rede zu Beginn des Studienjahres 1957/58

Experimentelle Vorführung im Labor für Wahrnehmungslehre bei Mervyn W. Perrine 1959/60

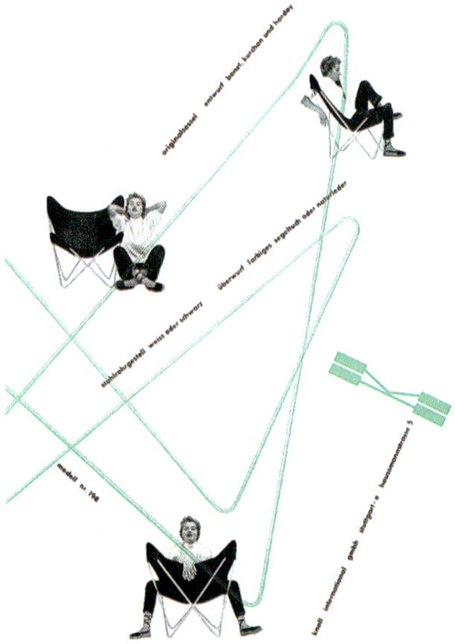

Inserat für Knoll-International Hans G. Conrad 1953–55

Plakat – Möbelsystem M 125 Herbert Lindinger für Fa. Bofinger, Stuttgart 1957/58

Anthony Fröshaug mit Studenten

in der – wie schon zuvor – angebliche Mehrheiten Politik machten und Geschmack bildeten, in der zugleich aber ebenso vielfältige wie gegensätzliche Versuche miteinander konkurrierten, Gesellschaft und deren Ausdrucksformen neu zu gestalten. Wahrlich kein friedlicher Wettbewerb, sondern die Anarchie liberalistischen Marktgefüges (dem sich „soziale Marktwirtschaft" als Ideologie einprägte). Ein heilloses Durcheinander, ein komplizierter Prozeß, in dem Gestaltung dringend nötig war. Deshalb noch einmal – aus anderer Blickrichtung:

Visuelle Methodik

Die ersten Aufgaben, die in der Grundlehre der HfG innerhalb des Faches Visuelle Methodik gestellt werden, haben zu berücksichtigen, daß die Studierenden eine unterschiedliche Vorbildung besitzen und daß kaum methodologische Vorkenntnisse vorausgesetzt werden können. Auch beherrschen sie die Darstellungstechniken nicht in gleicher Weise.

Daher werden am Anfang Aufgaben gestellt, die nicht nur die Darstellungsfertigkeiten entwickeln, sondern auch ohne besondere methodologische Voraussetzungen zu lösen sind. Die Studierenden sollen dazu angeleitet werden, diese Aufgaben nicht nur intuitiv zu bearbeiten, sondern, soweit wie möglich, systematisch an sie heranzugehen und sich auf diese Weise einige methodologische Kenntnisse anzueignen. Schließlich sollen die Aufgaben in einem thematischen Zusammenhang mit der späteren Arbeit in den Abteilungen stehen.

Es empfiehlt sich, Aufgaben zu wählen, die eine übersehbare Anzahl von Lösungen besitzen. Eine solche Aufgabe ist zum Beispiel die Darstellung von Kommunikationsverhältnissen durch zwei- oder dreidimensionale Graphe. Unter einem Graph versteht man ein System von Punkten und Verbindungslinien zwischen diesen Punkten.

Gleichzeitig läßt sich auf diese Weise experimentell untersuchen, ob sich für die Gestaltung von Informationsträgern Prinzipien entwickeln lassen, deren Anwendung die Informationsvermittlung optimalisiert: ein Problem, das für alle Abteilungen der HfG in gleicher Weise von Bedeutung ist.

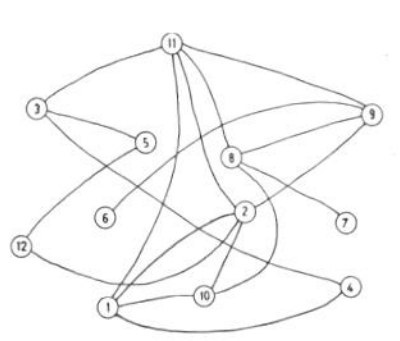

Arbeitshypothesen: Die Beliebigkeit der Graphe wird eingeschränkt durch folgende Arbeitshypothesen:

die Verbindungslinien zwischen den Punkten sollen gerade Strecken sein;
alle Verbindungsstrecken sollen die gleiche Länge haben;
Verbindungsstrecken sollen sich nicht überschneiden;
die Punkte sollen sich in ein Raster oder ein Gitter einfügen;
die Dimensionszahl des Darstellungsraums soll möglichst niedrig sein...

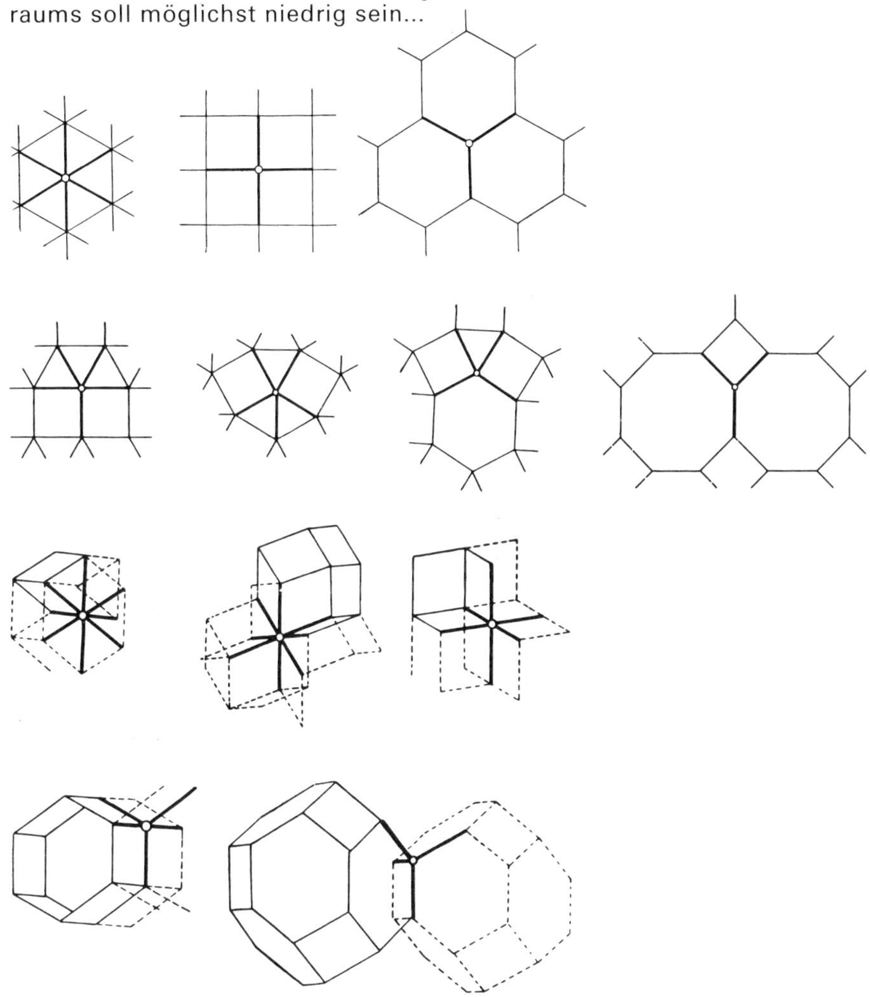

Beispiel für ein Straßennetz: In der Zeit von 1955 bis 1958 wurde geplant, das Hauptstraßennetz im Stadtkern von Zürich umzulegen.

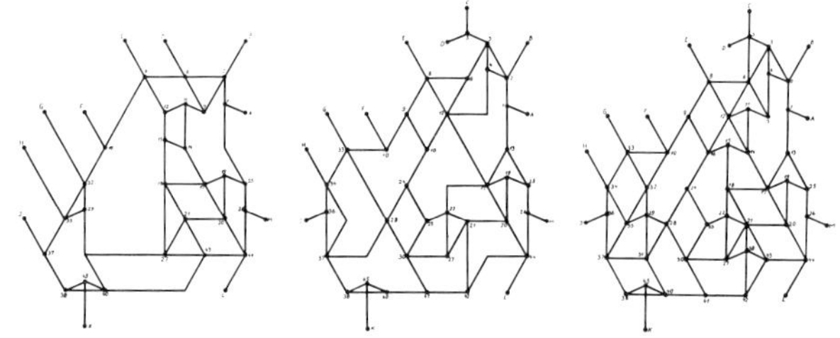

Die beiden ersten Graphe gestatten einen bequemen Vergleich des alten und des neuen Straßennetzes. Entsprechende Kantenpunkte haben den gleichen Platz im Gitter. Damit ist die Grundlage für eine kritische Würdigung geschaffen...

Die geschilderten Techniken werden in der Grundlehre lediglich benutzt zur Darstellung und Analyse bestehender Sachverhalte. Ihre eigentliche Bedeutung hingegen liegt in ihrem operativen Charakter, in ihrer konstruktiven Verwendbarkeit bei Gestaltungsaufgaben. Beim Entwurf eines Grundrisses zum Beispiel empfiehlt es sich, die geforderten Zirkulationsverhältnisse zwischen den Teilräumen eines Gebäudes in einer Matrix zu erfassen, also die topologischen Relationen klarzustellen. Daraus läßt sich ein vollständiger Katalog aller möglichen Graphe aufstellen, die den Erfordernissen entsprechen. Diese Möglichkeiten werden auf ihre Verträglichkeit mit den konstruktiven Forderungen und den funktional gegebenen Proportionen und Abmessungen geprüft. So kommt man bereits zu einem vollständigen Überblick der Gestaltungsmöglichkeiten und zu einem Rohentwurf.

Anthony Fröshaug, in: *Ulm*, 4, 1959

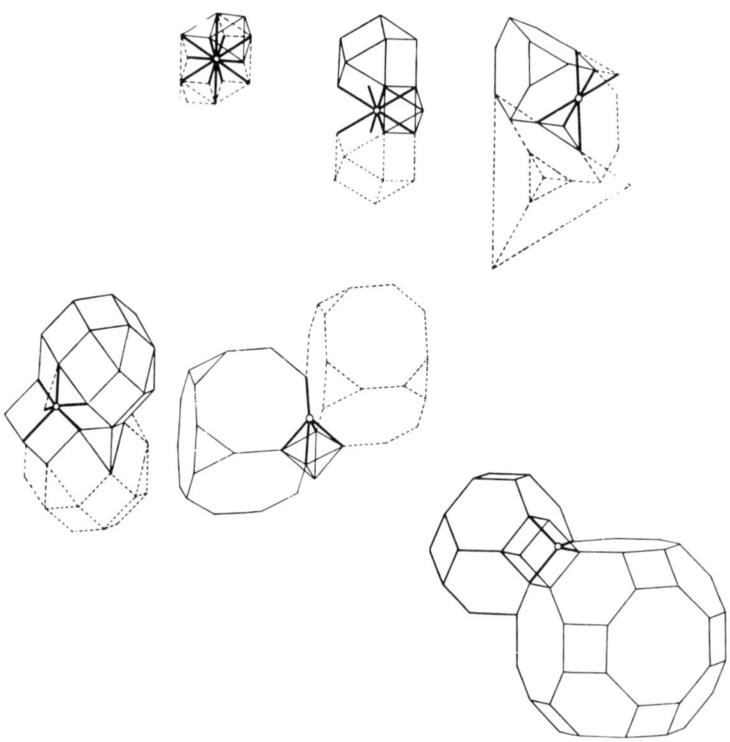

Corporate Identity für
Stuttgarter Gardinenfabrik
Otl Aicher,
1958

Besuch von
Martin Heidegger
und Reyner Banham
1959

Plakat
Hotelkette Clima, Wien/
Innsbruck
Herbert Lindinger, 1957/58

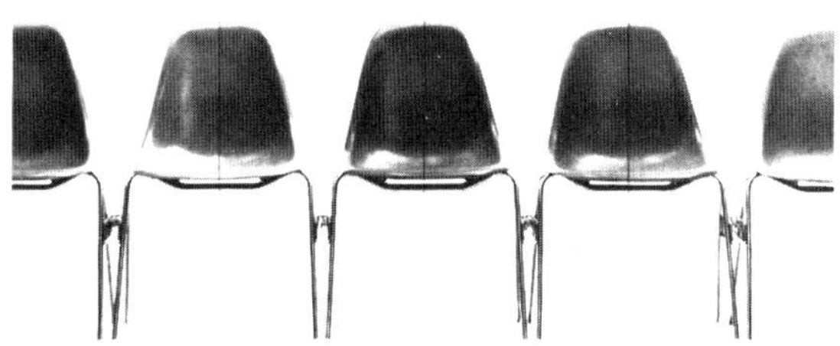

Anzeigenwerbung für die
Herman Miller Collection
Otl Aicher, Tomás Gonda
1961/62

Auf weiten Bereichen des sozialen Lebens werden heute die Menschen angesprochen, gelenkt oder miteinander in Kontakt gebracht durch bildhafte Mitteilungen. Solche Mitteilungen ihrer Funktion entsprechend zu gestalten, ist das Ziel der Abteilung. Deshalb werden Typografie, Grafik, Fotografie und Ausstellungstechnik als ein einheitliches Gebiet behandelt, das in nächster Zeit durch Film und Fernsehen ergänzt werden soll. Für dieses

Plakat – Trabrennen
Tomás Gonda
1959/60

Plakat – Vorsicht
Sven Weisshardt
2. Studienjahr 1959/60
Dozent Otl Aicher

Gebiet hat sich, im Anschluß an den internationalen Sprachgebrauch, die zusammenfassende Bezeichnung „Visuelle Kommunikation" herausgebildet.

Die Forschung innerhalb der Abteilung zielt darauf ab, die visuellen Aussagen so eindeutig wie möglich ihrem Gegenstand zuzuordnen. Hierzu müssen Methoden entwickelt werden, die die in den letzten Jahrzehnten gewonnene Erkenntnis auf dem Gebiet der Wahrnehmungs- und Bedeutungslehre berücksichtigen.

Aus dem Lehrprogramm der HfG von 1958/59

Plakat – Trabrennen
Entwicklungsgruppe Aicher
1960

Plakat – Stan Getz
Peter Croy 1959/60

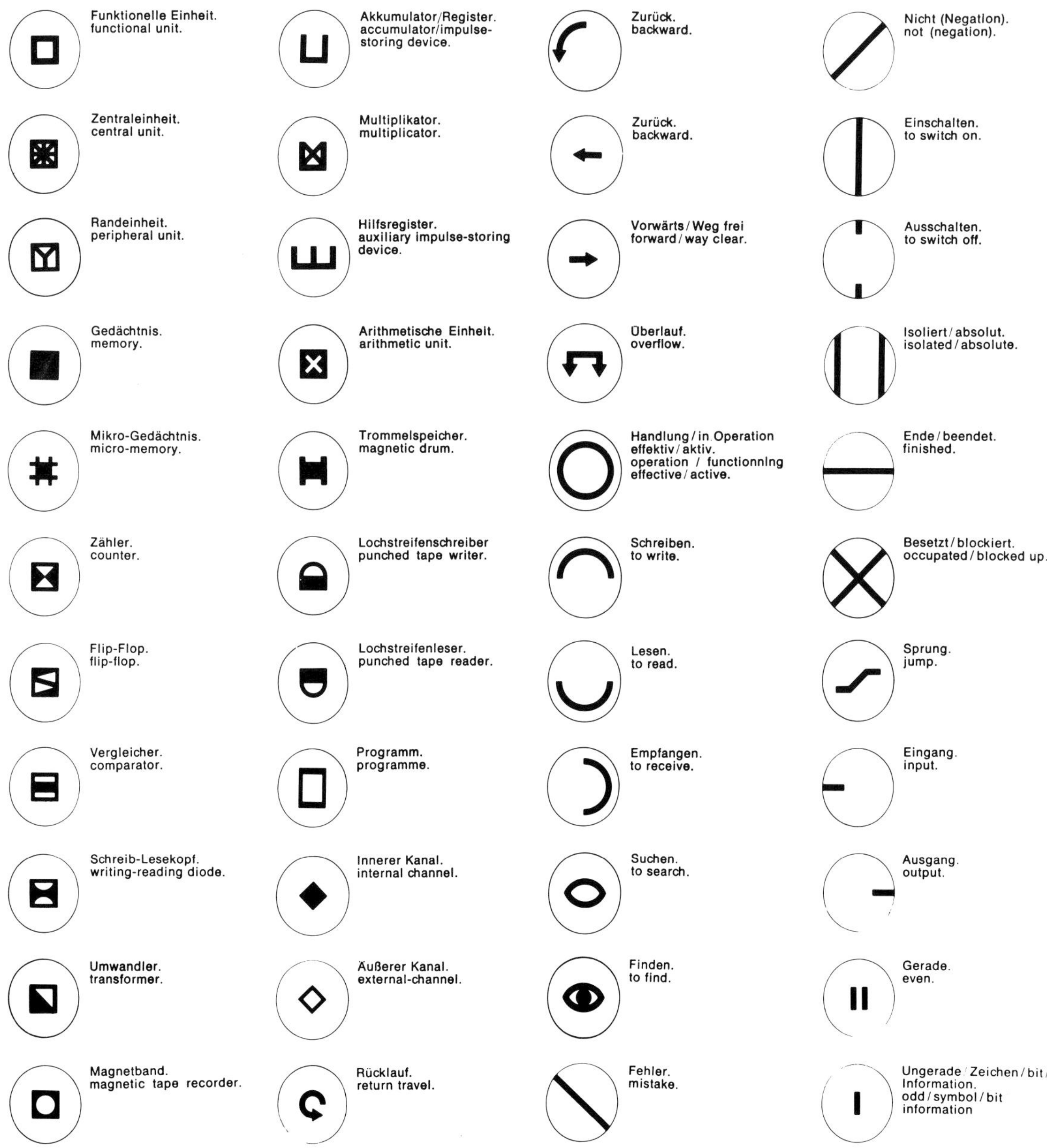

Aus einem Zeichensystem der Fa. Olivetti, Mailand Tomás Maldonado, Gui Bonsiepe 1961

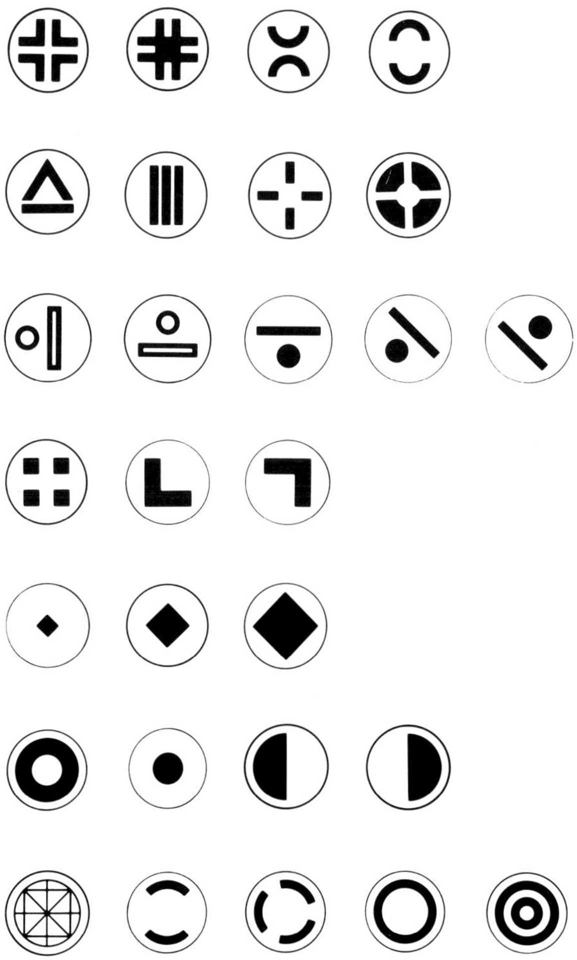

Redesign eines
Zeichensystems
Karl H. Remy
2. Studienjahr 1962/63
Dozent Gui Bonsiepe

Firmentypografie der
Fa. Klöckner-Humbold-Deutz
Tonci Pelikan
Dozent J. Müller-Brockmann
1962

Ausstellungsbauten haben in der Regel eine befristete Verwendung. Ihre Raumaufteilung sollte sich wechselnden Ausstellungsprogrammen anpassen können. Das Bauvolumen sollte ausdehnbar oder reduzierbar sein. Schließlich sollten sie ohne Verschleiß an anderer Stelle wieder zu verwenden sein. Ausstellungsbauten haben dynamischen Charakter wie keine anderen Bauten sonst.

Die Gestalt der Ausstellungsbauten ergibt sich aus der Verwendung eines universellen, flexiblen und demontablen Systems, das sich den wechselnden Bedingungen am besten anpassen kann.

Ausstellungsbauten sollten aus einer möglichst geringen Anzahl von nicht sperrigen Elementen bestehen. Im Volumen und Gewicht sollten sie den Transport-, Lager- und Montagebedingungen angepaßt sein. Im mechanischen Aufbau sollten sie eine rasche und unkomplizierte Montage erlauben.

Aus einer Broschüre der Entwicklungsgruppe 5, 1959

Ausstellungsstand BASF auf der Industriemesse Hannover
Otl Aicher
1962

...Ausstellungsstände sind in der Regel Kulissenbauten, deren expressiver Aufwand mit der Fügsamkeit des Attrappenmaterials steigt. Die Entwurfsauswüchse, die bei solchen für einen einmaligen Zweck bestimmten Vortäuschungen entstehen, machen Ausstellungen und Messen zu beklemmenden Überangeboten an Formen und Farben, unter denen die Objekte und Sachinformationen selbst erdrückt werden. Der Besucher wird einer visuellen Strapaze ausgesetzt, die seine Aufnahmefähigkeit in Mitleidenschaft zieht. Die Unglaubwürdigkeit, die den Ausstellungsständen innewohnt, wird auch auf Firmen, Produkt und Information übertragen.

Zu fordern sind Ausstellungsstände, deren konstruktiver, funktioneller und ästhetischer Standard dem Vertrauen entspricht, das eine Firma für ihre Produkte sucht.

Ökonomische Überlegungen lassen es ratsam erscheinen, anstelle ständig sich wiederholender Einzelausgaben eine höhere Investition in eine Konstruktion vorzunehmen, die in einer möglichst großen Variationsbreite länger verwendbar ist. ...

Otl Aicher: HfG-Seminar, 1962

Otl Aicher und Peter Cornelius

Fotoausstellung von Peter Cornelius
Schnaidt, Roericht, Aicher, Cornelius

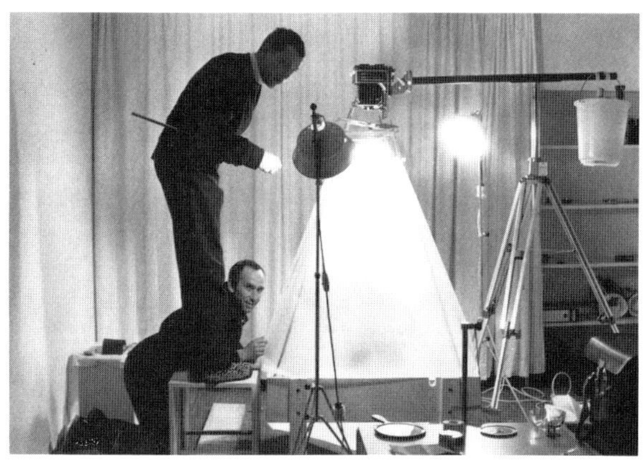

Roland Fürst, Nick Roericht bei Arbeiten für die Lufthansa 1965

...Unter Erscheinungsbild wird die einheitliche Kennzeichnung aller Objekte, Dienste und Einrichtungen eines Unternehmens verstanden.

Das Erscheinungsbild ist die visuelle Entsprechung des firmeneigenen Vorstellungsbildes (image) – während ein positives Vorstellungsbild einem Unternehmen vorteilhafte Inhalte geben soll, gibt das entsprechende Erscheinungsbild dem Unternehmen günstige qualitative Charakteristika adjektiver Art...

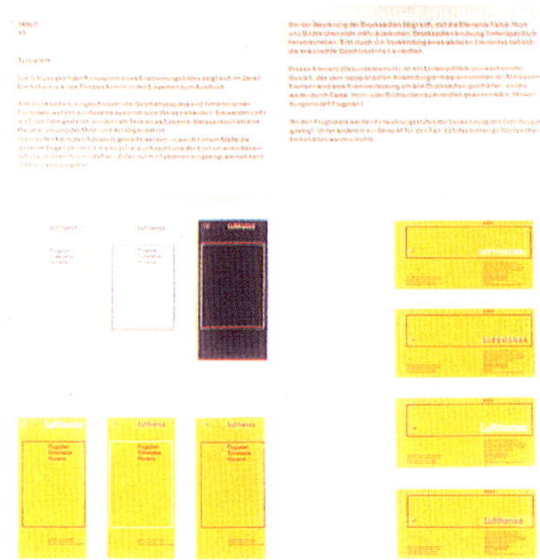

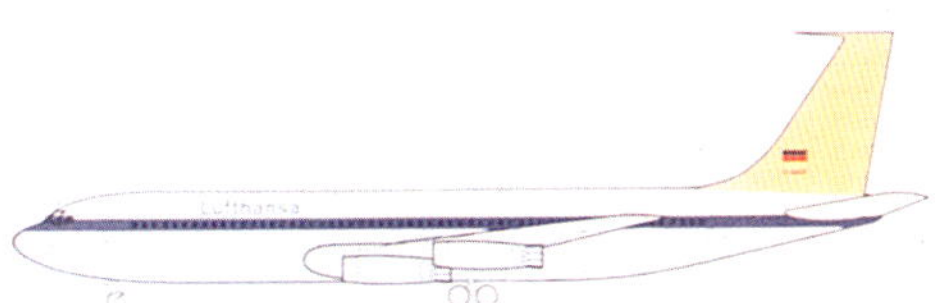

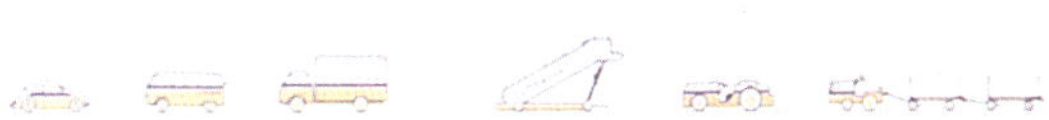

Das moderne Unternehmen benötigt nicht nur in seinen Produkten oder Dienstleistungen, sondern auch als ein in der Gesellschaft wirksames Gebilde eine quantitative Auszeichnung, die den unmittelbaren Zweck des Unternehmens übersteigt. Das Unternehmen muß versuchen, ein Profil zu finden, um in der Öffentlichkeit eine deutliche Vorstellung zu erzeugen. Anonymität schafft ebensowenig Vertrauen wie eine zu aufwendige Anpreisung seiner selbst...

Die zunehmende Erkenntnis über die Wirksamkeit eines prägnanten Erscheinungsbildes einerseits und die speziellen organisatorischen Gegebenheiten einer weltweit etablierten Luftfahrtgesellschaft andererseits legten es nahe, Regeln zu formulieren, die visuelle Gestaltungsaufgaben mit den Vorstellungen und Intentionen der Unternehmensleitung in Deckung bringen...

Die Schlüssigkeit der Konzeption eines Erscheinungsbildes zeigt sich im Detail. Die Kohärenz eines Prinzips kommt in der Einzelheit zum Ausdruck.

Alle Drucksachen, eingeschlossen die Geschäftspapiere und firmeninternen Formulare, werden auf die gleiche systematische Weise behandelt. Sie werden nicht als Einzelfälle gestaltet, sondern als Teile eines Systems. Daraus resultiert eine Rationalisierung der Mittel und der Organisation.

Nach außen kann damit deutlich gemacht werden, in welch hohem Maße die gesamte Organisation bis ins einzelne durchdacht und der kontrollierten Beherrschung unterworfen ist; daß der Zufall nur in Systemen, die bis ins Detail gehen, eingeengt werden kann.

Eine falsch verstandene Systematisierung führt zur Schematisierung und Sterilität!...

Aus einer Broschüre der Entwicklungsgruppe 5, 1962

Erscheinungsbild der Lufthansa
Otl Aicher, Hans Roericht, Tomás Gonda, Fritz Querengässer in Zusammenarbeit mit Hans G. Conrad, Mitarbeiter der Lufthansa, ehemals Student an der HfG 1962–63
Das visuelle Erscheinungsbild umfaßte: Hausfarben, Bildzeichen, Wortzeichen, Schriftart, Formate, grafische und typografische Ordnungen und Normen, Stil der Fotografie, Qualität der Materialien, Verpackungen, Ausstellungssysteme, Merkmale der Architektur, Formen (Gestalt) der Innenausstattung, Stil der Arbeits- und Dienstkleidung. Die Ulmer Entwürfe sind seitdem sukzessive zum Teil in Ulm und zum Teil bei der Lufthansa u.a. von ehemaligen Absolventen (Conrad, Wille, Roth) verwirklicht und weiterentwickelt worden.

Plakat – Designkongreß
Dieter Wagner
2. Studienjahr 1963/64
Dozent Herbert Lindinger

Plakat – Umgehungsstraßen
Rolf Müller
2. Studienjahr 1961/62
Dozent Otl Aicher

Einsam im Strom. Äußerlich

Michael Erlhoff

2. Äußerlich

Die sechziger Jahre, die bis in die fünfziger zurückreichen, oder die fünfziger Jahre, die die sechziger vorbereiteten: So wie die gerühmten zwanziger Jahre nicht ohne die beiden Jahrzehnte von 1890 bis 1910 und nicht ohne die Russische Revolution und deren Vorbereitung (1905 und 1913) denkbar sind – nur war 1956 der Rückgriff auf die dreißiger und vierziger Jahre nicht möglich, fehlten fast zwei Jahrzehnte kultureller Geschichte (oder mußte die Kritik an jenen Jahren des „Dritten Reiches", des italienischen Faschismus und der restaurativ-nationalistischen Formationen Europas und der USA vor 1945 auf anderer Ebene ausgetragen werden). Also lag der Rückgriff auf die zwanziger Jahre nahe, und wimmelt es deshalb bei den Intellektuellen (auch bei denen der HfG) von Reminiszenzen an Bauhaus und Dada, und tendierten viele dazu, ihre eigenen Aktivitäten oder die ihrer Zeit im Vergleich mit den zwanziger Jahren zu betrachten und zu interpretieren.

Und so wie heute um das rechtmäßige Erbe der sechziger Jahre gestritten wird, wurde in den fünfziger und sechziger Jahren um das der zwanziger gerungen: Den einen war es Schimpfwort und Zeichen von Epigonentum („Neo-Dada" und dergleichen), den anderen an anderen Stellen Objekt von Zwist. Charakteristisch dafür war in der Gründungsphase der Ulmer Hochschule der heftige Briefwechsel zwischen Asger Jorn (dänischer Maler und Theoretiker, einer der Gründer der Gruppe

...im Bereich der grafischen Gestaltung zeichnete sich eine ähnliche Entwicklung in bezug auf eine neue Positionsbestimmung ab. Der Bereich der klassischen Aufgabengebiete wie Plakat, Buchgestaltung, Ausstellungsgestaltung wurde erweitert, die künstlerischen Kriterien für die Aufgabenauswahl wurden zurückgestellt. Bildkommunikation wurde unvoreingenommen dort aufgegriffen, wo sie in unserer Zivilisation tatsächlich von bestimmender Bedeutung ist. Verkehrszeichen wurden ebenso zum Gegenstand der Überlegungen und entwurfsmäßigen Behandlung wie Zeichensysteme für elektronische Anlagen oder Anzeigevorrichtungen für Maschinen und Apparate. Wir drangen ein in eine ganze Welt von Zeichensprachen, zeichenhaften Informationssystemen und nahmen teil an dem ständig sich erweiternden Prozeß der Sprachschöpfungen mit Hilfe visueller Medien...

Otl Aicher: Eröffnungsrede zur HfG-Ausstellung im Landesgewerbeamt Stuttgart 1963

Alexander Mitscherlich besucht die HfG-Ausstellung in Ulm 1963
Lindinger, Mitscherlich und Inge Aicher-Scholl

Plakat zum Gedenktag der Geschwister Scholl
Herbert Lindinger 1962/63

„Cobra" und dann der „internationale situationiste", einer radikal-oppositionellen französischen Gruppe von Intellektuellen und Künstlern, die häufig als Wegbereiter des Pariser Mai '68 genannt wird) und Max Bill (Schweizer Künstler und Architekt, ehemaliger Bauhäusler und Mitbegründer der HfG Ulm): Am 16. Januar 1954 schrieb Jorn an Bill: „Bauhaus ist der Name für eine künstlerische Inspiration", worauf Bill eine Woche später antwortete: „Bauhaus ist nicht der Name einer künstlerischen Inspiration, sondern die Bezeichnung einer Bewegung, die eine gut definierte Doktrin repräsentiert", was wiederum Jorn am 12. Februar zur Antwort zwang: „Wenn Bauhaus nicht der Name einer künstlerischen Inspiration ist, ist es der Name einer Doktrin ohne Inspiration, das heißt tot." Womit Jorn das Bauhaus aus jeglicher Anwendbarkeit herauslösen und als reine Idee realisieren wollte. In *Pour la Forme* (Paris 1958) folgerte Jorn deshalb: „Was ist die internationale Bewegung für ein 'Bauhaus imaginiste?", das er gegen ein „Bauhaus imaginaire" (gemeint war damit auch Max Bills HfG) setzte und bezeichnete: „Es ist die Antwort auf die Frage, wo und wie der Künstler einen legitimen Platz im Maschinenzeitalter findet." Womit er – und das ist wichtig für die inner-kulturelle Kontroverse, in der die HfG agierte – seine Vorstellung vom Bauhaus (eben dem „Bauhaus imaginiste") fundamentalistisch und existentiell zu festigen suchte: „Die Bewegung für das ‚Bauhaus imaginiste' wurde 1933 in

Kommunikationsindustrie

Besonders was die visuelle Gestaltung angeht, hat die HfG ein Programm formuliert, das sich nicht nur von ähnlichen Ansätzen des Bauhauses unterscheidet, sondern das grundsätzlich neu ist, weil auf Grund objektiver Gegebenheiten das Bauhaus ein solches Programm gar nicht konzipieren konnte. Denn jene Industrie, die wir heute mit dem Ausdruck „Bewußtseinsindustrie" oder „Kommunikationsindustrie" bezeichnen – Film, Fernsehen, Funk und Presse –, begann sich erst in den 20er Jahren bzw. nach der Schließung des Bauhauses zu etablieren. Und gerade in der Bewußtseinsindustrie spielen sich heute die Dramen und Farcen des kommunikativen Lebens ab. Außerdem rückte der Übergang von einer Mangelwirtschaft in eine Wirtschaft des Überflusses die Werbung als eine neue Institution der sozialen Kontrolle ins Zentrum der visuellen Gestaltung. Diese Veränderungen in der Technologie und Ökonomie verbieten es, das Bau-

Wanderausstellung der HfG im Kornhaus Ulm
1963
Herbert Lindinger, Claude Schnaidt
Die Ausstellung wurde anschließend in Stuttgart, München und Amsterdam gezeigt.

der Schweiz in der Absicht gegründet, eine vereinigte Organisation zu konstituieren, die fähig war, eine integrierte kulturrevolutionäre Haltung voranzutreiben. Das Treffen von 1954 in Albissola hat gezeigt, daß der experimentelle Künstler sich von der Industrie trennen und diese seinen nicht-utilitaristischen Zielen unterwerfen muß. 1955: die Gründung eines Laboratoriums ‚imaginiste' in Alba. Ende der Albissola-Erfahrung: Völlige Inflation der modernen Werte der Dekoration" – denn für Jorn, der sein „Bauhaus imaginiste" frei von verwertbaren Aktivitäten als Kunst deklarierte, war Modernismus, war also die Integration in die fortschrittsgläubige Wiederaufbaugesellschaft drohende Gefahr. Dabei war ihm Kunst durchaus auch gesellschaftliches Mittel: als Empirie, als Feldforschung: „Künstlerische Untersuchung ist mit der der Sozialwissenschaften identisch. Diese Untersuchungen müssen von Künstlern mit Hilfe der Wissenschaften durchgeführt werden." – Nun partizipierte zwar Max Bill – im Gegensatz etwa zu Tomás Maldonado (obgleich auch dieser, wie die Mehrzahl der frühen HfG-Dozenten, bildender Künstler gewesen war) – noch an Kunst, doch sah er mit seiner von Asger Jorns Malerei so sehr entfernten Kunst grundsätzlich andere Funktionszusammenhänge, nämlich die von Wahrheit: Während Jorn Kunst als experimentelles und das Subjekt einbeziehendes Laboratorium formulierte („Wir verwerfen alle versuchten pädagogischen Aktionen zugunsten der experi-

haus en bloc umpflanzen zu wollen. Aber nicht in den neuen Teilen des Programmes liegen die Ursachen für die Vorbehalte, mit denen die Mehrzahl der Institutionen, die sich der Erziehung zur Gestaltung widmen, die HfG in Ulm betrachten. Ursachen zu Spannungen und Animosität liefert die Tatsache, daß die HfG größere Aufmerksamkeit der Frage zuwendet, wie sich die Gestaltung zu den Wissenschaften verhält, als der Frage, wie die Gestaltung zu den Künsten steht.

Gui Bonsiepe, in: *Ulm*, 12/13, 1965

Donau Zeitung

Diplomatische Beziehungen zu Israel — Bruch mit Irak

Vietnam-Politik in Sackgasse

Kurz gemeldet:

Deutschland-Erklärung des Westens zurückhaltend

Kommunique der Kompromisse

Koalition in Niedersachsen

Mehr Rente für Kriegsopfer

Deutschland - England 0:1

...Die typografischen Probleme bei Zeitungen und Zeitschriften sind primär durch den Umbruch bestimmt: Die richtige Zuordnung von Texten untereinander sowie von Bild und Text. Die ästhetisch-kompositorische Betrachtung — ob konventionell oder modern — reicht nicht aus, Verfahrensmaßstäbe zu schaffen. Für jeden Umbruchfall ist ein Schema zu entwickeln, das alle Umbruchelemente, nämlich Zeile, Spalte, Bild, Titel, Legende und Marginalien so genau fixiert, daß sie insgesamt austauschbare und beliebig kombinierbare Einheiten ergeben. Das Format ist der Rahmen, die Elemente sollen in jeder Anordnung den ganzen Rahmen füllen. Die dadurch erreichte Zuordnung ergibt ökonomische Vorteile (Rationalisierung) sowie Grundlagen für eine präzisere ästhetische Bestimmung. Vorweg sind die funktionellen Bedingungen der Lesbarkeit, der Leserichtung und der Übersichtlichkeit zu erfüllen. ...

Otl Aicher, HfG-Seminar 1962

Titelseite einer Tageszeitung
Gerd Zimmermann
2. Studienjahr 1964/65
Dozent Herbert Kapitzki

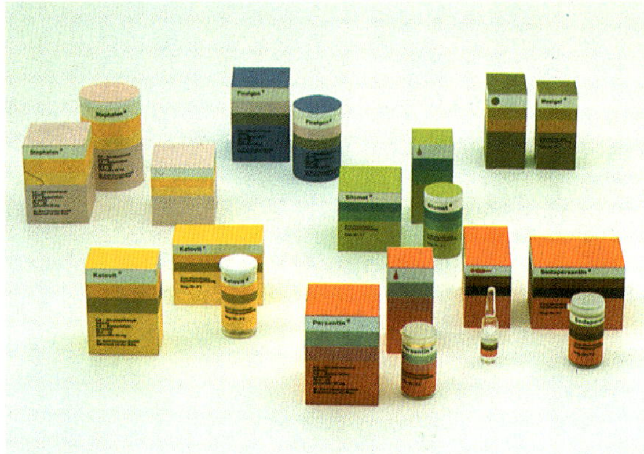

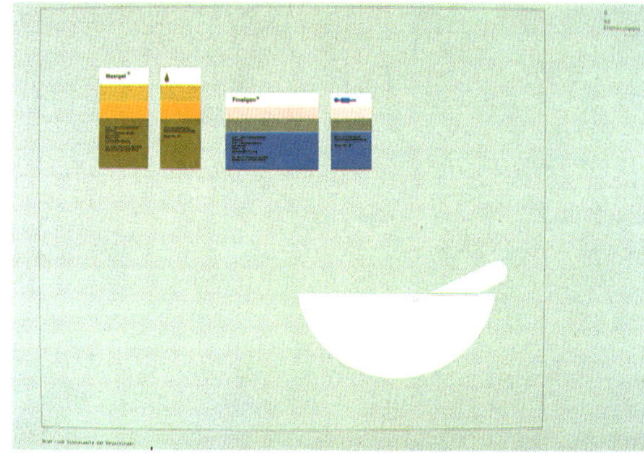

Erscheinungsbild eines pharmazeutischen Unternehmens
Ewald Duffner
4. Studienjahr 1964/65

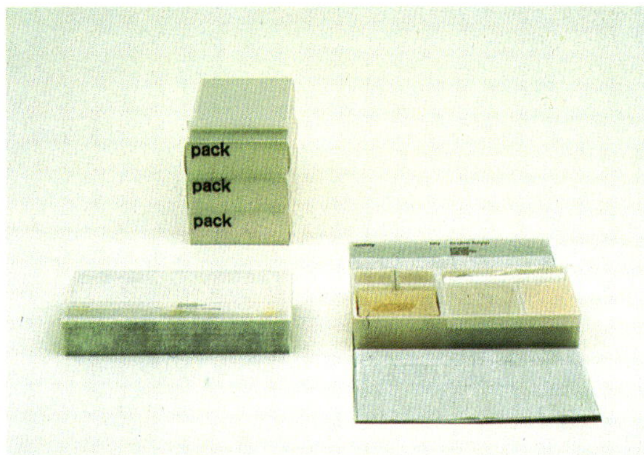

Verpackungen
Hartmut Kowalke
3. Studienjahr 1964/65
Assistent Nick Roericht

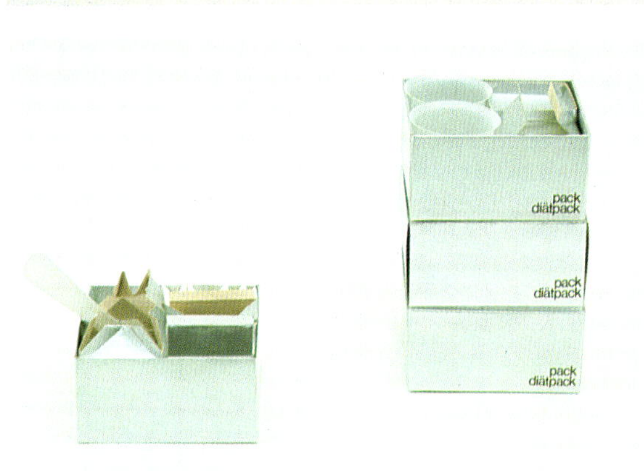

Verpackungen
Josef Breuer
3. Studienjahr 1964/65
Assistent Nick Roericht

Verpackungen „tomoebilin"
Shizuko Yoshikawa
2. Studienjahr 1962/63
Dozent J. Müller-Brockmann

den *Ulm*-Heften – auch wenn von Personen und Ereignissen die Rede ist – fast ausschließlich über Designer oder Architekten oder Industrielle und deren Treffen geschrieben wurde und Abgrenzung gegen Kunst und Literatur zunehmend deutlich wird, doch korrespondierte Ulm (man betrachte nur die Arbeiten der frühen Grundlehre) selbstverständlich mit künstlerischen Formen jener Zeit: mit op art zum Beispiel, oder mit den Anfängen des von der HfG ungeliebten „Zero" oder mit den Licht- und Schatten-Aktionen des jungen Harry Kramer oder mit den beweglichen Objekten und den Multiples der frühen sechziger Jahre oder auch mit literarischen Schreibweisen: Max Bense dozierte in Ulm (was den Stuttgarter Kreis mit Hansjörg Mayer, Burckhardt oder Döhl miteinbezog), und Eugen Gomringer, der Urheber von „konkreter Poesie", war einige Zeit an der Ulmer Hochschule – und wurde dort im Sommer 1956 zum Beispiel (laut einer Äußerung von Gerhard Rühm) von Friedrich Achleitner und Gerhard Rühm besucht: von jenen also, die gemeinsam mit einigen anderen die „Wiener Gruppe" konstituiert hatten, eine in jeglicher Äußerung radikale Formation, die neben Wittgenstein etwa auch Dada und Sigmund Freud studiert hatte.

Wobei letztere denen von der HfG ein Greuel sein mußten. Denn die „Dialektik der Aufklärung" war der Ulmer Hochschule nicht geläufig oder von ihr verdrängt. So verständlich der schon von Max Bill vorgetragene und von Maldonado (bis heute) erweiterte Angriff

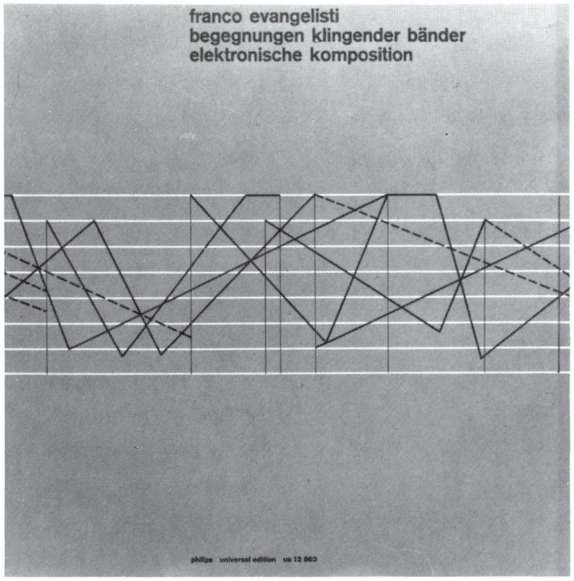

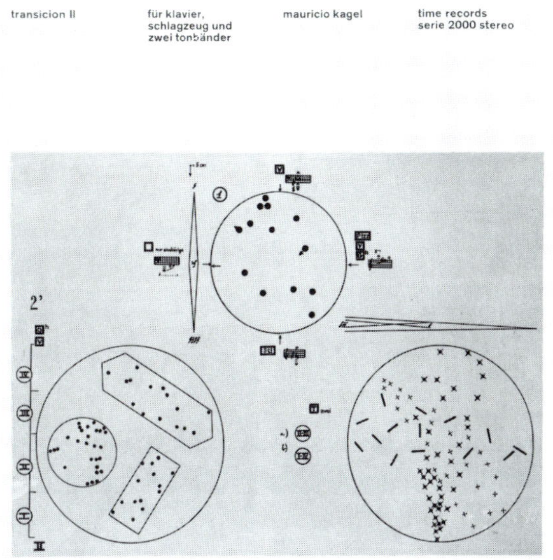

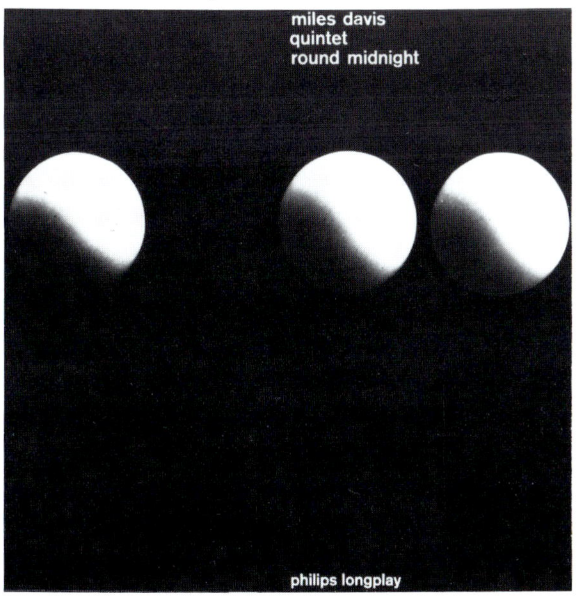

Entwurf von Schallplattenhüllen bei Tomás Maldonado

Begegnungen klingender Bänder
Josef Breuer
2. Studienjahr 1962/63

Transition II
Lothar Spree
2. Studienjahr 1962/63

Round midnight
Hartmut Kowalke
2. Studienjahr 1962/63

Brass in modern jazz
Hans-Rudolf Buob
2. Studienjahr 1962/63

auf die Expressionisten und auf die bis in das Bauhaus erspähte expressionistische Geste auch war (und gegenwärtig wohltuend wäre), so sehr läßt die Nichtbeachtung aller Verunsicherungsmöglichkeiten der raison d'être aufmerken. Die Möglichkeit des Irrationalen oder des Subversiven wurde in Ulm nicht gedacht (anders als etwa in der Frankfurter Schule). Und liest man in Ulmer Schriften, so stellt sich der – historisch falsche – Eindruck ein, im Bereich der Kunst sei der kulturelle Gegner der fünfziger und sechziger Jahre allemal die experimentelle und neue Kunstform gewesen. Implizit nämlich wurde damals in Ulm allzugern (und zu gewollt protestantisch und zeitgemäß) die „konkrete Kunst" gepriesen oder zumindest nicht gerügt. Das aber war schlicht Zeitströmung, war Jubel über die Modernität und übersah, daß solche Kunst offiziell geworden war und selbst das Foyer der „Führungsakademie" der neugeschaffenen Bundeswehr schmückte. – Gepräge der fünfziger und beginnenden sechziger Jahre war eben das, was als verklemmter und verkorkster, gleichwohl eiligst mit der neuen Ökonomie schritthaltender Modernismus sichtbar wird. Wogegen die Hochschule für Gestaltung auf dem Gebiet von Design selbstverständlich heftig polemisierte.

Doch die Modernismen setzten sich durch, in Amts- und Bürgerstuben, in „dieser heute nicht mehr (in Teilen aber schon wieder) vorstellbaren miefigen Verdrängungskultur der 50er Jahre mit dieser denkwürdigen ideologischen

Plakat – der Job
Eckhardt Jung
2. Studienjahr 1964/65
Dozent Kohei Sugiura

Plakat – gesündere Stadtluft
Giovanni Anceschi
2. Studienjahr 1963/64
Dozent Herbert Lindinger

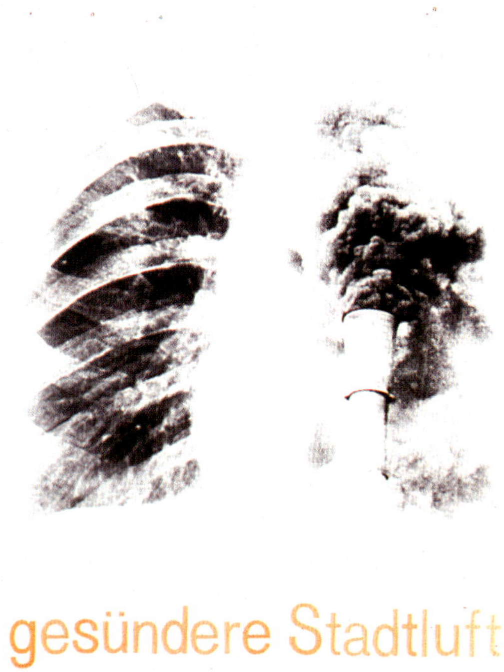

Wechselwirtschaft und kaum zufälligen Koinzidenz von Geschichtsverleugnung und Informel, Konflikt-Tabuisierung und Abstraktionismus, Intellektuellenfeindlichkeit und Ecole de Paris." (F.W. Heubach) Seltsame Mesalliancen und Formierungen bestrickten die Zeit des Wirtschaftswunders, deren „panische Harmlosigkeit sich im Tachismus zu ästhetischer Würde gekommen sah, die ihre sexuelle Verklemmtheit in schmierigen Surrealismen der 2. Hand kultivierte, und die in der monochromen Malerei endlich auch jener brünstigen Spiritualität ein Objekt der Offenbarung bot" (noch einmal Heubach). Voller Besitzgier sich auf die Dinge stürzend und sie vereinnahmend: Styling und „gute Form", Kabinenroller und Isabella, Dior und Oestergard. Daß die Ulmer Diskussionen die Platitüden und realen Dummheiten von Politik und anderer Formgebung mit guten Argumenten kritisierten, begründete sie und war Stachel in sich ausbreitender Gemütlichkeit. Daß diese Diskussionen aber doktrinär und nicht willens oder imstande waren, die objektive Dialektik kultureller Prozesse zu begreifen oder subversive Entwicklungen zu erkennen, zuzulassen oder gar zu befördern, zeugt sowohl von Ulmer Insistenz als auch davon, daß ein Selbstbewußtsein von Design erst – wieder – entwickelt werden mußte. Mithin waren die meisten der Ulmer Argumentationen zu beharrlich – im stetigen Rückgriff auf das Bauhaus –, im positiven Sinne zu konservativ. Was allerdings in bester Tradition der Moderne argu-

Plakat – Ulmer Bachkonzerte
Peter Polland
2. Studienjahr 1964/65
Dozent Kohei Sugiura

Plakat – Deutsche Leichtathletik
Gerd Zimmermann
2. Studienjahr 1964/65
Dozent Kohei Sugiura

mentative Positionen und diskursive Eleganz aufbaute und die Ulmer Hochschule beizeiten zu einer kulturellen Institution werden ließ (und läßt): Als Antipode, als Eigensinn und als Konzept. Die eigentlich unhaltbare Eindimensionalität Ulms machte das möglich.

Andererseits verfing sich, wie sollte es anders sein, gerade dieses Vorgehen im Markt, verflachte Ulm irgendwann mißverstanden zur Mode. Wogegen der von manchen Ulmern vorgetragene experimentelle Umgang mit wissenschaftlichen oder quasi-wissenschaftlichen Methoden nichts half, eher in den jeweiligen Zeitgeist (oder ihn um kurze Zeit antizipierend) einflocht und heute als Absicht kenntlich wird, sich per Wissenschaft aus dem ungeliebten, weil allzu nahen Kunstkontext abzusetzen (wovon ebenso die Auseinandersetzung mit dem Bauhaus wie später die mit Max Bill gekennzeichnet war). Kultur, so suchte die HfG zu bestimmen, sollte über den traditionellen Hinweis auf die Künste hinausgehen in alle gesellschaftlichen Bereiche hinein. – Zum Unglück aber wollten das die avancierten Künstler und Schriftsteller jener Zeit, Ende der fünziger und Anfang der sechziger Jahre, eben auch. Und so sehr sich die HfG wand: Ihre Existenz vermittelte sich immer auch zur Kunst. Nicht überraschend ist deshalb, daß in einem Heft der HfG-Zeitschrift *Ulm* (Heft 7, Januar 1963) Tomás Maldonado sich offensichtlich gezwungen sah, die Differenz zwischen „Design-Objekten und Kunst-Objekten" zu erläu-

Plakat — Schlachtbeschreibung
Peter von Kornatzki
2. Studienjahr 1964/65
Dozent Kohei Sugiura

Plakat — Vorsicht Vorfahrt
Klaus Hofmann
2. Studienjahr 1965/66
Dozent Herbert Kapitzki

tern. Ein aufschlußreicher Aufsatz, denn er setzt sich unter anderem mit Künstlern auseinander, die von heute aus betrachtet den Intentionen und Resultaten der Hochschule für Gestaltung viel näher stehen als die von der HfG damals behutsam adaptierten op art und „konkrete Kunst".

Maldonado — aus der Hochschul-immanenten Diskussion heraus gewieft, historische Analogien zu ziehen — wirft erst einmal alle unordentlichen Künstler in einen Topf, nennt sie „Neo-Dadaisten" (gemeint sind unter anderem pop art und nouveau réalisme, und die Textabbildungen zeigen Jasper Johns, Tom Wesselmann, Lucio Fontana und — inkompatibel — Georges Mathieu), betrachtet sie sodann etwas verständnislos auf der Folie von Dada, preist gegen jene apostrophierten „Neo-Dadas" merkwürdigerweise Original-Dadas „Auto-Heterodoxie" (was verträumte Projektion ist), um endlich zum Thema zu kommen: „Die Kunst, so proklamieren die Neo-Dadaisten jetzt, muß zum Objekt zurückkehren." Was die Ulmer Kreise fraglos stören mußte, denn „Objekt": das sollte ja die Aufgabe von Ulm sein, und fern von Kunst. Die Gefahr begreifend, fährt der Text fort: „Ihnen zufolge gibt es eine neue Welt, die künstlerisch zu begreifen und zu kolonisieren sei: die Welt der Objekte, die heute allerorten zirkulieren, am stärksten aber in den Großstädten der industrialisierten Länder." Was von Maldonado schnell mit „Folklore" abgetan wird und übersieht, daß hier tatsächlich eine neue, sich radikal gegen

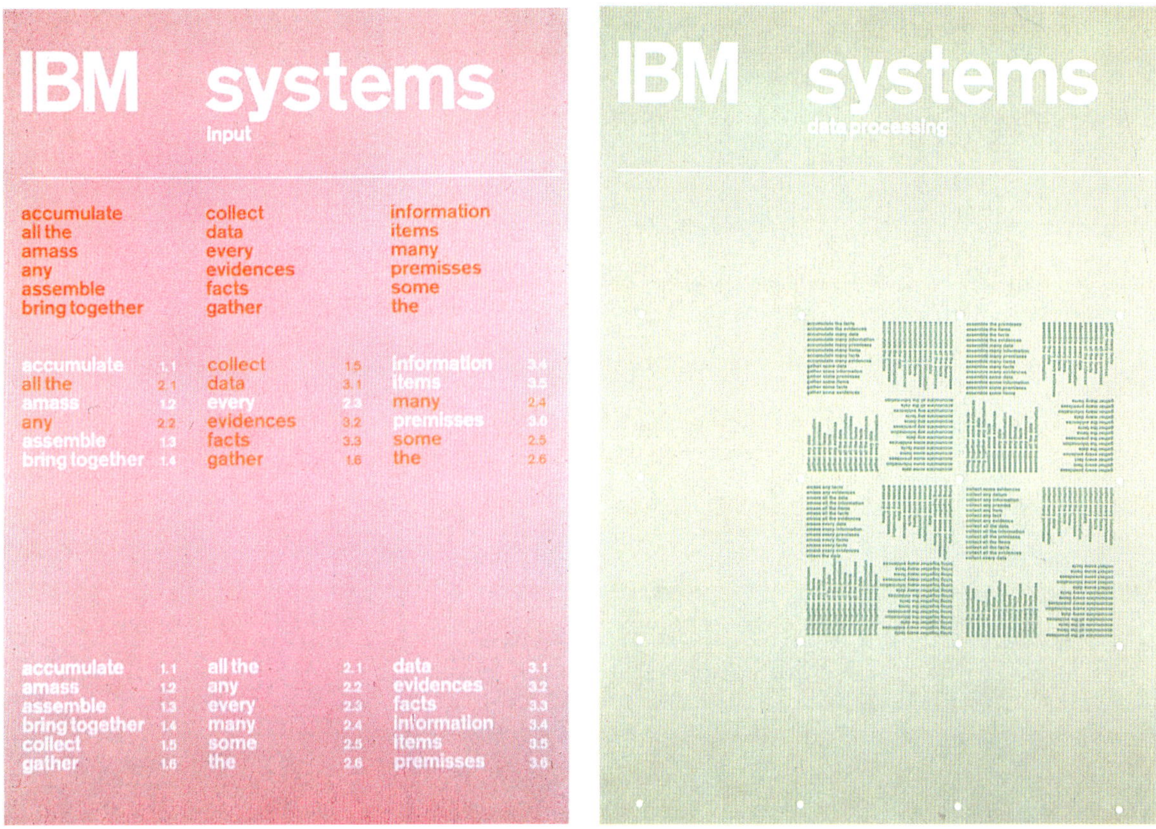

Plakat – IBM Systems
Thomas Nittner
2. Studienjahr 1964/65
Dozent Kohei Sugiura

die gesellschaftliche Umgebung wehrende Kunst entstand, die – nur in den Mitteln different – ähnliche und ähnlich praktische Untersuchungen der Gegenstände begann wie die Ulmer Hochschule – wider allzu flotte Fortschrittlichkeit, kritisch gegen Werbe- und Konsumstrategien. Außerdem: So wie die HfG sich auf das Bauhaus bezog und sich gegen das Bauhaus abgrenzte, also nicht schlichte Wiederauflage war, so bezogen sich auch diese neuen Künstler auf ihre Tradition, auf Duchamp, Schwitters, Hausmann (die Maldonado nennt) und Konstruktivisten, und grenzen sie sich ab, gehen ebensowenig im Analogieschluß auf.

Nähe nervt. Und die Ulmer Hochschule war nun wirklich und zu Recht angetreten, theoretisch und praktisch ein Bewußtsein von Industrial Design zu ergründen – diesseits von Werkbündeleien und Kunstgewerbe, und weit entfernt vom Scheinen der Kunst. Womit Kunst – wohlmeinend formuliert – auf ihre Autonomie zurückverwiesen wurde, oder – bösartig formuliert – auf den Spielplatz. Schön und gut. Und doch erweist die Geschichte bei aller notwendigen Abgrenzung Interdependenzen zwischen Design und Kunst: Berührungspunkte und Beeinflussungen sowohl in beider Rezeption als auch in den Produktionsbedingungen und -weisen.

Weshalb Anfang der sechziger Jahre (und heute unter anderen Vorzeichen wohl wieder) eine Ausstellung aufmerksam machen konnte, die Kunst

Plakate – paix et amitié
Anne Preiss
2. Studienjahr 1964/65
Dozent Kohei Sugiura

und Design ohne Vermischung, doch in Kontrast und Korrespondenz, zusammenfassen wollte. Was im März 1962 in Paris unter dem Titel: „L'Objet" geschah und Maldonado erst recht erboste: „Wenn auch unter den Ausstellenden Designer von Möbeln wie H. Bertoia, Ch. Perriand, I. Noguchi und Designer von Schmuckstücken wie G. Pomodoro, E. Sottsass und P. Bülow-Hube vertreten sind, so kann man doch sagen, daß ‚L'Objet' eine Ausstellung pro ‚Kunst-Gebrauchsgegenstand' und kontra ‚Design-Gebrauchsgegenstand' zu sein beansprucht. Im Unterschied zur Neo-Dadaistischen Ausstellung in New York geht es hier nicht darum, eine Satire oder eine Glorifikation von den heutigen Gebrauchsgegenständen zu machen, vielmehr neue Gebrauchsgegenstände vorzuschlagen, die nach einem anderen Kriterium gestaltet werden; diesmal nach einem ‚wirklich künstlerischen Kriterium'. Die Ergebnisse eines derartig anspruchsvollen Unternehmens sind auf keinen Fall überzeugend." Worauf die ausgestellten Gegenstände beißender Kritik ausgesetzt werden.

Vielleicht oder wahrscheinlich war Maldonados Urteil über diese Objekte angesichts der Objekte redlich und wahr. Doch darum ging es ja gar nicht: Viel wichtiger als die Resultate war gewißlich der Prozeß, war die Konfrontation, war die analytische Dimension einer Befragung und Rekonstruktion der Gegenstände. Wie der Katalog von „L'Objet" ausdrücklich vermerkte: gegen

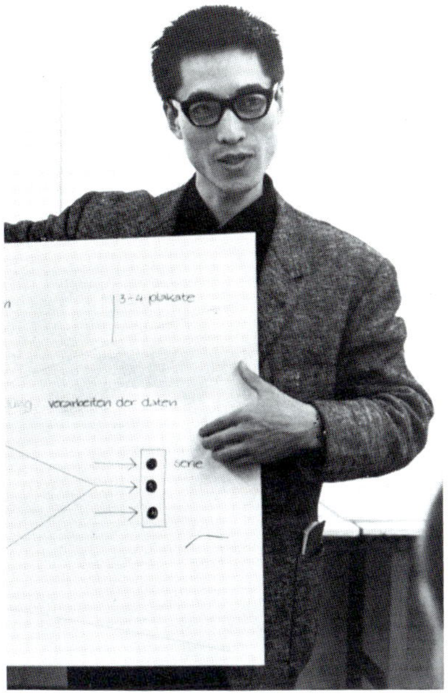

Kohei Sugiura

Herbert Kapitzki und Studentin Anne Preiss

„Schneller ohne Schaffner"
Plakat zum Erscheinungsbild der Ulmer Verkehrsbetriebe
Karl Gröbli
2. Studienjahr 1966/67
Dozent Herbert Kapitzki

Styling und gegen die objektverschlingende Attitüde diverser Modernismen. Diese latente Gemeinsamkeit aber, die vielleicht nur aus der zeitlichen Distanz wirklich erkennbar ist, findet bei Maldonado keinerlei Erwähnung, geht zwangsläufig in Abgrenzungen unter.

Mithin bleiben übrig: Hochachtung für Maldonados argumentativen Kampf (und für den praktischen der gesamten Ulmer Hochschule) um ein von Kunstgesten befreites Design und daneben die Verwirrung darüber, daß des Ziels wegen Verlust an Experiment und Kontextualität zu konstatieren ist, und daß dieser Mangel nur zeitweilig die Hochschule beflügelte; übrig bleibt zudem das Erstaunen, wie wenig deshalb Mitglieder der Hochschule für Gestaltung offiziell (inoffiziell scheint da viel mehr geschehen zu sein) die künstlerischen und intellektuellen Ereignisse der fünfziger und sechziger Jahre wahrnahmen. Offiziell – etwa in Manifesten oder in Diskussionen – zum Beispiel gab es kaum eine Rezeption der Theorien des Frankfurter Instituts für Sozialforschung um Adorno und Horkheimer (wohl aber privat) – lediglich die kurzen und folgenlosen Ulmer Auftritte von Helge Pross und Ludwig von Friedeburg. Nirgends wurden die in jener Zeit zu Recht Aufsehen erregenden Arbeiten von Autoren wie denen der Wiener Gruppe erwähnt oder die von Künstlern des Happening und von Fluxus oder die musikalischen Entwürfe von Stockhausen, Cardew, Paik oder Cage (allerdings wird Kagel publi-

Kartengestaltung
Gerd Zimmermann,
Anne Preiss
3. Studienjahr 1965/66
Dozent Kohei Sugiura

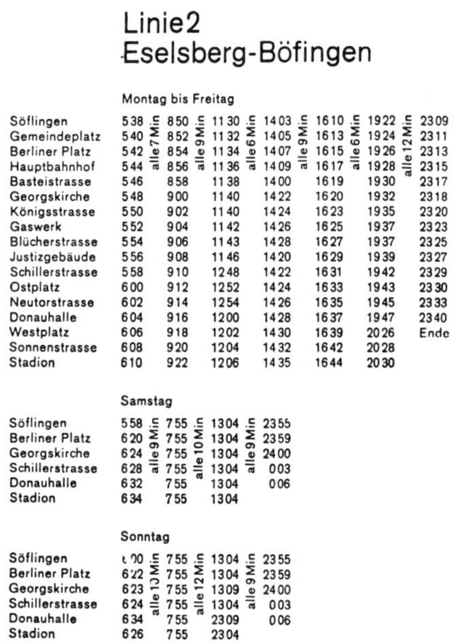

Linie2
Eselsberg-Böfingen

Montag bis Freitag

Söflingen	538	alle 7 Min	850	alle 9 Min	1130	alle 6 Min	1403	alle 9 Min	1610	alle 6 Min	1922	alle 12 Min	2309
Gemeindeplatz	540		852		1132		1405		1613		1924		2311
Berliner Platz	542		854		1134		1407		1615		1926		2313
Hauptbahnhof	544		856		1136		1409		1617		1928		2315
Basteistrasse	546		858		1138		1400		1619		1930		2317
Georgskirche	548		900		1140		1422		1620		1932		2318
Königsstrasse	550		902		1140		1424		1623		1935		2320
Gaswerk	552		904		1142		1426		1625		1937		2323
Blücherstrasse	554		906		1143		1428		1627		1937		2325
Justizgebäude	556		908		1146		1420		1629		1939		2327
Schillerstrasse	558		910		1248		1422		1631		1942		2329
Ostplatz	600		912		1252		1424		1633		1943		2330
Neutorstrasse	602		914		1254		1426		1635		1945		2333
Donauhalle	604		916		1200		1428		1637		1947		2340
Westplatz	606		918		1202		1430		1639		2026		Ende
Sonnenstrasse	608		920		1204		1432		1642		2028		
Stadion	610		922		1206		1435		1644		2030		

Samstag

Söflingen	558	alle 9 Min	755	alle 10 Min	1304	alle 9 Min	2355
Berliner Platz	620		755		1304		2359
Georgskirche	624		755		1304		2400
Schillerstrasse	628		755		1304		003
Donauhalle	632		755		1304		006
Stadion	634		755		1304		

Sonntag

Söflingen	[illegible]	alle 10 Min	755	alle 12 Min	1304	alle 9 Min	2355
Berliner Platz	622		755		1304		2359
Georgskirche	623		755		1309		2400
Schillerstrasse	624		755		1304		003
Donauhalle	634		755		2309		006
Stadion	626		755		2304		

Beiträge zum
Erscheinungsbild
der Verkehrsbetriebe Ulm
Inserat und Fahrplan
Karl Gröbli
2. Studienjahr 1966/67
Dozent Herbert Kapitzki

ziert). Und die „Gruppe 47": Zwar hatte Inge Aicher-Scholl bei der Gründung Hilfestellung geleistet und war bei Tagungen Gast gewesen, und zwar fanden Tagungen der Gruppe dreimal in der Nähe von Ulm statt (November 1947, Oktober 1951 und Oktober 1963), und unterzeichneten Inge Aicher-Scholl und Otl Aicher Manifeste und Erklärungen der „Gruppe 47" (zur „Spiegel-Affäre" und zum Vietnam-Krieg) – aber selbst das taten nur diese beiden, und ansonsten war diese Gründungs-Tradition abgeschnitten, kommt die „Gruppe 47" in Ulm offiziell nicht vor.

Mithin kann – richtig resümierend – festgehalten werden: An der Hochschule für Gestaltung entlang konnte ex negativo eine sehr fragmentarische Kulturgeschichte jener Jahre notiert werden und steht am Schluß die HfG als Solitär im Raum: als wahrlich kulturprägende Instanz und dabei zwangsläufig konturiert durch den Widerspruch zwischen Animosität und Einbettung oder zwischen Abgrenzung und Integration – zutiefst involviert in das, was damals klug und antizipatorisch war.

Schematische Darstellung
komplexer Sachverhalte
Norbert Kurtz
4. Studienjahr 1966/67
Dozent Otl Aicher

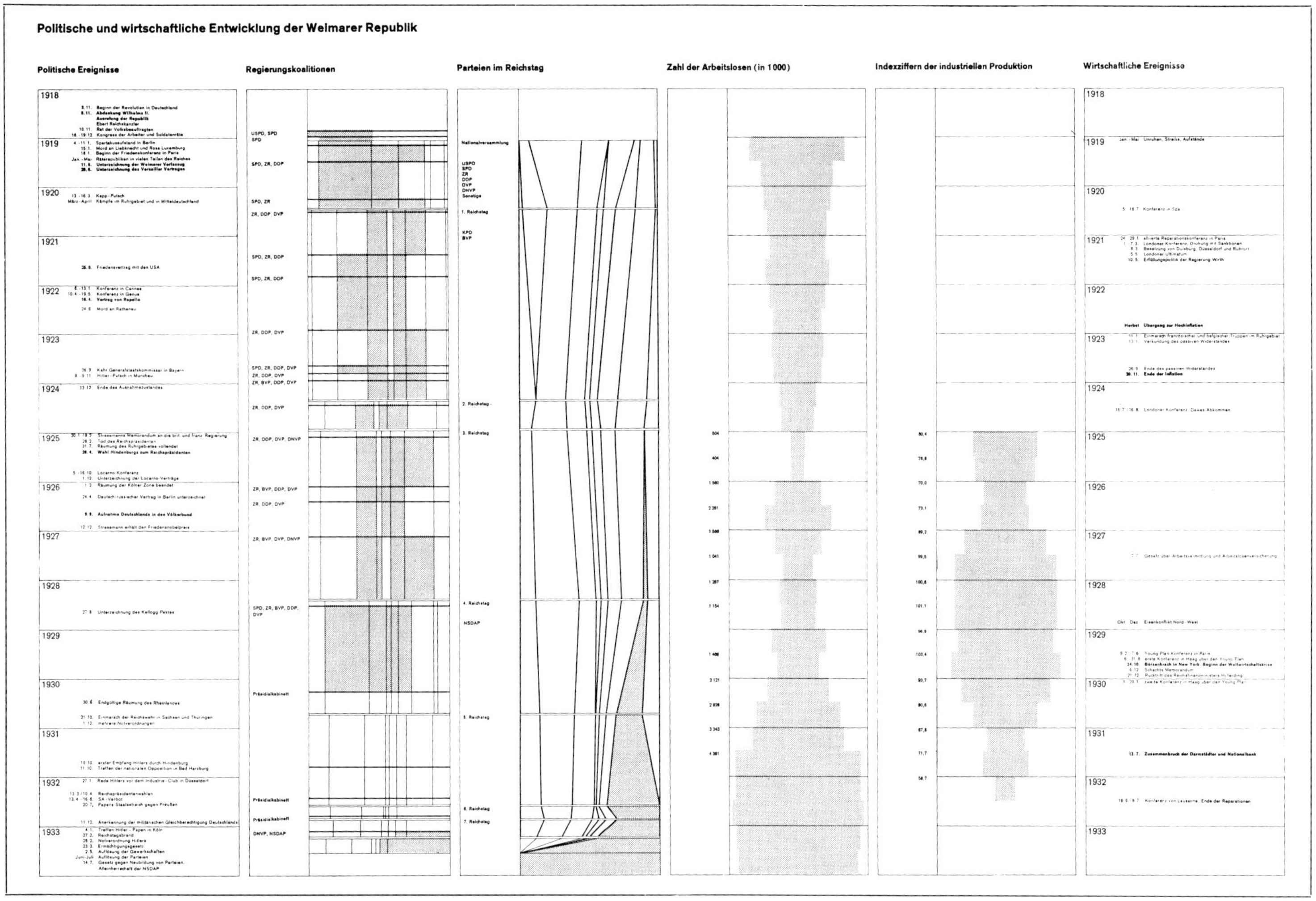

Erscheinungsbild
Südwestfunk Baden-Baden
Ankündigung bestimmter
Sendungen,
Gemeinschaftsausstrahlung
mit andern Sendeanstalten
Herbert Kapitzki

Störungszeichen als
dynamische Fernsehanzeige
Michael Klar
3. Studienjahr 1965/66
Dozent Herbert Kapitzki

Dynamische Fernsehanzeige
Hermann Ay
4. Studienjahr 1965/66
Dozent Herbert Kapitzki

Inge Aicher

Herausgebergespräch

Erlhoff:
Sprechen wir über Inge Aicher, über ihre Rolle bei der Gründung der HfG, über ihr unglaubliches Engagement, solch eine Institution zu schaffen, und über ihre Intentionen, die ihre Energie in diesem Maße freisetzten.

Lindinger:
Ich denke, daß wir ihrer Rolle in diesem Buch selbstverständlich nicht in der Weise gerecht werden können, wie es ihrer Bedeutung für diese Institution HfG entspricht. – Wenn man nun danach fragt, wo eigentlich diese Kraft herkam, dann glaube ich natürlich schon, daß Inge Aicher, die damals ja noch „Inge Scholl" hieß, aus dem Erlebnis der Nazi-Zeit und der Hinrichtung ihrer Geschwister den unbändigen Willen entwickelte, dem etwas Neues entgegenzusetzen.

Das allein erklärt allerdings noch nicht ihre Rolle für den Aufbau der HfG, denn: ohne sie wäre diese Schule nie zustande gekommen. In der damaligen Zeit eine Million Mark aufzutreiben, wo alles in Trümmern lag – das war eine unglaubliche Leistung. Kein Intellektueller, Zeit und Umstände vor Augen, hätte sich das damals zugetraut. Ich glaube, es liegt an Inge Aichers Charakter. Sie hat etwas Unerschütterliches und gleichzeitig Unbefangenes, sie traut sich zu, einen Berg zu versetzen.

Chemaitis:
Und diese Unbefangenheit war kein Nachteil, sondern eher eine Bedingung für das ganze Unterfangen der Gründung einer Hochschule. Mit einer relativ konkreten Vorahnung hätte man das wahrscheinlich

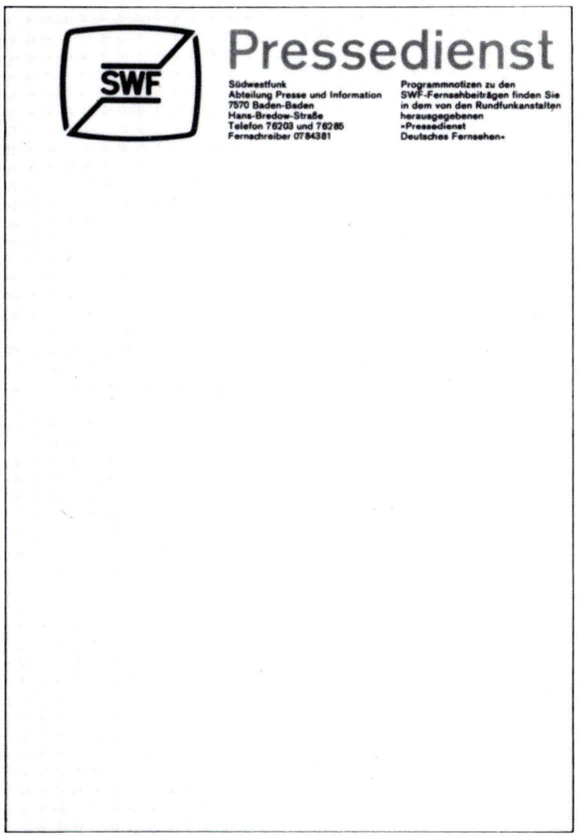
SWF

Pressedienst

Südwestfunk
Abteilung Presse und Information
7570 Baden-Baden
Hans-Bredow-Straße
Telefon 76203 und 76285
Fernschreiber 0784381

Programmnotizen zu den
SWF-Fernsehbeiträgen finden Sie
in dem von den Rundfunkanstalten
herausgegebenen
»Pressedienst
Deutsches Fernsehen«

Erscheinungsbild
Südwestfunk Baden-Baden
Herbert Kapitzki 1967

Studien zur Semantik
Visualisierung der Begriffe
modern-autoritär-kitschig-
technisch
Wolf Seeberg, oben
Harald Heimbucher, unten
1. Studienjahr 1966/67
Dozent Gui Bonsiepe

wirklich gelassen.

Lindinger:
Zur Beharrlichkeit der Inge Aicher gehört auch ihre Auseinandersetzung mit Ulm: Die Stadt Ulm, die Bürgerschaft, hat in ihrer ganzen Geschichte seit 1945 nur zweimal ein Volksbegehren inszeniert, was in Ulm konstitutionell möglich ist; das eine betrifft jetzt den Richard Meier-Bau, der vor dem Münster errichtet werden soll, und das andere ereignete sich 1952 als das Volksbegehren der Alt-Ulmer gegen die Gründung dieser HfG.

Erlhoff:
Vielleicht ist es an dieser Stelle dennoch wichtig, darauf hinzuweisen, daß Inge Aicher 1945 mit ihren Aktivitäten für eine Demokratisierung Deutschlands nicht alleinstand. Es ist ja bekannt, wieviele Zeitschriften in den ersten Jahren nach 1945 gegründet wurden, die schon in ihren Titeln die Utopie von Demokratie verheißen, oder wieviele Organisationsformen für ein demokratisches Deutschland ausprobiert wurden. In diesem Umfeld bewegte sich Inge Aicher – allerdings mit der Konsequenz, die Demokratie realisieren zu wollen, und mit dem Glauben an das Machbare.

Lindinger:
Dieser Glaube an das Machbare, an das Veränderbare, der damals alle beseelt hat, war damals verbunden mit einer uneingeschränkten Fortschrittsgläubigkeit. Hinzu kam Inge Aichers ansteckende Überzeugtheit. Es ist ihr über lange Jahre gelungen, die laufende Finanzierung der Hochschule sicherzustellen, und sie hat von überall her Geld für

Foto Otl Aicher

diese Institution aufgebracht, beseelt von dem Glauben, daß diese Idee und diese Schule nicht staatlich sein konnten und durften: Nach all den Erfahrungen des Dritten Reichs ahnte Inge Aicher, wie schnell die Entnazifizierung zu den Akten gelegt würde und wieviele ehedem Verantwortliche auch in den Kultus-Behörden wieder verantwortlich sein würden. Die neue Freiheit sollte auf Grund einer vom Staat unabhängigen Institution ermöglicht werden. Das war und blieb eine der großen, auch tragischen Utopien der HfG.

Chemaitis:
Diese Einstellung half ihr sicherlich bei den Gesprächen mit den Amerikanern, denn die waren private Initiativen gewohnt und trauten vor allem nach dem Faschismus eher den Privatinitiativen als irgendeiner staatlichen Angelegenheit.

Staubach:
In diesem Zusammenhang müßte darauf hingewiesen werden, daß Inge Aicher in Ulm zuerst mit der Geschichte der Gründung der Volkshochschule verbunden war, die ein Ausgangspunkt für die HfG wurde. Diese Volkshochschule trat bekanntlich durch ihre politischen Veranstaltungen hervor — getragen von Emigranten und demokratiebewußten Intellektuellen —, und zu Beginn existierte offensichtlich gar nicht die Idee, ein neues Bauhaus zu gründen, sondern eine Hochschule für Politik. Plötzlich veränderte sich die Richtung ein

Foto Meret Lindinger

wenig, die HfG wurde konzipiert, und man weiß nicht woher oder warum dieser Perspektivewechsel zustande kam.

Lindinger:
Man darf nicht vergessen, daß ein großer Teil der Dozenten, die damals von Inge Aicher für ihre Volkshochschule gewonnen wurden, zugleich Dozenten der HfG waren oder wurden. Zum Beispiel im Bereich der kulturellen Integration, wie es hieß, also die Mittwochs-Seminare. Es gab da ein gewisses Zusammenspiel, das sich durch Inge Aichers Position als Leiterin sowohl der Volkshochschule als auch der Geschwister-Scholl-Stiftung erklären läßt.

Übrigens sollte man nicht unerwähnt lassen, daß Inge Aicher während der ganzen Zeit des Bestehens der Ulmer Hochschule wie auch nach deren Schließung und noch heute unablässig und unbeirrt an ihrer ursprünglichen Rolle festhält. Als Beispiele dafür kann man ihre große und weithin beachtete Aktion nach der Tschernobyl-Katastrophe nennen oder ihr Engagement in der Friedensbewegung.

Erlhoff:
Ich denke, ihre Aktivität ging nicht in der HfG auf, und sie bestand weiterhin auf der Notwendigkeit auch einer politischen Bildung. Eigentlich vertritt sie in der ganzen Geschichte die Kontinuität.

Staubach:
Außerdem stellte Frau Aicher das Bindeglied zwischen der selbstverwalteten oder sich selbst verwaltenden Institution

Foto Christian Staub

HfG und der Stiftung dar. Dabei führte der personale Zusammenhang zwischen Inge Aicher und Otl Aicher dazu, daß vieles, was von Otl Aicher in der Hochschule vertreten wurde, von ihr in Überlegungen der Stiftung aufgenommen wurde.

Lindinger:

Na ja, das ist so ein wunder Punkt, denn diese personelle Konstellation – wie Sie zu Recht sagen – war von Anfang an konfliktträchtig; und je stärker sich die HfG als Institution strukturierte, desto kritischer wurde diese Konstellation. Je mehr sich nämlich Otl Aicher in der Leitung der HfG engagierte, desto problematischer wurde Inge Aichers Position in der Leitung der Stiftung beurteilt, ungeachtet der weiterhin als selbstverständlich hingestellten Forderung, sie habe für die Gelder zu sorgen. Offensichtlich hat sie darunter stark gelitten und sich deshalb später aus der Stiftungsspitze zurückgezogen.

Der Avantgardismus ist alt geworden. Was früher als exzentrisch galt, ist ins Zentrum gerückt; das ehemals Abnorme ist heute Norm. Die „neue fotografie" der zwanziger Jahre, damals unkonventionell, die eine unechte „Kunstphotographie" bekämpfte, ist selbst zur Konvention geworden. Doch setzen wir den heute alten, einst so heftig vorgetragenen Thesen keine ebenso kühnen, neuen Thesen entgegen. Wir sind behutsamer und weniger laut; denn wir haben ein berechtigtes Mißtrauen gegen Manifeste und Doktrinen. Wir sahen, wie sie sich, in konsequenter Ausschließlichkeit weitergeführt, in ihren eigenen Widersprüchen verfangen haben: im Namen der „neuen sachlichkeit" wurde das Objekt durch provozierende Darstellung entwirklicht und verfremdet; zugleich bekämpfte man die unfotografische, pseudomalerische Konzeption des Bromöldruckes und Weichzeichners, um mit Solarisation, Negativdrucken und anderen Manipulationen der modernen Malerei in die Abstraktion zu folgen.

Unser heutiger Standpunkt ist weniger programmatisch und nicht so einfach festzulegen. Die Fotografie übermittelt Information und ist zugleich ästhetischen Kriterien unterworfen. Unter dem Einfluß großer Reporter wurde der

Foto Sigrid Maldonado

Reiz des täglichen Lebens entdeckt. Ein dem „l'art pour l'art" anhängender Fotograf, der sich in einem esoterischen Kreis surrealistischer Requisiten, Abstraktionen und Dunkelkammertricks bewegt, hat unser Interesse verloren. Je selbstverständlicher die Mittel der „neuen fotografie" in den Dienst einer Aussage gestellt werden, desto mehr entsprechen sie unserer Konzeption. Auch wir betonen oft die Stofflichkeit einer Struktur oder die zeichnerische Schärfe des Details, doch gleichzeitig lieben wir es, Bewegungen mit der für sie typischen Unschärfe zu interpretieren. Wir anerkennen die Notwendigkeit weiterer formal-ästhetischer Experimente, bleiben uns aber bewußt, daß die Fotografie kein Kunstersatz ist.

Die vorliegenden Fotos hätten alle zweckgebunden entstehen können. Als Teile einer Reportage könnten alle etwas mitteilen; denn sie geben eine reale Situation oder einen Vorgang optisch wieder. Behalten sie aber auch als Einzelfotos ihren Wert? Wir glauben ja. Sie sind zwar weniger demonstrativ modern, dafür aber menschlicher geworden.

Christian Staub, in: *Ulm*, 3, 1959

Information

In dieser Abteilung sollten die Studenten zu Publizisten für Presse, Film, Rundfunk, Fernsehen ausgebildet werden. Sie sollten lernen, sachbezogene Texte für die Verwendung in den modernen Massenkommunikationsmedien zu schreiben. Die Ausbildung war gerichtet auf einen Publizisten, der sich nicht von vornherein auf ein bestimmtes Gebiet spezialisieren, sondern vielmehr die Probleme, Methoden und Techniken der verschiedenen Massenmedien beherrschen sollte.

Dozenten: Bense, Kalow, Moles.

Die Ausbildung wird in der Art einer Redaktion oder der Werbeabteilung eines Betriebes durchgeführt. Die publizistischen Grundlagen und Arbeitsweisen werden so erlernt, wie es die Praxis erfordert. Eine Erweiterung der Abteilung in Richtung Rundfunk und Fernsehen wird vorbereitet. Als Vorbildung in diese Abteilung wird gefordert: Abitur oder entsprechende Ausbildung in bezug auf die Beherrschung der Sprache. Gute Allgemeinbildung.

Aus: HfG-Info, 1954

Unterricht Max Bense
1958

Experimenteller Lehrplan für Information an der HfG Ulm/Professor Max Bense

Welche Bedeutung der Begriff der Information für die Sprache gewonnen hat – dafür ist der Lehrplan bezeichnend. Der Plan optiert radikal für eine Betrachtung von Texten – vom „einfachen" Gebrauchstext bis zur Dichtung – auf das Maß von Information hin, das sie enthalten. In der Abteilung für Information werden spezielle und allgemeine Probleme der Texte aller Art bearbeitet, und das Neue liegt nicht nur in der engen Zusammenarbeit mit der Abteilung für Visuelle Kommunkation, sondern darin, daß Allgemeine Semantik und Informationstheorie die verbindenden Grundwissenschaften für beide Zweige abgeben. Da es sich um ein sehr junges Lehr- und Forschungsgebiet handelt, ist der gegenwärtig

... Sie schreiben mir, daß nunmehr alle Hindernisse und Mißverständisse behoben seien – ich will es glauben; denn ich hatte den Eindruck, daß ich mit Ihnen und den übrigen Herren unschwer würde zusammenarbeiten können...

Arno Schmidt, in einem Brief an Maldonado, 1955

vorhandene Lehrplan ein durchaus experimenteller.

Die Abteilung für Information zerfällt in zwei Unterabteilungen: 1. Informationslehre, 2. Informationspraxis. Die Informationslehre arbeitet in zwei Phasen: theoretische Information und experimentelle Information.

Die theoretische Information umfaßt die Darstellung und Bearbeitung aller theoretischen Mittel, das heißt der Grundwissenschaften, die zum Aufbau der Lehre und Praxis der Information notwendig sind. Die experimentelle Information vollzieht sich vor allem in seminarisch-diskursiver Entwicklungsarbeit, das heißt es werden Versuche gemacht, klassische Informationsformen einzuüben und neue zu bilden, nicht zuletzt auch unter dem Aspekt, Informationsmasse zu finden.

aus: *Texte und Zeichen*, 8, 1956

Die gesellschaftliche Ordnung wird maßgeblich mitbestimmt durch die Qualität der Informationen, die Presse, Rundfunk, Film und Fernsehen vermitteln. Diesem Sachverhalt versucht eine neu entwickelte Theorie der Information und Kommunikation eine wissenschaftliche Grundlage zu geben. Die Abteilung Information arbeitet unter Verwendung ihrer Forschungsergebnisse an eindeutigen und verständlichen Möglichkeiten des Sprachgebrauchs für Pressemeldungen, Werbemitteilungen, wissenschaftliche Texte, Kunstkritik u.a. Diese Arbeit ist eine notwendige Ergänzung zu den Bestrebungen der Abteilung Visuelle Kommunikation, da zwischen Text und bildhafter Mitteilung vielfach ein enger Zusammenhang besteht. Die Themen beziehen sich vorzugsweise auf die Aufgabengebiete der Hochschule.

Aus: HfG-Info, 1955/56

...Herr Professor Max Bense und Fräulein Dr. Elisabeth Walther werden die Theorie der Information weiterführen. Herr Gert Kalow aus Heidelberg wird mit der publizistischen Ausbildung der Studenten beginnen. In den folgenden Quartalen werden Film- und Fernsehtextierungen behandelt werden unter Herrn Dr. Martin Walser und Herrn Peter Dreesen. ...

Tomás Maldonado, Rede zu Beginn des Studienjahres 1957/58

...Das Bauhaus war eine Antwort, eine konstruktive Antwort auf die chaotische innere Lage des geschlagenen Deutschlands nach dem 1. Weltkrieg. Die Ulmer Hochschule für Gestaltung war und ist eine Antwort auf die Situation nach dem 2. Weltkrieg: den zerstö-

Vom Widerspruch

Michael Erlhoff

Zum widersprüchlichen Selbstbewußtsein der bürgerlichen Gesellschaft gehört, daß sie eben das, was sie konstituiert, stetig verdrängt: den Widerspruch, die Antagonismen und den Zwist. Während nämlich überall dort, wo in bürgerlicher Gesellschaft grundsätzlich gedacht wurde, der Konflikt zwischen Exekutive, Legislative und Judikatur institutionalisiert und der Widerspruch von Subjekt und Objekt oder von Natur und Bewußtsein formuliert wurden, rührten sich in den Realisationen alle Pinsel, die Erscheinung zu glätten, die Konflikte zu tünchen. Um des lieben Friedens willen.

Was bewirkt, daß die denkbare und hoffnungsvolle Utopie eines vielleicht möglichen Friedens (zitierbar als Aufhebung der antagonistischen Widersprüche) in der Form von „ein bißchen Frieden" auf eine Problematik der Individuen verschoben wird. Was gesellschaftliches Dilemma ist und als persönliche Entgleisung dargestellt und internalisiert wird. Womit historische Auseinandersetzungen zugunsten privater Krisen verblassen. Und wenn es dennoch im Außenraum allzu arg wurde, dann wählte man den einen Kaiser oder Führer oder rief man nach positiven Leitfiguren, das Land zu überstrahlen. Oder kamen jene unsäglichen Verbindlichkeiten in Mode, die man leistungsmotivierend als Spontaneität, Angstfreiheit, Kreativität oder Kommunikativität beschwört. Wodurch sich das Elend zum ideologischen Glänzen bringt und der Widerspruch zur Phrase verharmlost wird.

rerischen Kräften, die sich unübersehbar verheerend ausgetobt haben, wird ein aufbauendes Prinzip entgegengestellt, das sich nicht mit Schönfärberei, sondern mit Strukturwandel beschäftigt.

Es geht darum, Zellen von geordneter Umwelt zu schaffen. Die heutige Situation in Deutschland läßt sich außerhalb einer Gesamtsicht über die Weltsituation nicht sinnvoll betrachten. Die Welt, in der wir leben, ist von schrillen Gegensätzen erfüllt. Allenthalben regieren Schlagworte. Das technische Zeitalter, die sogenannte Massenzivilisation, hat den Menschen, die in der Überzahl noch in den Kategorien vergangener Zeiten denken, den Boden unter den Füßen weggerissen. Die Hitler-Zeit, unser deutsches Trauma, war nur ein Modell dafür, was passieren kann, wenn Leute, deren geistiges Instrumentarium zum Begreifen der Gegenwart noch im Mittelalter oder sogar in naiver Mythologie steckengeblieben ist, auf völlig neuartige Situationen reagieren. Das Modell, die Möglichkeit neuer Schrecken, ist nicht auf Deutschland beschränkt.

Die Welt ist voll von Haß und von Kitsch. Sie kennen das berühmte „Unbehagen in der Kultur". Sie kennen das Stichwort vom „Unbehausten" — vom Menschen, der es zwar verstanden hat, sich die Welt zu unterwerfen, aber nicht, sich wahrhaft heimisch zu machen. Was wir hier zu tun versuchen, steht in Zusammenhang mit dieser Lage. Ich könnte Gottfried Benn zitieren, der gesagt hat, daß es kein Mittel gegen das Chaos, gegen die Selbstzerstörung der Menschheit gibt als die Gestalt. Formen finden für das Unfixierte, das uns von allen Seiten bedroht. ...

Gert Kalow, Rede zu Beginn des Studienjahres 1957/58

Ursprünglich als gleichwertiges Ausbildungs- und Forschungsfach neben den anderen Abteilungen konzipiert, gelangten die Ansätze hier nicht sehr weit über die planerische experimentelle Phase hinaus.

Erste Pläne Hans-Werner Richter/Aicher um 1948/49. Inhalte: politische Methodik/Presse-Rundfunk/'Texterstellung für den Bereich Werbung/Foto-Film. Erziehung zu selbständigem politischen Handeln, zur aktiven Beteiligung am öffentlichen Leben, Studium der sozialpolitischen Organisatinsformen. Abteilung sollte als Grundlage für alle anderen Abteilungen dienen. Werbung sollte weitgehend Aufklärung und Information sein.

Plan und teilweise Umsetzung Aicher/Bill 1952/56. Auf der Grundlage der Aicherschen Pläne eines sozial verpflichteten Journalismus und Textverarbeitung Konzentration auf die Zielbereiche der HfG: Gestaltung der Umwelt. Abteilung Information als mediale Stütze der Intentionen der Entwurfsabteilungen. Erster Unterricht

Gert Kalow

Was aber die Hochschule für Gestaltung betrifft, so war gewißlich eine ihrer wesentlichen Qualitäten, daß sie — oder die in ihr agierenden Menschen — sich auf die realen Widersprüche einließ, diese gar als das bewegende Element von Denken und Handeln begriff und sie zu bearbeiten suchte. Denn obwohl eine „Hochschule für Gestaltung", also eigentlich für Positivierungen und Konfliktlösungen zuständig, setzte sie sich internen und externen Konflikten aus, verschärfte diese und verwickelte sich im Zwist. Und das nicht nur theoretisch, sondern teilweise auch in den Objekten und als Instanz. Und zwar von Anbeginn offenbar voller Bewußtsein.

Denn schon in der Gründungsphase handelte Inge Aicher-Scholl inmitten von Widersprüchen, brachte sie Emigranten mit Leuten zusammen, die in Deutschland geblieben waren, und stellte sie eine heterogene Gruppe von Intellektuellen und Schriftstellern zusammen; oder sie lud den Amerikanern mißliebige Dichter — etwa Hans Werner Richter — ein und verhandelte zugleich mit den Amerikanern über Geld für die Hochschule; sie beteiligte sich weder an der deutschen Trauerfeier über einen verlorenen Krieg (wie hätte sie auch), noch überantwortete sie deutsche Geschichte apologetisch einer neuen amerikanischen Kolonisierung. Dann wurde eine „Hochschule für Gestaltung" gegründet: in einem Deutschland, in dem zwar „Wiederaufbau", nicht aber neue Form gedacht wurde

1955. Dozenten: Bill. Gomringer, Bense.

Plan und teilweise Realisierung Bense 1956–58. Erarbeitung eines umfassenden, informationswissenschaftlich orientierte Lehrplans. Systematische Theorie und Praxis der Kommunikation und Information (Logistik, Metrik, Semiotik, Medien- und Übersetzungstheorie), reale Textierung für Fernsehen, Funk, Journalismus und Werbung. Dozent: Bense. Gastdozent: Enzensberger, Fabri, Walter, Franzen, Kalow, Rübenach, Wesely.

Plan und Realisierung Kalow ab 1958–60, 62–64. Hinwendung zur „Literatur als lebendiges Medium" (Kalow), Sprache als Arbeitsmittel, Training des klassischen Formen: Hörspiel, Essay, Gedichte, Kritiken, Erzählungen, Theaterstücke. Versuch einer „Brücke zwischen Literaturwissenschaft und Literaturhandwerk". Aufbau eines Tonstudios aus Spenden der Rundfunkanstalten, Kalow und Rübenach organisieren im Mai 1960 Hörspieltagung der Gruppe 47. Zunehmende inhaltliche Distanzierung zu den anderen Abteilungen der HfG. Dozenten: Kalow, Kesting, Franzen, Frank.

Pläne Aicher, Kluge 1964. Die drastisch abnehmenden Finanzmittel sowie die geringen Studentenzahlen führen zu einer Integration der Abteilung Information und ihrer Studenten in die Abteilung Visuelle Kommunikation und in die inzwischen gegründete Abteilung Film.

Protokoll eine Gesprächs Kalow/Lindinger, 1986 in Frankfurt

die abteilung bildet publizisten aus für presse, funk, fernsehen und film – kommunikationsmittel, die die moderne industriegesellschaft in immer stärkerem maße prägen und ihr funktionieren bestimmen.

die abteilung arbeitet in engem zusammenhang mit der abteilung visulle kommunikation. die ausbildung zielt auf einen publizisten, der sich nicht von vornherein auf ein bestimmtes kommunikationsmittel spezialisiert hat, der vielmehr die probleme, methoden und techniken der verschiedenen kommunikationsmittel kennt und beherrscht. der schwerpunkt der abteilungsarbeit liegt auf dem experimentellen studium der heutigen kommunikationstechniken.

Aus dem Lehrprogramm der HfG von 1958/59

...Wir brauchen eine solidere Ausbildung für den Nachwuchs publizistischer Berufe. Das heute zu Recht beklagte Phänomen des „Journalismus", der weitverbreiteten Halbbildung unter den Wortarbeitern, geht auf ein institutionelles Versagen unseres Erziehungssystems zurück. Unsere Universitäten sind der Entwicklung der modernen Industriegesellschaft nur widerstrebend gefolgt, mit schlimmen Ver-

Ilse Grubrich, Elke Koch-Weser und Gui Bonsiepe

Studenten der Abteilung Information

(in einem Deutschland übrigens, in dem vor allem eben jene wieder aufbauten, die zuvor an der Zerstörung beteiligt gewesen waren: viele Architekten aus dem Umkreis von Speer, Politiker wie Globke und viele andere, Lehrer, Naturwissenschaftler, Ärzte und dergleichen, die zuvor dem deutschen Staat gedient hatten). Man holte einen Ausländer, der die Hochschule bauen sollte, und ausländische Dozenten, machte die HfG zu einer der ersten Institutionen, im Ausland ein neues Deutschlandbild zu prägen, und hielt sich dennoch fern von all dem beschwichtigenden oder neuerlich protzenden „Made in Germany"-Stolz.

Darüber hinaus gab es auch objektive und damals wohl nicht überblickbare Widersprüche. So wurde anfänglich – auch ein neues Bewußtsein brauchte Geschichte – allzu sorglos an das Bauhaus angeknüpft, und zwar – aus der Distanz – an ein scheinbar widerspruchsfreies Bauhaus. Und man sah zu spät, daß das Rationale immer auch als Zweckrationales verwertbar ist (so wie das Irrationale denselben Zwecken dient), daß also Purifikation zum Selbstbetrug und zur Geschichtsfälschung tendiert. – Außerdem gab es einen (wie in einem Gespräch auch Max Bill betonte) völlig unvorhersehbaren, gleichwohl für die Geschichte der Hochschule entscheidenden Konflikt: die HfG war in einer Zeit gegründet worden, da „Gestaltung" an sich geschichtsnotwendig und moralisch schien, weil Deutschland politisch, ethisch und materiell in Trüm-

zögerungen. Vor einem halben Jahrhundert haben sich die Technischen Hochschulen von der Alma Mater getrennt. Heute konstatieren die Kulturkritiker mit Schrecken, daß die geistige mit der technischen Entwicklung nicht Schritt hält. Was Wunder!...

Gert Kalow „Sprache als Fach?", *Output*, 14, 1962

Bernhard Rübennach und Elke Koch-Weser

...Die Abteilung bildet Publizisten aus für Presse, Funk, Fernsehen und Film. Sie arbeitet in engem Zusammenhang mit der Abteilung Visuelle Kommunikation. Die Ausbildung zielt auf einen Informations-Praktiker, der sich nicht von vornherein auf ein bestimmtes Kommunikationsmittel spezialisiert hat, der vielmehr die Probleme, Methoden und Techniken der verschiedenen Kommunikationsmittel kennt und beherrscht. Der Schwerpunkt der Abteilungsarbeit liegt auf dem experimentellen Studium der technischen Möglichkeiten moderner Kommunikationmittel.

Neben der Abteilungsarbeit, die praktische publizistische Ausbildung für Presse, Funk, Film und Fernsehen vorsieht, werden in der Abteilung gelehrt: Informationstheorie, Semiotik, Linguistik, mathematische Operationsanalyse, Geschichte und Betriebslehre der Kommunikationsmittel, Geschichte der modernen Literatur, Foto-Film-Ton, Typografie, Soziologie, Wissenschaftstheorie.

Diese Abteilung ist nicht nur die Abteilung mit dem bisher spärlichsten Nachwuchs, nicht nur die deutlichste Neuerung gegenüber dem Bauhaus, sie ist auch die in der Öffentlichkeit am meisten diskutierte Abteilung, sie ist das Sorgenkind der Hochschule, fast eine Schule in der Schule. Zu ihren Gastdozenten zählten unter anderem Albrecht Fabri, Erich Franzen, Hans Magnus Enzensberger, Käthe Hamburger und vor allem Max Bense, der im März 1958 die Hochschule verließ. Bense, der von sich sagte, er habe „vier Jahre lang die geistige Substanz in die Schule gepumpt" und der daraufhin von manchen Studenten gern der „Pumpmeister" genannt wird, hat die Idee dieser Informationsklasse einesteils in einem Programm fixiert, das Alfred Anderschs Zeitschrift „Texte und Zeichen" abdruckte, andernteils klären seine drei „Aesthetica"-Schriften darüber auf, was er in Ulm lehrte. Die Abteilung Information, von Bill ursprünglich als eine Art Public-Relationsgruppe zur Propagierung der Hochschule gedacht, hat sich inzwischen zu einer ebenso neuartigen wie einzigartigen Ausbildungsstätte für Publizisten entwickelt. Nicht mehr soll der Publizist gebildet werden, wie er an den Universitäten en passant gebildet wird. Nicht mehr soll er sich durch die Praxis bilden, das heißt anpassen lassen. Ein neues Verständnis der Sprache, soziologische Orientierung und mathematische Ästhetik liegen dem Ausbil-

mern lag; ehe sich die Hochschule aber richtig eingerichtet und mit der Arbeit begonnen hatte, sauste ein westdeutscher Fortschritt, rasten politische Stabilisierungen („keine Experimente"), ökonomische Sättigungen und politischer Konservatismus an ihr vorbei. Um dabei Schritt zu halten, die eigenen, allemal klügeren und gesellschaftlicheren Absichten zu bewahren, mußte sich die Hochschule wandeln, sich in die Entwicklung hineinstürzen – und wurde sie mitgerissen.

Was auch zu inneren Konflikten führte, die oft mit größerer Härte ausgetragen wurden. Da gab es den Aufstand gegen Max Bill, vermeintlich gegen dessen Rektoratsstil, sicher umso mehr noch gegen dessen Ästhetik mitumfassende Vorstellung von „Gestaltung" und gegen dessen Bauhaus-Rezeption. Es war eine Rebellion der jüngeren Dozenten, ohne Zweifel, aber plötzlich stand (in Ulmer Publikationen nachlesbar) das Bauhaus zur Diskussion: Frühphase gegen Spätphase, Gropius versus Meyer.

Damit verbunden waren neue Konzeptionen, wie eine verstärkte Hinwendung zu Industrie-Design und eine Veränderung des Grundlehre-Modells (bei genauer Lektüre der hier vorliegenden Publikation wird man diese Divergenzen und Brüche sehr schnell herausfinden).

Jedoch: Nun war man mitten hineingeraten in die Widersprüche einer deutschen Industrienation – in die von Arbeit und Kapital, von Design und Verpackung, von sozialem Auftrag und kommerzieller Vermarktung, von Klugheit und

dungsgang in Ulm — bisher — zugrunde. Mathematische Informationstheorien, aus der Logistik weiterentwickelte Zeichentheorien und Kommunikationslehren, linguistische Sprachuntersuchungen, statistische Ästhetik — der so geschulte Publizist ist zur Zeit nur sehr schwierig den Massenkommunikationsmitteln bei uns zu integrieren, denn er stellt eine neue Art von „Informationspraktiker" dar.

Ein vom Bild technischen Funktionierens von öffentlicher Meinung und Publizistik ausgehender Typ. Hier, wie in allen anderen Ulmer Klassen, wird eine vollkommen artifizielle, wird die technische Welt als Leitbild gesetzt.

Auch in der Abteilung „Information" geht die Schulung aufs Methodische, aufs Rationale, auf die mit Hilfe der verschiedenen Wissenschaften begründbare Form eines Produktes, nicht um „Literatur" oder „Schreiben können" im Sinn von „sich ausdrücken können". Es geht auch hier nicht um „elegante Stilisten", so wenig wie es um „Dienstmädchen der Verkaufsbüros" in der Produktform, um „Designer von Architektur" in der Abteilung „Industrialisiertes Bauen", um „Gebrauchsgrafiker" in der „Visuellen Kommunikation" geht. Auch der Informationspraktiker soll, und sei es die berühmte Meldung von der gestürzten Kuh, Produkte herstellen können, die begründbar so sind, wie er sie "gestaltet", begründbar durch die Erkenntnisse der herangezogenen Hilfswissenschaften: Informations- und Kommunikationstheorie und Soziologie vor allem.

Das Verhältnis zur Sprache, wie es in der Klasse Information sichtbar wird, nämlich: Sprache nicht mehr als ein irrational gewachsenes, von Geschichte und Volksgeist geprägtes Gebilde verstanden, sondern ein auf logische Symbole, syntaktische Vorgänge, Zeichenprozesse Zurückführbares — auf „Raster", „integrierende Elemente" und „vorfabrizierte Elemente" also Zurückführbares —, Sprache als operatives Mittel — das sind Vorstellungen, an denen sich andeuten läßt, um was es in Ulm überhaupt geht, pädagogisch und ideologisch. Es geht nicht mehr um humanistische Bildung und nicht mehr um Kunst — in welcher Form angewandt auch immer. Es geht um die Beherrschung technologischer Methoden in einem industriellen Zeitalter, das von den Phänomenen „Kybernetik", „Automation" und „Funktionieren" geprägt ist, Kybernetik, Automation und Funktionieren als Modelle auch für den humanen Bereich verstanden, etwa in den Bereichen Planung und Organisation. Jene Seelenlandschaft taucht auf, die, allen entsetzten Abwehrversuchen zum Trotz, schon allenthalben heraufdämmert und als angeblich bedrohend von Spengler und Jünger schon vor Jahrzehnten unmutig und beängstet avisiert wurde. Eine Lage, die man klagend analysieren mag. Eine Entwicklung, die aber unaufhaltsam scheint. Der Mensch als manipuliertes und funktionierendes Element des technischen Kosmos...

Die Arbeiten aus einem Kurs von Gert Kalow sollen Schreibübungen, Beschreibübungen, sein. Zu beschreiben war: Nebel, sachlich und begründbar. Zu den Ulmer Tabus gehört „Kunst". Unter der Hand aber wird ihnen das streng Begründbare sehr wohl zu einer neuen Kunst: auch mit der Sprache.

Nebel, kranke Augen, hindern Start und Landung von Flugzeugen, stören die Orientierung von Schiffen, täuschen Autos. Dann empfiehlt sich: die Galle von Schweinen, tasten und rufen, Peilgerät, Signalhorn, Hupe. Bei Unsicherheit und Ängstlichkeit doppelte Vorsicht; nur mit halber Kraft voraus. Die Götter verhüllen sich auf dem Olymp. Ihre Lieblinge tarnen sie im Kampf. Ein Dieb verschwand bei Nacht und Nebel. Nacht und Nebel sind sich einig. Sie schwächen Gewohntes und stärken Ungewöhnliches. Nacht und Nebel sind ursprünglich dasselbe Wort. (Cornelia Vargas)

Nebel. Milliarden winziger schwebender Wassertropfen. Bei Luftabkühlung tauchen sie auf. Sie breiten sich aus, umhüllen, dringen ein. Verdrängt sie ein bewegter Körper, wirbeln sie rückwärts, um den leeren Raum zu besetzen, den er verließ. Sie strebten gleichmäßige Verteilung an.

Profanität. Zwar wurden jetzt Gegenstände gebaut, doch waren diese sogleich Waren. Und mit Waren die Warengesellschaft demokratisieren zu wollen, konnte ja wohl nicht denkbar sein. — Der Widerspruch wurde angenommen, in großen Methodenlehren verarbeitet. Wieder gab es internen Krach, theoretischen und gewiß auch (das ist eben schwer zu trennen) persönlichen Streit zwischen den Dozenten.

Zudem konnte sich eine Hochschule für Gestaltung nicht allein auf das Theoretisieren besinnen: sie mußte auch produzieren — und war damit jederzeit im Verwertungssystem gefangen (woran selbst Theorie unausweichlich leidet). Dazu kam die permanente Finanzkrise der HfG, denn sie wurde nicht hinreichend gefördert und stattdessen auf ihre Produktionsmöglichkeiten verwiesen. Also richtete die HfG mühsam und — so verlautet es — durchaus im politischen und handfesten Streit Entwicklungsabteilungen ein, in denen Dinge zur Produktionsreife gebracht und angeboten werden sollten (derweil hatte gerade die aufstrebende mittelständische Industrie Interesse an der HfG gefunden, und wurde deutlich, daß Design die Konsumtionsgeschwindigkeit und damit Produktionsziffern beleben konnte).Erneut veränderte sich die Grundlehre, wurde sie nun — den Außenanforderungen folgend und schon deshalb nicht ohne Konflikte — berufsorientierter, auf praktische Zwecke zugerichtet. Und wieder gab es interne Rangeleien, auch Konflikte zwischen

Und doch habe ich eine Insel im Nebel. Kreisrund, wechselnd groß, den Inseln anderer Leute ähnlich. Manchmal überschneiden sich die Kreise, decken sich aber nie ganz. Die Ausdehnung des gemeinsamen Raumes hängt von der Entfernung zwischen den Nebelgängern ab. Meine Insel sieht anders aus als alle fremden Inseln, weil ihre Lage einzigartig ist, bestimmt durch ihren Mittelpunkt, durch mich. Eine runde, weißlich-graue Wand, die mir immer die gleiche Seite zukehrt, schließt sie ab. In meinem Inselraum lastet kein Nebel; da ist es nur trübe, kühl und feucht, so daß ich Farben, Formen und Entfernungen wie immer erfassen kann. Wo für mich Wand beginnt, erstreckt sich für andere Inselraum, und wo für andere Wand beginnt, erstreckt sich für mich Inselraum. Ein imaginäres Labyrinth wandernder Nebelwände und verketteter Räume, das niemand überblickt. (Elke Koch-Weser)

Nebel: Gemisch aus Luft und vielen kleinen Wasserteilen. Weit läßt sich nicht sehen. Weiß-hell geschwächte Farben. Dinge werden schattenlos. Tröpfchen ziehen sich zum Tropfen, zeichnen Bahnen aufs Fenster, umschweben und setzen sich ab und gleiten und fallen.

Nebel: Wolken auf dem Boden. Kontraste schrumpfen. Zerflächte Volumina. Umgebung verliert sich. Nebel: Dunstig-feucht zeigt auf klar-trocken, Neben auf nicht-Nebel. (Gui Bonsiepe)

Nebel: natürlich herbstlich — vergänglich — ängstlich — feuchtmulmig — zaghaft — verblendet. Irgendwo frönt einer der Einsamkeit. Nebel: Bild für alle Möglichkeiten. Symbol des Anfangs. Midgard — Asgard — Genesis. Allerlei Götter huschelten unsichtbar mächtig. Der Glaube versetzte Nebelberge. Die Zahl ordnete an. Nebel: jetzt nur noch falsche Enge. Ein Kissen des Bequemen, der auf Inseln seine Träumchen hämmert. Er füttert den Dunst. Darin ist mancher Fernsehturm eine Mutter Eiche. Der Rest des Mißbrauchs: ein ausgezehrtes Bild. Man muß das Wort auf Urlaub schicken. (Ilse Grubrich)

Bernhard Rübenach, „Der rechte Winkel von Ulm", Rundfunkessay 1959

Tagung der Gruppe 47
Thema: Hörspiel
Teilnehmer waren u.a. Günter Eich, Günter Grass Wolfgang Hildesheimer, Dieter Wellershoff

Unterricht Abraham Moles

Gui Bonsiepe

den Abteilungen, die unterschiedlich in den Kommerz involviert waren, sein konnten und wollten. Doch selbst dies wurde zugleich ausgetragen und fiktiv gelöst: Systematisierung bot das Zauberwort an, sich aus der Vermarktung herauszulösen; Systeme nämlich (ähnlich dem heutigen Trend zu environments) zwingen den Vermarkter zum Kauf nicht einzelner Dinge, sondern ganzer Konzepte. Außerdem entwickelte die HfG jetzt öffentliches, soziales Design: Man suchte am Ende den privaten Markt durch den scheinbar legitimationsfähigeren oder gar moralischeren öffentlichen Geldgeber auszutauschen (doch auch der zahlte das der Hochschule heim).

Was alles die Widersprüche nicht lösen konnte, vor allem nicht den strukturellen zwischen Design und sozialer Moral; denn hierin steckt eine unausweichliche Kluft zwischen sozialer Notwendigkeit und Aufgabe von Design als Kulturphänomen und -direktive einerseits und dessen zwangsläufiger Behauptung im Markt andererseits. — Zudem goutierten weder die Medienöffentlichkeit noch die Politiker jener Jahre die von der Ulmer Hochschule ausgefochtenen Wider-

...Der Herrschaftscharakter der Kommunikationsindustrie brauchte um so weniger ins Licht zu rücken, je mehr sich die visuellen Designer auf die ästhetische Perfektionierung ihrer Entwürfe konzentrierten. Die Insistenz auf dem Ästhetischen als einem Aspekt der Gestaltung ist ohne Zweifel gerechtfertigt und konnte über Jahre hin als verbindlich gelten. Das Ästhetische schwebt jedoch nicht unbeschädigt und apolitisch über dem Gesellschaftlichen. Einst figurierte das Ästhetische als Antizipation eines Zustandes, der die Befreiung vom Zwang der Notwendigkeit beinhaltete. Dem Ästhetischen widerfuhr jedoch ein nicht vorhersehbares Geschick. Es zeigte sich, daß es sehr wohl repressiven Zwecken aufgesetzt werden kann. Die Formen der Herrschaft haben sich sublimiert. Im Zuge dieser Sublimierung wurde das Ästhetische – einst und immer noch ein Versprechen der Befreiung des Menschen – in Regie genommen von Herrschaftsinteressen und eben damit zur Gewinnung und Erhaltung von Herrschaft benutzt. ...

Gui Bonsiepe, „Kommunikation und Herrschaft", *Ulm*, 21, 1968

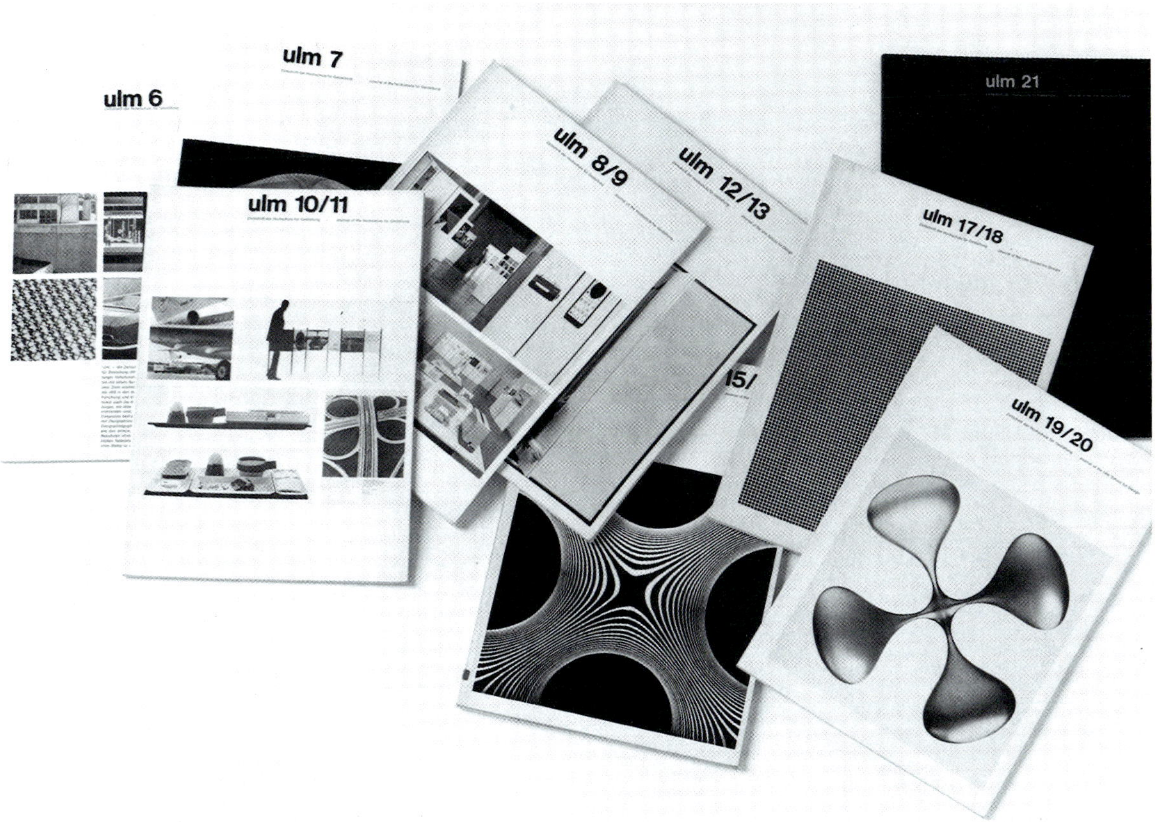

Zeitschrift *Ulm*
Vierteljahresberichte der HfG

sprüchlichkeiten. Die Gesellschaft der Bürger nämlich mißversteht – wie schon geschrieben – sich selbst.

So geschah, was dem Volksmund in diesen geschoben wird: Wer sich in die Widersprüche begibt, kommt darin um. Die Ulmer Hochschule wurde zerrissen zwischen ihren eigenen und den von außen herangetragenen Anforderungen und von den immanenten Konflikten des Vorhabens „Hochschule für Gestaltung". Weil aber die Geschichte der Ulmer Hochschule bis heute eine Geschichte der Widersprüche ist, und weil sie diese insistent und exemplarisch praktizierte, erweist sie sich – ähnlich der anderen, zeitgenössischen Widerspruchsinstanz: dem Frankfurter Institut für Sozialforschung – heute als wichtig und geschichtsbildend.

die studenten der abteilung information sollen auf das ziel hin ausgebildet werden, die sprache der modernen kommunikationsmittel zu gestalten. sie sollen z.b. als publizisten für presse, funk, fernsehen und film tätig sein. die abteilung arbeitet in engem kontakt mit der abteilung visuelle kommunikation. zur zeit befindet sich die abteilung information in einer inhaltlichen und organisatorischen umbildung. die studierenden der abteilung information beteiligen sich in diesem jahr zum teil an dem programm des sektors film, insbesondere in den sprachlichen übungen, außerdem erhalten sie abteilungsspezifische aufgaben.

Aus: Lehrprogramm der HfG, 1964/65

die studenten der abteilung information sollen auf das ziel hin ausgebildet werden, die sprache der modernen kommunikationsmittel zu gestalten. sie sollen z.b. als publizisten für die presse, funk, fernsehen und film tätig sein. die abteilung arbeitet in engem kontakt mit der abteilung visuelle kommunikation. für die abteilung information ist eine inhaltliche und organisatorische umbildung vorgesehen. im laufenden studienjahr werden keine vorlesungen und seminare abgehalten.

Aus: Lehrprogramm der HfG, 1965/66

Film

Der Sektor Film wurde 1961 an der HfG als Abteilung eingerichtet. Ausbildungsziel war der Gestalter neuen Typs, der als selbständiger Gesamtautor seines Films verantwortlich ist für die Weiterentwicklung einer Kunstform. Voraussetzung hierfür war die Verbindung von Entwicklung, Forschung und Lehre. Ausbildungsschwerpunkte waren: die Vermittlung gesicherter handwerklicher Techniken, die Auseinandersetzung mit Gegenwartsfragen, die Erweiterung der Gestaltungsmittel, die Einbeziehung fremder Disziplinen, die Lösung des Films aus seiner Esoterik, die Beziehung zum industriellen Prozeß und das Schaffen von Modellfilmen.

Dozenten: Kluge, Reitz, Staub.

Filmbestrebungen an der HfG
1951 – aus einem Lehr- und Unterrichtsplan: Film und Fotografie sind für das heutige Leben von großer Wichtigkeit. Ihr Einfluß, auch im Zusammenhang mit Typografie und Grafik, ist noch immer von wachsender Bedeutung. Das Studio für visuelle Gestaltung arbeitet sowohl an der Schaffung selbständiger Werke (Filme, Fotos, Bücher, Zeitschriften, Ausstellungen usw.) als auch im Zusammenhang mit den Bedürfnissen und den Problemen der übrigen Abteilungen der Schule.

1952 – Prospekt: Die Beschäftigung mit Film und Fernsehen ist für später ins Auge gefaßt. Als Fortsetzung der Abteilung „Visuelle Gestaltung" ist ein Atelier für künstlerische Gestaltung vorgesehen.

1955 – Prospekt: Die Abteilung „Visuelle Gestaltung" umfaßt alle jene Gebiete, die sich visueller Mittel sowohl einzeln wie in ihrer Verbindung bedienen, das heißt Gebrauchsgrafik, Fotografie, Typografie, Ausstellungsgestaltung sowie Film und Fernsehen.

1956 – Detten Schleiermacher (Architekt), Enno Patalas (Journalist) und Martin Krampen (Grafiker und Kameramann) legen der Leitung der HfG ein Programm für „Film und Fernsehen an der HfG" vor.

1958 – Ulm, 1:, ... deshalb werden Typografie, Grafik, Fotografie und Ausstellungstechnik als einheitliches Gebiet behandelt, das in nächster Zeit durch Film und Fernsehen ergänzt werden soll.

1958 – Für das 1. Quartal des Studienjahres 1958/59 wird Herbert Vesely als Gastdozent in die Abteilung Information berufen. Abteilungsarbeit: Exposé, Treatment und Drehbuch-Ansätze für einen Fernsehfilm. Thema des Films: Die deutsche Großstadt nach 1945.

1960 – Christian Staub verfaßt ein „Memorandum zur Gründung einer Film- und Fernsehabteilung an der HfG" (im wesentlichen im folgenden wiedergegeben): In den Prospekten der HfG werden im Rahmen der Abteilungen Visuelle Kommunikation und Information „Film" und „Fernsehen" als Unterrichtsfächer angekündigt. Bisher existieren diese Unterrichtsfächer aber noch nicht als Lehrstoff, sondern nur als vage Projekte. Dieser Umstand führt zu häufigen unangenehmen Rückfragen von seiten der Studenten, in einigen Fällen sogar zu ihrem Abgang von der Schule. (Persönlich ist mir bekannt, daß z.B. Fräulein Peters und Herr Weidmann aus diesen oben genannten Gründen unsere Schule verlassen haben.)

In der Bundesrepublik gibt es bisher noch keine Ausbildungsstätte, in der Film und Fernsehen systematisch gelehrt werden. Zwar hat man an den Universitäten Münster, München, Frankfurt und Bonn einige Versuche auf diesem Gebiet begonnen, aber diese Versuche haben noch keine nennenswerten Ergebnisse gebracht. Die Berufsausbildung der heutigen Filmschaffenden ist daher meistens sehr zufällig und in den meisten Fällen auch unzulänglich, was sich teilweise im tiefen Niveau des deutschen Dokumentar- und Spielfilms widerspiegelt.

Im Gegensatz zur Situation in der Bundesrepublik werden im Ausland ernsthafte Anstrengungen gemacht, um dem Filmnachwuchs solide und gute Ausbildungsmöglichkeiten zu geben. Beispielsweise gibt es in Paris sogar zwei Filmschulen, nämlich das „Institut des hautes études cinématographiques (IDHEC)" und die „Ecole technique de la photographie et de la cinématographie". Außerdem haben die zukünftigen Regisseure und Kameramänner Gelegenheit, neben dem äußerst reichhaltigen, kommerziellen Programm täglich drei verschiedene klassische Werke der Filmkunst in der Cinémathèque Française zu sehen. Diese vielseitigen Möglichkeiten führten neben soziologischen Aspekten, die mir weniger gut bekannt sind, zu der heute viel diskutierten Renaissance des französischen Films.

In der Bundesrepublik herrscht heute eine latente Filmkrise, hauptsächlich verursacht durch das Fernsehen. Um diese Krise zu überwinden, wird es auf weite Sicht nur eine Möglichkeit für den Film geben: bessere Qualität der Filme, was zweifellos auch eine Verbesserung des Fernsehprogramms nach sich ziehen

Ulmer Freiheit

Herausgebergespräch

Erlhoff:
Bei der Gründung der Hochschule für Gestaltung spielte die Überlegung eine wesentliche Rolle, diese Hochschule als ein wirkliches Privatinstitut zu führen. Nun erscheint heute der Versuch, Freiheit durch Privatheit zu schaffen, absurd, und dennoch schien es damals in einer viel härteren gesellschaftlichen Situation möglich.

Lindinger:
Nur ist die Frage, ob das nicht schon damals im Grunde genommen irreal war. Zumal es in Deutschland keine Tradition für private Hochschulen gab und gibt.

Riemann:
Ich denke, daß die Abhängigkeit schon damals existierte, denn das Geld kam ja irgendwo her, und dafür mußten wahrscheinlich Versprechungen gemacht werden. Also verhinderte schon der Anfang eine Unabhängigkeit der HfG.

Staubach:
Ja, denn die Repression gab es schon in der Gründungsphase; zum Beispiel jene Zusage der deutschen Stahlindustrie, den Bau zu finanzieren, die dann durch eine Denunziation eines ehemaligen Gestapo-Mitglieds zurückgezogen wurde, da dieser behauptet hatte, die an der HfG Beteiligten seien allesamt Kommunisten. Und auf der anderen Seite bemühte man sich nicht, diesen Konflikt politisch zu lösen, sondern lediglich durch die Feststellung, daß keine Kommunisten beteiligt seien. Statt also einen Prozeß darüber zu führen, ob auch Kommunisten dabeisein dürften, hat man sich nur als Nicht-Kommunisten ausgewiesen.

wird. Diese gegenseitige Wechselwirkung wird früher oder später die Filmindustrie sowie das Fernsehen dazu zwingen, Gelder für Entwicklungs- und Laboratoriumsarbeiten zur Verfügung zu stellen, die experimentell neue Wege entwickeln. Ich glaube daher, daß es bei ernsthaften Bemühungen möglich sein würde, die Filmindustrie und das Fernsehen für Projekte in dieser Richtung zu interessieren.

Ich schlage daher folgende sofortige Maßnahmen vor: 1. Gründung eines neuen Entwicklungsbüros „Film und Fernsehen". 2. Anstellung eines Regisseurs als Gastdozent und Chef des neuen Entwicklungsbüros. 3. Kontaktaufnahme mit weiteren geeigneten Referenten für Vorlesungen in der Visuellen Kommunikation und Information. 4. Kontaktaufnahme mit Institutionen und Organisationen, um deren beratende Hilfe zu erlangen (von Filmakademien Lehrpläne anfordern). 5. Aufnahme von Kontakten mit möglichen Auftraggebern für das Entwicklungsbüro „Film und Fernsehen". Die Schule würde damit Dokumentarfilmproduzent und könnte aus dem finanziellen Gewinn den weiteren Unterricht für „Film und Fernsehen" finanzieren. 6. Kontaktaufnahme mit möglichen Spendern für die technischen Einrichtungen und für Geldspenden. 7. Bereitstellen eines Schneideraumes mit Einrichtung; evtl. ein kleiner Raum für Dokumentation. 8. Reservierung eines halben bis ganzen Tages in der Woche auf dem Stundenplan für Filmunterricht in den Abteilungen Visuelle Kommunikation und Information. 9. Suche von Diplomanden, die geeignet und gewillt wären, im neuen Entwicklungsbüro „Film und Fernsehen" ab Herbst mitzuarbeiten.

Sollte dieses neue Entwicklungsbüro sich bewähren und auch mit finanziellem Erfolg arbeiten, wäre es für die Schule ein leichtes, später eine neue Abteilung „Film und Fernsehen" zu eröffnen. Das Berufsziel für die Studenten in dieser neuen Abteilung wäre die Ausbildung von Drehbuchautoren, Dokumentarfilm-Regisseuren, Kameramännern, Cuttern, Fernsehreportern und Produzenten. Die spätere Gründung dieser neuen Abteilung „Film und Fernsehen" wäre notwendig, da ein junger Mensch, der einen dieser Berufswege einschlagen will, nicht vorher vier Jahre allgemeine Studien über Visuelle Kommunikation und Information betreiben will, ohne auf seinem eigentlichen Spezialgebiet arbeiten zu können. ...

1960 – Christian Staub legt der „Pädagogischen Konferenz" das Memorandum vor und stellt den Antrag auf Gründung einer Film- und Fernsehabteilung an der HfG. Die „Pädagogische Konferenz" befürwortet diesen Antrag.

1960 – In das Programm der Abteilung Visuelle Kommunikation, Studienjahr 1960/61 sind die folgenden filmbezogenen Vorlesungen, Seminare und Übungen aufgenommen:

Dr. K. J. Fischer, Heidelberg: Technik des Drehbuchschreibens. Alain Tanner, Free Cinema, London: Der englische Dokumentarfilm. Christian Staub, Ulm: Geschichte des englischen Dokumentarfilms. Dr. W. Berghahn, München: Fernsehtechnologie; Leitbilder im amerikanischen Film. Sukopp, Ulm: Filmtechnologie. Christian Staub, Ulm: praktische Übungen mit einer 16 mm Bolex: Einstellungs-Anschlüsse.

1961 – Die „Pädagogische Konferenz" beschließt eine Unterteilung der Abteilung Visuelle Kommunikation in einen Sektor mit Schwerpunkt Typografie, Grafik, Ausstellungs-

Christian Staub

Erlhoff:
Ein für die gesamte Geschichte der HfG symptomatischer Vorgang, da solche Konflikte nie grundlegend ausgetragen wurden. Jeder hätte eigentlich um die Bedingungen der eigenen Arbeit an der HfG wissen müssen, aber man hat einfach weitergemacht, ist weiter nach vorne gelaufen und hat sich in einem Schwebezustand eingerichtet.

Lindinger:
Das war einer der großen Widersprüche von Ulm. Die Unabhängigkeit der HfG sollte durch die private Geschwister-Scholl-Stiftung garantiert sein. Doch sie hatte zu wenig Vermögen und die privaten Spenden erreichten nie die notwendige Höhe. Drei Viertel des Etats bestritten schließlich das Land und der Bund, von Jahr zu Jahr neu zu erbetteln und zu beschließen. Der uneingestandene Preis war ein Verhalten des vorsichtigen Agierens, damit Stuttgart stillhielt und Bonn bei der Stange blieb. Kaum wurde ruchbar, daß die Studenten an den Ostermärschen teilgenommen hatten oder daß ein Dozent Unterschriften gegen den Vietnam-Krieg gesammelt hatte, schon gab es Proteste aus Bonn oder aus Stuttgart, die von Inge Aicher geschlichtet werden mußten.

Staubach:
Für dieses vorsichtige Taktieren gibt es noch einige Beispiele: Etwa, daß man Unterschriften am nächsten Tag wieder zurückzog, sich von Vietnam-Sammlungen am nächsten Tag distanzierte, nachdem bekannt wurde, daß eine scheinbar linksstehende Organisation hin-

technik und Fotografie, und einen Sektor mit Schwerpunkt Film, Fernsehen und Fotografie. Christian Staub wird mit der Planung und Organisation des Sektors Film, Fernsehen, Foto beauftragt.

1961 – Am 2. Oktober d.J. legt Christian Staub einen Bericht über den Stand des Sektors Film, Fernsehen, Foto vor:

Abteilung Film und Fernsehen an der Hochschule für Gestaltung. Mit dem heutigen Beginn des Studienjahres 1961/62 nimmt die Abteilung Film/Fernsehen den vollen Unterrichtsbetrieb auf. Sie ist organisatorisch angegliedert an die Abteilung Visuelle Kommunikation.

Ausbildungsziel: Es sollen Fachleute für Dokumentarfilm und Fernsehen ausgebildet werden, insbesondere Regieassistenten, Kameramänner und Cutter. Das Studium dauert 4 Jahre und besteht zur knappen Hälfte in theoretischen und Grundlagen-Kursen; zum größten Teil in selbständiger praxisnaher Film- und Fotoarbeit unter Anleitung. Außerdem soll in Hochschulferien durch Praktika bei der Filmindustrie und beim Fernsehen weitere Berufserfahrung erworben werden. Das 4. Studienjahr ist für die Diplomarbeit vorgesehen, die eine größere, völlig selbständig zu bearbeitende Aufgabe darstellt.

Für das 1. Quartal des Studienjahres 61/62 konnte für die praktische Filmarbeit (sogenannte Abteilungsarbeit) eine Gruppe von Regisseuren, einem Kameramann und einer Cutterin verpflichtet werden. Es sind dies: Ferdinand Khittl, Raimond Ruehl, Haro Senft, Franz Josef Spieker, Schwennicke und Frau Dr. Henrici. Als Aufgabe erhält jeder Student eine Sequenz eines Lehrfilms. Außerdem führt Dr. Berghahn seinen Kursus über Fernseh-Technologie weiter. Im Augenblick haben sich 8 Studenten für die Filmabteilung eingeschrieben. Dazu kommen einige Studenten der Abteilung Information, die besonders am Drehbuch mitarbeiten.

Ausrüstung: Wir haben vorläufig nur eine 16mm-Amateurausrüstung sowie einige Scheinwerfer zur Verfügung. Ab Ende Oktober wird ein von den Rundfunkgesellschaften gestiftetes Tonstudio betriebsfertig sein. Von der Firma UFA wurde uns ein 35mm-Tonfilmprojektor mit allem Zubehör zur Verfügung gestellt. Es besteht Einhelligkeit, daß besonders für Lehrzwecke mit 35mm-Film gearbeitet werden sollte. Dazu fehlen uns folgende Apparate: Eine 35mm-Aufnahmekamera, ein 35mm-Schneidetisch und ein Tricktisch. Der Rohfilmbedarf kann aus dem Lehrmitteletat noch nicht bestritten werden.

Es ist daran gedacht, die Themen für die Studienarbeiten in möglichst enger Zusammenarbeit mit der Filmindustrie auszuwählen und durchzuführen, um so eine möglichst realitätsnahe Ausbildung zu gewährleisten.

Aus: *Output*, 14, 1962

Die Aktion: „Die Oberhausener Gruppe" in Ulm.

Filme machen ist die persönliche Leistung einer Person oder einer Gruppe. Dieses persönliche d.h. organische Prinzip des Filmemachens steht im scheinbaren Gegensatz zur industriellen Methode der Filmwirtschaft. In Wahrheit hat die Filmwirtschaft gar keine industriellen Methoden entwickelt, sondern arbeitet von Einzelobjekt zu Einzelobjekt. Die Verachtung der persönlichen Imagination in der bisherigen Filmpraxis hat zum Subjektivismus der einzelnen Filmsparten geführt: dem Star, dem Regiespezialisten, dem Kameraspezialisten, dem technischen Chargen, dem Drehbuchautor. Gerade diese Addition von Zutaten führt nicht zum neuen Prinzip des Filmemachens.

Die Ausbildung für Filmgestaltung im Rahmen der HfG geht deshalb nicht von den einzelnen Filmsparten aus, sondern bildet allgemein den Filmgestalter. Der Filmgestalter beherrscht den gesamten Vorgang des Filmemachens. Darüber hinaus kommt es darauf an, die Gesamtperspektive im Auge zu behalten, da es nicht nur aufs Filmemachen, sondern auf eine generelle Umstrukturierung des Kinos,

ter dem Aufruf stand. Von allen Seiten wird zwar die HfG als eine linke, fortschrittliche Hochschule eingeschätzt, es gab aber damals keine offizielle politische Äußerung der HfG. Zum Beispiel geschah in der Abteilung Visuelle Kommunikation, die über die technischen Geräte, Druckmaschinen etc. verfügte, nichts, was eine allgemeine politische Äußerung genannt werden könnte. Wiederbewaffnung, Notstandsgesetze etc. scheinen spurlos an der HfG vorbeigegangen zu sein.

Lindinger:
Da ist schon einiges gedruckt worden für Demonstrationen. Offizielles Thema von Studienarbeiten war es allerdings nie.

Erlhoff:
Nun verstehe ich ja, daß für die Privat-Hochschule HfG die Öffentlichkeit ein wichtiger Faktor war, nur: Warum gelang es der Hochschule nie, diese Öffentlichkeit auf ihre Seite zu ziehen, die Medien, wenigstens die kritische Öffentlichkeit?

Lindinger:
Heute versteht man nur schwer weshalb gerade die Presseberichte für uns damals ein so großes Problem waren – etwa der Spiegel-Artikel, der uns enorm geschadet hat. Das lag wohl daran, daß diese Institution HfG tagtäglich – und das gewissermaßen seit der Gründung – auf der Kippe stand. Die Dozenten hatten ja keine langfristigen Verträge, sondern nur Jahresverträge mit dreimonatiger Kündigung. Keine Abfindung, keine Pension, keine soziale Übergangsregelung – nichts. Sie haben dafür das lächerliche Gehalt von 700 Mark im Monat erhalten, was

also auf den Gesamtzusammenhang von Film über Produktion, Verleih, Kino bis zum Publikum ankommt. In dieser Hinsicht strebt die Filmabteilung der HfG eine filmische Gesamtausbildung an. Es ist dem einzelnen Studenten überlassen, sich in seinem weiteren Entwicklungsgang Schwerpunkte im Filmbereich zu suchen. Grundvoraussetzung ist aber das technische Können und organisierte Denken in allen Sparten. Neben der technischen Abteilung steht die formelle Bildung. Folgende Eigenschaften sollen durch den Bildungsprozeß besonders entwickelt werden:

Imagination, ästhetische Erfahrung, Realisationsvermögen, Präzision, Experiment und avanciertes Bewußtsein.

Die Filmabteilung an der HfG setzt sich aus drei Institutionen zusammen: Die Filmschule: Die Filmschule besorgt den Unterricht, der nach den didaktischen Grundlagen vorgenommen wird, die sich für die anderen Abteilungen an der HfG entwickelt haben. Das Entwicklungsstudio: Das Entwicklungsstudio bearbeitet Probleme, die im Bereich der Filmgestaltung und der Filmorganisation auftreten. Die Arbeit im Entwicklungsstudio wird sich in Entwicklungsgruppen abwickeln. Entwicklungsarbeiten dieser Art hängen eng zusammen mit den gedanklichen Grundlagen, die für die Entwicklungsstudios der anderen Abteilungen der HfG gelten.

Forschungsaufträge: Forschungsaufträge aus Theorie, Technik, Gestaltung und Geschichte des Films sollen zu einem festen Bestandteil der Filmabteilung werden und in einer gesonderten Institution ihren regulären Platz finden.

Der Lehrplan dieser Filmschule wird von Mitgliedern der „Oberhausener Gruppe" (Bernhard Dörries, Edgar Reitz, Detten Schleiermacher, Haro Senft, Dr. Alexander Kluge) und Filmkritikern der Zeitschrift „Filmkritik" (Ulrich Gregor, Theodor Kotulla, Enno Patalas) durchgeführt. In den ersten zwei Studienjahren werden die Studenten mit kleinen Übungen in alle Möglichkeiten der Gestaltung eingeführt.

Bis zur Beendigung des 2. Studienjahres sollen folgende Mittel beherrscht werden: Grundideen und Ausgangspunkte, Ausweitung der technischen Mittel der Filmgestaltung, Ausweitung der rhetorischen Mittel der Filmgestaltung. Gestaltungsplanung, Organisation, Bildregie, Tongestaltung, Kamera, Montage, Schnittechnik, Kopierwerkstechnik, Filmtricks, Ateliertechnik, Darstellerführung und Reportagetechniken. Außerdem werden im 2. Studienjahr polemische Betrachtungen von speziellen filmtechnischen und filmgestalterischen Problemen betrieben und filmhistorische, filmpolitische, filmgestalterische und filmtechnische Untersuchungen angestellt. Ein wichtiger Bestandteil des Unterrichtsprogramms sind Filmgeschichte und Filmanalysen.

Im 3. Studienjahr werden die theoretischen Fächer weiter ausgebaut und vertieft. Die technische Ausbildung wird hier sehr stark mit den Entwicklungsarbeiten in den Entwicklungsgruppen gekoppelt sein. Das 4. Studienjahr ist wie bei den anderen Abteilungen auch dem Diplom gewidmet. Es kann z.B. durch eine theoretische Untersuchung und durch einen Kurzfilm des jeweiligen Diplomanden abgelegt werden. Studenten der HfG, die ihr Diplom in der Filmabteilung gemacht haben, erfüllen die Voraussetzung, ihren ersten Kurzspielfilm aus der Stiftung „Junger Deutscher Film" finanziert zu bekommen.

Detten Schleiermacher, in: *Output*, 14, 1962

Was wollen die „Oberhausener"?

Der Film in der Bundesrepublik befindet sich in einer Krise: sein geistiger Rang war nie geringer, heute ist aber auch seine wirtschaftliche Substanz bedroht. Dies geschieht zu einer Zeit, in der in Frankreich und Italien, in Polen, der Tschechoslowakei, aber auch in vielen anderen Ländern der Film einen neuartigen künstlerischen und politischen Rang erhalten hat. Filme wie Italiens „Salvatore Giullano", der jetzt in Berlin gelaufen ist, oder „Asche

weniger war als das, was die Assistenten damals an den Hochschulen verdienten. Die Finanzierung funktionierte nur von Jahr zu Jahr und stand immer wieder in Frage. Ein ungünstiger Artikel in irgendeiner Zeitung, der manchmal vielleicht nur salopp formuliert war, bewirkte schon, daß aus irgendwelchen konservativen Kreisen sofort wieder gesagt wurde: Diese ewige Unruhe und Streiterei in Ulm – laßt uns endlich damit Schluß machen.

Staubach:
Da bleibt aber die Frage, warum zum Beispiel der Spiegel nicht positiv über Ulm berichtet hat, oder wenigstens in solidarischer Kritik.

Chemaitis:
Und zwar nicht nur der Spiegel. Wenn man sich die Medienlandschaft jener Zeit anschaut, dann gab es doch eine kluge und differenzierte Berichterstattung – etwa angesichts des damaligen Südwestfunks oder des NDR. In der Tat bleibt die Frage, warum es der HfG nicht gelang, die Medien auf ihre Seite zu bringen. Auch Zeitungen oder Zeitschriften, da es doch nicht nur die rechten Blätter, sondern auch dezidiert demokratische Zeitschriften, Zeitungen und Rundfunkanstalten gab.

Staubach:
Vor allem, da man sich doch in der Abteilung Information mit den Massenmedien Rundfunk und Zeitschrift auseinandergesetzt hat und Absolventen in diesen Bereichen tätig waren.

und Diamant" aus Polen zeigen, daß der Film den Anschluß an die literarischen und anderen Kunstgattungen und insbesondere an das politische Bewußtsein erreicht hat. Wir haben zahlreiche Gespräche mit Mitgliedern der Gruppe 47 geführt und dabei festgestellt, daß das Interesse am Film bei den in anderen Bereichen Tätigen ganz außerordentlich ist. Es kommt deshalb darauf an: den Film in der Bundesrepublik aus seiner geistigen Isolierung zu lösen, das Diktat der kommerziellen Praxis im Film zu mindern, den Film in die Lage zu versetzen, sich seiner öffentlichen Verantwortung bewußt zu werden und dieser Verantwortung entsprechend sich seine Themen auszusuchen: der Film muß sich mit der sozialen Dokumentation, mit politischen Fragen, mit Bildungsfragen und mit filmischen Neuentwicklungen befassen können, was unter den bisherigen Voraussetzungen der Filmarbeit nur sehr begrenzt möglich war.

Für eine geistige Wandlung. Im Filmbereich gibt es heute zwei Gruppen: die in der Spitzenorganisation zusammengeschlossenen Produzenten und ihre spezifischen Verleiher; daneben vor allem die in der „Oberhausener Gruppe" zusammengeschlossenen Nachwuchskräfte. Die „Oberhausener Gruppe" ist inzwischen nicht mehr begrenzt auf die Unterzeichner der Oberhausener Erklärung vom Februar dieses Jahres, sondern umfaßt alle die Kräfte, die nicht nur eine Sanierung des bisher Üblichen im deutschen Film, sondern eine Strukturveränderung der Filmproduktion und eine geistige Wandlung der Filmarbeit anstreben. Zu dieser Gruppe gehören Regisseure, Produzenten und Autoren. Die Gruppe sucht enge Zusammenarbeit mit der Gruppe 47, mit der sogannten Kölner Schule (Stockhausen) und mit anderen geistigen Kräften außerhalb des Filmbereichs. Das Programm, das von der „Oberhausener Gruppe" vertreten wird, läßt sich im Endeffekt durch sich selbst finanzieren. In der Anfangszeit, in der neue Modelle des Films in verhältnismäßig kurzer Zeit entwickelt werden müssen (in Frankreich und Italien hat man dazu die letzten 6 Jahre benutzt, in den Ostblockstaaten trägt der Staat ohnehin die Kosten dieser Entwicklungsarbeiten), bleibt das Programm jedoch zumindest teilweise auf öffentliche Förderung angewiesen. Das bedeutet, daß wir im Rahmen der freien Filmwirtschaft einen bestimmten nichtkommerziellen Spielraum erhalten müssen.

Drei Ziele. Die „Oberhausener Gruppe" hat sich im Frühjahr dreierlei vorgenommen: 1. Die Förderung der freien Kurzfilme. Der freie Kurzfilm ist das natürliche Experimentierfeld des Films, ähnlich wie die Privatschule im Schulbereich Träger der freien Impulse und der Reformarbeit ist, die sich mit dem großen Apparat der Staatsschule nicht bewältigen läßt. Dieser freie Kurzfilm ist gerade heute durch die Abschaffung der Vergnügungssteuer ernsthaft bedroht. Die Verleihe kauften bisher zwar nicht den Kurzfilm, aber das Prädikat der Bewertungstabelle. Durch den Wegfall der Vergnügungssteuer in einigen Bundesländern sind die Prädikate für den Verleih nicht mehr soviel wert. Die Verkaufserlöse für „besonders wertvolle" Kurzfilme sind auf diese Weise weit unter die Produktionskosten gesunken. Es geht uns aber darum, gerade diese Basis der Kurzfilme nicht zu verlieren. 2. Die Begründung einer gemeinnützigen Stiftung „Junger Deutscher Film" (siehe „Die Oberhausener Gruppe", Artikel von Enno Patalas). 3. Gründung eines geistigen Filmzentrums, in dem sich Nachwuchs bilden kann und in dem theoretische Arbeiten und Entwicklungsarbeiten, wie sie für jede Industrie, auch für die Filmindustrie, nötig sind, ihren Ort haben.

Die Abteilung für Filmgestaltung an der Hochschule für Gestaltung in Ulm verbindet die Entwicklung neuer filmischer Modelle mit dem Unterricht in Filmgestaltung. Diese Abteilung bildet gleichzeitig ein Entwicklungsstudio, in dem die praktischen Entwicklungsarbeiten und die Ausbildung der Studenten erfolgt, die das Grundstudium von 2 Jahren hinter sich gebracht haben. Filmabteilung und Entwicklungsstudio der HfG gliedern sich ein in den Gesamtrahmen der Film- und Fernseh-

Chemaitis:
Wobei es um eine wirklich praktikable Ausbildung gegangen wäre, also mit Journalisten und Rundfunkredakteuren, die so etwas vermittelt hätten.

Lindinger:
Na ja, wenn man die Presse über die HfG durchgeht, dann fällt auf, daß in den frühen Jahren der Hochschule sehr emphatische Berichte geschrieben wurden, und daß sich das offenbar mit der Krise um Bills Weggang wandelte, da sich zu diesem Zeitpunkt ein großer Teil der feuilletonistischen Zeitungsredaktionen auf die Seite von Bill schlug. Und der so äußerst problematische Spiegel-Artikel mit all seinen Konsequenzen entsprang der Parteinahme des Spiegels für die Methodologen und Positivisten, die dort als die scheinbar wissenschaftlicheren Wissenschaftler ein besseres Gehör fanden. Außerdem waren die Medien oft verunsichert, was dort oben auf dem Kuhberg so alles geschah; wir waren ihnen obskur und deshalb verdächtig.

akademie, die mit Einrichtungen in München, Berlin und Ulm begründet werden soll.

Alexander Kluge, in *Output* 14, 1962

Kino der Autoren

Der Begriff stammt aus dem Französischen (Cinéma des auteurs). Er wird in Deutschland seit etwa zwei Jahren verwendet und wurde von der Oberhausener Gruppe als Programmpunkt bei der Gründung ihrer „Stiftung Junger Deutscher Film" übernommen. Auch das „Kino der Autoren" bezeichnet eine Produktions- und Gestaltungspraxis. Die Rolle des Produzenten und die des Filmautors wird verändert.

Das „Kino der Autoren" geht davon aus, daß Film ein Kunstmedium ist, das völlig gleichberechtigt neben den anderen Disziplinen wie Musik, Architektur, Literatur besteht. Nach einer Definition von Hans Rolf Strobel ist das Filmemachen in dieser Praxis „eine andere Art zu schreiben". Zum besseren Verständnis muß erklärt werden, was ein Filmautor ist: Er ist zunächst nicht mehr und nicht weniger als der „Urheber" eines Films in seiner Gesamtheit. Der Filmautor (Realisator) trägt die Verantwortung für den Film in allen seinen Teilen. Dies bedeutet, daß er nicht nur ein souveräner Beherrscher aller filmtechnischen Prozesse ist, sondern auch, daß sich seine Phantasie ursprünglich im Bereich des technischen Mediums bewegt. Anhänger der Theorie vom „Kino der Autoren" berufen sich gern auf einen Satz des russischen Filmautors Pudowkin, der schrieb, die Filmkunst könne nur auf der Basis ihrer eigenen Methoden entstehen. Zur Theorie vom „Kino der Autoren" gehört die Feststellung, daß jedes Kommunikationsmittel ein Filter ist, das bestimmte Inhalte (Informationen) blockiert und andere bevorzugt durchläßt, und die Behauptung, daß Film ein besonders geeignetes Transportmittel für Gedanken und Formen ist, die für die heutigen Zeitumstände bestimmend geworden sind.

Die Frage des „Originalstoffes" wird beim

Edgar Reitz

Bernhard Dörries

Haro Senft

Detten Schleiermacher

Alexander Kluge

Chemaitis:
Schließlich war sicherlich auch wichtig, daß zum Beispiel das kontinuierliche Engagement von Inge Aicher an vielen Stellen auf Unverständnis stieß. Was sich dann mit einem Unverständnis für die gesamte Hochschule verbinden mochte.

Riemann:
Am Ende der Hochschule aber, als diese geschlossen werden sollte, traten viele der Zeitungen doch sehr engagiert für Ulm ein. Nur kam das eben zu spät.

„Kino der Autoren" neu beantwortet. Die Identifikation des Filmautors mit seinem Stoff geht meistens so weit, daß von einer autobiografischen Tendenz gesprochen werden kann. Es handelt sich eigentlich immer um „Originalstoffe", die den Filmen zugrunde liegen. Wird eine literarische Vorlage verwendet (was bei den jungen Franzosen häufig der Fall ist), so ist der Film nicht eine „Verfilmung" des Stoffes im Sinne des Kinos der Zutaten, sondern eine mit den Mitteln des Films neu vorgenommene – aus der Überzeugung des Filmschöpfers angeregte – Auseinandersetzung mit einem Thema.

Kameraübungen, Dreharbeiten für erste Filmminiaturen und Filmsequenzen, experimentelles Arbeiten, Reportage-Technik, Dokumentarfilm

Dieses Thema findet dann – in der Form des Kommunikationsmittels Film – eine andere Deutung, hat andere Informationen. (Beispiel: ZAZIE von Louis Malle und ZAZIE von Raymond Queneau.) Film und Roman sind in diesem Falle zwei völlig voneinander unabhängige autonome Werke, die das Thema und einige äußere Handlungsverläufe gemeinsam haben. Dies läßt sich am ehesten mit einer Komposition vergleichen, in der Themen anderer Kompositionen verarbeitet wurden (Bach).

In der Regel zeichnet eine Person als Filmautor. Arbeitet ein Autorenteam zusammen, so werden die Kompetenzen der einzelnen Mitglieder des Teams nicht scharf voneinander getrennt. Alle sind Beherrscher des Gesamtmediums Film und sehen in der Kooperation vor allem Möglichkeiten zur Objektivierung der Probleme: im Gespräch und bei dem sehr komplizierten Produktionsprozeß, der oft von einzelnen Personen nicht in allen Teilen gesteuert werden kann. Derartige Teams können sich bilden aus Personen, die ihre Hauptinteressen in den Gebieten: Kamera, Regie, Filmtheorie (und Literatur) haben.

Alle Personen, die beim Kino der Autoren außerhalb der Autoren-Verantwortung mitwirken, tragen rein dienende, technische Funktionen. (Darsteller, Literaten, Kameramänner, Tonmeister, Cutterinnen, Beleuchter, Assistenten, Aufnahmeleiter, Requisiteure, Architekten etc.) Die Praxis des „Kinos der Autoren" wird in Deutschland zur Zeit nicht überall verstanden. Die Filmpresse deutet sie in dem Sinne, daß die Schriftsteller („Autoren") hier den Film maßgebend gestalten, indem sie ihre Romanstoffe dazuliefern. Auch im Bereich der urheberrechtlichen Regelung hat das „Kino der Autoren" noch keinen Platz gefunden.

Die Rolle des Produzenten ist beim „Kino der Autoren" mit der des Verlegers zu vergleichen. Er finanziert und organisiert die Herstellung und den Vertrieb des Films eines bestimmten Autors. Er verzichtet darauf, seine Autoren zu beeinflussen oder ihnen seine Absichten aufzuzwingen. Das Abkommen zwischen Produzent und Filmautor enthält ledig-

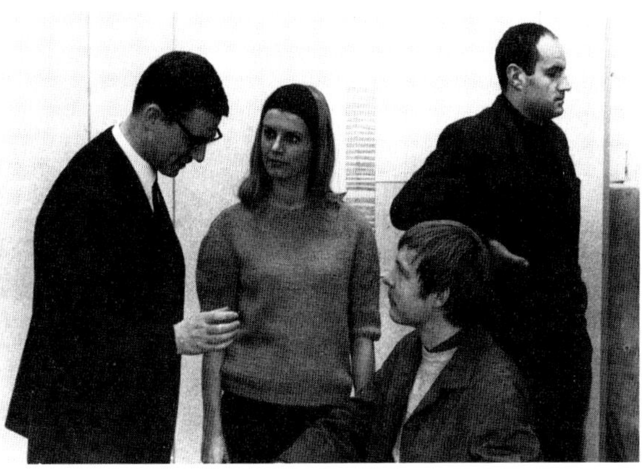

Theoretische Übungen und Vorlesungen als Ergänzung zur praktischen Arbeit.

lich eine Regelung über die Einhaltung einer Kalkulation, die gemeinsam mit dem Autor erstellt wurde. Die Leistung des Produzenten besteht vor allem in der Wahl der Autoren, die er in seiner Produktion beschäftigt (vgl. Verlagswesen). In der Steuerpraxis besteht der Unterschied zwischen dem „Kino der Autoren" und dem „Kino der Zutaten" darin, daß der Filmautor hier sein Einkommen selbst versteuert, während der Filmregisseur dort lohnsteuerpflichtig ist.

Es gibt keinen Einfluß der Vertriebsorganisationen (Verleih) auf die Arbeit des Filmautors. Im Titelvorspann der Filme vom „Kino der Autoren" findet sich immer häufiger die Angabe „Ein Film von..."

Edgar Reitz, in: *Output*, 15, 1963

die abteilung für filmgestaltung ist ein geistiges zentrum für den jungen film. sie betreibt eine nachwuchsförderung, die die arbeit der berliner film- und fernsehakademie und die des kuratoriums junger deutscher film in münchen ergänzt.

entwicklung und bildung: die abteilung für filmgestaltung betreibt forschungen und lehrproduktionen. dozenten und fortgeschrittene studenten arbeiten gemeinsam an theoretischen und praktischen modellen, die der weiterentwicklung des films dienen (entwicklung). die filmabteilung widmet sich insbesondere der grundlagenarbeit, für die in der praxis nicht der genügende raum bestehen kann. film wird dabei als ein kommunikationsmittel verstanden, das eine allgemeine intellektuelle auseinandersetzung mit der wirklichkeit voraussetzt, gleich ob es sich um fiktion oder dokumentation handelt. durch die konzentration auf diese aufgabe, verbunden mit der technischen beherrschung des gesamten mediums film, entsteht ein autor-typ, der sich vom spezialisten durch eine größere verantwortlichkeit unterscheidet. es geht nicht um eine branchengebundene verbesserung des films, sondern um die entwicklung des films als allgemeines ausdrucksmittel der intelligenz und menschlichen erfahrung.

arbeitsweise: die abteilung für filmgestaltung arbeitet wie eine filmproduktion. das bildungsprogramm ist so aufgebaut, daß jeweils ein quartal aus formalisiertem unterricht in form von seminaren und einem kurs- und kernfächersystem besteht; die beiden anderen quartale dienen der langfristigen realisierung praktischer und theoretischer arbeitsvorhaben insbesondere in form von lehrproduktionen. zusätzlich ist den studenten der abteilung für filmgestaltung gelegenheit gegeben, an den vorlesungen der theoretischen wochen der hochschule für gestaltung teilzunehmen.

Filme zur Studentenbewegung Broschüre des Instituts für Filmgestaltung 1967

studienvoraussetzung und studiengang: die anzahl der studienplätze ist begrenzt. voraussetzung für die aufnahme in die abteilung für filmgestaltung ist ein abgeschlossenes hochschulstudium oder eine gleichwertige vorbildung. der bildungsgang an der abteilung für filmgestaltung umfaßt mindestens zwei oder höchstens fünf jahre. es besteht kein klassen-, sondern ein arbeitsgruppensystem. den abschluß bildet ein diplom, das in einer selbständig durchgeführten filmproduktion, einer theoretischen arbeit sowie dem colloquium besteht.

Aus dem Lehrprogramm der Abteilung für Filmgestaltung der HfG von 1966/67

Artisten in der Zirkuskuppel: ratlos
von Alexander Kluge
Filmplakat

Mahlzeiten
von Edgar Reitz
Filmplakat

...Die Erfahrung ist die, daß man offenbar in einem Bereich, der kulturfremd ist, Kultur nicht durch bloße Subventionen, also durch Geld, erreichen kann, sondern daß es hier um ein geistiges Problem geht. Ich glaube, es gibt keine Branche in der Industrie — vielleicht von der Holzindustrie abgesehen —, in der ein so erschreckender Bildungsstand herrscht wie im Filmbereich. Es ist so, daß die meisten kulturell wichtigen Filmprojekte finanziell ermöglicht werden könnten in unserer Filmwirtschaft, aber aus geistigen Mangelerscheinungen nicht verwirklicht werden. Dieses Problem ist der Grund, weshalb ein Sammelpunkt für die geistigen Kräfte des Films und eine Verbesserung des Bildungsstandes im Filmbereich gefordert wird, und zwar in Form einer Film- und Fernsehakademie.

Ich möchte einen kurzen Kommentar zur sogenannten „Oberhausener Gruppe" geben. Diese Gruppe wird oft falsch eingeschätzt oder überschätzt. Es handelt sich um einen Zusammenschluß von 26 jüngeren Produzenten und Regisseuren. Jung heißt in diesem Fall: zwischen 30 und 40 Jahren. Diese Leute haben sich vor etwa 1 1/2 Jahren auf den Filmfestspielen in Oberhausen unter dem Eindruck der Ufa-Krise versammelt und kulturpolitische Forderungen erhoben. Sie haben einerseits gegenüber der Kultusministerkonferenz, andererseits vor dem kulturpolitischen Bundestagsausschuß drei Dinge gefordert: 1) Förderung des Qualitätsfilms, inbesondere des wertvollen Kurzfilms; 2) eine Stiftung Junger Deutscher Film zur Förderung des deutschen Nachwuchses. Es handelt sich dabei um eine nichtkommerzielle Förderung; 3) ein geistiges Zentrum oder mehrere geistige Zentren in Form einer Rahmenakademie.

Die Forderung zu 1) wird zur Zeit im Rahmen der Kultusministerkonferenz geprüft, die Forderung zu 2) hat die grundsätzliche Zustimmung des Bundesinnenministeriums gefunden. In der 3. Frage, der Akademiefrage, hatten sich Vertreter der Oberhausener Gruppe, darunter auch ich, an die Hochschule für Gestaltung gewandt. Diese Hochschule hatte seit einigen Jahren schon Ansätze für eine Filmausbildung. Gespräche darüber mit Angehörigen der Oberhausener Gruppe gehen bis ins Jahr 1958 zurück. Diese sehr unvollkommenen Ansätze sind seit etwa einem Jahr durch die Initiative von Mitgliedern der Oberhausener Gruppe konkretisiert worden. Die Bemühungen fanden das Verständnis des Martin-Ausschusses und der anderen Partner, die Akademiepläne entwickelt haben: Berlin und Bayern. Wie es nach unserer Verfassung legitim ist, wurde die Akademieplanung dann in diesem Jahr vom Bund, der sich ursprünglich darum gekümmert hatte, auf die Länder verlagert. Im Rahmen der Kultusministerkonferenz wurde ein Akademierahmen entwickelt, d.h. ein Dachverband, der in Bonn seinen Sitz haben soll, und der die 3 Einrichtungen, die gewissermaßen organisch gewachsen sind, Berlin, München, Ulm, betreuen soll. Dabei ist daran gedacht, daß München einen Fernsehschwerpunkt, Berlin einen Filmschwerpunkt für die Ausbildung in speziellen Fachrichtungen (stark von der Filmkritik her beschickt), Ulm aber einen verhältnismäßig kleinen Rahmen haben soll, der eine Filmausbildung mit stark praktischem Einschlag in allen Disziplinen des Films vorsieht. Das Ergebnis der Berliner Ausbildung wäre danach der filmische Spezialist oder Filmkritiker, in München der Fernsehmann, in Ulm dagegen der in allen Bereichen des Films ausgebildete Filmgestalter, wie er der Vorstellung des „Kinos der Autoren" entspricht. In diesem Zusammenhang ist besonders von Berlin, aber auch von dem Vertreter des bayerischen Kultusministeriums das Interesse an der Zusammenarbeit mit der Filmabteilung Ulm betont worden. ...

Alexander Kluge, in: *Ulm*, 10/11, 1964

Industrielles Bauen

Die Studenten dieser Abteilung wurden ausgebildet auf das Ziel hin, als Architekten die mit der Industrialisierung des Bauens entstehenden Probleme zu lösen.

Zu diesem Zweck trainierte sie den Studenten, die Tendenzen dieser Industrialisierung zu erkennen und zur Grundlage seiner Arbeit zu machen: den zunehmenden Umfang und die wachsende Anonymität der Nachfrage, den Strukturwandel der Projektierungs- und Ausführungsbetriebe, die Mechanisierung der Bauarbeiten, die Anwendung neuer Materialien und Verfahren, die immer häufigeren Rückgriffe auf wissenschaftliche Untersuchungen und systematische Experimente.

Das Ausbildungsprogramm setzte eine gute fachliche Vorbildung der Studenten voraus. Die Studien waren eher darauf angelegt, den Architekten auf die Übernahme einer durch die Industrialisierung des Bauens erhöhten Verantwortung vorzubereiten, als einen Spezialisten auszubilden.

Dozenten: Bill, Doernach, Ohl, Schnaidt, Wirsing.

Architektur
Die Ausbildung erfolgt in gemeinsamer Arbeit im Atelier anhand praktischer Aufgaben, also ohne die sonst übliche Semester-Spezifizierung. Die theoretischen Fächer werden nach Maßgabe des Ausbildungsstandes und in direktem Zusammenhang mit den praktischen Aufgaben gelehrt. Vorausgesetzt wird Architekturstudium, Bauzeichnerlehre, Studium an einer Bauschule oder praktische Tätigkeit in einem technisch-handwerklichen Beruf.
Aus: HfG-Info, 1952

Entwurfsskizze
für das HfG-Gebäude
Max Bill 1952

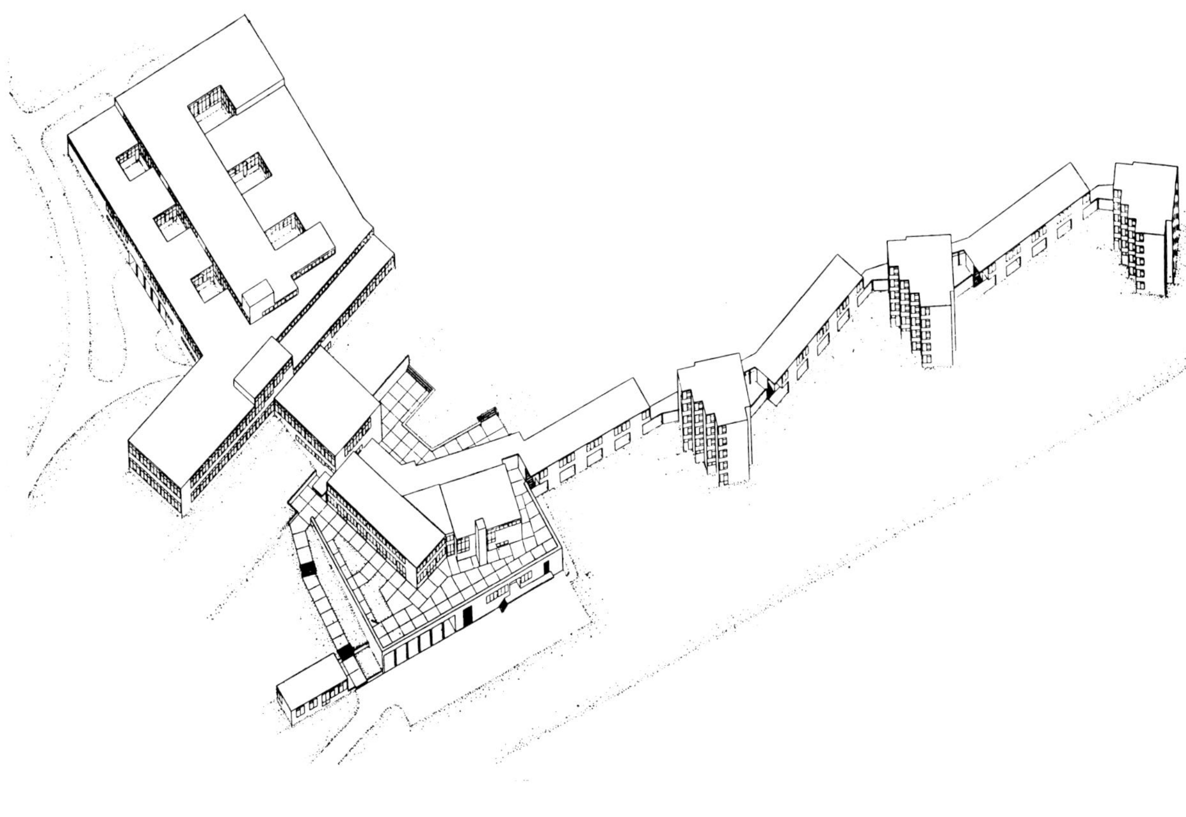

Isometrische Darstellung
der HfG

Stadtbau
Die Ausbildung geschieht im Atelier anhand praktischer Aufgaben der Stadt- und Landesplanung. Die theoretischen Fächer werden in direktem Zusammenhang mit den zu lösenden Aufgaben gelehrt. Als Vorbildung wird ein abgeschlossenes Architekturstudium oder eine ebenbürtige Ausbildung verlangt.
Aus: HfG-Info, 1952

Landvermessung

Baubeginn auf dem Oberen Kuhberg 8.9.1953

HfG-Richtfest 5.7.1954

Die Bauten der Hochschule für Gestaltung sind derart im Gelände angelegt, daß jedes Stockwerk direkte Ein- und Ausgänge hat. Die Landschaft und der vorhandene Baumbestand sind in die Planung mit einbezogen.
Architekt Max Bill entwarf die konsequent durchgeführte Eisenbetonkonstruktion. Der Sichtbeton, in glatten Schalungen gegossen für alle Konstruktionsteile, alle Außenflächen und viel sichtbare Innenwände, wurde in Ulm erstmals in diesem Ausmaß angewandt.
Margit Staber
SDZ vom 2.10.1955

Gestaltete Räume

Michael Erlhoff

– oder: „Das Ungeziefer ist nicht fein; ins Glashaus kommt es niemals rein" (Paul Scheerbart)

An Architektur ist offenbar, daß sie – immer auf dem Weg, Räume aufzureißen und zu umbauen, Wahrzeichen zu errichten und Monumente aufzuschichten – zur Schaffung von Totalität tendiert: zum großen Ganzen, zu Einheitlichkeit unter einem Diktat. Als – aus historischer Sicht – niedrigste Kunstform strebt sie allemal zum Höchsten; und zwar ungefragt, in unkritischem Überschwang, gleichsam per se, als sei dies Tun die Natur der Architektur.

Nun ist wirklich unbestreitbar, daß Architektur zuallererst Ordnung ist, denn sie sortiert Massen, gängelt, strukturiert Abläufe, koordiniert äußeres Leben. Per definitionem sträubt sie sich explizit gegen jegliches Chaos, gegen den Wildwuchs der Unordnung und im Grundsatz auch gegen die Bausteine der Natur; Architektur meint Eingriff und bildet diesen – so sehr sie auch jeweils zeitlich gebunden und geformt ist – als rein räumliche Dimension aus. So wenig sie es wahrhaben möchte und so sehr sie damit handelt: Architektur eskamotiert Zeit oder verräumlicht diese in der metaphorischen, eben allein räumlichen Perspektive. Oder sie umgibt Zeit mit Raum (Kommunikation: das Wandern innerhalb der

...Und es gibt keinen Anblick, der dem anderen gliche. Die Schule umwandern heißt sie in Bewegung setzen. Es gibt keinen Punkt, auf den hin eine zentrale Fassade gebaut wäre. Von jedem Punkt um die Schule herum erscheinen die Baumassen anders gegliedert, immer aber bietet sich ein scheinbar geschlossenes, endgültiges Bild. Nirgends tritt eine Volumenkonzentration auf und nirgends ist ein Zentrum erkennbar.

Außer dem 4stöckigen Wohnturm sind alle Gebäude höchstens 2stöckig. Terrassengleich steigen sie den Hang hoch. Der beherrschende Eindruck: Grazilität, Bewegtheit, Vieldeutigkeit...

Bernhard Rübenach, Der rechte Winkel von Ulm, Rundfunkessay 1959

Studenten auf der Terrasse

Mauern), setzt Zeit ein Ende oder gibt Zeitläufen die Façon von schlichten Wechseln zwischen Räumen.

Was ihr Größe und eben jene Tendenz zu Totalität verleiht. Egal, ob unter der Doktrin von Gottgefälligkeit und -suche oder aus der Dynamik bürgerlicher Gesellschaft, die sich schon frühzeitig in Architekturen ergoß (Boullée oder Ledoux und Industrielandschaften jeglicher Art) und Fortschritt als Raumgewinn oder als Erkletttern einer Stufenleiter einbildete. „Wir werden das Höchste kennen, was gebaut werden kann, – kann, wenn die Menschen es wollen. Zu diesem Wollen müssen wir Architekten sie bringen", schrieb Bruno Taut und entwarf seine höhenraumgreifenden Kathedralen und Lichtdome, von denen weiland die Mystiker geschwärmt hatten, und die später in ganz anderer Gewalt die Faschisten dingfest machten. Einsichtig ist diese innere Widersprüchlichkeit der Architektur, sich zur Meisterschaft aufzuschwingen, zum eigentlich Eigentlichen, und dabei den autoritären Systemen zu verfallen. Das machte die Attraktivität des Faschismus für Architekten aus (Terragni, Nervi und auch Bauhäusler entrannen dem nicht) oder bedingte Le Corbusiers faszinierte Aufmerksamkeit für stalinistische Städtemodelle oder beförderte den Planifikationswahn deutscher Stadtplaner nach

1945 oder die auch in Ulm erdachten Systembauweisen, mit denen alles hätte gleichmäßig und -förmig überzogen werden können.

Außerdem betrachteten sich diese gesellschaftlichen Übergrößen als Metakünstler, da sie doch alles vereinheitlichten und beinhalteten. Wenn schon Gesamtkunstwerk, dann ein architektonisches. Weshalb Gropius aufrief: „Maler und Bildhauer, durchbrecht also die Schranken zur Architektur und werdet Mitbauende, Mitringende um das letzte Ziel der Kunst: die schöpferische Konzeption der Zukunftskathedrale, die wieder alles in einer Gestalt sein wird." Zusammengefügt vom Baumeister, dem Handwerker und Künstler und Politiker und Begnadeten. – Der, wenn er denn baut, Monumente für die Ewigkeit zurückläßt und dafür andere Monumente zerstört. Denn Architektur ist auch permanenter (gleichwohl von den Agierenden kaum je offen formulierter) Verdrängungswettbewerb, und das sehr real: die neuen Gebäude fressen die alten, die großen die kleinen, die komplexen die vereinzelten. Unter dem Verdikt von Ordnung betreibt Architektur in sich selbst und mit Wirkung Anarchie.

Organisierte nun Architektur die Wege, Behausungen und die räumlichen Sinne, so stürzte Design sich auf die kleinen, nicht begehbaren Räume,

Zeischegg, Maldonado, Wachsmann, Vordemberge-Gildewart, Bill 1956

Ausstellungspavillon der Stadt Ulm für die Landesausstellung Baden-Württemberg Max Bill in Zusammenarbeit mit Otl Aicher und Vordemberge-Gildewart 1955

auf Wegzeichen und auf Haptik. Eine Reduktion, die das Design vorderhand aus der totalitären Dimension entflocht und ihm Überblick sowie Augenmerk gewährte. Denn am Anfang hatte Design (und imaginiert dies noch immer) menschliche Dimension, war Dienstleistung, stellte zur Verfügung und zur Handhabe – im Gegensatz zur Architektur, die zwangsläufig überwältigt, die Subjekte in Kästen verteilt und sortiert, die nicht überschaubar ist, außer in der Vogelperspektive.

Jedoch ebnete auch das Design sich den Weg, als gesellschaftliches Kraftzentrum zu protzen. Design nicht mehr als Dienstleistung und Mittler, vielmehr als Ausgangspunkt: An der wahren Schwäche der Gegenstände, die nur noch Waren waren, bezeichnete sich das Design, das per Design den Gegenständen die Gegenständlichkeit zurückgab oder zurückvermittelte. Verzehren sich die Objekte im Tausch, so sorgt Design für immer wieder neue Objektgestalt, tritt also aus der Marginalität heraus und gewinnt eine gesellschaftliche Schlüsselposition (während es zugleich – Kehrseite des Glanzes – den Abnutzungsprozeß der Objekte beschleunigt, nämlich zur neuen Funktion noch die Mode gesellt). In dieser Funktion sodann erscheint Design tugendhaft und legitimationsfähig: Design nicht als überflüssige Verpack-

Max Bill und Tomás Maldonado besuchen Henry van de Velde in Oberägi/Schweiz

Konrad Wachsmann

Herbert Ohl

Industrielles Bauen in Ulm

Ulm war ein Zentrum – eine Institution, die sich zur Aufgabe die gesamte durchdringende Gestaltung der Gesellschaft und ihrer Produkte – also die Gestaltung einer neuen Kultur – zum Ziele gesetzt hatte. Dabei ging sie nicht von einem Gesellschaftsbild aus, das unmittelbar um sie herum sichtbar war, sondern aus der Extrapolation, aus der Vorstellungskraft, welche Möglichkeiten in der bereits entwickelten Technik der Industrialisierung, welche Bedürfnisse in der Masse der Benutzer, deren Wünsche immer noch unerfüllt waren, und welche Möglichkeiten die künstlerische, gestalterische Ausbeutung vieler Phänomene, die längst nicht in der Anwendung der Produkte und ihrer Nutzung vorhanden waren, zusammenzubringen und in eine neue Gestalt umzuformen waren. Daraus ergibt sich das Bild einer Gesellschaft, die noch nicht vorhanden war, die man in Ansätzen, in Möglichkeiten, in Zielen absehen konnte – eine aufgeschlossene, liberale, zerbruchfreie, harmonische wie auch sich weiter entwickelnde humane Gesellschaft. Eine Gesellschaft frei von Aggression – eine Gesellschaft, die offen war in jeder Richtung, die nicht national orientiert war, sondern die eindeutig eine internationale Weltgesellschaft darstellte.

In diesem Sinne sind auch die Mitglieder dieser Schule, Studenten und Lehrer, stets eine internationale Gesellschaft gewesen, obwohl die Wurzeln dieser Schule aus dem Boden dieser schwäbischen Stadt Ulm gewachsen waren. Diese Wurzeln aber waren doch stark ergänzt durch viele Beteiligte, die in der Geschichte des Bauhauses standen, und viele, die aus anderen Ländern und aus Übersee ähnliche Gedanken zu einem Zusammenschluß in Ulm geführt haben.

Industrialisiertes Bauen nannten wir die Beschäftigung, Gestaltung in der Architektur im Sinne einer modernen neuen Gesellschaft zu betreiben. Industrialisierte Architektur wäre vielleicht der noch treffendere Begriff. Das Industrialisieren erschien uns – und erscheint mir heute noch – als eine Notwendigkeit, um Massenbedürfnisse mit der Qualität einer technisch adäquaten Realisierung und einer wissenschaftlichen Methode zu beantworten. Industrialisier-

ung, als verrückte Ecke oder Kurve, sondern jetzt als gesellschaftliche Notwendigkeit. Wofür das „arts & crafts movement" ebenso kämpfte wie de Stijl, die russischen Konstruktivisten und Suprematisten (erinnert sei nur an Arvatovs Produktionsästhetik) und das Bauhaus sowie Ulm. Zumal diese neue Bedeutung von Design diesen den Zugriff auf größere Räume, ja auf den gesamten Raum des Ganzen einbrachte. Die Designer wurden Architekten, und die Architekten auch Designer. Wodurch der Raum sich nur vergrößerte, da auf einmal alles durchgestaltet werden konnte: innen und außen, Haptik und Optik, Handhabung und Verkehr. Max Bills häufig paraphrasierte Sentenz „vom Löffel bis zur Stadt" postuliert diesen Sachverhalt eindeutig – und auch zu Recht, weil unter dem Aspekt gesellschaftlicher Relevanz Architektur und Design aufs Ganze zielen müssen (auch hier wieder ein Verdrängungswettbewerb) und sich im Blick auf die Totale definieren. Falls – und da waren die meisten Architekten und Designer in Deutschland heilfroh verkappte oder offene Hegelianer –, falls das Ganze das Wahre und nicht das Unwahre sei.

Wenn dies nun so ist, bleibt Design lediglich dieser sich selbst legitimierende Zwang, sich in die Mitte des Lebens zu begeben und Gestaltung als gesellschaftliche Gestaltung zu

tes Bauen war nur ein Teil der gesamten Ulmer Aktivität, sich der Gestaltung der gesamten Umwelt und ihrer Produkte zu bemächtigen. Und in diesem Sinne auch wurde sehr rasch nach Gründung dieser Institution die Architektur in einem aufgeschlossen funktionalen, aber doch mehr klassischen Sinn in einer den übrigen Zielen der Schule – dem Industrial Design, der Massenkommunikation – angepaßten Form neu definiert und umgesetzt. Übertragung vieler Erkenntnisse im technischen wie auch im humanen wissenschaftlichen Bereich über den Menschen, über die Technik des Bauens, über Techniken in anderen entsprechenden Bereichen – wie Flugzeugbau, Schiffbau und ebenfalls des Maschinenbaus – führte eben zu der Fähigkeit dieser Schule, schon frühzeitig die Möglichkeit industrieller Fertigung unserer heutigen Zeit für das Produkt Bauen, für die Gestaltung des Bauens einzusetzen und vorauszusetzen.

Da aber die Bedingungen im Bauen in der Architektur noch längst nicht so entwickelt waren wie in den übrigen industriellen Bereichen der Investitions- und Konsumgüter, war es einfach mehr als in den anderen Gestaltungsbereichen der Schule notwendig, sich gleichzeitig mit der Entwicklung dieser Bautechnik zu beschäftigen, um den Schlüssel zu haben, die neuen Gestaltungsformen und -möglichkeiten für die industrialisierte Architektur zu erschließen. Ziel – natürlich jeder Bemühung – war die Verbesserung der Lebensqualität der Menschen, die in diesen Gebäuden, Bauwerken oder Stadtbauwerken arbeiten oder wohnen sollten. Das Spektrum der Arbeit des industrialisierten Bauens und der Aufdeckung vieler Erkenntnisse, die nur andeutungsweise von anderen Ingenieuren oder Architekten früher bereits benutzt waren, wurde durch die Ulmer Tätigkeit noch wesentlich erweitert, zusammengefaßt und methodisch fortentwickelt.

Einerseits waren es Studien, die zur methodischen Erfassung der Benutzerbedürfnisse führten. Befragungsmethoden, Analyse des Wohnverhaltens, der Wohnabläufe selbst, um genauere Vorstellungen über die Verbesserungsmöglichkeiten des Wohnens und der Arbeitsumwelt zu erhalten, wurden durchgeführt. Andererseits waren es Forschungen im Bereich der Planungstechnik, und zwar dem Bereich der Modularisierung, einem sowohl rationalisierenden wie rationalen Mittel, um den Bau durchschaubar, produzierbar, veränderbar zu machen, um ihn wirtschaftlicher zu machen und um die Gestaltungsfähigkeit, Gestaltungsfreiheit der Architektur, die man mit dem industrialisierten Bauen schaffen kann, zu garantieren. Modulierung nicht nur im Sinne rechteckiger oder einfacher drei- und sechseckiger Netzsysteme, ebenflächig und räumlich, sondern Modulierung aus sphärischen Konstruktionen wurde sehr stark betrachtet, um für die verschiedenen Bauaufgaben/Funktionsaufgaben entsprechende funktionale Bautypen – nicht nur Konstruktionsweisen – zu finden. Ob es sich dabei um die Entwicklung eines sphärischen Kinos handelte, die simultan mit der Untersuchung kugelförmiger Leichtbaukonstruktionen modularer Gliederungen betrieben und weiterenwickelt wurde, oder ob es sich um Modulierungen von Wohneinheiten, Bauelementen, die wiederum zu Stadtbauwerken vereinigt werden konnten, handelte – in jedem Falle war die Beschäftigung mit der Modulierung bezogen auf Maße, Maßordnungen, bezogen auf Bauelementformen und ihre Verbindungen ein wichtiger Schlüssel, um diesen Weg einer modernen, vielseitigen und belebenden, inspirierenden industrialisierten Architektur zu erreichen. Das parallel zur Ausbildung schon früh ins Leben gerufene Institut für Industrialisiertes Bauen als Teil der Abteilung Bauen hatte nun im besonderen Projekte, die privatunternehmerisch finanziert waren, genutzt, um eigentliche Bauforschungen und Entwicklungen pilotprojektähnlich durchzuführen und um damit die Anregungen und Impulse zu schaffen, die das neue Bauen braucht. Neue Materialien

begreifen. Denn anders als Kunst, die als Marginalie und unbeachtet Wahrheit formuliert, ereignet sich Design als Wahrheit der Oberfläche oder als wahrhaftig. Was zur Tat schreiten muß, soll es gerechtfertigt sein.

Mithin begab sich in der Zeit, daß Design im Raum mitmischte: environments wurden errichtet, übergreifende Strukturen gesetzt, Systeme gebildet; und man ging auf die Straße, kontrollierte Transport und Wege, formte ein urbanes Design und erklomm den Berg der Ökologie (der Designer im Gewand des freundlichen Raubritters vom Schlage eines Robin Hood: von der Burg ausschwärmend, Gebiete ausweitend und abgrasend, dabei Gutes im Sinn). – Da zugleich eine zunehmend segregierte Gesellschaft einen enormen Bedarf an vereinheitlichenden Maßstäben entwickelte, wurde Design bis in das Immaterielle hinein zur Ordnungskategorie schlechthin: Deshalb befleißigen sich heute so viele, Design im Mund zu führen, spricht man derweil von „Forschungsdesign", „Design der Gesellschaft" und etlichem mehr. Dem Immateriellen schließlich Form zu geben: Corporate Identity, also die Identitätsproblematik selber wurde zur vorläufig letzten Schlüsselfunktion eines urbanisierten Designs. Und so sehr die Ulmer Hochschule sich mühte, die expressionistische Ausdrücklichkeit

wie hochschlagfeste thermoplastische Kunststoffe dienten zur Entwicklung neuartiger Element- und Fassadensysteme, wobei hier besonders die neuen Eigenschaften des Materials für eine starke Wärmeausdehnung wie auch seine große Verformbarkeit ausgenutzt wurden.

Fenster und Ausbausysteme ergänzten das Programm, Leichtbausysteme in extremer Weise – unter Verwendung leichter Materialien, neuer Verbindungstechniken, wie man sie bisher nur im Fahrzeug- oder Flugzeugbau anwendete, ich nenne hier die integrale Baukonstruktion – waren insgesamt ein beispielhaftes Versuchs- und Interpretationsfeld, um neue Modulordnungen, Modulformen, Verbindungstechniken zu entwickeln, welche die Gestaltungsfreiheit wie die Lösung vieler im traditionellen Bauen ungelöster technischer Probleme auf eine neue Weise ermöglichten, um das Produkt Bauen, das Produkt Wohnung oder Arbeitsraum zu einem adäquaten, qualifizierten neuen Produkt in einer neuen Gestalt entsprechend der Produkte der Investitions- und Konsumgüter zu machen. Nach den Erfahrungen dieser ersten Phase einer Anwendung des Leichtbaus wurde immer mehr die Arbeit auf die Verwendung des klassischen neuen aber inzwischen bereits alten und scheinbar bekannten Materials Beton gerichtet, um auch daraus mit dem Konzept des Leichtbaues weitgespannte offene Konstruktionen mit großem Freiheitsgrad für eine flexible Nutzung zu erreichen. Probleme des Bauens über die ganze Zeit des Jahres hinweg, Probleme des Bauens in landschaftlich schwierigen Situationen, zur Überwindung von Senkungen, von Bauschäden oder auch umgekehrt zur Anpassung an die ursprüngliche Landschaftsform – um eben Bauen als ein natürliches, in die Landschaft eingebundenes Element ohne Verletzung dieser Landschaft zu sehen – wurden bearbeitet, um die Lösungen in Pilotprojektplanungen, die fast bis zur Ausführung geführt hätten, zu verwirklichen.

Darmstadt 1987

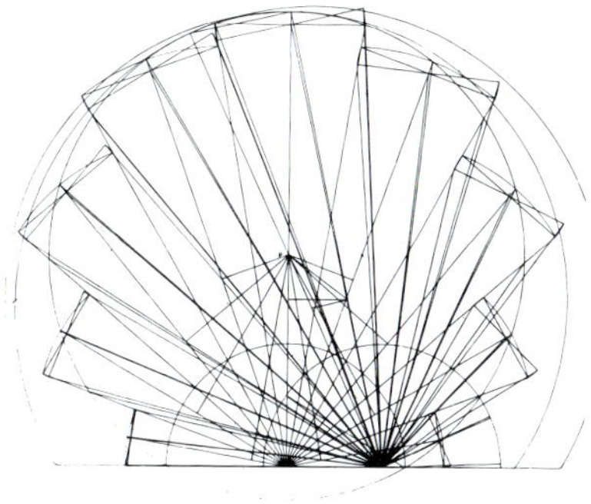

Kugelkino
Herbert Ohl
1956
Herstellung einer Bildprojektion analog dem menschlichen Sehfeld

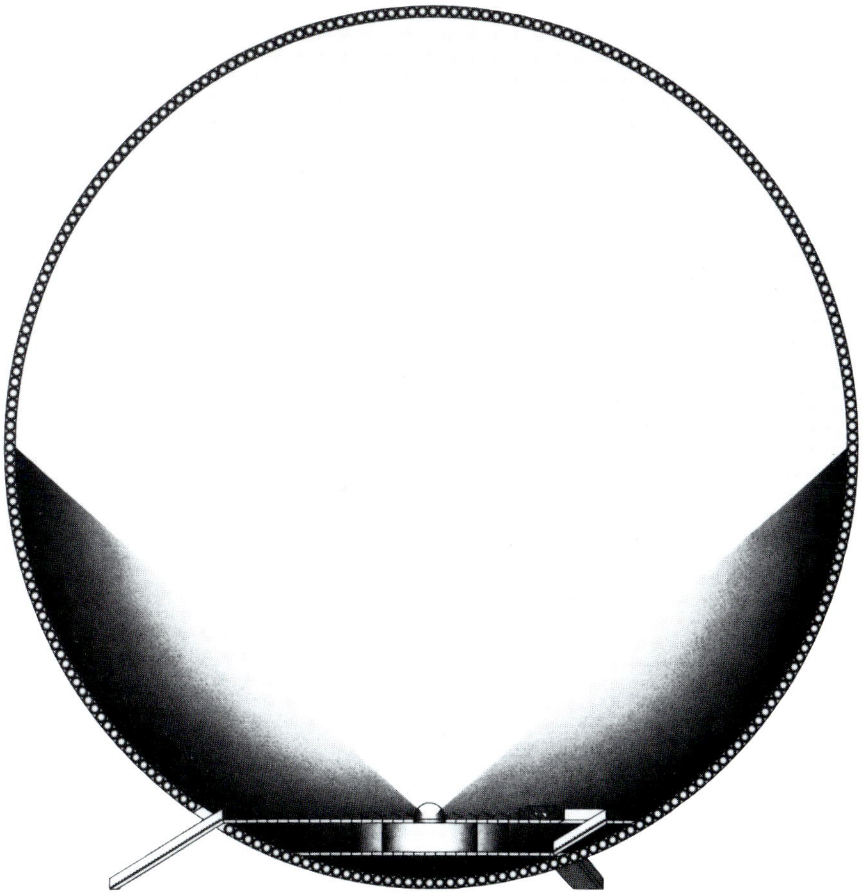

des Gropius-Bauhauses zu verarbeiten, zu sublimieren und zu kritisieren: Zwangsläufig war sie seit ihrer Gründung an der Ausweitung von Design in avancierter Position beteiligt (Systemdesign, urbanes Design...). Gleichwohl nicht naiv, denn in vielen Manifestationen und Thesen der HfG wird die Mühe um eine auf die Idee von Ganzheit verzichtende Koordination der Teile deutlich. Im Zwist zwischen Totale und Einsicht, zwischen dem schönen Unwahren und dem wahren Schönen.

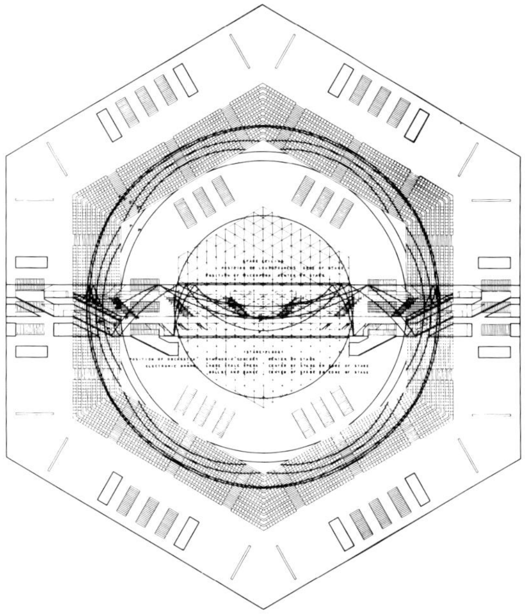

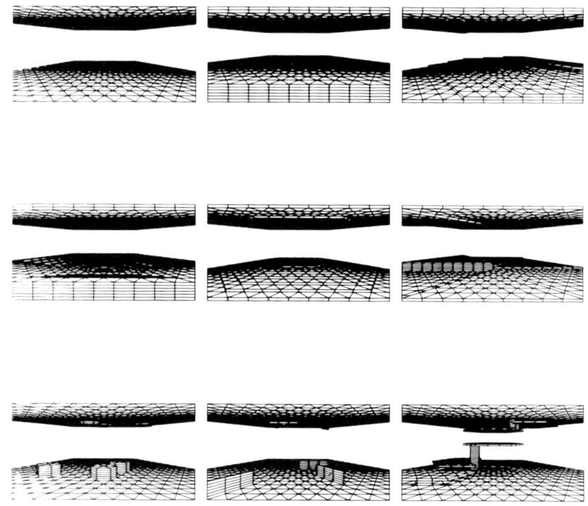

Opernhaus Sidney
Wettbewerbsprojekt
Ohl, Franck, Goldring
1957
Bühnenvariationen
und Nutzungsmöglichkeiten
für Konzert, Ballett
und Theater

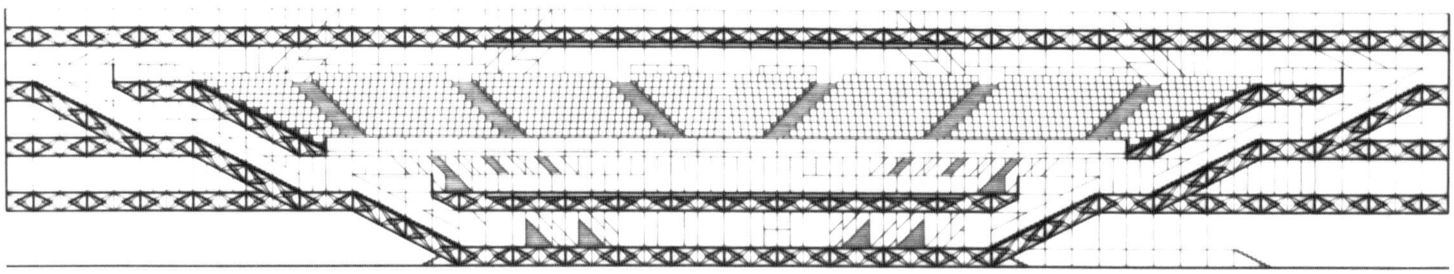

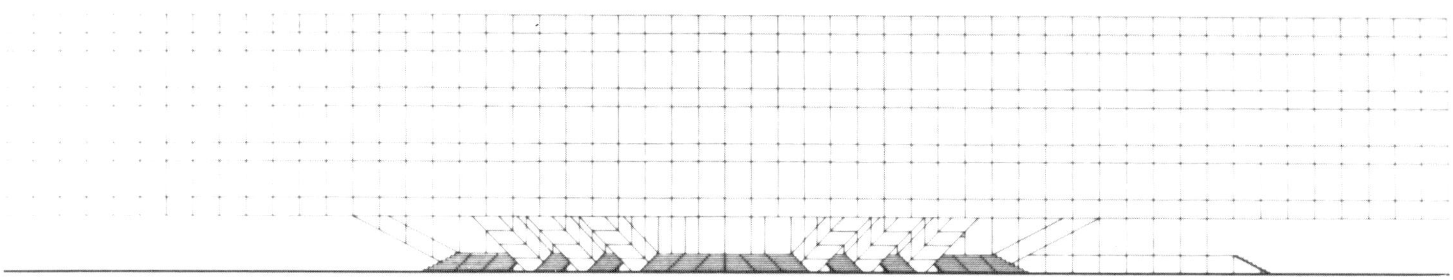

Giulio Pizzetti

Die Abteilung Bauen hat sich ein so umfassendes wie begrenztes Thema gestellt: die Industrialisierung des Bauens, d.h. die Anwendung moderner Produktionsmethoden auf die Bautechnik.

Die Abteilung Bauen bildet spezialisierte Architekten aus, die dieser Aufgabe gewachsen sind.

Es ist eine Tatsache, daß die traditionellen Baumethoden nicht mehr geeignet sind, den heutigen Forderungen zu genügen; das gilt insbesondere für den wachsenden Bedarf an Wohneinheiten. Daher ist es unerläßlich, die Baumethoden zu technifizieren und zu industrialisieren.

Aus: HfG-Info, 1960

Giuseppe Ciribini mit Studenten

Bruce Martin und Claude Schnaidt

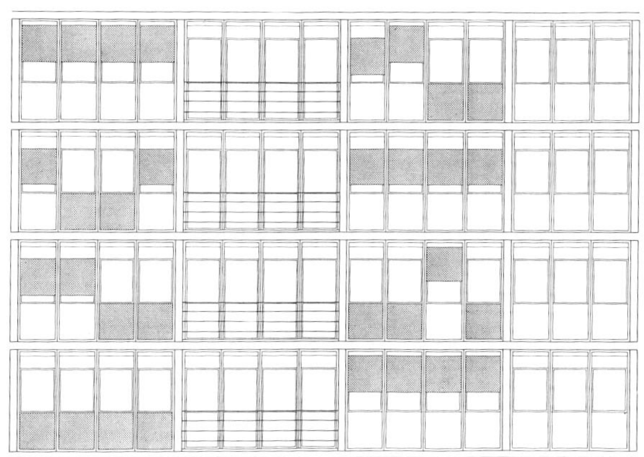

Fassadensystem
Student Bernd Meurer
Studienjahr 1957/58
Dozent Bruce Martin

Integrale Baukonstruktion
Studenten der Abteilung
Bauen und Herbert Ohl,
Günter Schmitz,
Rupert Urban
1957–63

...wie unheilvoll ein denkmodell ist, das auto, kühlschrank und schuhe zu spitzenvorstellungen erhebt, zeigt schon die machtlosigkeit gegenüber der siedlungsentwicklung, die über uns hinweggeht wie ein unkontrollierbarer naturvorgang. nicht nur waren wir nicht in der lage, die ruinenfelder unserer städte nach übergreifenden gesichtspunkten zu ordnen. die chance, die im wiederaufbau einer zerstörten stadt liegt, ist seit langem vertan. wir sind darüber hinaus auch hilflos gegenüber den augenblicklichen antrieben, die sich aus der

...Wir benutzen sehr wenig das Wort Architektur, wir sagen: Bauen. Das soll sagen, die Architektur ist nichts anderes als die gesamte Tätigkeit, die das Bauwerk hervorbringt, alle Gedanken und alle Entscheidungen, alle Fertigkeiten und alles Fertigen zusammen. Wir sagen nicht nur Bauen, sondern Industrialisiertes Bauen. Ich betrachte dies als eine notwendige, aber nur zeit- und situationsgebundene Beschreibung der Architektur und damit des Bauens. Denn der Architekt sollte längst erkannt haben, daß die wirksamen Mittel zur Produktion von Bauwerken die Industrien mit ihren Fabriken, Maschinen, Fertigungsverfahren und ihren entsprechenden Materialien und Materialformen sind, und er in jedem Fall Mitglied dieser Bauindustrie ist. ...

Herbert Ohl, aus einem Vortrag in New York, 1961.

Herbert Ohl

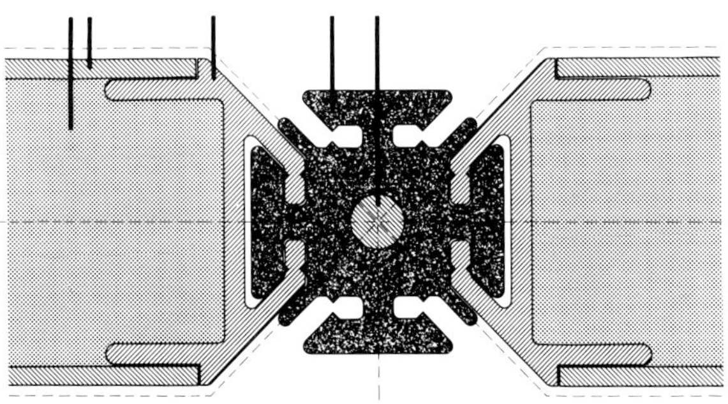

Schnitt durch Aluminium-Sandwich-Platte und Neoprene-Verbindungsprofil

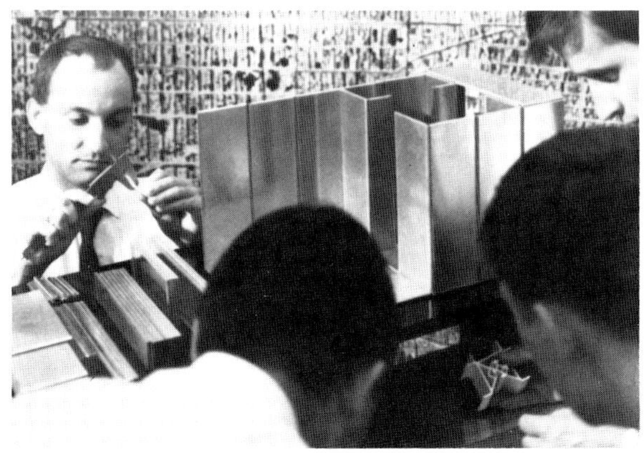

Bernd Meurer, Günter Schmitz
Mitarbeiter des Instituts für Industrialisiertes Bauen
Günter Schmitz
Rupert Urban
Dozent Herbert Ohl

beherrschung größerer räume ergeben, welche der allgemeine motorisierungsprozeß mit sich bringt. das klagelied von der großen landzerstörung ist eher eine bestätigung eines allgemeinen unvermögens als ein ansatz zur eindämmung einer flut. die entwicklung trifft uns vollkommen unvorbereitet. ein appell an die rettung des restlichen bestandes ist noch kein ausgangspunkt zur kontrollierten weiterentwicklung.

bei der fast ausschließlichen konsumorientierung starren wir auf das auto als solches, forcieren seine produktion, ohne die soziale organisation aufzubauen, die es zu einer sinnvollen prothese macht. dafür würde es nun keineswegs ausreichen, nur mehr straßen zu fordern. das straßensystem müßte eine reife erlangen, die einen durchorganisierten gesamtkreislauf garantieren könnte bis hinein in die jetzt noch verstopften zentren der städte. wir starren auf das auto, grenzen die design-dimension auf den leistungsbereich eines pipin farina ein und vergessen, daß mit seiner wirklichkeit auch siedlungsstandorte

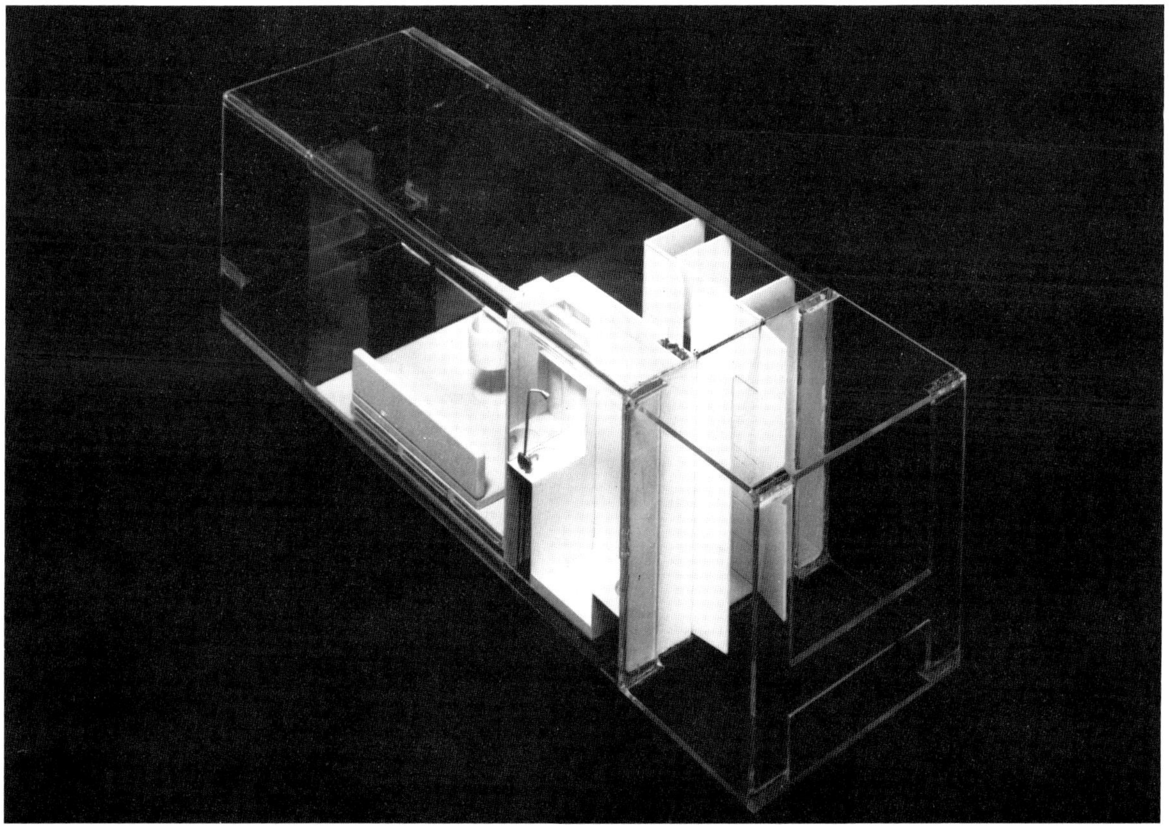

Einrichtungssysteme für Studentenwohnheime in Ringzellenbauweise
Herbert Ohl, Bernd Meurer
1962

und produktionsstandorte sich zu ändern beginnen. wohnen, arbeiten und leben verändern sich unter der tatsache, daß nicht nur privilegierte, sondern alle einen größeren aktionsradius gewinnen. die stadt als stadt ist in auflösung begriffen. die gesellschaft gerät in eine ständige ausgreifende bewegung. der transportcharakter der produkte von lebensmitteln bis zu bauteilen nimmt zu. gerade die soziale auswirkung des autos verändert unsere umwelt und erfordert angebote der bewältigung.

das eben angeführte beispiel möchte ich benützen, um eine weitere grundsätzliche frage aufzuwerfen. neben der konsumorientierung gibt es eine weitere sperre, die erklären kann, warum wir von solchen zivilisationsüberfällen betroffen werden. sie mag auch erklären, warum die verschiedenen ansätze der regionalplanung den komplex nur betasten, warum die häßlichkeit unserer umwelt eher zu- als abnimmt.

diese weitere sperre liegt begründet in einer spezifischen kulturellen einstellung. einstellung in dem sinn wie wir von aufklärung oder romantik sprechen als einer erkenntnismäßigen formation zur deutung des wirklichen und zum entwurf des möglichen. diese einstellung, von der ich sprechen will, hat krankhafte züge. sie gründet sich auf eine unkritische wissenschaftsgläubigkeit, die einen aufgeblähten trieb zur analyse hervorruft bei gleichzeitiger fortschreitender impotenz des machens. seit zehn jahren sind wir durch die bedeutenden erfolge vor allem der kybernetischen wissenschaften einem methodenoptimismus verfallen, der davon ausgeht, daß sich die resultate, die die weiterentwicklung garantieren, von selbst ergeben, sobald nur die daten zur programmierung eines problems vorliegen. der initiative fortschritt weicht einem automatischen. ...

Otl Aicher, aus Rede zu Beginn des Studienjahrs 1963/64

ziel der abteilung bauen ist es, architekten auszubilden, die zur lösung der mit der industrialisierung des bauens entstehenden probleme befähigt sind. zu diesem zweck trainiert sie den studenten, die tendenzen dieser industrialisierung zu erkennen und zur grundlage seiner arbeit zu machen: den zunehmenden umfang und die wachsende anonymität der nachfrage, den strukturwandel der projektierungs- und ausführungsbetriebe, das engere zusammenwirken aller am bau beteiligten, die gestiegenen ansprüche an präzision und organisation, die mechanisierung der bauarbeiten, die anwendung neuer materialien und verfahren, die weitgehende normung, die verstärkte kontinuität der entwurfstätigkeit und die immer häufigeren rückgriffe auf wissenschaftliche untersuchungen und systematische experimente. das ausbildungsprogramm setzt eine gute fachliche vorbildung der studenten voraus. die studien sind eher darauf angelegt, den architekten vorzubereiten auf die übernahme einer durch die industrialisierung des bauens erhöhten verantwortung, als einen spezialisten auszubilden.

Aus dem Lehrprogramm der HfG von 1964/65

Raumzellenbauweise in Stahlbeton
Herbert Ohl, Bernd Meurer, Willi Ramstein
1959/60
Montage der Raumzellen

Hängehaus
Willi Ramstein
Wettbewerbsarbeit
3. Studienjahr 1960/61

Studentenwohnheim
in Raumzellenbauweise
Herbert Ohl, Bernd Meurer
1962

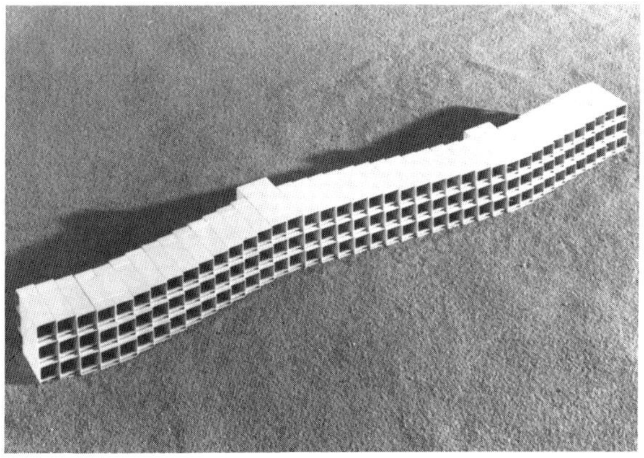

Teppichsiedlung
in Raumzellenbauweise
1962

Studentenwohnheim
Raumzellenbauweise
Herbert Ohl, Bernd Meurer
1962

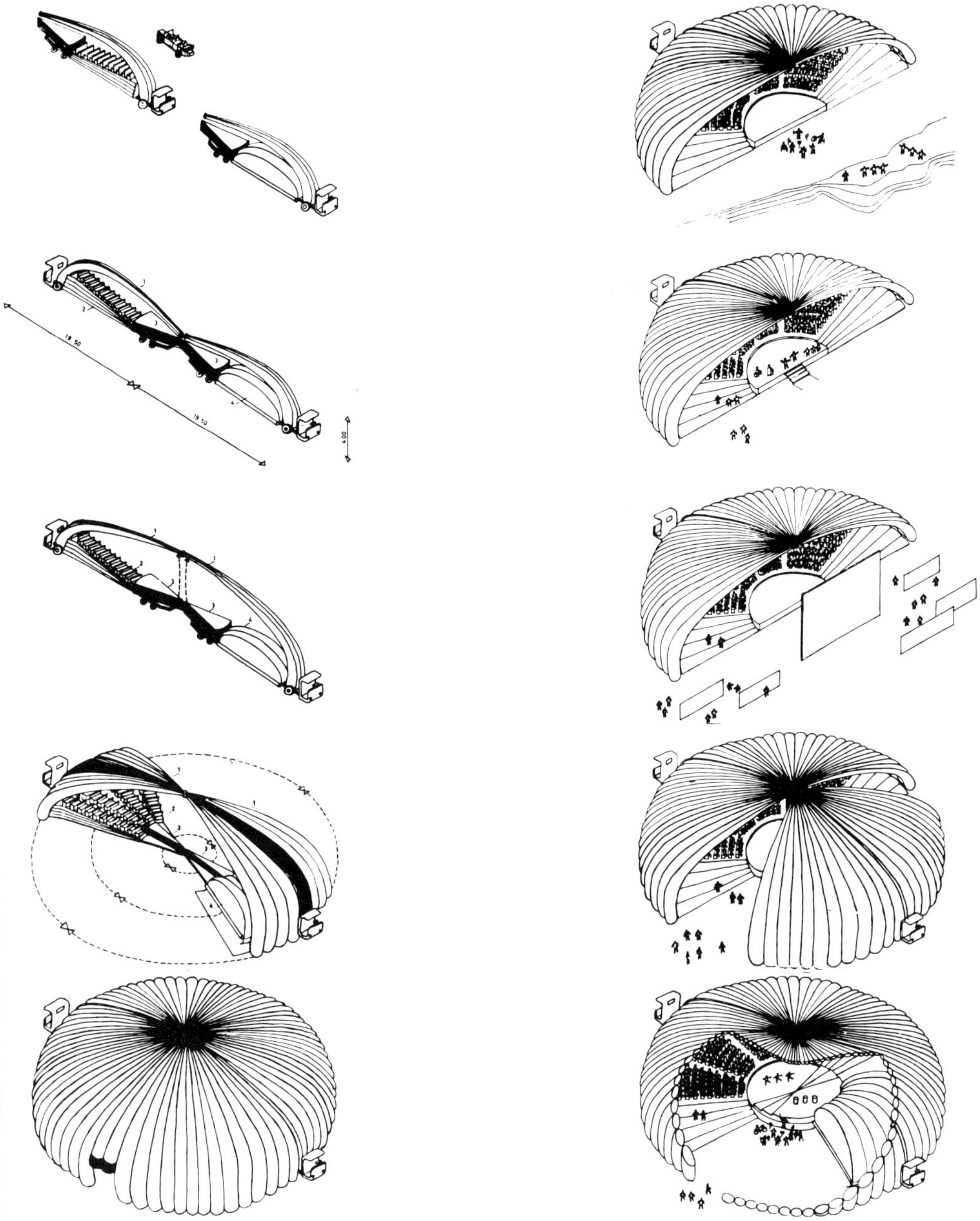

Wandertheater
Willi Ramstein
3. Studienjahr 1960/61
Dozent Herbert Ohl

Entwurf eines demontablen Wandertheaters mit 500 Sitzplätzen in pneumatischer Bauweise. Zwei Sattelschlepper transportieren das gesamte Theater. Entladen erzeugen sie die benötigte Energie und dienen als Kassenschalter. Wettbewerbsprojekt anläßlich des UIA-Kongresses in London 1961

Reihbare Stabwerkkuppel
Prototyp aus PVC-Rohren
über quadratischem Grundriß
6x6 m
Heinz Dobrinski, Horst Schu,
Max Thanner
2./3. Studienjahr 1962/63
Dozent Rudolf Doernach

Tankstellensystem
Ringzellen-Bausystem
in Stahl
Herbert Ohl, Bernd Meurer
1962

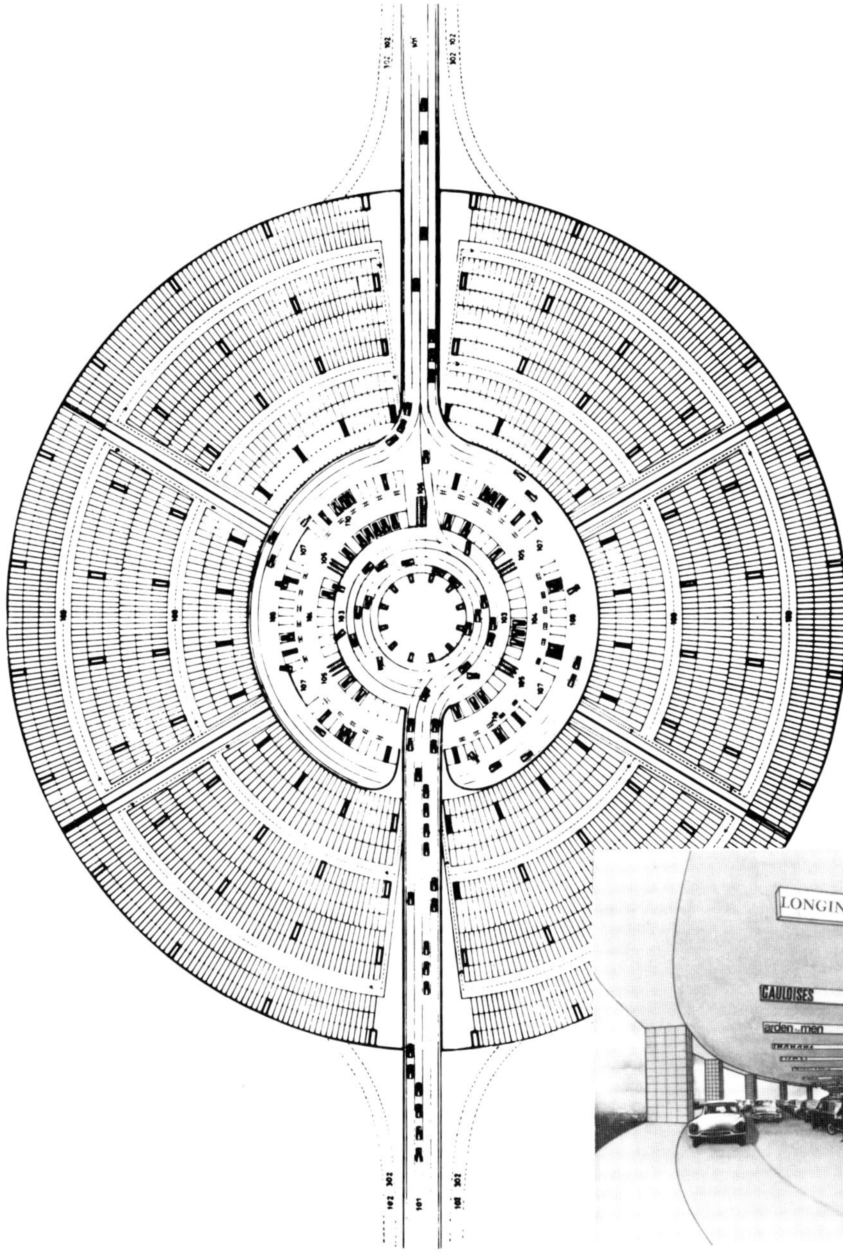

Einkaufszentrum
Willi Ramstein
Diplomarbeit 1962

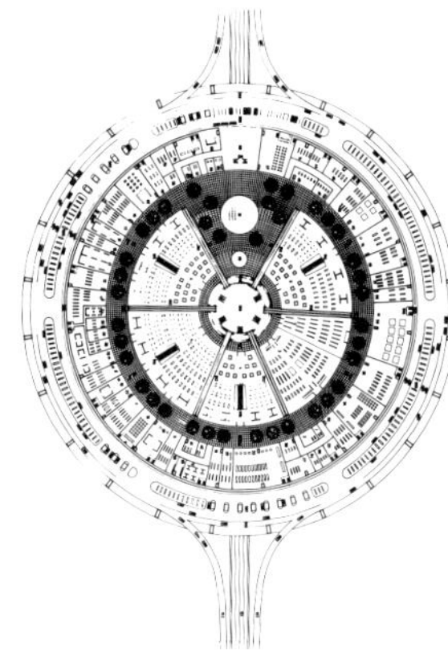

Darstellung der
verschiedenen Etagen

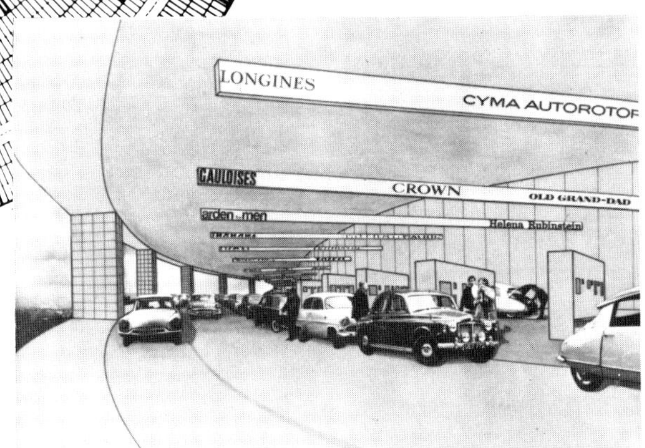

Äußere Ringstraße
mit drive-in-Läden

Frei Otto

Winkelplattenbauweise
für den Wohnungsbau
Aufbau-Prinzip
Rudi Dahlmann,
Eberhardt Köster,
Ernest Muchenberger
3. Studienjahr 1961/62
Dozent Herbert Ohl

Vorhangwand mit
Sonnenschutz
für Bürobauten,
Außenansicht
Karl-Heinz Allgayer,
Gerhard Curdes
Diplomarbeit 1963

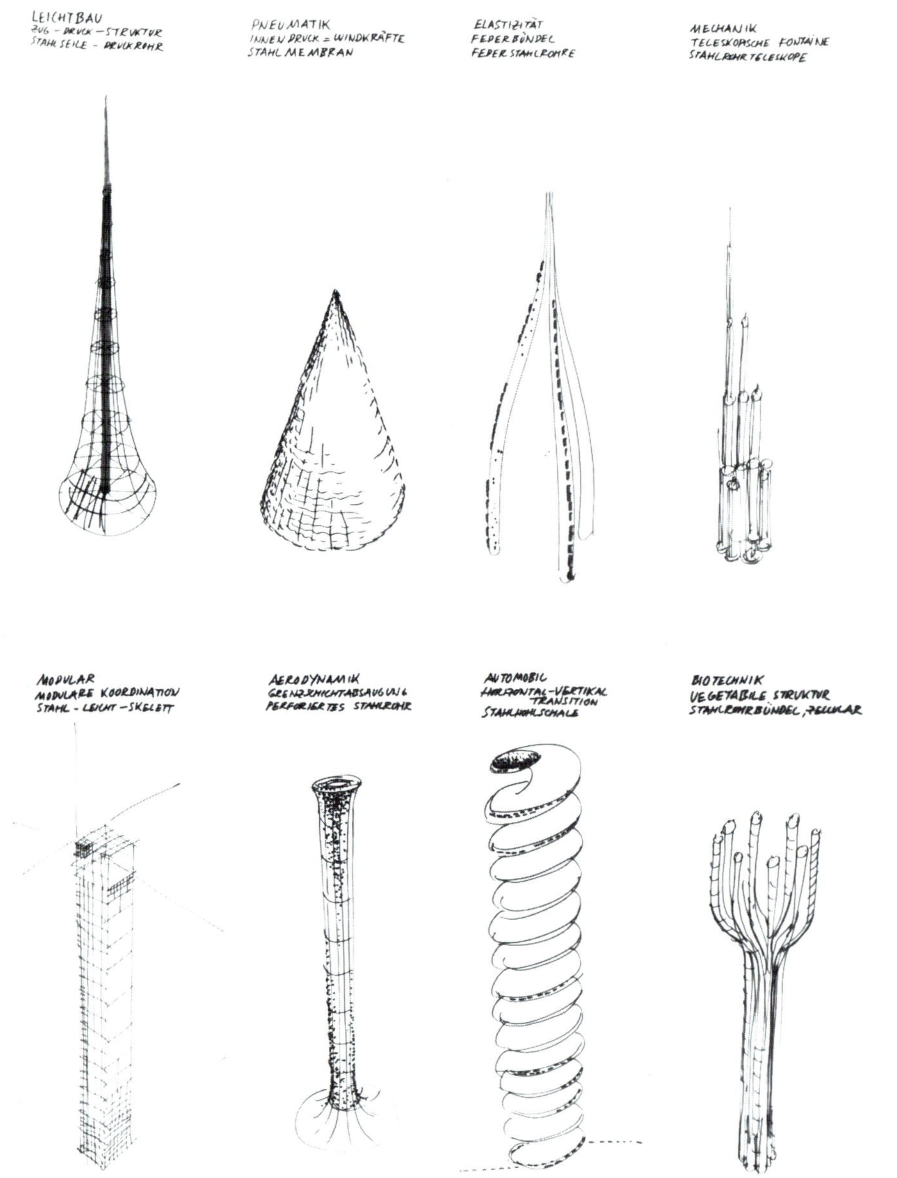

Experimentelle Studien
für ein Turmgebäude
Herbert Ohl, Bernd Meurer,
Günter Schmitz
1963

Ich war nur ein Zugvogel in Ulm, setzte mich dort für einige Wochen auf einen dünnen Zweig, zwitscherte fröhlich im winterlichen Nebel und hinterließ Kleckse und einige Schüler.

Für mich war die HfG einmalig und faszinierend. Ich fühlte mich sauwohl. Die Kämpfe der Platzhalter rührten den Zugvogel nicht an. Ich hätte der HfG

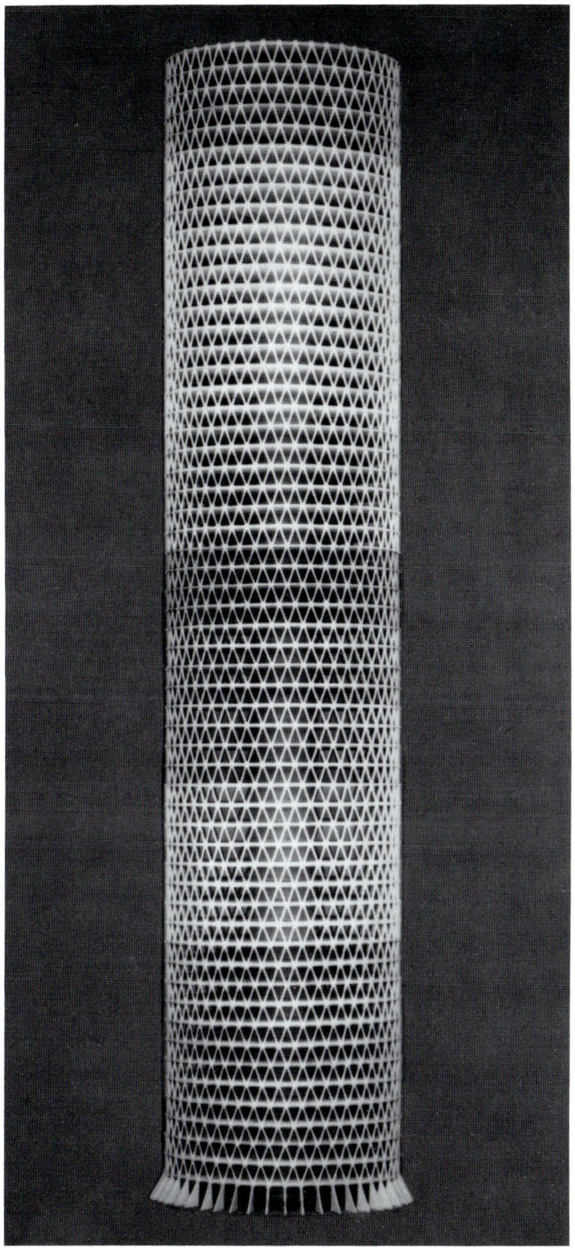

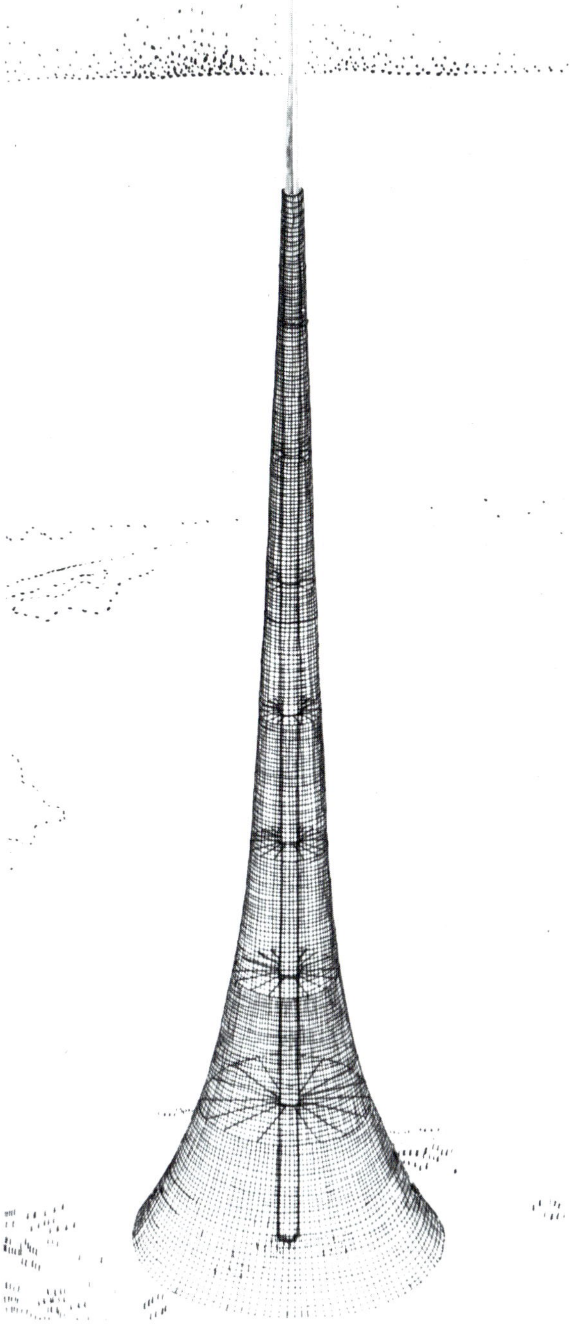

Konzept für ein Hochhaus
Student: Forné 1964
Gastdozent: Peter Sulzer

gern ein langes Leben oder aber zumindest ein fröhliches, doch deutliches Ende mit einem großen Fest gewünscht. Dieser Tod war entwürdigend.

Wer übrigens heute die alten Gebäude betritt, kann angenehm überrascht werden. Mediziner forschen dort sehr kreativ, offensichtlich angesteckt vom Geist des Ortes: Ein Kompliment an Max Bill.

Frei Otto, 1987

ziel der abteilung bauen ist es, architekten auszubilden, die zur lösung der mit der industrialisierung des bauens entstehenden probleme befähigt sind. die abteilung bauen bietet eine ausbildung etwa in der mitte zwischen einer vollständigen und einer post-graduate ausbildung an. das studium soll die kluft zwischen der traditionellen ausbildung des architekten und den anforderungen, die sich aus neuen bedürfnissen, der entwicklung der wirtschaft und dem technischen fortschritt ergeben haben, überbrücken. es geht darum,

Wohnanlage in Ulm
Anwendung der
Ringzellenbauweise
in Stahlbeton
Studenten: Fundel, Hufenus,
Rusconi, Stocker, Stuber
3. Studienjahr 1965/66
Dozent Herbert Ohl

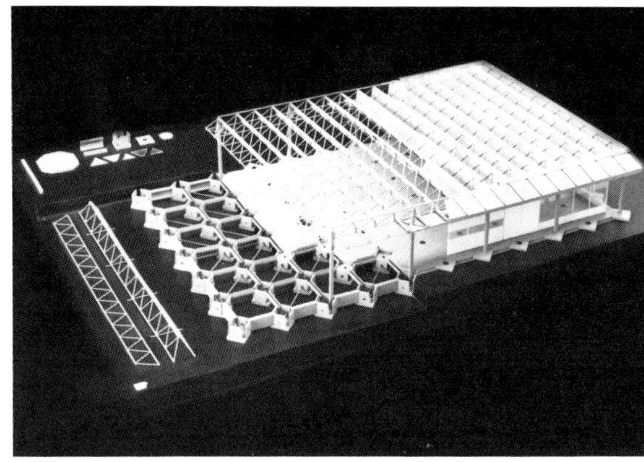

Konstruktions- und
Bausystem
für Industriehallen
Werner Wirsing
1967/68

Einrichtungssystem
für Studentenwohnheime
Herbert Ohl, Bernd Meurer
1964/65

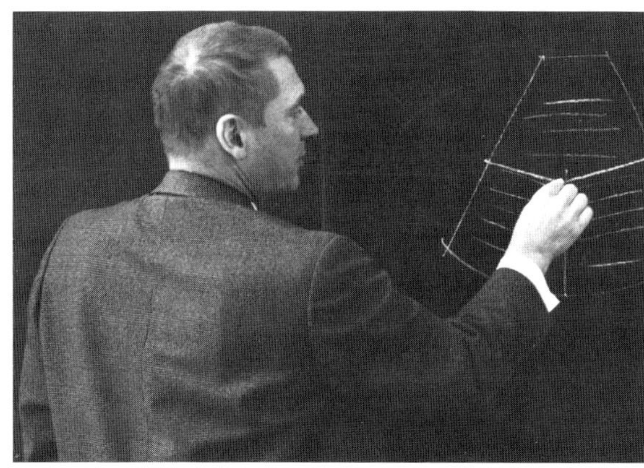

rechts
Werner Wirsing

links
Claude Schnaidt

architekten für die übernahme einer erhöhten verantwortung im bereich des industrialisierten bauens vorzubereiten. diese industrialisierung des bauens umfaßt den zunehmenden umfang und die wachsende anonymität der nachfrage, den strukturwandel der projektierungs- und ausführungsbetriebe, die verstärkte kontinuität der entwurfstätigkeit, das engere zusammenwirken aller am bau beteiligten, die gestiegenen ansprüche an präzision und organisation, die mechanisierung der bauarbeiten, die anwendung neuer materialien und verfahren, den fortschreitenden normungsprozeß sowie die notwendigkeit zu häufigen rückgriffen auf wissenschaftliche untersuchungen und systematische experimente. derartige ausgangsbedingungen erhöhen die komplexität der aufgaben des architekten. die abteilung bauen bemüht sich daher, ihre studenten für die erfüllung dieser wichtigen aufgaben vorzubereiten.

Aus dem Lehrprogramm der HfG von 1967/68

Wohnstadt
Saarlouis-Beaumarais
Siedlungsprojekt in
gestaffelter Ringzellen-
bauweise
Herbert Ohl, Claude Schnaidt
1968

Claude Schnaidt

Architektur und wissenschaftlich technische Revolution

Ich trete hier nicht mit dem Anspruch auf, eine Gesamtschau aller Probleme der Architektur in der wissenschaftlich-technischen Revolution zu liefern. Ich werde mich nur mit solchen befassen, bei denen mir die Notwendigkeit einer Klärung und die Suche nach Lösungen höchst dringlich erscheinen.

Die Triebkräfte der wissenschaftlich-technischen Revolution sind:
– die Automatisierung, die die Aktivität des Menschen in der unmittelbaren Produktion reduziert und sie in Stufen der Vorbereitung der Produktion zurückdrängt;
– die Chemisierung, die auf den Zweck ausgerichtete Materialien schafft und damit das mechanische Wirken in der Produktion abkürzt;
– die Nutzung der Nuklearenergie, die unbegrenzte Energiequellen liefert.

Die Gebiete, in denen sich diese Triebkräfte entfalten, stehen an der Spitze der Produktion, der technologischen Innovation und der wissenschaftlichen Forschung. Sie sind breit gefächert und wirken einen Entwicklungsschub in der Wirtschaft. Allmählich durchdringt die Wissenschaft die gesamte Industrie, das gesamte gesellschaftliche Leben. Zwischen Forschung, Planung, Produktion und Organisation werden neue Beziehungen hergestellt. Die Wissenschaft wird zum entscheidenden Faktor für das ökonomische Wachstum. Es ist nicht mehr länger möglich, sie als quantité négligeable anzusehen. Früher förderte der Einsatz aller Mittel in der unmittelbaren Produktion das Wachstum. Diese Zeiten sind vorbei. Heute muß das herausgelöst werden, was ein wissenschaftliches Potential bilden könnte, um zu erreichen, daß ständig und mit einem Vorlauf immer bessere Lösungen in die Produktion übergeleitet werden, um die Investitionen nutzbringend anzulegen.

Der Aufschwung der Wissenschaft erfordert die Bereitstellung von finanziellen Mitteln, hängt aber auch zu einem guten Teil vom Entwicklungsstand der Individuen ab. Die wissenschaftlich-technische Revolution bewirkt, daß die volle Entwicklung der Menschen, ihrer Fähigkeit zur Forschung, zur Erfindung, zur Innovation, zur kreativen Arbeit nicht nur das beste Mittel für die Reproduktion der Produktivkräfte der Gesellschaft ist: die volle Entwicklung des Menschen wird zur notwendigen Bedingung für den Fortschritt der Zivilisation. Im Laufe der vergangenen Jahrhunderte konnte die Zivilisation mit ausgebeuteten, verstümmelten, entfremdeten Menschen voranschreiten. Entscheidend waren die Größe des Kapitals und die Menge an Arbeitskraft. Die Kultur spielte eine periphere Rolle. Heute wird sie zum Herzstück weiterer gesellschaftlicher Entwicklung. Die wissenschaftlich-technische Revolution entspricht auf diese Weise einer Kulturrevolution. Radikal schafft sie für die Kultur und die Bildung einen neuen Platz in der Gesellschaft, da sie die materielle Produktion von der Entfaltung der Gesamtheit der Menschen abhängig macht.

Am Horizont der wissenschaftlich-technischen Revolution zeichnet sich die Überwindung der Arbeit im traditionellen Sinn des Begriffs ab. Diese Überwindung war für Marx und Engels das zentrale Problem der sozialen Revolution. Wenn der Mensch aufhören wird, Dinge zu produzieren, weil die Dinge selbst sie an seiner Stelle produzieren können werden, der Mensch sich also dem Finden neuer Lösungen und dem schöpferischen Arbeiten, d.h. seiner aktiven Selbstverwircklichung widmen wird, dann werden auch die Widersprüche zwischen Arbeit und Vergnügen, zwischen Arbeit und Freizeit verschwinden. Die Veränderung des Charakters der Arbeit kann jedoch nur dann vollbracht werden, wenn die gesellschaftlichen Bedingungen und die Umwelt des Menschen ebenfalls verändert werden. Ich bin außerstande zu sehen, wie in einer Ausbeutergesellschaft die Arbeit zu einem Vergnügen werden könnte und wie die Individuen sich entwickeln könnten, wenn sie in den von ihren Vorvätern ererbten Höhlen sitzen blieben.

In der Fabrik, im Büro, zu Hause, in der Stadt und auf dem Land, in all diesen Produkten und Orten der sozialen Kooperation fühlen sich viele unserer Zeitgenossen einsam, eingeschränkt, fremd. Sie stellen fest, daß ihre Umwelt ihnen entrinnt, sich unabhängig von ihrem Willen breitmacht und sich schließlich gegen sie richtet. Soll diese Entfremdung überwunden werden, dann muß man ganz gewiß die Gesellschaftsordnung ändern, aber auch eine Lebenswelt schaffen, die, nach Art sehr guter Werkzeuge, die Kraft und die Freiheit des Menschen vervielfacht. Das ist die Herausforderung, mit der uns die wissenschaftlich-technische Revolution konfrontiert. Wir müssen von einer noch weitgehend unterwerfenden Umwelt zu einer emanzipatorischen Umwelt übergehen. Anders ausgedrückt und vorausgesetzt den kritischen Zustand eines großen Teils dessen, was wir ererbten, werden wir immer größere Bereiche des Wohnens, der Arbeit, der Dienstleistungen, der Kultur, der Freizeit und des Transports in gänzlich neuen Strukturen organisieren müssen.

Vom Standpunkt der Umweltgestaltung her gesehen, ist die Art und Weise der Verteilung der zusätzlichen freien Zeit sehr wichtig. Je nach der Wahl unter den Möglichkeiten – Verringerung des Arbeitstages, der Woche, des Monats, des Arbeitsjahres und der Lebensarbeitszeit – wird die Organisation des Raums variieren. Umgekehrt können vorschnelle städtebauliche Entscheidungen die künftige Entwicklung der freien Zeit schwer belasten. Hübsch anzusehen oder nicht, aus Stein oder aus Beton: wenn die Stadt den Bedürfnissen ihrer Zeit nicht angepaßt ist, erweckt sie den Wunsch, aus ihr auszubrechen. Und wenn man erst einmal alles getan hat, um dieses Ausbrechen zu erleichtern, dann ist es zu spät und anscheinend absurd, an andere Möglichkeiten für die Nutzung der freien Zeit zu denken. Gegenwärtig sind die Wochenenddörfer und Feriensiedlungen das Pendant zu den urbanen Ungeheuern, aus deren Mauern die Natur verjagt wurde. Diese Erholungsstätten mit ihren übermäßig vielen Urlaubern, ihrem Lärm und ihrer Verschmutzung haben mit ihrer eigentlichen Aufgabe nichts mehr gemein, und die Menschen, die sie zu sich ziehen, erschöpfen sich in ständigem Hin und Her. Diese Sackgasse (übrigens nicht die einzige: Relation zwischen Wohn-und Arbeitsort, Konflikt zwischen kollektivem und individuellem Wohnen) zeigt uns, daß die traditionelle Stadt ein überholtes Modell ist. Mit der wissenschaftlich-technischen Revolution wächst die Dringlichkeit von Ersatzlösungen, die nur in eine Richtung gehen können, nämlich, den Gegensatz zwischen Stadt und Land aufzuheben. Die Alternativen, die die Rückkehr zur Natur predigen, haben genau so wenig Chancen wie die Propheten der Urbanität und die Horden der Wochenendpendler. Die wissenschaftlich-technische Revolution setzt eine grundsätzliche Änderung der Prozeduren voraus, durch die der Mensch die Welt beherrschbar macht.

Die Forderungen nach Komfort wachsen und ihre Befriedigung wird in steigendem Maße energetischen und mechanischen Ausrüstungen anvertraut. Das früher passive Haus wird aktiv und der Maschine ähnlich. Die wissenschaftlich-technische Revolution beschleunigt diese Mutation. Zwischen Haus, Milieu und Bewohner beginnen sich bereits neue Beziehungen herzustellen. Vor nicht allzulanger Zeit war es die Leistung der Heizkessel, mit der Wärmeverluste ausgeglichen werden konnten. Heute handelt es sich darum, das gesamte thermische Verhalten des Hauses in den Griff zu bekommen. Man ist jetzt soweit, jene Versorgung mit Energie zu berücksichtigen, die das Gebäude sowohl von außen als auch von innen ohne zusätzliche Kosten beziehen kann. Diese neue Phase des Übergangs vom passiven zum aktiven Haus bedeutet, daß man sich nicht mehr gegen das Klima verteidigen, sondern es mit einbeziehen wird. Die Sonnenenergie, z.B., kann nur dann richtig eingesetzt werden, wenn man die Schwankungen der Außentemperatur, den Einfluß des Windes, die Hygrometrie usw. zusammen studiert. Grundgegebenheit ist also nicht die Sonnenenergie, sondern das Klima. Die Hülle des bioklimatischen Hauses wird so geschaffen sein, daß es als thermischer Filter funktioniert, der gleichzeitig isoliert und die Energie auffängt, sie speichert und abgibt. Mit der Informatik und der Telematik kommt die Zeit des interaktiven Gebäudes. Schon werden Großbauten errichtet, die, den Servomechanismen gleich, einen auf Außeninformation gerichteten Regelkreis bilden, mit dem das Gleichgewicht von Befehl und Antwort aufrechterhalten wird. Die Daten über das Verhalten des Gebäudes werden gespeichert und ermöglichen die Optimierung der Anlagen. Die Eingabe von meteorologischen Vorhersagen in das Steuersystem gehört nicht mehr länger in den Bereich von Science-fiction.

Das Eindringen von Energie, elektronischen und mechanischen Vorrichtungen in das Haus zwingt dazu, das Produkt „Bauwerk" erneut von Grund auf zu überdenken. Es verstärkt die Notwendigkeit des wissenschaftlichen Herangehens. Eine aktive Architektur räumt der Organisation, der Voraussicht und der Planung der zu erfüllenden Aufgaben den ersten Platz ein. Sie setzt eine dynamische Umsetzung der Bedürfnisse voraus. Es kann nicht mehr die Rede davon sein, passiv die Gegebenheiten eines Tatbestandes in die Praxis zu übertragen. Die Bedürfnisse müssen dialektisch in ihrer Bewegung erfaßt werden, und aus diesem Grunde müssen wir uns auf ein Niveau begeben, von dem aus wir die gesamte uns umgebende Realität überblicken können.

In der Vergangenheit erbte jede Generation die Bedingungen für ihre Aktivitäten, und dieses Erbe bestimmte im Prinzip ihre ganze Existenz vorher. Heute erlebt jeder von uns im Laufe seines Lebens mehrere tiefgreifende Veränderungen. Es handelt sich nicht um vorübergehende Erschütterungen, nach denen man in den Zustand der Ruhe zurückkehren wird, sondern um ein permanentes, immer schnelleres Durcheinanderwirbeln aller Strukturen der Zivilisation. Die Entwicklung der Wissenschaft und der Technik führte zu einem qualitativen Sprung in der Beziehung des Menschen zur Zeit. Der Abstand zwischen einer wissenschaftlichen Entdeckung und ihrer Anwendung in der Produktion hat sich seit Beginn des Jahrhunderts von etwa 40 auf 10 Jahre verringert. Das bedeutet, daß der Mensch, der früher in die Beständigkeit des Erworbenen eingehüllt war, Zeuge wird von drei oder vier nicht immer erwarteten Veränderungen in der Produktion und damit in der Konsumtion.

Mobilität wird zum Attribut des Menschen der wissenschaftlich-technischen Revolution. Das kommt zu Gunsten der Hypothese einer flexiblen, offenen Architektur, d.h. einer von wachsender Vergänglichkeit, Komplexität und Unbestimmtheit der Bauprogramme bedingten Architektur. Manch einer mag sagen, daß es durchaus andere Wege gibt, wenn man den Widerspruch zwischen dem stabilen, starren Charakter der Bauten und den sich ändernden Forderungen ihrer Bewohner lösen will. Sicher kann man die Bedürfnisse beeinflussen, wenn man sie durch eine Politik des Nullwachstums in die Unveränderlichkeit preßt. Die Erfahrung der kapitalistischen Länder in der Krise zeigt, daß diese, von den Reichen mit halb geöffnetem Munde vorgeschlagene Lösung von den Massen abgelehnt wird. Man kann auch damit rechnen, daß die in zusammengeschusterten Häusern lebenden Menschen ziemlich anpassungsfähig sind und sich mit den Mängeln ihrer Umwelt abfinden. Man kann die Lebensdauer der Gebäude weiter reduzieren, Wegwerfhäuser produzieren, an deren Stelle man andere setzt, wenn sie abgenutzt sind. In diesem Fall müßte das Produkt zu Preisen geliefert werden, die in ca. 10 Jahren amortisiert sein müßten. Das ist zum gegenwärtigen Zeitpunkt undenkbar. Eine Umstellung auf billiges, ultra-leichtes Wohnen würde eine Wendung im sozialen, kulturellen und technischen Niveau voraussetzen, deren Bedingungen heute nicht vorhanden sind. Sie wäre außerdem mit enormen Kosten verbunden. Sie ist also für eine unmittelbare Zukunft nicht realistisch.

Eine Politik, die zum Ziel hat, so weit und so schnell wie möglich die Wohnbedingungen des ganzes Volkes zu verbessern, kann sich nicht allein auf die Errichtung von Neubauten beschränken. Die Neuproduktion trägt nur partiell, und dabei ziemlich langsam, zu dieser Verbesserung bei. Mit Neubauten kann man höchstens ein jährliches Anwachsen von 2 bis 4 % des Baubestandes erreichen. Die Frage der unzulänglichen Wohnungen läßt sich also nicht ausschließlich dadurch lösen, daß man alte Häuser durch neue Häuser ersetzt. Von diesem Standpunkt her gesehen bleibt keine andere Wahl: Man muß in seine Handlungen den gesamten Immobilienbestand einbeziehen. Hier bieten sich zwei einander ergänzende Möglichkeiten:

– die Instandhaltung, die das technische Altern der Gegenstände verhindert;
– die Modernisierung, die den Gebrauchswert der ursprünglichen Objekte erhöht.

Instandhaltung und Modernisierung können nicht länger als marginale Bereiche des Bauwesens angesehen werden. Die Verbesserung des Wohnens hängt ebenso von den Mühen ab, die man für das Bestehende aufwendet, wie von der Kapazität, die für die Produktion von Neuem vorhanden ist. Die Frage ist aber: Wie sollen die zur Verfügung stehenden finanziellen Mittel, Arbeitskräfte, Materialien, das Intelligenzpotential auf ausgewogene Weise unter Neubau, Modernisierung und Instandhaltung aufgeteilt werden?

Im Hinblick auf künftige Instandhaltung und Modernisierung zu planen heißt, den Wolf in dem Schafstall zu lassen. Es wird nicht anders gehen, als gewisse, allgemein übliche Bauverfahren in Frage zu stellen, sie als die letzten metaphysischen Illusionen zu verabschieden, die man von der Architektur noch haben konnte. Dem Himmel sei Dank, wir stehen nicht mit gänzlich leeren Händen da. Die anpassungsfähige Architektur existiert bereits: in Fabriken, in Verwaltungs- und Kulturgebäuden. Sie wurde im Wohnungsbau experimentell erprobt, aber mit anderen Zielstellungen. Es ging darum, die Einrichtung der Wohnungen so zu planen, daß sie sich den Bedürfnissen und dem Geschmack – beide im Augenblick der Planung unbekannte Größen – anpassen läßt. Diese Lösungen sind durch mehr oder weniger große, konstante Strukturen charakterisiert, innerhalb derer die Aufteilung des Raums variieren kann. Oder aber, sie bestehen aus einem Gefüge von Zellen mit oder ohne tragende Struktur. Es wird noch andere Möglichkeiten geben, wenn die Forschung erst einmal den Kinderschuhen entwachsen sein wird. Es ist keine Frage, daß sich Flexibilität nicht mit Querwänden aus Beton und schweren Platten in den üblichen Größen vereinbaren läßt. Wir müssen etwas anderes erfinden. Wenn wir das Prinzip des weit gespannten Skeletts mit leichten, verstellbaren Trennwänden beim Wohnungsbau anwenden, werden wir die Lösung akustischer Probleme und Probleme der Feuersicherheit auch anpacken müssen, auf die bisher immer noch keine befriedigende Antwort gefunden worden ist. Die Anpaßbarkeit der Heizung, der Lüftung und der Feuchträume wirft andere schwierige Fragen auf. Ohne dimensionelle Koordination ist es unmöglich, die innere Anordnung zu modifizieren, die Elemente auszutauschen und zu vermischen. Die Standardisierung wird sicher noch große Fortschritte machen müssen. Durch die Standardisierung wird es möglich werden, die durch die Anwendung einer leistungsfähigeren Technologie entstehenden Kosten aufzuheben.

Aber es ist nicht allein die dem Modernisierungsbedarf entgegenkommende Flexibilität, die das Spiel bestimmt. Die Instandhaltung muß mit neuen Materialien, demontierbaren Verbindungen und zugänglichen Vorrichtungen auf ein Minimum reduziert werden. Eines Tages werden Instandhaltung und Modernisierung nicht länger unterschiedliche, diskontinuierliche Arbeiten sein, nicht länger Arbeiten, die später ausgeführt werden, als es eigentlich nötig wäre. Sie werden in einem einzigen Prozeß ununterbrochener Verwandlung verschmelzen. Das Bauwerk wird in einer gewissen Weise zu einer permanenten Baustelle. Seine Architektur wird niemals „fertig" sein. Diese revolutionäre Art, an den Neubau heranzugehen, wird Rückwirkungen auf den Altbau haben. Anstatt ihn als vollkommen, abgeschlossen, monosemisch, kurz, als eine Gegebenheit anzusehen, wird der so gezeichnete historische Bau in Zukunft als ein noch offenes, aktualisierbares Problem begriffen werden, das mehr als eine Lösung zuläßt, also Angebot an einen Zuwachs von Signifikanz. Man wird nicht mehr so tun, als rühre man nicht an alte Steine. Man wird sie mit Hilfe leichter, unverhüllt zugefügter Vorrichtungen, die man, wenn ihre Zeit abgelaufen ist, demontieren kann, zu neuem Leben erwecken. So wird Architektur desakralisiert, sie wird sich vom individuellen Schöpfertum entbinden und wieder zum Objekt konkreter Handhabung aller werden. Unter der Bedingung jedoch, daß die Revolution sich nicht im Technisch-wissenschaftlichen aufhält.

Paris 1987

Ende —ein Protokoll

Als Privatschule genoß die HfG Ulm zwar Freiheiten, die öffentlichen Einrichtungen nicht zugestanden wurden, sie geriet aber auch von Anfang an unter finanziellen Druck. Denn obwohl die Angestellten der HfG (Dozenten, Werkstattmeister ...) nur sehr niedrig dotierte und sehr kurzfristige Verträge erhielten, war die Geschwister-Scholl-Stiftung allein nicht in der Lage, die Finanzen der Hochschule aufzubringen: Es bedurfte zusätzlicher Mittel der öffentlichen Hände und privater Geldgeber. Was – zumal in einem Land ohne durch Tradition geprägtes Selbstbewußtsein gegenüber privaten Institutionen – fortwährend konfliktträchtig sein mußte.

Je freier sich die Hochschule gestaltete und je eindeutiger sie eigene Wege einschlug, desto heftiger wurden die Ressentiments der zusätzlichen Geldgeber und desto virulenter wurde die finanzielle Krise der HfG. Spätestens 1963 war deshalb allen Beteiligten deutlich, daß ein mögliches Ende der HfG denkbar wurde – und ab 1967 erschien die Lage aussichtslos, häuften sich Mißverständnisse, forcierte die fragile Situation eine Dramatisierung aller Aktivitäten, gerieten selbst gutgemeinte Lösungsvorschläge in Verdacht und überschlugen sich die Ereignisse, die das Ende bezeichneten.

Ein leicht gekürztes Protokoll jenes Endes soll im folgenden diese letzte Phase von „Ulm" in all ihrer Hektik und Dramatik darstellen:

Anfang 1967
Die Bundesregierung schließt sich dem sogenannten Tröger-Gutachten an, wonach die HfG keine Gemeinschaftsaufgabe von Bund und Land sei, denn Kultur sei Ländersache: daraufhin wird der Bundeszuschuß an die HfG in Höhe von DM 200 000.–gestrichen. Der Landtag von Baden-Württemberg lehnt eine Erhöhung seiner Zuschüsse um diesen Betrag ab. Die Finanzkrise scheint – auch wegen vorhandener Überschuldung – ausweglos. Dies hat drastische Kürzungen an Dozentenstellen und somit Vorlesungen zur Folge. Die Filmabteilung macht sich selbständig.

März 1967
Die Geschwister-Scholl-Stiftung empfiehlt die Schließung einer Abteilung (der Abteilung Industrielles Bauen). Eine HfG-Kommission arbeitet an extremen Sparmaßnahmen.

Ende 1967
Herbert Ohl wird Rektor der HfG. Die HfG bietet als letzten Ausweg eine Verstaatlichung an.

7. Dezember 1967
Die Landesregierung empfiehlt den Anschluß der HfG an die Ingenieurschule Ulm.

13. Februar 1968
Die Architekturfakultäten der Bundesrepublik Deutschland stellen sich hinter die HfG.

29. Februar 1968
Der Deutsche Werkbund, der BDA und der VDID votieren gegen einen Anschluß der HfG an die Ulmer Ingenieurschule.

März 1968
Für den Fall einer zwangsweisen Angliederung der HfG an die Ingenieurschule wird die Selbstauflösung beschlossen. Die Geschwister-Scholl-Stiftung beschließt ihre Selbstauflösung zum 30. September 1968.

Das unaufhörliche und das dramatische Ende der HfG

Michael Erlhoff

Im April 1968 erschien das Heft 21 der Zeitschrift *Ulm* mit einem schwarzen Umschlag und einer von Gui Bonsiepe und Renate Kietzmann unterzeichneten (und auf den 23. 2. 1968 datierten) Redaktionsnotiz: „Mit dieser Ausgabe 21 stellt die Zeitschrift *Ulm* als offizielles Organ der Hochschule für Gestaltung in Ulm ihr Erscheinen ein. Der Redaktion ist nicht bekannt, ob die Publikation der Zeitschrift zu einem späteren Zeitpunkt unter veränderten Voraussetzungen fortgeführt wird, sei es unter gleichem oder anderem Titel, sei es mit gleichen oder anderen Absichten, sei es mit gleichen oder anderen Auffassungen."

Das Finale hatte begonnen – die sowieso viel zu niedrige finanzielle Förderung durch die „Geschwister-Scholl-Stiftung" stand in Frage, und die baden-württembergische Landesregierung war zur Unterstützung nur bereit, wenn ihr die für Fachhochschulen üblichen Zugriffs- und Kontrollmaßnahmen zugebilligt worden wären.

Das Finale: „Individuen sind für diesen traurigen Schluß nicht verantwortlich zu machen, da ein solcher Entscheid durch eine Vielzahl von Faktoren bedingt wird. An einem bestimmten Punkte des Zerfalls gewinnt die Macht des Objektiven Übermacht; es verselbständigt sich und gewinnt den Schein des Absoluten, den Schein des ehernen Gesetzes budgetärer Notwendigkeit. Nicht darf man sich allerdings in Vordergründigkeiten verfangen; denn schließlich steht Subjektives hinter dem Objektiven." (ebenda)

6. März 1968
Die Universität Stuttgart spricht sich gegenüber dem Ältestenrat des Landtags für eine Liaison mit der HfG aus.

19. März 1968
Der Große Senat beschließt, ein paritätisch besetztes Organ zu bilden, das bis zum 15. Juni 1968 Struktur und Verfassung einer künftigen HfG erarbeiten soll. Die bestehende Verfassungs- und Entscheidungsstruktur der HfG wird zugunsten eines Hochschulrates aufgelöst.

Mai 1968
Die Angriffe von Studenten gegen Dozenten nehmen zu. Die HfG legt vier ausführlich begründete Alternativen für eine Weiterführung der Hochschule vor.

26. Mai 1968
Gründung der Gesellschaft zur Förderung der HfG Ulm e.V. Die Studentenschaft der Hochschule übernimmt Ziele und Kategorien des SDS. Es kommt zu einem umfassenden Bruch zwischen Studenten und Dozenten.

19. Juni 1968
Der Kleine Senat beschließt, zwei Studienjahre in die Praxis zu schicken.

27. Juni 1968
Die Studenten lehnen eine weitere Zusammenarbeit mit der Geschwister-Scholl-Stiftung ab. Streik.

28. Juni 1968
Die Dozenten legen für eine mögliche Zusammenarbeit mit der Universität Stuttgart einen post graduate-Plan vor. Die Studenten verselbständigen sich und agieren — unabhängig von der Schulleitung — in Stuttgart.

Sommer 1968
Der Landtag beschließt erneut, den Landeszuschuß von DM 900 000.– zu gewähren, verbindet dies jedoch mit einem 7-Punkte-Ultimatum — unter anderem fordert die CDU-Fraktion die Einführung der Drittel-Parität. Die Studenten beginnen mit Verhandlungen gegen Dozenten. Die HfG wird von den Studenten in „Karl-Marx-Schule" umbenannt.

Oktober 1968
Die Dozenten lehnen wegen unzureichender finanzieller und personeller Voraussetzungen die Aufnahme eines regulären Studienbetriebs ab. Der Rektor teilt mit, daß Mittel und Planstellen für einen ordnungsgemäßen Studienbeginn des Studienjahres nicht mehr vorhanden seien.

So jäh aber das reale Ende der HfG sich anbahnte, so absehbar war es immer gewesen. Denn die Ulmer Hochschule war jederzeit unzeitgemäß gewesen, eigene Wege gegangen und deshalb in der Innen- wie der Außenbeziehung fragil geworden. Weshalb die Hochschule von Anbeginn unter politischem — und damit auch ökonomischen — Druck stand. Bonsiepe formulierte dies in dem erwähnten Heft 21 in einem Bericht „Über die Lage der HfG": „Die Auseinandersetzungen um den Fortbestand der HfG begannen bereits, bevor die Bauten standen. Neben der politisch motivierten Ablehnung, die durch den dezidierten Antinazismus der HfG verursacht wurde, wirkten auch purer provinzieller Unverstand und kulturkonservative Gesinnungen gegen diese Institution. Denn sie paßt nicht in das tradierte Kulturschema, in dessen Sparten die Umweltgestaltung nicht vorgesehen ist. Sie übersteigt einen Kulturbegriff, der auf die Bildung des ökonomisch unabhängigen Individuums zentriert ist und das Gesellschaftliche beiseite läßt."

Tatsächlich hatte sich die HfG über die Anbindung an die „Geschwister-Scholl-Stiftung" selber eine ungewöhnliche Autonomie gewährt und sich einen Sonderstatus eingeräumt, der die HfG auch zu einem institutionellen Experiment werden ließ, zugleich jedoch einer staatstragenden Landesregierung Schrecken einjagen mußte. Schon 1963 war diese Landesregierung einer nunmehr sich stark wähnenden und darstellenden Bun-

13. November 1968
Die Universität Stuttgart versucht, im Großen Senat einen Beschluß über die Eingliederung der HfG herbeizuführen. Die HfG sagt mit Bedauern ab, da eine Einigung mit den Studenten nicht mehr möglich ist.

28. November 1968
Einen Tag vor der entscheidenden Kabinettssitzung einigen sich Studenten und Dozenten über die letzten offenen Forderungen des 7-Punkte-Ultimatums des Landtags.

Der Landtag faßt den Beschluß, die HfG zu schließen.

5. Dezember 1968
Ministerpräsident Hans Filbinger erklärt: „Wir wollen etwas Neues machen, und dazu bedarf es der Liquidation des Alten."

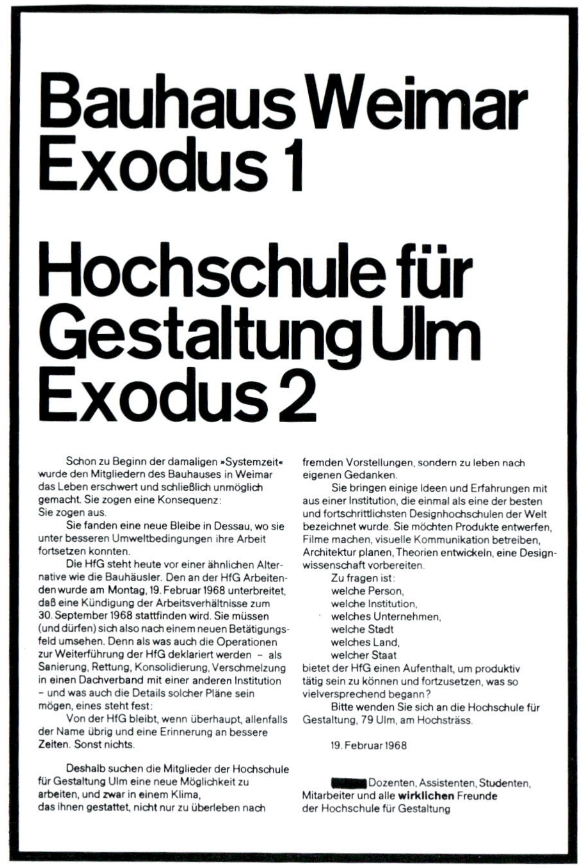

Bauhaus Weimar Exodus 1

Hochschule für Gestaltung Ulm Exodus 2

Schon zu Beginn der damaligen »Systemzeit« wurde den Mitgliedern des Bauhauses in Weimar das Leben erschwert und schließlich unmöglich gemacht. Sie zogen eine Konsequenz:
Sie zogen aus.

Sie fanden eine neue Bleibe in Dessau, wo sie unter besseren Umweltbedingungen ihre Arbeit fortsetzen konnten.

Die HfG steht heute vor einer ähnlichen Alternative wie die Bauhäusler. Den an der HfG Arbeitenden wurde am Montag, 19. Februar 1968 unterbreitet, daß eine Kündigung der Arbeitsverhältnisse zum 30. September 1968 stattfinden wird. Sie müssen (und dürfen) sich also nach einem neuen Betätigungsfeld umsehen. Denn als was auch die Operationen zur Weiterführung der HfG deklariert werden – als Sanierung, Rettung, Konsolidierung, Verschmelzung in einen Dachverband mit einer anderen Institution – und was auch die Details solcher Pläne sein mögen, eines steht fest:

Von der HfG bleibt, wenn überhaupt, allenfalls der Name übrig und eine Erinnerung an bessere Zeiten. Sonst nichts.

Deshalb suchen die Mitglieder der Hochschule für Gestaltung Ulm eine neue Möglichkeit zu arbeiten, und zwar in einem Klima,
das ihnen gestattet, nicht nur zu überleben nach fremden Vorstellungen, sondern zu leben nach eigenen Gedanken.

Sie bringen einige Ideen und Erfahrungen mit aus einer Institution, die einmal als eine der besten und fortschrittlichsten Designhochschulen der Welt bezeichnet wurde. Sie möchten Produkte entwerfen, Filme machen, visuelle Kommunikation betreiben, Architektur planen, Theorien entwickeln, eine Designwissenschaft vorbereiten.

Zu fragen ist:
welche Person,
welche Institution,
welches Unternehmen,
welche Stadt
welches Land,
welcher Staat
bietet der HfG einen Aufenthalt, um produktiv tätig sein zu können und fortzusetzen, was so vielversprechend begann?

Bitte wenden Sie sich an die Hochschule für Gestaltung, 79 Ulm, am Hochsträss.

19. Februar 1968

[redacted] Dozenten, Assistenten, Studenten, Mitarbeiter und alle **wirklichen** Freunde der Hochschule für Gestaltung

desrepublik deshalb eingeschritten, hatte Einfluß auf die Hochschulverfassung genommen und damit die Autonomie der HfG beschnitten. 1968 dann bot sie der HfG die elende Alternative an, dichtzumachen oder als Abteilung in das bestehende Fachhochschulsystem eingegliedert zu werden. Letzteres war inakzeptabel und hätte den Charakter der Ulmer Hochschule völlig verändert, sie zu einer beliebigen staatlichen Ausbildungsstätte herabgewürdigt. Mithin wählte man – so von Wahl zu sprechen wäre – das Ende.

Wie immer hatten ökonomische Probleme diese Abhängigkeit gegenüber der Landesregierung produziert. Denn die „Geschwister-Scholl-Stiftung" war langfristig nicht in der Lage (und ab und an wohl auch nicht willens), die Hochschule und deren zwangsläufig wachsenden Etat (1968 konnte nicht mehr mit den Finanzmitteln gearbeitet werden, die in den fünfziger Jahren gerade ausreichten) zu tragen. Also blieb lediglich die fiktive Alternative zwischen einer größeren Anbindung an die Industrie, die – so überhaupt möglich – die HfG zum schlichten Anhängsel von Kapitalinteressen umgemodelt hätte, oder Unterwerfung unter die staatliche Rute, mitsamt entsprechender Kontrolle von Lehrformen und -inhalten. Noch einmal Gui Bonsiepe aus seinem weisen Bericht „Über die Lage der HfG": „Freiheit ist zunächst einmal ökonomische Freiheit. Um diese war es jedoch von Beginn an nicht gut bestellt. Die Annahme, man könne und solle eine Ausbildungsstätte

Protestaktion während der Eröffnung der Bauhaus-Ausstellung in Stuttgart, 1968.
Walter Gropius mit Megaphon

durch Einnahmen aus Industrieaufträgen finanzieren, war falsch. Ausbildung kann nicht auf dem Wege der Selbstfinanzierung betrieben werden. Somit mußte die HfG auf öffentliche Mittel rechnen, hing also von dem guten Willen und Verständnis der Volksvertreter ab. Beides war nur bedingt vorhanden. Oft wurden die Zuschüsse in den zuständigen Gremien nur gegen heftige Widerstände und mit knappen Mehrheiten bewilligt. Im gleichen Maße wie der Ruf der HfG auf internationaler Ebene wuchs, nahmen die Möglichkeiten, die mit diesem Ruf verbundenen Anforderungen zu erfüllen, ab, weil die völlig unzureichenden Mittel den Zielen und Ansprüchen Hohn sprachen."

Nun hätten die Studierenden und Lehrenden der Hochschule sicherlich mehr Widerstand oder auch Subversion aufbringen können, als sie es taten. Doch zusätzliches Problem war, daß die HfG sich selbst so sehr in objektiven Widersprüchen – nicht zuletzt in dem von gesellschaftlichem Engagement und stillschweigender Verwertung – verstrickt hatte, daß sie scheitern mußte. Der „Wunschtraum einer vernünftig geordneten Warenwelt" (Stanislaus von Moos) erwies sich vorerst als unabdingbare Illusion – was die Mitglieder der Hochschule für Gestaltung lange nicht wahrhaben wollten und durch eklektische Zugriffe auf Methoden und durch Personalisierungen der eigentlich strukturellen Probleme vor sich selber vertuschten. 1968, inmitten der politischen Protestbewegung, war der innere

Tomás Maldonado

Ulm im Rückblick

Die Produkte der HfG sind ziemlich bekannt, und ebenso sind es die Texte, in denen die didaktische Konzeption der Schule theoretisch dargestellt wird.

Wenig oder gar nichts weiß man dagegen über die kulturellen Einflüsse, die explizit oder implizit die Basis dieser Konzeption bilden. Tatsache ist, daß dieser wichtige Aspekt durch den Stellenwert, den man den theoretischen Problemen der Beziehung Bauhaus/Ulm beimaß, sozusagen „erstickt" wurde. Dies hat eine entstellende Wirkung gehabt, denn es ist nicht wahr, daß das theoretische Gerüst der HfG ausschließlich das Ergebnis unserer internen Diskussion über das Bauhaus war. Und das nicht allein: Ich bin überzeugt, daß es außerhalb dieser Diskussion Disziplinen und gedankliche Strömungen gegeben hat, die in gewisser Weise einen entscheidenden Einfluß auf unser Verständnis des Entwurfes und der Didaktik des Entwerfens ausgeübt haben.

Dazu sollte man sich nur an unsere unbegrenzte Neugier erinnern, die wir in jenen Jahren auf alles hatten, was neu war oder neu zu sein schien. Es war eine fieberhafte, unersättliche Neugier, die sich vor allem auf einige Disziplinen richtete, die sich damals in einer Phase des Aufstiegs befanden: die Kybernetik, die Informationstheorie, die Systemtheorie, die Semiotik, die Ergonomie.

Aber auch, in nicht geringem Maße, waren es eher konsolidierte Disziplinen wie die philosophische Wissenschaftstheorie und die mathematische Logik.

Die Triebfeder unserer Neugier, unserer Studien und unserer theoretischen Mühen war unser Wille, der Arbeit des Entwerfens eine solide methodologische Grundlage zu verschaffen.

Zugegeben, eine solche Absicht war sehr ehrgeizig: Wir versuchten auf dem Gebiet der Entwurfsarbeit eine Veränderung zu forcieren, die jenem Veränderungsprozeß ähnelte, der aus der Alchimie die Chemie gemacht hat. Aber unser Versuch war, das wissen wir jetzt, historisch verfrüht. Die Stücke methodologischen Wissens, die es damals heranzuziehen galt, waren zu „handwerklich". Und unsere instrumentelle Ausrüstung war fast inexistent. Uns fehlte das, was wir heute haben: der Personal Computer.

Es fehlte uns auch eine ausgereifte Darstellung von „begrenzter Rationalität", wie sie Herbert Simon zur damaligen Zeit gerade zu entwikkeln begann. Und so blieben wir Gefangene von theoretischen Verallgemeinerungen eines „Problem Solving" das nichts weiter war als ein „Diskurs über die Methode" nach cartesianischem Muster.

Aber in unserem unbegrenzten Methodologismus, dessen negative Implikation – die „Methodolatrie" – wir schon damals erahnten, gab es auch „starke" Intuitionen, welche die Entwicklung der technischen Informatik, vor allem seit 1963, weitgehend bestätigt hat.

Zweifellos ist zum Beispiel die Idee (die von vielen unter uns in den 50er Jahren genährt wurde), eine Art von Symbiose zwischen Kalkül und grafischer Darstellung im Prozeß der Problemlösung zu erreichen, eine Grundlage der sich heute rapide verbreitenden Nutzung der „grafischen Informatik".

Man muß es uns auch als Verdienst anrechnen, bereits 1958 den Einfluß vorausgesehen zu haben, den die Miniaturisierung auf den gesamten Komplex des Objektsystems der Industriegesellschaft haben würde (und in der Tat bereits gehabt hat). Wir spielen dabei auf die ungeheuren Veränderungen an, die heute auf Grund der

Widerspruch der HfG nicht mehr aufzuhalten. Alles stand plötzlich zur Diskussion, jegliche Selbstgewißheit war dahin, und die Widersprüche wurden bis zum Bersten verschärft. Die Protestbewegung – und mit ihr zumindest einige der Ulmer – nahm die behaupteten Grundsätze der bürgerlichen Gesellschaft beim Wort: und landete im Morast.

So kam es, daß – nachdem schon Ende 1965 mit Hans Gugelot einer der wichtigsten Praktiker der Ulmer Hochschule gestorben war – der Grundlagen-Theoretiker Maldonado im Juni 1967 die Hochschule verließ und daß Otl Aicher 1968 bei Schließung der Hochschule längst den Auftrag für die visuelle Gestaltung der Olympischen Spiele angenommen hatte, womit eine kontinuierliche Weiterarbeit an der HfG kaum noch möglich gewesen wäre. Die HfG war in der Auflösung begriffen, als man sie schloß.

Und dennoch: Sie hätte sich mit neuen Dozenten und Studenten weiterentwickeln und sie hätte neue Formen und Maßstäbe finden können (etwa in Bonsiepes Überlegungen zu einem „Umweltinstitut"). Genug intellektuelles, politisches und praktisches Potential und ausreichend Erfahrungen waren vorhanden, eine utopische Institution zu formulieren.

Außerdem: „Man schließt nicht eine Hochschule" (Tomás Maldonado), schon gar nicht eine international angesehene und bedeutende kulturelle Instanz. Doch jener damalige Ministerpräsident des Landes Baden-Württemberg, Hans Fil-

Mikroelektronik im Gange sind.

Doch muß gesagt werden, daß unsere theoretischen Konstrukte nicht immer ein solches Glück gehabt haben. Einige unserer damaligen Formulierungen können dem heutigen Leser von entwaffnender Selbstverständlichkeit erscheinen. Aber es waren damals andere Zeiten, in denen eine gewisse Unschuld in den Äußerungen die Norm war.

Die Norm war auch die Ideologie des Positiven. So erklärt sich um so mehr, daß in Zeiten wie den heutigen, in denen die Ideologie des Negativen vorherrscht (oder in denen man sie vorherrschen lassen möchte), Dinge, die in Ulm gesagt und getan wurden, auf unerträgliche Weise „erbaulich" erscheinen.

Ein solches Urteil wäre nur zum Teil gerechtfertigt. Denn der Positivismus von Ulm war nie konformistisch, sondern immer kritisch. Das kann man von einem gewissen Negativismus unserer Tage nicht behaupten.

Dennoch muß man zugeben, daß die Bereitschaft, die Rolle und vor allem die Rhetorik des Predigers anzunehmen, kurz, die Bereitschaft, päpstlicher als der Papst zu sein, in vielen von uns vorhanden war: Vielleicht rührte das von der Tatsache her, daß wir vehement an die Ideen glaubten, die wir vertraten.

Man muß klar sagen, daß dies eine Haltung ist, die in unseren Tagen im Verschwinden begriffen ist. Und diese Haltung vermittelte uns oft die Überzeugung, daß wir, im besten Glauben, Träger von Heilsbotschaften waren.

Aber es gibt da Schattierungen zwischen uns. Ich persönlich habe zum Beispiel immer die fixe Idee abgelehnt, die auch heute noch sehr verbreitet ist, im „Design" ein Mittel zur globalen Erlösung der Industriegesellschaft zu sehen. Es ist wahr, daß ich immer jedwede Form des „Design"-Chauvinismus verworfen habe.

Wir lebten und arbeiteten in relativer Isolation auf einem Berg, und es war schwer, der Versuchung eines Zarathustra zu entgehen, Ermahnungen, Beschwörungen und Aufrufe von oben herab auf die Menschen fallen zu lassen. Ja, deswegen waren wir manchmal in Ulm so feierlich. Ohne Groll jedoch. Manchmal waren unsere Ideen verwegen, nie aber verstiegen.

Ulm ging von einer Voraussetzung aus, die von uns allen, trotz Meinungsverschiedenheiten über alle möglichen Argumente, geteilt wurde: Die Idee, daß Industrie Kultur ist, und daß es die Möglichkeit (und auch die Notwendigkeit) einer industriellen Kultur gibt. Aber es handelte sich dabei um eine Voraussetzung, die von einigen unter uns – und im besonderen von mir – nur mit Einschränkungen akzeptiert wurde.

Ich war in jener Zeit besonders empfänglich für einige Gedankengänge der Frankfurter Schule. Obgleich meine kulturelle Orientierung damals stark vom Neopositivismus durchdrungen war (ich las zu der Zeit eifrig Carnap, Neurath, Schlick, Morris, Wittgenstein, Reichenbach etc.), stellte die Gegenwart Adornos in Frankfurt für mich sozusagen einen Faktor widersprüchlicher intellektueller Beunruhigung dar.

Ich muß bekennen, daß seine beeindruckende spekulative Fruchtbarkeit, seine komplizierte und etwas kryptische Schreibweise, seine treffenden und manchmal provozierenden Aphorismen auf mich eine faszinierende Wirkung ausübten, die alles andere als rational war. „Das Unnütze ist angefressen, ästhetisch unzulänglich. Aber das bloß Nützliche verödet die Welt", hat er mir einmal gesagt, als er versuchte, meinen Enthusiasmus für das Nützliche im System der industriellen Objekte abzukühlen.

Dies war unter anderem ein immer wiederkeh-

binger, der einst im faschistischen Deutschland Richter gewesen war, beendete am 5. Dezember 1968 offiziell die Existenz der Ulmer Hochschule für Gestaltung mit dem deutschen Satz: „Wir wollen etwas Neues machen, und darum bedarf es der Liquidation des Alten."

Es gab nicht viele unorthodoxe, phantasievolle Neugründungen im deutschen Hochschulwesen der Nachkriegszeit. Die HfG gehörte mit Sicherheit dazu. Sie war ein Ort für schöpferische Initiative. Darum haben viele sie attackiert.

Ralf Dahrendorf, 1987

rendes Thema seiner Gedanken in jenen Jahren, das er mit denselben Begriffen in seinem denkwürdigen Vortrag über den Funktionalismus vor dem „Werkbund" in Berlin wieder aufgegriffen hat.

Diese und andere Reflexionen Adornoscher, und später Habermasscher Art brachten mich dazu, die Beziehung zwischen Industriekultur und Kulturindustrie zu untersuchen und die Rolle des „Design" zwischen diesen beiden Realitäten kritisch zu erforschen.

Wenn man mich heute, wie dies oft geschieht, nach der Aktualität von Ulm fragt, so kann meine Antwort nur abgestuft ausfallen.

Die Zeiten haben sich geändert — es wäre töricht, dies von der Hand zu weisen. Aber die Probleme sind letztendlich die gleichen, oder fast die gleichen. Ich würde sagen, daß Ulm ein überzeugendes Modell bleibt, wenn man an die am höchsten entwickelten Sektoren der Industrie denkt, an die Sektoren der Instrumente, sei es der Produktion, sei es der Kommunikation. Ein veraltetes Modell ist Ulm dagegen, wenn die Realität, die auf dem Prüfstein steht, diejenige ist, die wir in Ulm wenn nicht vernachlässigt, so doch unterbewertet haben: Die Realität der Objekte, die Adorno dem „angefressenen" Reich des Unnützen zugewiesen hätte, Objekte, die man aber doch braucht: Und der Versuch, sie von ihrer „Angefressenheit" zu befreien, ist legitim, ja zu begrüßen. Sicher eine schwierige Aufgabe, denn die unbegrenzte Freiheit des Unnützen begünstigt die elitärsten Extravaganzen. Aber gestehen wir die Wahrheit: Schwierig ist es auch, zu vermeiden, daß das Nützliche die Welt verödet.

Mailand 1987

Übersetzung: Martin Krampen

... danach

Erscheinungsbild
Olympische Spiele
München 1972
Otl Aicher
Rotis 1972

„Ulm" und kein Ende

Michael Erlhoff

Allein die Dummheit eines vermessenen Politikers konnte am Ende der sechziger Jahre diesen in der Sicherheit wiegen, er habe der Ulmer Hochschule ein Ende gesetzt. Als ob Männer Geschichte machten, als ob eine Instanz im nebenbei weggeräumt werden könnte.

Trugbild des Größenwahns. Denn: Nicht nur, daß der heutige Ministerpräsident desselben Bundeslandes allzugern die Hochschule noch oder wieder hätte, da doch der kulturell-ökonomische Wert von Design gegenwärtig allerorten gepriesen wird – vielmehr fand „Ulm" zwar ein offizielles, jedoch nie ein wirkliches Ende. Jene offizielle Schließung der Hochschule für Gestaltung nämlich bedeutete – und das war vorhersehbar – für viele Studenten und vor allem Dozenten der HfG einen neuen Anfang: raus aus der klösterlichen Sonderstellung, hinein in die Vielfalt der Möglichkeiten, „Ulm" zu verbreiten. Wie die Splitter einer Erosion schwärmten sie aus, oder wie Jünger zogen sie in die Welt, „Ulm" allgemein zu machen. Sie wurden Dozenten an Universitäten, Design-Hochschulen und Akademien (etwa in Mailand, Paris, Berlin und Hamburg), sie gründeten ihre eigenen Produktionsstätten und Büros, oft neue weihevolle Orte von Forschung, Erprobung, Gestaltung und Lehre; sie realisierten „Ulm" in unterschiedlichen Kontinenten, wurden Berater für Regional-, Städte- und Industrieplanung, übernahmen führende Ämter in Institutionen und Verbänden, schrieben gewichtige Bücher, organisierten Ausstellungen und deren

Computer-Arbeitsplatz
Hans von Klier
Mailand 1983

Katalog
Rolf Müller
München 1974

Stadtwerke Ulm
Hochstrasser, Bleiker
Ulm 1974–78

Kataloge, entwickelten Design und Designstrategien, Architektur, Theorie, die visuelle Gestaltung des Alltags, sie formten Städte und Firmen. Auch wenn nicht alle Ulm-Absolventen gleichermaßen reüssierten: „Ulm" wurde zur Kategorie, an der sich alles, was danach kam, zu reiben hatte.

Erst das offizielle Ende der Hochschule machte „Ulm" offiziell, so bitter jene Schließung der HfG grundsätzlich gewesen war. Denn erst dadurch, in der Verteilung und Ausbreitung, wurden Qualität und Kraft von „Ulm" gemein. So daß heute zumindest Design und visuelle Kommunikation und deren Ausbildung in der sogenannten westlichen Welt nicht denkbar sind ohne den Einfluß der „Ulmer". Denn diese sind die Lehrer und Designer, machen die Konzepte und – auch das – verwalten die Ulmer Ideen.

Viele der ehemaligen „Ulmer" wurden zu den Protagonisten des zeitgenössischen Bilds von Modernität und lösten damit die Ambivalenz der HfG zwischen Ausflug in die Kritik und Integration ins Bestehende integrativ auf: Aus dem Experiment „Ulm" wurde Normalität, gar Norm. Den Rebellen wurde gesellschaftliche Verantwortung übertragen, die sie zwangsläufig annahmen – mit mehr oder weniger Verlusten an Ulmer Konzepten. Mithin prägt „Ulm" heute die Vorstellung von Form, von „guter Form". Wobei die, die dazugehören, notwendig weiterhin und unbemerkt vom großen Publikum darüber streiten, was das wohl sei; denn nun geht es immerhin um

S-Bahn Berlin
Herbert Lindinger
Jörg-Peter Kusserow
Helmut Staubach
Volker Weinert
Hannover 1985-87

Muskelkraftflugzeug
Günter Rochelt
München 1984/85

das rechtmäßige Erbe. Was schon nach dem Bauhaus für reichlich Zwist gesorgt hatte, da allemal viele Erben die Wahrhaftigkeit (und die Pfründe) reklamierten.

„Ulm" jedenfalls machte Schule. Auch diesseits des müßigen, lediglich philologischen oder kennzeichenkundlichen Streits, was direkt von Ulm beeinflußt sei und was mittelbar, und was nebenher sich entwickelte. Gewiß nämlich ist, daß „Ulm" – wie sollte es anders sein – als Stil (oder als Manie) rezipiert und verallgemeinert wurde und deshalb bewußt oder unbewußt als Leitfigur für modernes Design diente und heute jedes Kaufhaus und jede „Gartenstadt", alle Vororte und Utensilien durchdringt. Kein Reisender, der sich ohne Ulm- Adaptionen noch zurechtfände, kein Fernsehsportfan, der nicht die Orientierung verlöre, kein Eigenheimler, der nicht die Bauweise aus Fertigteilen schätzte, kein Künstler oder Kunsthistoriker, der ohne Diakarussell auskäme, kein Medium, das den Techniklook verschmähte, kein Design-oder Architekturstudent, der an „Ulm" vorbeisausen könnte.

Daß die Hochschule für Gestaltung dabei allzuoft mißverstanden wird, zum Markenzeichen gerät und meist nur schlechte Paraphrase, „Ulm" aus zweiter oder dritter Hand hervorbringt, ist gewissermaßen nur der Normalisierung von Verwertung geschuldet. Alles scheint heute „Ulm", und aus Ulmer Rationalität (etwa der Begründung von Industrie-Design und urbanem Design und von Design-Theorie und

Stuhl für Firma Rosenthal
Herbert und Jutta Ohl
Darmstadt 1983

Endlose Schleife
für Deutsche Bank, Frankfurt
Max Bill
Zürich 1987

-Planung) wurde schlicht Plausibilität. Doch das gehört lediglich zu dem in bürgerlicher Gesellschaft üblichen Trauerspiel (einer explizit bürgerlichen Form) jener, die hinterher nur zu sagen wissen, so habe man das eigentlich nicht gemeint (was ja auch die Protestbewegung von 1968 mannigfaltig betrifft). Wirklich deprimierend an diesem Vorgang ist, daß dabei die Qualitäten der Ulmer Produkte und Gedanken verwischt werden, im Einheitsbrei jener Normalisierung unterzugehen drohen.

Deshalb gab es und gibt es jenes unverständige, ebenso allgemeine wie diffuse Gefühl, zuviel „Ulm" habe sich ausgebreitet und habe die – wie auch immer obskure – Sehnsucht nach Heimeligkeit, Schönheit und Geborgenheit zerstört. Was beizeiten wieder und wieder Aggressionen gegen wirkliches Ulmer Design und gegen die diesem Design entsprechenden Vorstellungen evoziert. Ein bißchen „Ulm" nämlich meint nur so viel wie „ein bißchen Frieden". Die wirkliche Begeisterung und Verarbeitung von „Ulm" kommt deshalb in den letzten Jahren aus einer vordergründig überraschenden Ecke: Zumal für einige jüngere an Design Interessierte wurde „Ulm" und wurden die dementsprechenden Dozenten und Lehrmeister zu solchen Übergrößen und Kultobjekten bzw. -figuren, daß sie sich an ihnen abarbeiten mußten. Sehr intensiv. Denn manche dieser Bewunderer und Schüler der Ulmer Ideen radikalisierten sich erneut und übten im Bann von „Ulm" den Aufstand gegen ihre Lehrer

Tsukuba Expo '85:
Zeichen und Leuchten
Takeshi Nishizawa
Tokyo

Sitzsystem
für Firma Wilkhahn
Klaus Franck, Werner Sauer
Hannover 1984

und das Bewunderte: Gerade sie prägen – klarerweise mit manchen Ausrutschern – die Versuche von einem neuen deutschen (oder auch wieder: internationalen) Design und bleiben oft genug, wenn man nur genau hinschaut, Ulmer Konzepten und Ulmer Präzision verhaftet. Auch in dieser Weise hat „Ulm" – gegen „Ulmer" Bedenken – Schule gemacht.

Mithin gestaltet die Hochschule für Gestaltung auch den Widerstand gegen sie. Zwar gibt es glücklicherweise nicht (oder noch nicht) die Phrase eines „Post-Ulm", jedoch wurde „Ulm" gegen die eigenen Intentionen zu einem Mythos: zu einem projektiven Traum von den sechziger Jahren – und wird „Ulm" sicherlich auch explizit wieder Mode werden. Was nur normal ist in dieser alles eiligst verschlingenden Zeit.

Aber vielleicht oder unter Umständen, die wir nur partiell in Händen halten, könnte die Wiederentdeckung von „Ulm" zu mehr führen – zur seriösen Diskussion um Funktionalismus, um Gegenständlichkeit, um Modernität, um Ausbildungskonzeptionen, um Architektur, um Visualität und Wahrnehmung und Gesellschaft. Wenn offen über „Ulm" gesprochen wird.

Plakat IDZ
Herbert Kapitzki
Berlin 1976

Personalcomputer
Ferdinand Porsche
Dirk Schmauser
Zell/Österreich 1984

Hallenschwimmbäder
Willi Ramstein
Mailand 1976

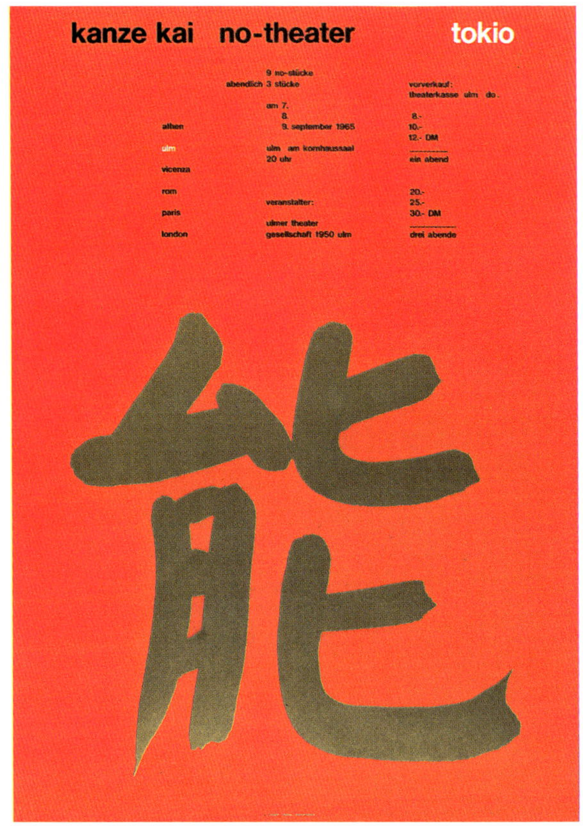

Plakat
Almir Mavignier
Hamburg 1965

Klapp-Stuhl
Andries van Onck
Mailand 1983

Haartrockner
Reinhold Weiss
Braun-Produktgestaltung
Frankfurt 1963

Fukuwatari-Haus
Isao Fukuwatari
Tokyo 1984

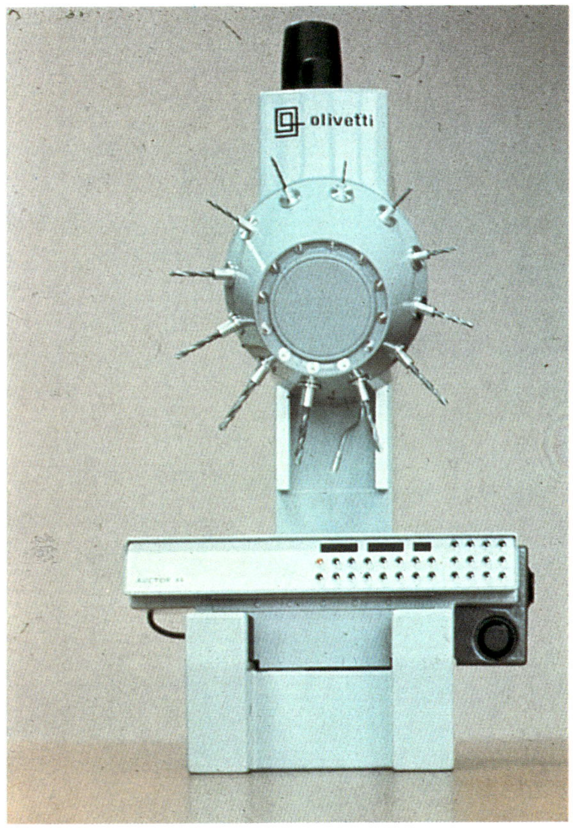

Bearbeitungszentrum
Rodolfo Bonetto
Mailand 1968

Ulm international

Michael Erlhoff

Im Prinzip war die Ulmer Hochschule eine sehr deutsche Institution: konzipiert aus dem Widerstand gegen eine deutsche Politik, die zu einem deutschen Faschismus geführt hatte, zudem geformt aus der Erfahrung deutscher Geschichte und getragen von einer sehr deutschen Vereinigung aus Gründlichkeit, kategorischem Denken, Idealismus, utopischer Phantasie, Esoterik und Streitbarkeit. Nicht überraschend ist deshalb, daß Ausländer in ihren Erinnerungen an Ulm immer wieder diesen – für sie häufig ein wenig exotischen – deutschen Charakter der HfG hervorheben.

Im Prinzip entsprang die Hochschule aber auch einem emphatisch internationalen Anspruch – und wurde sie die erste internationale und international bedeutsame Institution auf dem Territorium der Bundesrepublik Deutschland. Und dies nicht nur, weil sie von Anbeginn ausländische Dozenten, Gastdozenten, Referenten und Studenten in ihre Konzeption und Arbeit konstitutiv integrierte – die dann das „Modell Ulm" allüberall verbreiteten –, sondern auch durch eine intendierte Internationalität der Konzepte selber.

Denn die HfG knüpfte praktisch an das an, was aus der Tradition der zwanziger Jahre und insbesondere in der Architektur zum internationalen Stil von Modernität geworden war. Aber auch darüber hinaus war Ulm eingebunden in jene damals allerorten entwickelten kulturellen Bewegungen, die nach der langen Phase nationaler und chauvinistischer Tümeleien – die bekanntlich in den

Überbauung Pont des Sauges
Präfabrikationstechnik:
Yokoyame, Gilliard und
Architekten Calame,
Schlaeppi,
Lausanne 1968–71

Raupengerät
Zlatan Medugorac
Ulm 1981

dreißiger und vierziger Jahren nicht allein Deutschland in Taumel versetzten – nun enthusiastisch Internationalität anstrebten und priesen; dabei entstanden viele Entwürfe supranationaler Bildungsprozesse von Kultur.

Diese Suche nach Internationalität, die sich im Rekurs auf die kulturellen Aktivitäten der zwanziger Jahre legitimieren und bestärken konnte, kulminierte in der Hoffnung, über alle Grenzen hinweg eine gemeinsame Sprache zu finden. Denn nur eine Überwindung der Sprachbarrieren hätte jenseits nationaler Gepflogenheiten Gemeinschaft stiften können.

Hier bindet sich nun vieles ineinander: Auf der einen Seite der „kalte Krieg" und die jeweiligen Okkupations- und Herrschaftsinteressen der beiden sich herausbildenden Machtblöcke – also der jeweils behauptete Anspruch auf Internationalität, der de facto wirtschaftliche und politische Machtkämpfe verschleierte und zugleich den Enthusiasmus der wohlmeinend an der Beseitigung nationaler Schranken Interessierten ausbeutete –, und auf der anderen Seite all jene tatkräftigen Utopien etwa eines vereinten Europas und neuer sozialpolitischer Ordnungen auf der gesamten Welt – die UNO, die Römischen Verträge, die internationalen Künstlergruppen (wie Zero oder Cobra), die modische Wiederbelebung von Esperanto, der internationale Warenverkehr, der internationale Stil, die Ausbreitung der englischen (beziehungsweise amerikanischen) Sprache im

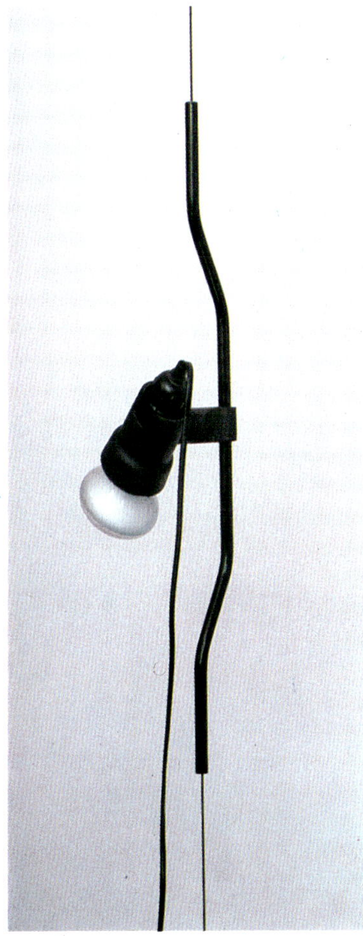

Tischlüfter
Reinhold Weiss
Braun-Produktgestaltung
Frankfurt 1960

Titelblatt Casabella
Tomás Gonda
New York 1981

Bildschirmarbeitsplatz für
MBB-Sysscan GmbH
Horst Diener
Ulm-Gögglingen 1984

Parentesi
Höhenverstellbare
Hängeleuchte
für Firma Flos
Pio Manzù, Achille Castiglioni
1971

Westen, „industrial design", die abstrakte und die konkrete Kunst als jeweils internationale Formsprache und die konkrete Poesie und die von der sich neu etablierenden Sprachwissenschaft betriebene Ausweitung des Begriffs Sprache.

Wenn nämlich Sprache ihre lexikalische Gebundenheit überwinden und sich auf Phonetik, Semiotik und Semantik festlegen konnte, dann waren – so schien es vorübergehend – die lexikalisch bedingten Sprachgrenzen rasch überschritten und als Marginalien überwunden. Außerdem war so eine internationale Sprache der Zeichen auffindbar (oder denkbar), an der ja gerade Architektur und Design teilhaben konnten. – Neben diesen neuen oder wiederentdeckten sprachwissenschaftlichen Auflösungen nationaler Verschachtelungen und gemeinsam mit ihnen war es vor allem die konkrete Poesie (mit ihren Verbindungen zu phonetischer und visueller Poesie), die nun auch die Grenzen von Nationalliteraturen aufzusprengen und zugleich eine eigentliche Internationalität des Sprechens und der Sprache zu demonstrieren suchte. Vor allem Bense und Gomringer sind hier zu nennen, aber auch die brasilianische Gruppe „Noigandres", der Holländer Paul de Vree, einige Briten wie Finlay und Cobbing oder die Franzosen Chopin und Heidsieck und der Amerikaner Emmett Williams, der die „Anthology of Concrete Poetry" herausgab. Zweifellos waren dies wirklich internationale Bewegungen und spann sich über alle Grenzen hinweg ein Netz internationaler Kommunikation – sogar

Yokohama University:
Bebauungsplan
Shoichi Kawai
Tokyo 1983

über den „Eisernen Vorhang" hinweg nach Polen, Ungarn und der Tschechoslowakei. Am einprägsamsten auffindbar ist dies in Zeitschriften jener Zeit, wenn etwa in Uruguay „Los Huevos de la Plata" Texte konkreter Dichter aus Europa mit denen südamerikanischer vereinigte oder wenn in belgischen oder englischen Publikationen alle anderen zu Wort kommen konnten.

Die Ulmer Hochschule partizipierte an dieser breiten Bewegung, nationale Bornierungen zu überwinden, sie förderte sie nach Kräften, und sie erscheint noch heute gerade in diesem Spiegel der Internationalität als hervorragender und exemplarischer Ort. Deshalb bewahrt sich in der Erinnerung an Ulm allemal auch die Utopie eines wahren Internationalismus.

Zeitschrift form
Karl Heinz Krug
Leverkusen, seit 1962

Intercity Experimental
der Deutschen Bundesbahn
Alexander Neumeister
München 1983–85

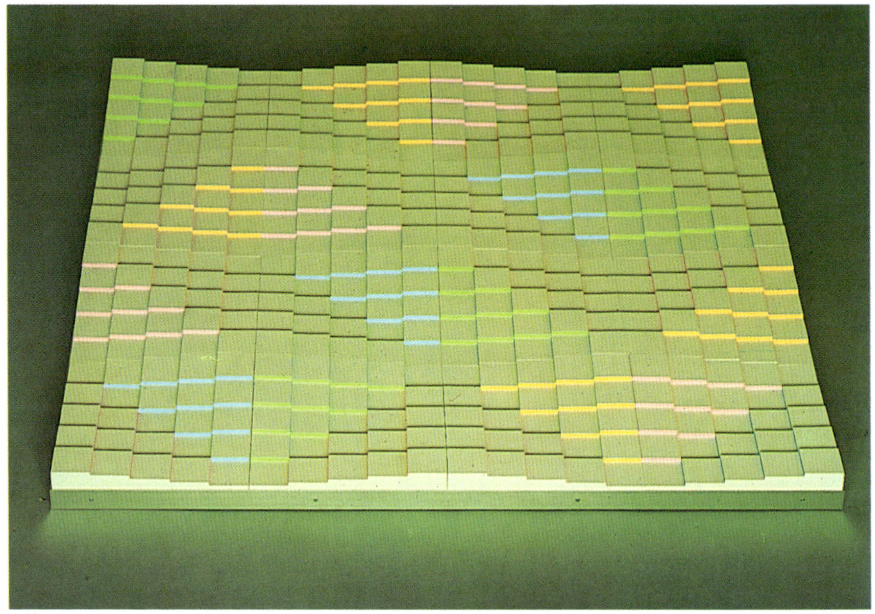

Relief
Farbschatten No. 62
Shizuko Yoshikawa
Zürich 1978

Orientierungssystem
für die GHS-Wuppertal
Helmut M. Schmitt-Siegel,
Eckhard Jung, Franco Clivio
Düsseldorf 1975

Audi 80/90
Horst Kretschmar
Ingolstadt 1983–86

Erscheinungsbild
Historisches Museum
Frankfurt
Herbert Kapitzki
Berlin 1971

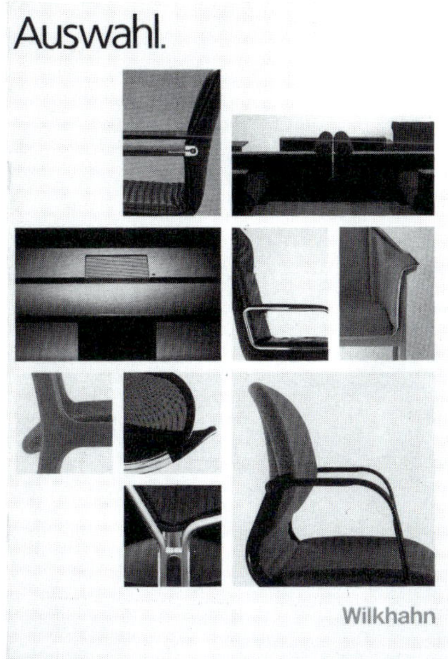

Erscheinungsbild
Tomás Gonda, Bernd Franck,
Rolf Müller, Klaus Franck
Hannover/Düsseldorf
seit 1964

Schweizer Landesausstellung
Max Bill
Zürich 1964

Mischbatterie
Michel Millot
Solus Usus Design
Paris 1985

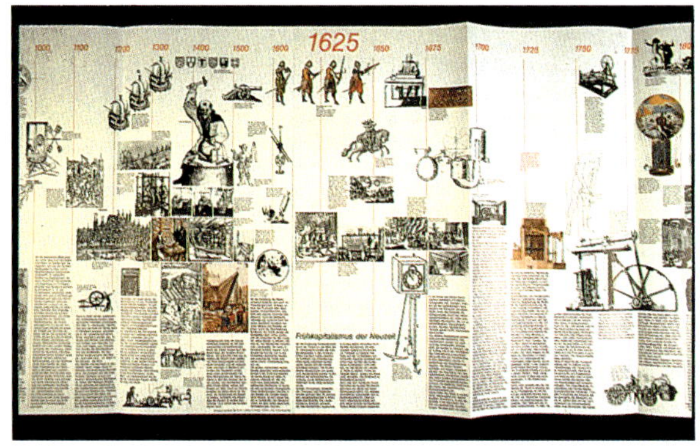

Synopse-Geschichte
der Produktivkräfte
Michael Klar
Schwäbisch-Gmünd 1982

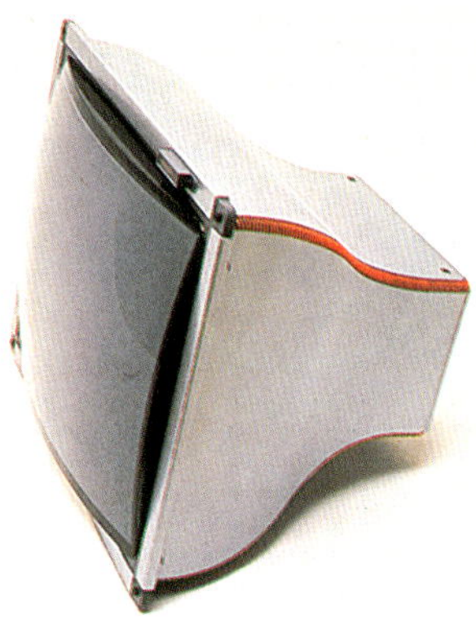

Fernsehgerät
Bernd Meurer
Darmstadt 1985

Brücke über Lavina Tobel
Graubünden
Max Bill
Zürich 1966/67

Wasserschlauch-
Stecksystem
für Firma Gardena-Kress und
Kastner GmbH
Dieter Raffler, Franco Clivio
Ulm 1968

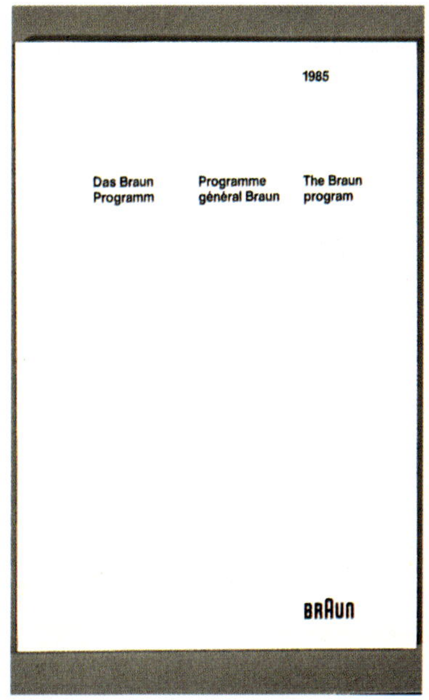

Katalog
für Firma Braun
Walter Müller zusammen mit
Dieter Skerutsch
Frankfurt 1984

Spielzeug Kyma
für Firma Naef
Olivio Ferrari
Blacksburg 1980

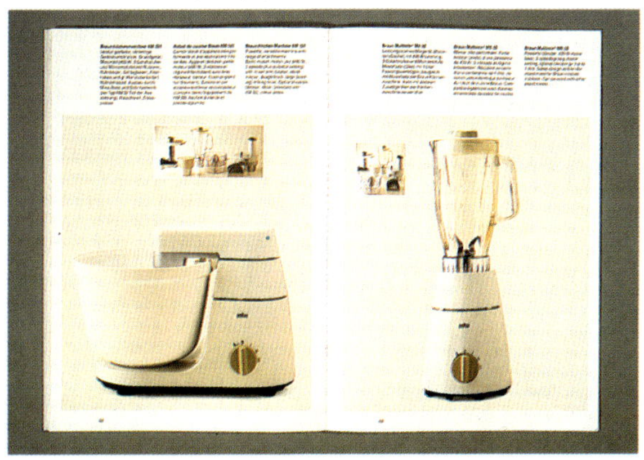

Katalog
für Firma Braun
Walter Müller zusammen mit
Dieter Skerutsch
Frankfurt 1984

Erscheinungsbild
der Stadt Ulm
Hermann Ay, Josef Breuer
Augsburg 1986

Meß-Zentrum
für Firma Olivetti
Rodolfo Bonetto
Mailand 1987

Schreibmaschinentastatur
Hans von Klier
Ettore Sottsass
Mailand 1965

Deformierter Kreis
Almir Mavignier
Hamburg 1962

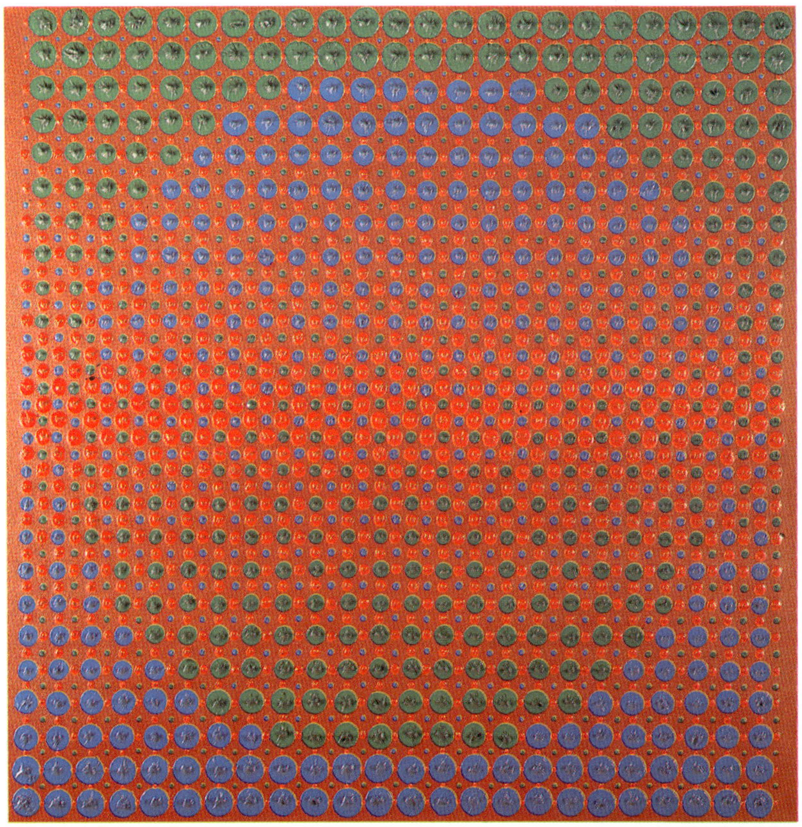

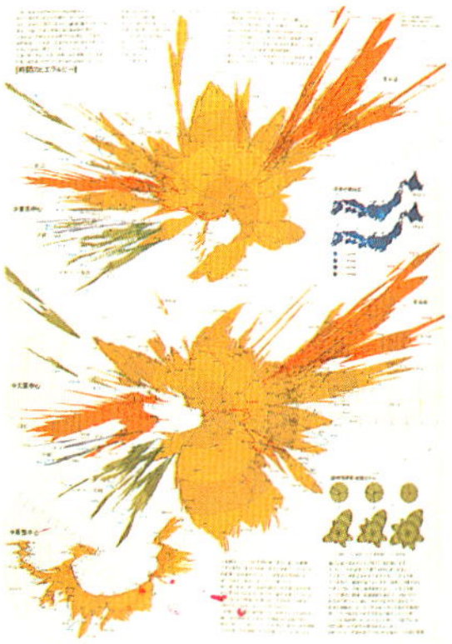

Großraumbestuhlung
Karl-Heinz Bergmiller
Rio de Janeiro 1982

Time Axis Map of Japan
Kohei Sugiura zusammen mit
Nobuo Nakagaki,
Osamu Takada
Tokyo 1969–72

Carbonfaser-Studie
Norihiko Mori
Chibashi 1985

Drahtloses Telefon
für Firma Autophon AG
Werner Zemp
Zürich 1986

Maschinenfabrik
Heberlein & Co. AG
Wattwiel, Schweiz
Fred Hochstrasser
mit H. Bleiker und W. Custer
Ulm 1964–70

Taschenfeuerzeug
Frank Hess
Ulm 1975

Heimcomputerprogramm
Dieter Lassmann
Urbigny/Lormes 1984/85

Spielzeug
Michel Millot
Solus Usus Design
Paris 1985

Erscheinungsbild Olivetti
Hans von Klier
Mailand 1970

Zeichen- und Farbkonzept
der Olympischen Spiele
Los Angeles
1964
D. Sussman – Prejza L. A.

Deutscher Standardstadtbus
Herbert Lindinger
Hannover seit 1973

Bürostuhl
für Firma Wilkhahn
Klaus Franck, Werner Sauer
Hannover 1980

Plakat für Kieler Woche
Rolf Müller
München 1972

Erscheinungsbild
Zoo Minneapolis
Peter Seitz
Minneapolis 1979

Computergesteuerte
Graviermaschine
für Firma Deckel
Peter Hofmeister
München 1984/85

Skibindung
für Firma Geze
Dieter Raffler
Neu-Ulm 1982

Transportabler Kohleofen
Sudhakar Nadkarni
Bombay 1976

Computerserie
für Firma Unidata
Eric Brenzinger
Paris 1972–74

Schultische
Karl-Heinz Bergmiller
Rio de Janeiro 1970

Memorial Hall
of Kunio Yanagida
Isao Fukuwatari
Tokyo 1975

Luisenplatz Darmstadt
Herbert Lindinger, Eric Boss,
René Mitscherlich
Eduardo Vargas
Hannover 1978

Bühnenbild
Frank Hess, Ralf Milde
Ulm 1981

Interior Lancia
Rodolfo Bonetto
Mailand 1984

Plakat
aus Erscheinungsbild für Augsburg
Hermann Ay, Josef Breuer
Augsburg 1981

Mikrofilm-Lesegerätesystem
Dieter Lassmann
Urbigny/Lormes 1976

Corporate Design
für Firma Bopp und Reuther
Franco Clivio, Rolf Müller
Zürich/München 1980

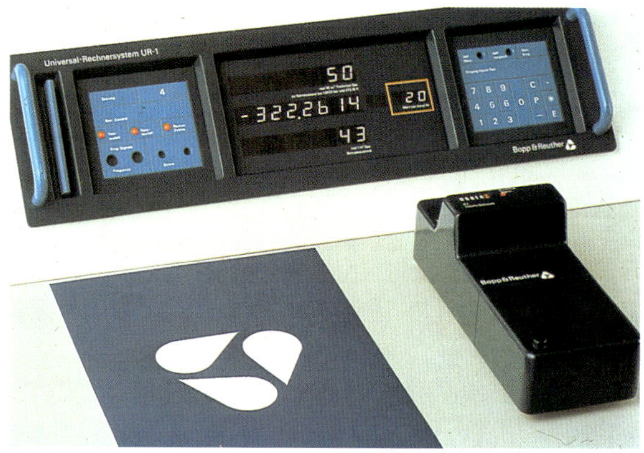

Handmixer
für Firma Braun
Reinhold Weiss
Frankfurt 1965

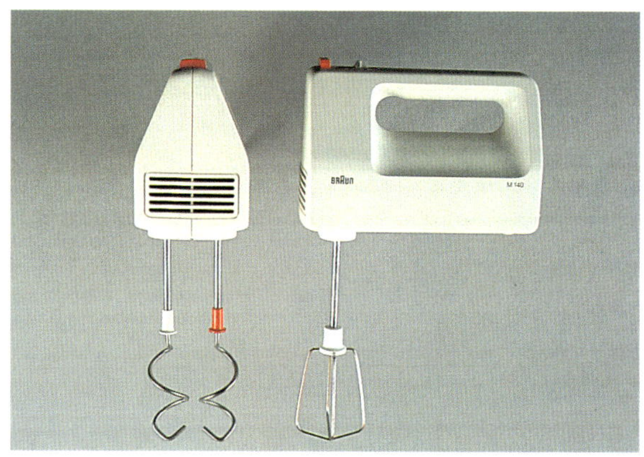

Erscheinungsbild ZDF
Otl Aicher
Rotis 1973–75

Stuhl
für Firma Wilkhahn
Herbert Ohl
Darmstadt 1978

Messestand Olivetti
Hans von Klier
Mailand 1983

Tsukuba Science City
Zeichensystem
Takeshi Nishizawa
Tokyo 1985

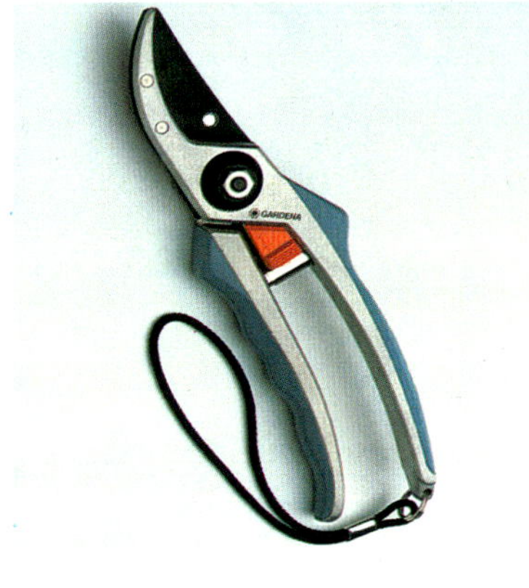

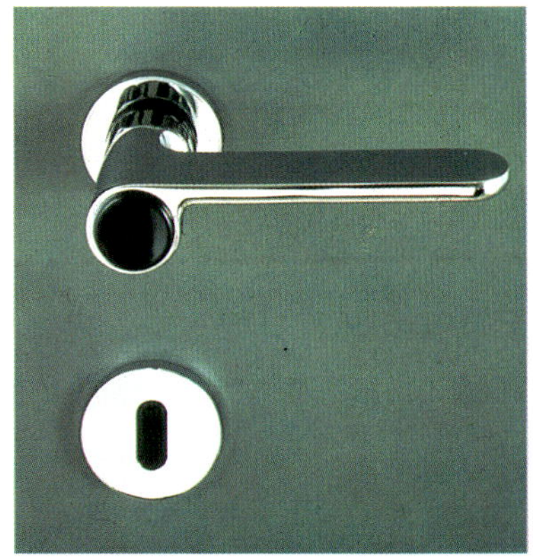

Heckenschere
Franco Clivio
Zürich 1986

Türgriff
Andries und Hiroko van Onck
Mailand 1981

Stuttgarter Stadtbahn
Lindinger, Kusserow,
Staubach, Weinert
Hannover 1979–83

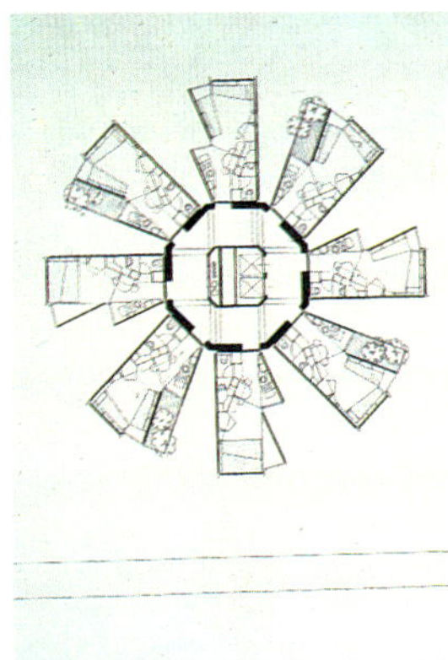

Abitainer
Willi Ramstein
Mailand 1980

Bill in seinem Studio
Zürich 1978

Progression mit vier
quantengleichen Farben,
parallel geordnet
Max Bill
Zürich 1985

Maschinenfabrik
Heberlein & Co. AG
Wattwiel, Schweiz
Fred Hochstrasser,
Hans Bleiker, Walter Custer
Ulm 1964–70

Hinweis-System
Stadion Hannover
B. Franck, H. Lindinger
1974

Magnetschwebebahn
Transrapid 07
Alexander Neumeister
München seit 1985

Erscheinungsbild
Firma Erco
Otl Aicher

Magnetschwebebahn
Transrapid 06
Alexander Neumeister
München 1979–82

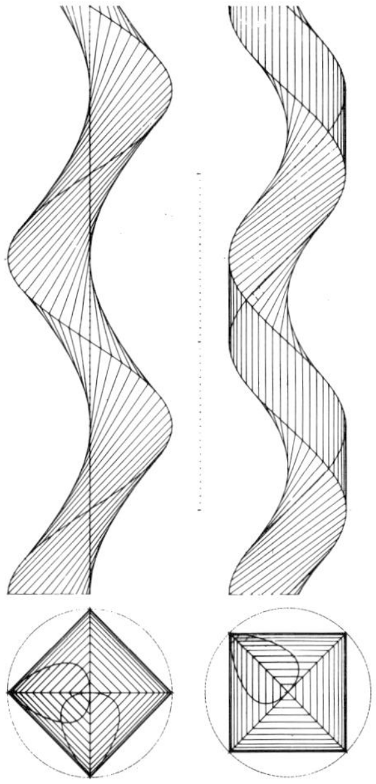

Erscheinungsbild Erco
Otl Aicher
Rotis 1977

Spindelsäule
Walter Zeischegg
Neu-Ulm 1980

Werkzeugmaschine
für Fa. Baltec Maschinenbau
Werner Zemp, Devico Design
Zürich 1982

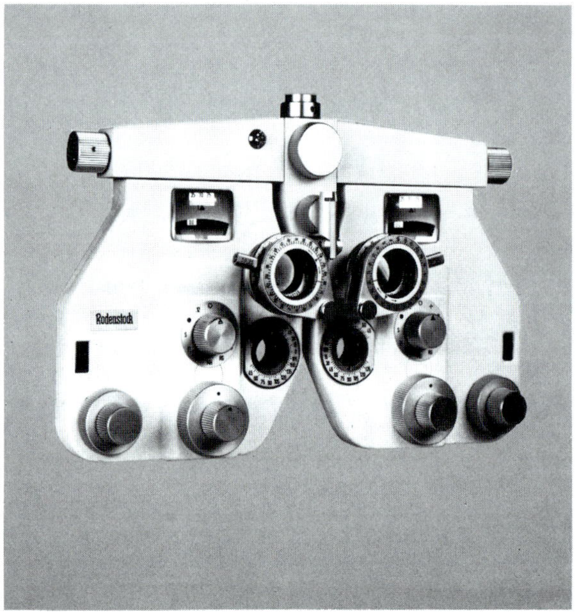

Brillenbestimmungsgerät
für Firma Rodenstock
Willy Herold
München 1961/62

Konkrete Poesie
Eugen Gomringer
Düsseldorf 1965

kein fehler im system
kein efhler im system
kein ehfler im system
kein ehlfer im system
kein ehlefr im system
kein ehlerf im system
kein ehleri fm system
kein ehleri mf system
kein ehleri ms fystem
kein ehleri ms yfstem
kein ehleri ms ysftem
kein ehleri ms ystfem
kein ehleri ms ystefm
kein ehleri ms ystemf
fkei nehler im system
kfei nehler im system
kefi nehler im system
keif nehler im system
kein fehler im system

... eine Wechselbeziehung rationaler Ästhetiken – angebahnt durch eine Bill-Retrospektive, São Paulo 1950, deren Einfluß bereits 1951 während der dortigen 1. Biennale bei den Malern Mavignier, Serpa, Palatnik, Maluf und der Bildhauerin Mary Vieira sichtbar wird. Durch Mavignier, der 1953 nach Ulm geht, wird die visuelle Kommunikation Ulmer Provenienz ihrerseits um ein „tropicales" Komplement bereichert: er bringt nicht nur die Farbe ins „Ulmer Grau", sondern vermittelt in seinen Plakaten auch etwas von dem typographischen Raffinement, das die „Textflächen" der „Noigandres" auszeichnet – jener 1952 in São Paulo von Haroldo und Augusto de Campos sowie Décio Pignatari begründeten, international renommiertesten Gruppe „Konkreter Poesie".

Brasilianischer Prägung ist der Begriff „Verbovocovisualität": ein „konkreter" Text stellt einen dreidimensionalen Mitteilungsraum dar, dessen „Bedeutung" materialiter offengelegt ist. Aus der Nähe dieser ideogrammatischen Dichtungs-

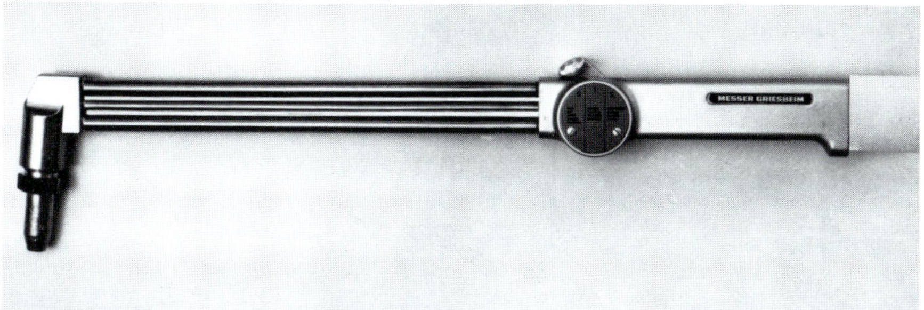

Schneidbrenner
für Firma Messer Griesheim
C.W. Voltz
Lindenfels 1970

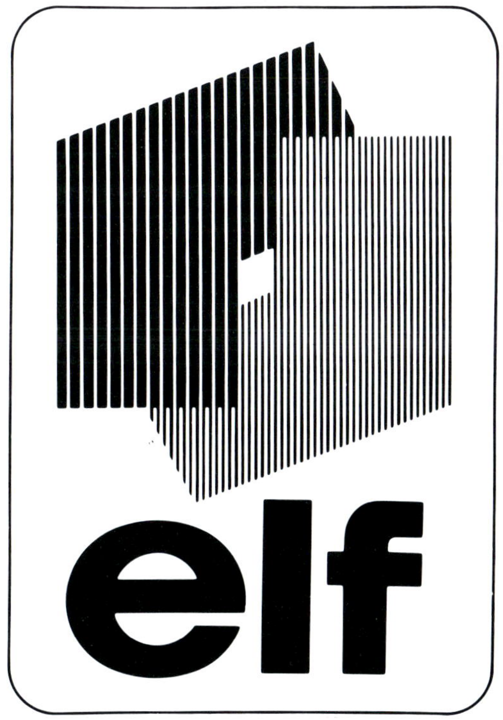

Erscheinungsbild ELF
Eric Brenzinger
in Zusammenarbeit mit
Firma Chourgnoz
Paris 1966/67

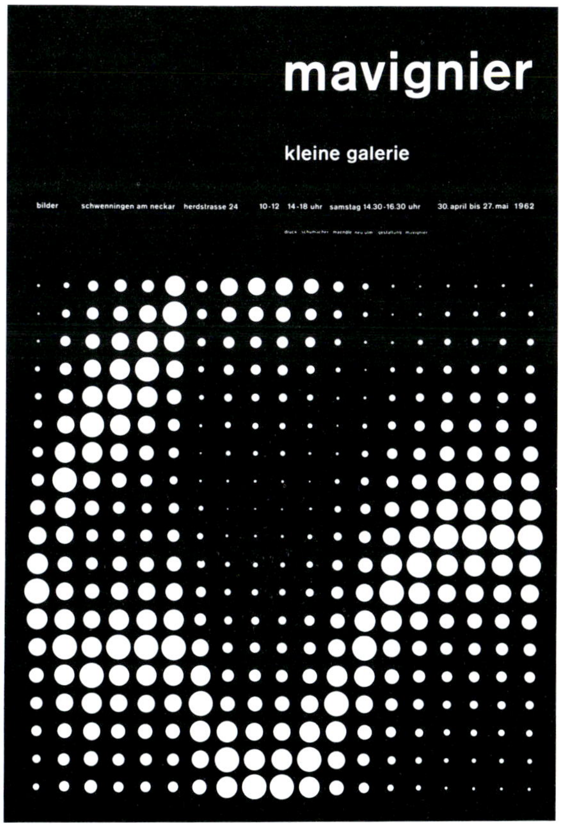

Plakat
Almir Mavignier
Hamburg 1962

Richtung zum Werbetext (signalhafte Anschaulichkeit, infolgedessen hoher Grad an Memorierbarkeit) ergab sich in Ulm ein durch die Präsenz Gomringers nurmehr vertieftes Interesse für „konkrete" Methodologie: denn funktionelle ästhetische Würde der Produktform verlangt nach adäquater (formelhaft ökonomisierter) Werbetextgestaltung.

1953 spricht Bill in Rio über Architektur vor Gleichgesinnten, die mit Lúcio Costa am Projekt Brasilia (1956 f.) arbeiten. 1959 bildet sich in Rio ein mit den Paulistas konkurrierender „neokonkreter" Zirkel (Gullar, Spanudis, die Bildhauerin Lygia Clark u.a.). Im selben Jahr schließlich sprechen Maldonado und Aicher ebenda vor Designern, deren Stil deutliche Affinitäten zu Ulm aufweist (Cordeiro, Wollner, de Barros u.a.). Unterstrichen ist damit die globale Gültigkeit dessen, was Bense, wichtigster theoretischer Vermittler zwischen Ulm und Brasilien, als „Ausdruck eines Gesamtdesign gewordenen Cartesianismus" bezeichnet hat.

J.P. Mardersteig, 1987

Firmenzeichen
Alexandre Wollner
São Paulo 1964–68

Wandrelief
Shizuko Yoshikawa
Zürich 1972/73

Trennwandsystem
für Firma Pohlschröder
Willy Herold
München 1969–71

Espresso-Maschine
von Luca Meda
für Fa. Girmi
Mailand 1983

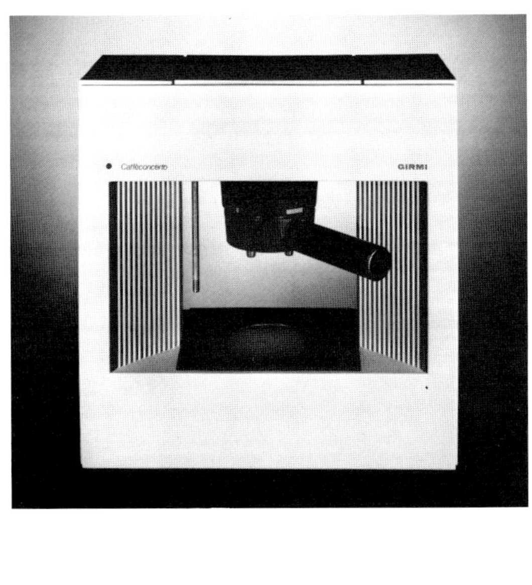

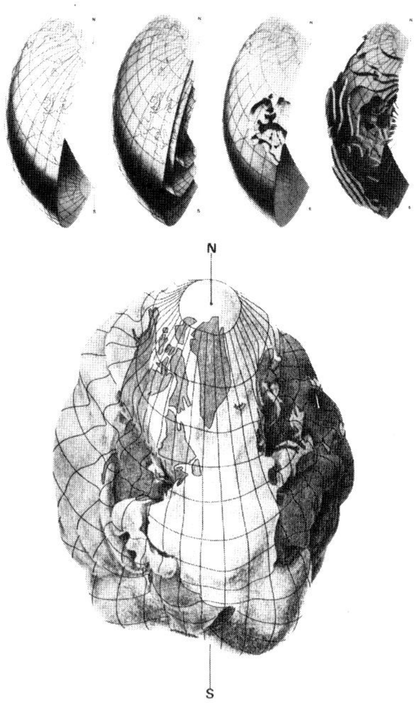

Time Axis Map of Japan
Kohei Sugiura
Tokyo 1969

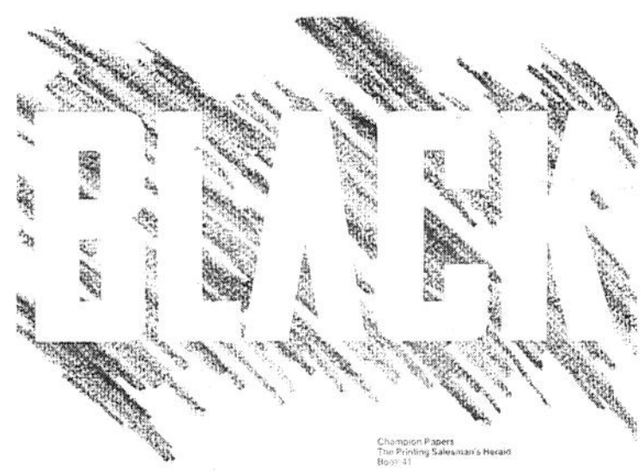

Titelseite
Tomás Gonda
New York 1979

Kleinbild-Diaprojektor
für Firma Liesegang
Stefan Lengyel
Essen 1985

木 林 木

林 森 森 林

森 森 森 森

林 林

森 森 森 森

林 森 森 林

木 林 木

Wellflächensäule
Walter Zeischegg
Neu-Ulm 1978

Poem
Shutaro Mukai
Tokyo 1978

Rolf Schroeter
Zürich 1985

Foto-Studie
Christian Staub
Saettle 1982

Pubblicazioni
di ''ulmiani''
Una scelta

Otl Aicher:
Gehen in der Wüste
Frankfurt 1982

Die Küche zum Kochen
München 1982

Kritik am Auto
München 1984

con M. Krampen: *Zeichensysteme der visuellen Kommunikation*
Stuttgart 1977

con G. Greindl, W. Vossenkuhl:
Guglielmo di Occam, il rischio del pensare modernamente
Milano 1987

Giovanni Anceschi:
Progettazione visiva
Bologna 1981
Monogrammi e figure
Firenze 1981

Max Bense:
Aesthetica
Stuttgart 1954

Aesthetik und Zivilisation
Baden-Baden 1958

Einführung in die informationstheoretische Aesthetik
Reinbek 1969

Zeichen und Design
Baden-Baden 1971

Gui Bonsiepe:
Designtheorie 1
Design im Übergang zum Sozialismus
Redaktion Designtheorie 1974

Teoria e pratica del disegno industriale
Milano 1975

A Tecnologia da Tecnologia
São Paolo 1983

con P. Kellner, H. Poessnecker:
Metodologia. Desenho industrial
Brasilia 1984

Bernhard E. Bürdek:
Designtheorie. Einführung in die Designmethodologie
Hamburg 1975

Ulrich Burandt:
Ergonomie für Design und Entwicklung
Köln 1978

Peter Croy:
Grafik - Form und Technik
Göttingen 1964

Die Zeichen und ihre Sprache
Göttingen 1972

Gerhard Curdes:
Künstlerischer Städtebau um die Jahrhundertwende. Der Beitrag von Karl Henrici
Köln 1981

con K. Stahl:
Umweltplanung in der Industriegesellschaft
Hamburg 1970

Manfred Eisenbeis
con A. Henrich, M. Marschall:
Programm-Mosaik 2. Handbuch für die Gestaltung von Bildschirmtext
Nürnberg 1985

Eugen Gomringer:
Josef Albers
Starnberg 1971

Das Stundenbuch
Starnberg 1980

Ilse Grubrich-Simitis (Hrsg.):
Sigmund Freud
Übersicht der Übertragungs-Neurosen
S. Fischer, Frankfurt 1985

Ilse Grubrich-Simitis, Ernst Freud, Lucy Freud:
Sigmund Freud
Sein Leben in Bildern und Texten
Suhrkamp, Frankfurt 1978

Harald Kaas:
Uhren und Meere
München 1979

Gert Kalow:
Poesie ist Nachricht. Mündlhiche Tradition in Vorgeschichte und Gegenwart
München 1975

Herbert Kapitzki:
Programmiertes Gestalten, Grundlagen für das Visualisieren mit Zeichen
Karlsruhe 1980

Shoichi Kawai:
Dialogue in Architectural Design
Tokyo 1987

Alexander Kluge:
Neue Geschichten. Hefte 1-18. Unheimlichkeit der Zeit
Frankfurt 1977

con K. Eder:
Ulmer Dramaturgien/ Reibungsverluste
München 1980

con O. Negt:
Geschichte und Eigensinn
Frankfurt 1981

Elke Koch-Weser-Ammassari:
Stili di vita del tempo libero e categorie socio-professionali
Rom 1985

Martin Krampen:
Zeichensysteme der
visuellen Kommunikation
Stuttgart 1977

Meaning in the
Urban Environment
London 1979

Die Welt als Zeichen
Klassiker der
modernen Semiotik
Berlin 1981

Semiotica — Icons of the Road
Amsterdam 1983

Umwelt, Gestaltung
und Persönlichkeit
Hildesheim 1986

mit J. Frantz, D. Schempp,
T. Seidel, D. Wolter:
Grüne Archen
In Harmonie mit Pflanzen
leben
Das Modell der
Gruppe LOG ID
Frankfurt 1982

Klaus Krippendorf:
Communication and Control
in Society
New York 1979

Content Analysis
An Introduction to its
Methodology
Beverly Hills 1980

Information Theory
Structural Models for
Qualitative Data
Beverly Hills 1986

mit G. Gerbner, O.R. Holsti,
W.J. Paisley, P. J. Stone:
The Analysis of
Communication Content
New York 1969

Tomás Maldonado:
La Speranza Progettuale
Turin 1970

Umwelt und Revolte
Hamburg 1972

Avanguardia e Razionalità
Turin 1974

Disegno Industriale:
un Riesame
Mailand 1976

Tecnica e Cultura
Mailand 1979

Il Futuro della Modernità
Mailand 1987

Bernd Meurer:
mit H. Vincon
Kritik der Alltagskultur
Berlin 1979

mit H. Vincon:
Industrielle Ästhetik
Zur Geschichte und Theorie
der Gestaltung
Giessen 1983

Shutaro Mukai:
Origin of Design
Tokio 1978

Semiosis of Form
Tokio 1986

mit M. Katsumi:
Modern Design Theories
Tokio 1966

mit Y. Kawazoe, H. Chijiiwa:
Handbuch für die
Farbgestaltung
Tokio 1980

mit M. Katsui, I. Tanaka:
Dictionary of Today's Design
Tokio 1986

Takeshi Nishizawa:
Street Furniture
Tokio 1983

Eva Pfeil:
The Effectiveness
of Visual Versus Experimental
Teaching Techniques for
Aesthetic Color Theory
Auburn 1979

Alf Pross:
Zwei Hühner werden
geschlachtet
Frankfurt 1969

Walter Schaer:
Undergraduate General
Education Programs
Auburn 1976

Günter Schmitz:
Architectural Fabric
Structures
Washington 1985

Claude Schnaidt:
Hannes Meyer
Bauten, Projekte
und Schriften
Stuttgart 1965

Umweltbürger,
Umweltmacher
Dresden 1982

Margit Staber:
Sophie Taeuber-Arp
Genf 1970

Max Bill
St. Gallen 1971

Fritz Glarner
Zürich 1976

Carlo Testa:
Industrialisierung des Bauens
Zürich 1972

mit T. Schmid:
Bauen mit System
Zürich 1969

Gui Bonsiepe

Das „Ulmer Modell" in der Peripherie

Die Frage nach der Relevanz des „Ulmer Modells" für die peripheren Länder setzt voraus, dieses Modell mit seinen hervorstechenden Eigenschaften zu umreißen. Es war sicherlich kein Zufall, daß die Dozentenschaft und Studentenschaft der HfG in ihrer Zusammensetzung international ausgerichtet waren. Insgleichen wies das Programm der HfG Züge auf, die über die Lokalbedingungen der BRD hinausreichten. Das heißt nicht, daß die HfG universale Gültigkeit beanspruchte. Sie war im Kontext industrialisierter Länder konzipiert und primär auf deren Bedürfnisse und Möglichkeiten zugeschnitten. Doch beschränkte sich ihre Ausstrahlung nicht auf die relativ kleine Zahl der industrialisierten Länder – das sogenannte Zentrum oder die Metropole –, sondern erfaßte auch jene Länder, die in der Industrialisierung ein Werkzeug sehen, ihre technologische Abhängigkeit zu mindern und wirtschaftlichen Reichtum zu erzeugen, und die darüber hinaus nach einer eigenständigen materiellen Kultur zeitgemäßen Zuschnitts streben.

Die Konzeption des Ulmer Modells ging von der Tatsache aus, daß die moderne Umwelt entscheidend von der Industrie geprägt wird, insbesondere von der verarbeitenden Industrie, von der Kommunikationsindustrie und von der Bauindustrie, und daß man im Rahmen der herkömmlichen Hochschulausbildung den von diesen Industrien gestellten Problemen nicht beikommen konnte. Die HfG füllte eine Lücke, die von der klassischen Universität nicht gefüllt wurde und nicht gefüllt werden konnte.

Es ging nicht mehr darum, Kunst als zivilisierendes Element von außen an die Industrie heranzutragen – das grundlegende Mißverständnis der „angewandten" Künste –, sondern die der Industrie immanenten Gestaltungsmöglichkeiten zu entfalten. Diese Offenheit gegenüber der Industrie als einer kulturellen Manifestation bedeutete nun durchaus nicht, sich ihr kritiklos und affirmativ zu nähern. Waren es doch gerade die Erscheinungen funktionalen, ästhetischen und sozialen Defizits in der industriellen Produktion, an denen die HfG Anstoß nahm und zu deren Behebung sie mit ihrem Programm beizutragen suchte.

Insofern Industrialisierung heute im planetarischen Maßstab betrieben wird – trotz gelegentlicher Äußerungen eines Überdrusses an Industrie in der Metropole –, darf es nicht verwundern, daß das Ulmer Modell Anziehungskraft für jene peripheren Länder besitzt, die über eine und sei es minimale oder allgemein heterogene Basis für eine verarbeitende Industrie in ihren vielfältigen Erscheinungsformen verfügen, beginnend mit den Kleinstbetrieben des informalen Sektors mit ihren oftmals rudimentären Fertigungstechnologien, über Klein- und Mittelbetriebe bis hin zu Großbetrieben.

Diese Anziehungskraft erklärt sich nicht nur aus einer positiven Wertsetzung des Begriffs „Industrialisierung", trotz aller von ökologischen Denkmodellen vorgebrachten und gerechtfertigten Kritiken, sondern aus dem einer drastischen Reform bedürftigen Ausbildungswesen, insbesondere der Universitäten. Sie funktionieren oftmals eher als Fabriken für Diplome und andere akademische Ehrentitel denn als dynamische Institutionen, die auf die realen Bedürfnisse und Möglichkeiten der sie tragenden Gesellschaften einzugehen bereit sind. Als Nachwirkung der Kolonialisierung sind die Lehrpläne der technologischen Berufe, vor allem der Ingenieurwissenschaften eher darauf angelegt, einen Verwalter importierter Technologie auszubilden als einen Innovator von Technologie. Weder in ihrer Zielsetzung noch in ihrer Organisation, noch in ihren Lehrprogrammen, noch in ihrer Didaktik bilden diese Universitäten jene Form technisch-kultureller Intelligenz aus, die eine unabdingliche Voraussetzung dafür stellt, eine materielle Kultur auf moderner Basis, und das heißt auf industrieller Basis zu schaffen.

Während zunächst die Politik der Importsubstitution von den Planungsbürokratien als erstrebenswertes Ziel betrachtet wurde, stellte sich bald die Unzulänglichkeit dieses Industrialisierungsbegriffs heraus. Ernstgemeinte Industrialisierung gibt sich eben nicht mit der bloßen Herstellung von Produkten zufrieden, ohne diese nach ihrer Herkunft zu hinterfragen, sondern muß die Entwurfskomponente einschließen. Denn ohne Innovation als ein die industrielle Dynamik beschleunigender Faktor gelangen die peripheren Länder nicht über eine passive Reflexindustrialisierung hinaus.

Bereits Anfang der 60er Jahre wurde das Ulmer Modell in einigen peripheren Ländern rezipiert, so z.B. bei der Gründung der Escola Superior de Desenho Industrial in Rio de Janeiro (ESDI), wo dann auch ehemalige Absolventen der HfG als Dozenten wirkten (K.-H. Bergmiller, Alexandre Wollner). Weiterhin wurde bei der Gründung des National Institute of Design in Ahmedabad (NID) auf die HfG Bezug genommen, wo Dozenten der HfG Gastkurse gaben (H. Gugelot, H. Lindinger, W. Siol, C. Staub et al.). Diese Institutionen stützen sich hinsichtlich ihrer programmatischen Ausrichtung, ihrer Ausstattung, ihres Lehrplans und ihrer Didaktik (problemorientiertes Lernen in den Entwurfskursen) auf Erfahrungen der HfG. Diese Erfahrungen wurden einerseits durch Kontakt mit Dozenten der HfG vermittelt, andererseits durch Absolventen, die an diesen neuen Ausbildungsstätten ihre Lehrtätigkeit aufnahmen, und schließlich durch die Veröffentlichungen der HfG, insbesondere die Zeitschrift *Ulm*.

In ihnen ist die Eigenständigkeit der Fachbereiche Produktgestaltung und Visuelle Kommunikation belegt, in eindeutiger Abgrenzung gegenüber der Architektur. Bekanntlich fehlt es nicht an Versuchen, das Design als Fortsetzung der Architektur im verkleinerten Maßstab zu interpretieren und zu suggerieren, daß eine Ausbildung als Architekt dazu ausreiche, Designprobleme mit professioneller Kompetenz zu lösen. Insgleichen setzte sich das Ulmer Modell gegen die Auffassung ab, daß eine Ausbildung im Maschinenbau, angereichert durch einen Schnellkurs in angewandter Ästhetik, einen Ingenieur dazu befähige, Designprobleme gleichsam mit der linken Hand und nebenbei zu bewältigen. Am Ulmer Modell offenbart sich die Unzulänglichkeit des in der technischen Ausbildung vorherrschenden physikalischen Effizienzbegriffs. Im Entwurfsansatz und in der Entwurfsmethodologie stehen sich Konstruktionslehre und Industrial Design diametral gegenüber, und die Versuche, Design als Anhängsel einer Ingenieurausbildung nachzuschieben, haben keine befriedigende Ergebnisse gezeitigt. Die Konzeption des klassischen Maschinenbaus scheitert am Stellenwert der Ästhetik: Sie bringt es nicht über sich, Ästhetik als konstitutives Element des Entwurfs zu betrachten. Während es sich bei der ESDI und bei dem NID um Neugründungen nach dem Muster der HfG, d.h. um Institutionen außerhalb des Rahmens traditioneller Hochschulen in Form von Universitäten handelte, wurde das mit hohem Grade an Autonomie als Postgraduate-Kurs funktionierende Industrial Design Centre (IDC) in Bombay (erster Leiter war der HfG-Absolvent S. Nadkarni) von Anfang an in eine technologische Ausbildungsstätte eingegliedert. Sowohl NID als auch IDC verbinden Lehrtätigkeit und Beratungtätigkeiten für die Industrie und öffentliche Institutionen, wie es programmatisch an der HfG geschah. Dieses Detail ist gerade für periphere Länder wichtig, in denen in der Regel eine soziale und kulturelle Kluft zwischen der insularen Eigenwelt der Universitäten auf der einen Seite und der Gesellschaft/Industrie auf der anderen Seite besteht. Zudem sind die Betriebe auf Grund ihrer Finanzschwäche dazu gezwungen, sich an öffentliche Institutionen zu wenden, um von diesen, oftmals subventionierte, Dienstleistungen im Bereich des Design zu erhalten. Die staatliche Förderung im Bereich des Design spielt in den peripheren Ländern eine nicht zu unterschätzende Rolle. Über die herkömmliche Funktion der Designzentren in der Metropole hinaus, die sich in der Regel auf die Organisation von Ausstellungen und Dokumentation beschränken, wirken Designzentren in der Peripherie als Entwurfszentren.

Indien verfügt somit über zwei beispielhafte Ausbildungsstätten für die Produktgestaltung und Visuelle Kommunikation, an denen Erfahrungen der HfG assimiliert wurden.

Auch in Lateinamerika wurde das Design als ein Instrument der Industrialisierung rezipiert. Auf Grund des starken Einflusses von Regierungsinstitutionen auf die industrielle Entwicklung wurde das Industrial Design in multilaterale und bilaterale Programme der technischen Kooperation eingeführt und gefördert, so z.B. in Chile Ende der 60er Jahre und insbesondere unter der Regierung Salvador Allendes, wo der Versuch gemacht wurde, das Design von seinen Assoziationen mit ausgeklügelten und teuren Luxusprodukten für die 5 % der ökonomisch privilegierten Bevölkerung zu befreien und das Design auf den Bereich der Investitionsgüter auszudehnen (G. Bonsiepe). Diese vom Ulmer Programm geprägten Erfahrungen dienten 1973 als Grundlage für die Formulierung eines Arbeitspapiers der UNIDO (United Nations Industrial Development Organization) – vermutlich das erste Mal, daß eine internationale Organisation eine präzise Rollendefinition des Industrial Design für periphere Länder erörterte.

Derlei wäre ohne das Ulmer Konzept schwerlich machbar gewesen, das sich durch die Auffassung des Design als einer technisch fundierten Tätigkeit auszeichnete – einer Tätigkeit also, die im Rahmen einer rationalen Grundhaltung auszuüben sei. Denn der Verzicht auf eine rationale Diskurswelt hätte von vornherein den Zugang zur Industrie und den staatlichen Förderungsinstitutionen verschlossen, die darüber zu befinden hatten, ob dem Design eine Rolle im Industrialisierungsprozeß eingeräumt werden sollte.

In diesem Prozeß enthüllt sich die politische Dimension des Design als eines Instruments, um die ruinöse technologische Abhängigkeit zu mindern. Gerade der Designrationalismus der HfG, der heute von den Kohorten der Post-Moderne sowie des radical design – das so radikal ist, daß es alles beim alten beläßt – als bête noire verfolgt oder mit lasch-lässiger Müdigkeitgeste als überholt abgetan wird, hat sich in der Peripherie als operabel erwiesen. Er wirkt als kräftiges Antidoton gegen neckisch-ludische Tänzeleien, die das Design eines Türgriffs oder einer Wohnzimmerlampe zu einem tiefschürfenden Bedeutungsproblem emporstilisieren und die Flucht vor technischen und ökonomischen Parametern als Sorge um psychische Bedürfnisse drapieren. Der Ulmer Rationalismus schiebt einer Romantisierung der Armut und einer Idealisierung der „appropriate technology" einen Riegel vor und verhinderte das paternalistische Gebaren des „Assistenzialismus" (aidism). Schließlich können die Designprobleme der Peripherie nur in der Peripherie selbst gelöst werden. Design „für" die Dritte Welt ist bare Ideologie.

Ein Blick auf das Angebot der Designprogramme in der Metropole enthüllt die anhaltende Relevanz des Ulmer Modells; denn bislang ist, allen emsigen Totengräbern des Ulmer Rationalismus zum Trotz, keine viable Alternative geschaffen worden, die den peripheren Ländern als — auch kritischer — Bezugspunkt dienen könnte, um eine eigene Produktkultur zu entwikkeln. Und noch weniger sind die Ausbildungsstätten der Metropole darauf vorbereitet, auf die spezifischen Designprobleme der Peripherie einzugehen und ihr Lehrangebot dementsprechend zu differenzieren. Empfehlungen im Sinne einer „Tropikalisierung" des Design in der Peripherie sind eher als Ausdruck touristischer Klischeevorstellungen zu deuten, denn als ernstzunehemder Weg für das Design in der Peripherie. Auch verstellt die Reduktion von Designfragen auf Stilfragen die Sicht auf das Problem. Doch angesichts der Masse kurzlebiger Formalinnovationen, die sich heute vielfach in den Fachpublikationen der Metropole dokumentiert, erweist sich die Ulmer Morphologie sicherlich nicht als eines der zu bagatellisierenden Resultate der HfG.

Das Lehrprogramm der HfG mit seinem umfassenden Angebot theoretischer Disziplinen, die dem Studenten den Weg zu kritischer Reflexion öffneten, hat vielfach als Orientierung für die Lehrprogramme in der Peripherie gedient, so z.B. für den ersten Postgraduate-Kurs für Produktentwicklung an der Universidad Antonoma Metropolitana, Azcapotzalco, Mexiko.

In Brasilien wurde das Industrial Design ab 1981 in Form eines Programms des Nationalen Rats für Wissenschaftliche und Technologische Entwicklung konsolidiert (G. Bonsiepe). Ähnliche Entwicklungen lassen sich in Kuba beobachten, wo 1984 im Rahmen eines Projekts der UNIDO das Nationale Amt für Industriedesign (Oficina Nacional de Diseño Industrial) die Rolle des Design in seinen zahlreichen Manifestationen (Entwurf, Produkttest, Normung, Ausbildung, Förderung) zu vertiefen begann.

Eine Dokumentation der „Diaspora" der Ulmer HfG steht noch aus. Die Präsenz des Ulmer Modells und die Ausstrahlung der Ulmer Erfahrungen dürfen jedoch als so stark betrachtet werden, daß sie ein Kapitel in einer zukünftigen Geschichte des Design in der Peripherie bilden können.

Florianópolis 1987

Glossar

Inge Aicher
geb. Scholl, geboren 1917 im hohenlohischen Ingersheim (Württ.). Nach Absolvierung der Mädchenoberrealschule in Ulm, wo der Vater sich inzwischen eine freiberufliche Position als Wirtschafts- und Steuertreuhänder geschaffen hatte, Ausbildung im väterlichen Büro als Prüfungsassistentin. Daneben beschäftigte sie sich im Kreis ihrer Geschwister und Freunde mit Musik, Kunst, Literatur, besonders mit Philosophie und Theologie. Aus anfänglicher Begeisterung für die Hitlerjugend wird entschiedene Ablehnung.

Entscheidend für ihr Leben wurde das Schicksal ihrer Geschwister Hans und Sophie Scholl, die sich mit dem studentischen Kreis „Die Weiße Rose" in München zum aktiven Widerstand gegen das NS-Regime entschlossen hatten und zum Tode verurteilt wurden. Inge wurde mit ihrer restlichen Familie nach der Hinrichtung ihrer Geschwister im Februar 1943 mehrere Monate von der Gestapo in Sippenhaft genommen, indes ihr jüngster Bruder, der an der Ostfront eingesetzt war, bald als vermißt gemeldet wurde.

Nach dem Ende des NS-Regimes Gründung der Ulmer Volkshochschule, ausgehend von der Überlegung, daß die Demokratie ohne fundiertes Wissen der Bürger auf wackligen Füßen stehe. Leitung derselben von 1946–1974, dabei den Plan verfolgend, ein modernes Volkshochschulhaus im Zentrum Ulms zu errichten, das 1968 mit dem Namen Einstein-Haus eröffnet wurde.

Aus den Erfahrungen dieser Volkshochschularbeit in einer schwer zerstörten Stadt begann Inge Scholl Ende der 40er Jahre zusammen mit Otl Aicher und einigen Freunden, darunter Max Bill und Hans Werner Richter, die Gründung einer Hochschule für Gestaltung in die Wege zu leiten. Als Trägerin dieser freien Schule gründete sie die Geschwister-Scholl-Stiftung. Von dem damaligen amerikanischen Hochkommissar John J. McCloy, der von ihrer Energie und geistigen Haltung beeindruckt war, erhielt sie die Zusicherung für eine Million DM, falls sie es fertig brächte, dieselbe Summe aus deutschen Quellen aufzutreiben. Sie brachte es fertig und McCloy überreichte seinen Scheck Mitte Juni 1952.

Inge Scholl ist seit 1952 mit Otl Aicher verheiratet. Aus ihrer Ehe sind fünf Kinder hervorgegangen. 1972, nach Schließung der HfG, Übersiedlung nach Rotis. 1974 zieht sie sich von der Volkshochschule zurück. Seither Beschäftigung mit dem Archiv über ihre Geschwister und deren Widerstandsaktion. Daneben aktiv in der Friedensbewegung tätig. Inge Scholl schrieb einen Bericht über Hans und Sophie Scholl und ihre Widerstandstätigkeit, der als Taschenbuch und als Dokumentarband (Die weiße Rose) bei S. Fischer erschienen ist.

Der Lehrkörper der HfG setzte sich zusammen aus den permanent wirkenden, ordentlichen Dozenten (damals auch Festdozenten genannt), den Gastdozenten, den Leitern der verschiedenen Werkstätten und den Assistenten.

Festdozenten:

otl aicher
geboren 1922 in ulm. 1946 studium in der bildhauerklasse der akademie in münchen, grafisches atelier seit 1947 in ulm und 1967 in münchen, seit 1972 rotis im allgäu.

initiator und gründungsmitglied der hochschule für gestaltung in ulm. 1954–66 dozent in der abteilung für visuelle kommunikation. 1956–59 mitglied des rektoratskollegiums. 1962–64 rektor. gastdozent an der yale universität und in rio de janeiro.

entwicklung des visuellen erscheinungsbildes (corporate identity) für firmen wie braun elektrogeräte, deutsche lufthansa, ZDF, ERCO-leuchten, flughafen frankfurt, westdeutsche landesbank, dresdner bank, severin und siedler verlag. 1967–72 gestaltungsbeauftragter der olympischen spiele in münchen, entwicklung eines international gebräuchlichen systems von piktogrammen. 1984 gründung des rotis instituts für analoge studien.

autor von flugbild deutschland, praesentverlag, gütersloh 1968, mit rudolf saß; im flug über europa, otto müller verlag, salzburg 1980, mit rudolf saß; zeichensysteme, alexander koch verlag, münchen 1980, mit martin krampen; die küche zum kochen, callwey verlag, münchen 1982; gehen in der wüste, s. fischer verlag, frankfurt 1982; kritik am auto, callwey verlag, münchen 1984; innenseiten des kriegs, s. fischer verlag, frankfurt 1985; wilhelm von ockham, callwey verlag, münchen 1986, mit wilhelm vossenkuhl und gabriele greindl; greifen und griffe, köln 1987, mit robert kuhn.

Lebt in Rotis

Max Bense
geboren 1910 in Straßburg. Studium der Physik, Mathematik und Philosophie an den Universitäten Bonn und Köln. Dr. phil. nat.

Nach Kriegsende Kurator, ab 1949 apl. Prof. für Philosophie und Wissenschaftstheorie Universität Jena. Seit 1949 Professor für Philosophie und Wissenschaftstheorie an der Technischen Universität Stuttgart.

1954–1958 und 1966 Dozent an der HfG Ulm für Philosophie und Semiotik, verantwortlich für den Aufbau eines Lehrprogramms und dessen Vermittlung für die Abteilung Information.

Publikationen: Quantenmechanik und die Daseinsrelativität, 1938; Geistesgeschichte der Mathematik I/II, 1946/49; Philosophie als Forschung, 1946; Hegel und Kierkegaard, 1948; Technische Existenz, 1949; Literaturmetaphysik, 1950; Philosophie zwischen den Kriegen, 1951; Naturphilosophie, 1958; Aesthetica 1, 2, 3, 1954/56/58; Aesthetica 4, 1960; Theorie der Texte, 1962; Aesthetica, 1965; Ungehorsam der Ideen, 1966; Semiotik, 1967.

Gestorben 1990.

Max Bill
1908 in Winterthur geboren, lebt in Zumikon bei Zürich. 1927–29 Studium am Bauhaus, Hochschule für Gestaltung, Dessau. Seit 1930 tätig als Architekt und Maler, als Plastiker (seit 1932), als Publizist (seit 1936). Auf allen Gebieten umfassende theoretische Arbeiten. 1935 Plastik „Unendliche Schleife". 1935–38 16 Lithografien „Quinze Varations sur un même Thème", ein erster Versuch serieller und systematischer Denkweise in der Malerei. Seit Anfang der 40er Jahre Malerei als Erzeugung und Steuerung von Farbenergien in der Fläche mittels geometrischer Strukturen. Bauten: Hochschule für Gestaltung Ulm. Cinevox Neuhausen. Sektor „bilden und gestalten" Schweiz. Landesausstellung Lausanne. Verwaltungsbau Imbau Leverkusen. Radio-Studio Zürich.

1950 Mitbegründer der Hochschule für Gestaltung Ulm, erster Rektor. 1951 Grand Prix für Plastik der Biennale São Paulo. 1951 Großer Preis der Biennale Milano. 1968 Kunstpreis der Stadt Zürich. 1979 Kulturpreis der Stadt Winterthur. Grosses Verdienstkreuz der Bundesrepublik Deutschland. Dr. Ing. h.c. der Universität Stuttgart. 1982 Kaiserring der Stadt Goslar. Belgischer Kronen-Orden. 1985 Kommandeur im Ordre des Arts et Lettres (France). Ehrenmitglied des American Institute of Architects (hon FAIA). Mitglied der Akademie der Künste Berlin. Auswärtiges Mitglied der Koninklijke Academie voor Wetenschappen, Letteren en Schone Kunsten van Belgie. Korrespondierendes Mitglied der Académie d'architecture Paris. Ehrenmitglied der Kunstakademie Düsseldorf, Academia Nacional de bellas Artes (Argentinien, Corr. Mitglied). Academie de la Philosophie de l'Art (internat.).

Ergänzende Angaben: (Biografie, Bibliografie, Ausstellungen, Publikationen) Eduard Hüttinger, Max Bill, ABC-Verlag Zürich.

Lebt in Zumikon.

Gui Bonsiepe
geboren 1934 in Glücksburg. Abitur in Stuttgart, Studium an der HfG 1955–59, Diplom der Abteilung Information. Dozent an der HfG 1963–68. Seit 1968 in Lateinamerika tätig (Chile, Argentinien, Brasilien) zum Teil in öffentlichen Institutionen zur Förderung der technischen Entwicklung 1971–73 in Chile, seit 1981 in Brasilien am Nationalen Rat für wissenschaftliche und technische Entwicklung. Leiter des Designinstituts in Florianopolis seit 1984. Zur Zeit Stipendiat in Berkeley im Bereich der Software-Entwicklung.

Entwurfstätigkeit in den Bereichen Produktgestaltung und visuelle Kommunikation. Beratertätigkeiten für UNIDO und ILO in Indien, Portugal und Cuba. Bücher: Teoria e practica del disegno industriale, Mailand 1975; Diseño Industrial, Tecnologia y Dependencia, Mexico 1978; A „Tecnologia" da Tecnologia, Brasilien 1983 und etwa 80 Artikel.

Etwa 60 Veröffentlichungen in Fachzeitschriften über Industriedesign, Verpackungsdesign, Technologiepolitik, Designausbildung, Methodologie (BRD, DDR, UK, USA, Chile, Canada, Argentinien, Brasilien, Mexico, Cuba, Costa Rica, UDSSR, Frankreich, Spanien, Schweiz, Japan, Indien, Jugoslawien, Ekuador). 1973–75 Vizepräsident des ICSID.

Lebt in Florianópolis.

Anthony Fröshaug
geboren 1920 in London. 1938–39 Studium Grafik Central School of Arts London, 1940–43 University London (Naturwissenschaft). Seit 1940 als selbständiger Typograf und Ausstellungsgestalter tätig.

1948–49 Dozent und 1952–53 Leiter der Abt. Typografie Central School of Arts London. 1957–60 Dozent der Abteilung Visuelle Kommunikation an der HfG Ulm. Engagierte sich auch stark in der Grundlehre. War verantwortlich für die Gestaltung der Zeitschrift *Ulm* 1–5. 1957–61 lehrte er Typografie am Royal College of Art London, 1964–67 an der Watford School of Art. 1967–69 Studium Architektur Architectural Association London. 1970–84 lehrte er Grafik Design an der Central School of Art London.

Beteiligt an Gestaltung der Ausstellungen: Britain can make it, 1947; Festival of Britain, 1951; Purpose and Pleasure, 1952. Bücher: Typographic Norms, 1964; Art without Boundaries, London, 1972.

Gestorben 1984.

Hans Gugelot
geboren 1920 in Makassar, Celebes. 1940–46 Studium Architektur in Lausanne und ETH Zürich. Reisen und gelegentlich Jazzgitarrist. 1948–50 Mitarbeiter in verschiedenen Büros, u.a. bei Max Bill. Ab 1950 selbständig tätig. Möbelentwürfe für Wohnbedarf Zürich. Experimente mit Möbelsystemen.

1954–65 Dozent an der HfG Ulm, 1960/61 als Mitglied des Rektoratskollegiums. Prägte maßgeblich die Abteilung Produktgestaltung. 1954–57 entwickelte er völlig neuartige Radiogeräte für die Fa. Braun, Frankfurt, die damals eine bahnbrechende Wirkung hatten. Er stellte allgemeine Gestaltungsrichtlinien für das Unternehmen auf und prägte vor allem zusammen mit Otl Aicher das neue Erscheinungsbild der Firma Braun. Er forcierte die Idee der Systembauweise. Äußerst einflußreich war diesbezüglich zum Beispiel sein Möbelsystem M125, dem viele andere Systeme auf dem Markt folgten. Er suchte immer zugleich auch technische oder gebrauchstechnische Neuerungen bei seinen Entwürfen; Beispiel: der Kodak Dia-Projektor „Carousel".

1962 Gründung eines eigenen Entwicklungsbüros außerhalb der HfG. 1961 und 1965 Gastprofessor am National Institute of Design Ahmedabad, Indien, Beratung zum Konzept dieser Hochschule.

Auszeichnungen: Grand Prix Triennale Mailand 1957 und Compasso d'oro Mailand 1962

Eigene Ausstellungen: Ulm 1960 und posthume Würdigung durch eine Wanderausstellung der Neuen Sammlung München 1984, Zürich 1985 und Stuttgart 1986.

Gestorben 1965.

Gert Kalow
geboren 1921 in Cottbus. 1939 Abitur. Beginn des Studiums an der Universität Jena. Ende 1939 Einberufung zur Wehrmacht. Gefangenschaft bis 1947. Ab 1947 Studium in Hamburg und Heidelberg: Philosophie, Soziologie, Musik und Literatur; unter anderem bei Jaspers, Alfred Weber, Georgiades. Ab 1950 zunehmend publizistische Aktivitäten (Theater- und Kunstkritik, Zeitschriften- und Radioessays, Hörspiele).

1956 Berufung an die HfG, Leiter der Abteilung Information. 1960–62 Vorsitzender des Rektoratskollegiums. Aufbau der Filmabteilung mit Alexander Kluge.

1963–86 Leiter der Abteilung Abendstudio/Feature beim Hessischen Rundfunk. Seit 1974 Honorarprofessor an der HfG Offenbach.

Wichtigste Bücher: Zwischen Christentum und Ideologie, 1956; Hitler – Das gesamtdeutsche Trauma, 1967 (englische und amerikanische Ausgabe 1968 und 1970); erdgaleere, Gedichte, 1970; Poesie ist Nachricht, 1975. Zahlreiche Beiträge in Anthologien, unter anderem in Englisch, Französisch, Italienisch, Japanisch. Herausgeber zahlreicher Sammelbände, zum Teil mit Alexander Mitscherlich.

1962 Rockefeller Stipendium, 1971/72 Villa Massimo, Rom. 1976 – 80 Vizepräsident des PEN Clubs Bundesrepublik.

Lebt in Heidelberg.

Herbert W. Kapitzki
geboren 1925 in Danzig. 1942/43 Studium der bildenden Künste in Danzig. 1946–52 in Hamburg und Stuttgart bei Prof. Willi Baumeister. Seit 1953 selbständiger Gestalter im Bereich der visuellen Kommunikation. Mitglied der Alliance Graphique Internationale AGI.

1964–68 Dozent der HfG Ulm, ab 1965 Leiter der Abteilung Visuelle Kommunikation. 1969–71 Vizepräsident des Bundes Deutscher Grafik-Designer e.V. (BDG). 1969 Mitbegründer des Instituts für Umweltgestaltung Frankfurt. Seit 1970 Professor für Visuelle Kommunikation an der Staatl. Hochschule für bildende Künste HfbK bzw. Hochschule der Künste Berlin (HdK). 1974 Stellvertr. Direktor der HfbK. 1975 Leiter des Fachbereichs 4 der HdK.

1976/77 Mitglied der Jury „Bundespreis Gute Form" des Rats für Formgebung. Arbeiten u.a.: Erscheinungsbild des Design Center Stuttgart, IDZ Berlin, Schering AG, Historisches Museum Frankfurt, Informationssystem in öffentl. Dienstgebäuden der Stadt Berlin.

Ausstellungen eigener Arbeiten u.a. in Stuttgart, Washington, New York, Dokumenta III Kassel, Hamburg, Offenbach, Helsinki, Warschau, Berlin.

Auszeichnungen: Preis des BDG „Bestes Plakat des Jahres" 1955, 1964.

Lebt in Berlin und Wildberg/Calw.

Hanno Kesting
geboren 1925 in Gelsenkirchen. 1947–52 Studium Philosophie, Neuere Geschichte, Soziologie Universität Heidelberg. 1952–58 wissenschaftlicher Mitarbeiter an der Sozialforschungsstelle Universität Münster, Industriesoziologische Untersuchungen.

1957–60 Dozent für Soziologie und Politologie an der HfG Ulm, 1958–60 Mitglied des Rektoratskollegiums; baut als verantwortlicher Redakteur die Zeitschrift *Ulm* auf. Verläßt die HfG 1960.

Professor für Industriesoziologie an der Universität Bochum 1967–75.

Bücher: Lenin und das Wesen des Kommunismus, zusammen mit H. Popitz, H.P. Bahrdt und E.A. Jüres; Technik und Industriearbeit, 1957; Das Gesellschaftsbild des Arbeiters, 1957; Geschichtsphilosophie und Weltbürgerkrieg, 1959.

Gestorben 1975.

Alexander Kluge
geboren 1932 in Halberstadt. Jurastudium und Promotion Universität Marburg 1949–53. Studium der Geschichte Universität Frankfurt 1956–58. Tätig als Rechtsanwalt und seit 1959 als Filmer. Seit 1962 Leiter des Instituts für Filmgestaltung an der HfG.

Publikationen: Die Universitätsverwaltung (zusammen mit Hellmut Becker) 1958; Lebensläufe, Erzählungen, 1962; Schlachtbeschreibung, 1964. Zusammen mit Oskar Negt: Öffentlichkeit und Erfahrung, 1972; Geschichte und Eigensinn, 1981; Lernprozesse mit tödlichem Ausgang, 1975; Neuere Geschichten, Hefte 1–18; Unheimlichkeit der Zeit, 1979. Filme: Abschied von gestern, 1966; Artisten in der Zirkuskuppel: ratlos, 1968; Gelegenheitsarbeit einer Sklavin, 1972; In Gefahr und größter Not bringt der Mittelweg den Tod, 1974; Der starke Ferdinand, 1976; Die Patriotin, 1979; Der Kardinal, 1981; Krieg und Frieden, 1983; Die Macht der Gefühle, 1983; Der Angriff der Gegenwart auf die übrige Zeit, 1985; Vermischte Nachrichten, 1986.

Auszeichnungen: Silberner Löwe Venedig 1966, Goldener Löwe 1968, Preis der Internationalen Filmkritik 1976, Bundesfilmpreise, Fontanepreis 1979, Großer Bremer Literaturpreis 1979, Kleistpreis 1985.

Lebt in München.

Georg Leowald
geboren 1908 in Düsseldorf. Studium Architektur Akademie Düsseldorf. Bis 1941 Architekt in der Industrie, dann selbständiger Architekt in Berlin. Bau von Industrie-Anlagen.

1947–51 Professor für Architektur Hochschule für Bildende Künste Berlin. Ab da auch Produktgestalter, u.a. für Büromöbel (Pohlschröder), Bürostühle (Wilkhahn) und Büromaschinen. 1951–54 lehrt er an der WKS Wuppertal Industrial Design. 1957–59 Dozent für Produktgestaltung an der HfG Ulm. 1. Preis im internationalen Wettbewerb für industriell gefertigte Möbel des Museum of Modern Art, New York, 1947.

Gestorben 1969.

Herbert Lindinger
geboren 1933 in Wels/Österreich, Studium Grafikdesign in Linz, Ausstellungsgestaltungen. Studium Visuelle Kommunikation/Produktgestaltung HfG Ulm. Mitarbeiter von Gugelot bis 1961, Assistent, 1962–68 Dozent der HfG, beteiligt u.a. an der Hamburger Hochbahn, Braun-Radiogeräten sowie den HfG-Ausstellungen 1958 und 1963. Gastprofessor Ohio State University (1965) und National Institute of Design Ahmedabad (1970). Institut für Umweltgestaltung Frankfurt (1969–1971). Seit 1971 o.Prof. und Direktor des Instituts für Industrial Design der Universität Hannover. Dekan 1976, 1981–83 Mitglied des Senats. 1970–76 Präsident des Verbandes Deutscher Industriedesigner. Vorstandsmitglied des Rats für Formgebung und Gute Industrieform Hannover, seit 1971 Delegierter des VDID beim europäischen Designerverband, Juror in zahlreichen in- und ausländischen Preisgerichten.

Design von U- und S-Bahnen: Hamburg, Hannover, Stuttgart, Berlin. Helicopter, Standardlinienbusse, Grafikdesign (Olivetti, EBV). Gestaltung großer Plätze in Hannover, Darmstadt, Heidelberg. Kunstpreis „Junge Generation" Berlin, internationale und nationale Design- und Architektur-Preise. Goldmedaille der 10. Designbiennale. Mitglied des Deutschen Werkbunds und der Akademie der freien Künste in Mannheim.

Lebt in Hannover.

Tomás Maldonado
geboren 1922 in Buenos Aires (Argentinien), ist ordentlicher Professor für Umweltgestaltung an der Architekturfakultät der TH Mailand. Von 1954 bis 1967 war er Dozent an der HfG in Ulm. 1965: Lethaby Lecturer am Royal College of Arts, London. 1966 wurde er zum Fellow des Council of Humanities an der Universität Princeton (USA) ernannt und übernahm von 1968 bis 1970 den Lehrstuhl – Class of 1931 – an der School of Architecture dieser Universität. Die Society of Industrial Artists and Designers (GB) verlieh ihm 1968 die „Design Medal". Er war von 1967 bis 1969 Vorsitzender des Präsidiums des ICSID (International Council of Societies of Industrial Design). Von 1971 bis 1983: Professor an der Universität Bologna. 1976 bis 1981: Herausgeber der Zeitschrift Casabella in Mailand. 1979: Research Fellow an der Graduate School of Design der Harvard University (USA).

Er hat, unter anderem, folgende Bücher veröffentlicht: La speranza progettuale 1970, Avanguardia e razionalità 1974, Disegno industriale: un riesame 1976 und Il futuro della modernità 1987. Er war Herausgeber des Buches Tecnica e cultura 1979.

Er war Entwerfer von Industrieprodukten und Berater bei der Planung von Einkaufszentren in Frankreich und Italien. Seit 1983 ist er verantwortlich für die Projektkoordination eines neuen Stadtviertels in Florenz.

Lebt in Mailand.

Abraham A. Moles
Prof. Dr. phil, Dr. rer. nat., geboren 1920 in Paris, studierte Physik und Philosophie in Grenoble, Lyon, Zürich, Paris, New York und Straßburg. Von 1945–54 arbeitete er am Centre National de la Recherche Scientifique, 1956 Boursier Rockefeller, 1957–58 wissenschaftlicher Leiter der Edition Kister in Genf, 1957 an der Columbia University in New York, 1959 Leiter des Laboratoriums für elektronische Musik in Scherchen in der Schweiz, 1958–64 Centre d'Etudes Méthodologiques.

Professuren 1961–66 an der Hochschule für Gestaltung, Ulm, und an der Universität Straßburg. Seit 1966 ist er Direktor des Instituts für Sozialpsychologie der Universität Straßburg. Gastprofessuren u.a. an der Universität Laval, Kanada (1973) und der Universität in San Diego, Californien (1976).

Zahlreiche Publikationen, unter anderem: Physique du bruit, 1952; Structure physique du signal musical, 1952; Création scientifique, 1956; Théorie de l'information et perception esthétique, 1958; Musiques expérimentales, 1960; Sociodynamique de la culture, 1963; l'Affiche dans la société urbaine, 1969; Créativité et méthodes d'innovation, 1970; Art et ordinateur, 1970; Théorie des objets, 1971; Psychologie de l'espace (mit E. Rohmer), 1971; Kitsch, l'art du bonheur, 1972; Micropsychologie (mit E. Rohmer), 1976.

Mitglied der Physical Society of America, der Société de psychologie, der Société des gens de lettres, der International Association of Applied Psychology.

Lebt in Straßburg.

Herbert Ohl
geboren 1926 in Mannheim. Studium Grafik und Malerei an der Akademie der Bildenden Künste Karlsruhe, Architektur-Studium an der TH Karlsruhe, Dott. Arch. Politecnico di Milano, Facultà Architettura. Entwurfstätigkeit im Universitäts- und Klinikbau.

Ab 1958 Dozent an der HfG Ulm. Rektor von 1965–68. Gastprofessor: Columbia University, New York; Harvard University, Cambridge; Carnegie Institute of Technology, Pittsburgh, Princeton University, Princeton; University of California, Los Angeles; Texas A+M University, College Station; Instituto Nacional de Technologia Industrial, Buenos Aires; National Institute of Design, Ahmedabad.

1969 Institut für Umweltgestaltung in Frankfurt. Fachliche Leitung des Rats für Formgebung, Darmstadt 1974–84. Mitglied des Vorstandes des Rats für Formgebung. Board Member des ICSID 1978–80. Seit 1984 Professor für Automobil Design an der FHG Pforzheim.

Forschung und Entwicklung im Industriellen Bauen, Automobilbau und Möbeldesign. Internationale Design Auszeichnungen durch: Museum of Modern Art New York, G-Mark Designpreis Tokio, Bundespreis Gute Form Darmstadt, Design Center Stuttgart, Cooper Hewitt Museum New York.

Lebt in Darmstadt und Mailand.

Edgar Reitz
geboren 1932 Morbach/Hunsrück. Studium Theaterwissenschaft, Publizistik, Kunstgeschichte Universität München bis 1957. Gründung und Leitung einer Studiobühne, Theaterarbeit, Schauspielausbildung, praktische und theoretische Arbeit im Filmbereich. Erste Kurzfilme als Regisseur ab 1958.

Festivalbeteiligungen, Reisen nach USA, Lateinamerika und in den Nahen Osten. 1962 Mitglied der „Oberhausener Gruppe". 1963 Gründung und Leitung des „Instituts für Filmgestaltung" an der HfG Ulm, zusammen mit Alexander Kluge. Zahlreiche Kurz-, Experimental- und Dokumentarfilme, Veröffentlichungen zur Filmtheorie, Gründung einer Filmproduktionsfirma. Edgar Reitz lebt als freier Filmproduzent und Regisseur in München.

Die wichtigsten Filme: Mahlzeiten, 1966; Cardillac, 1968; Das Goldene Ding, 1971; Die Reise nach Wien, 1973; Stunde null, 1976; Der Schneider von Ulm, 1978; Heimat, 1980–84.

Auszeichnungen: Adolf Grimme Preis in Gold, 1985, 1986, in Silber 1977, Goldene Kamera 1985, Filmband in Gold 1974, Kritikerpreis 1985, Sipresci-Preis Venedig 1984, Deutscher Filmpreis 1963, 1974, 1975, 1976 und 1978.

Lebt in München.

Horst W.J. Rittel
geboren 1930 in Berlin. Studium Mathematik und Theoretische Physik Universität Göttingen 1949–54. Studium Mathematik und Soziologie Universität Münster 1954–56. 1953–58 als Mathematiker und Physiker im Hoesch-Konzern tätig. 1958 Sozialforschungsstelle Universität Münster.

1958-63 Dozent für Methodologie, Wissenschaftstheorie und Operationsanalyse an der HfG. Mitglied des Rektoratskollegiums. Seit 1963 Professor of the Science of Design, Department of Architecture, University of California, Berkeley, und seit 1973 Professor und Direktor am Institut für Grundlagen der Planung (IGP) Universität Stuttgart. 1968–72 Gruppe für Systemforschung Heidelberg. 1976–81 Dekan Fakultät für Architektur und Stadtplanung.

Forschungs- und Entwicklungsarbeit: Systemanalyse und -entwicklung, vor allem für Regierung und Verwaltung (Bundestag, verschiedene Ressorts der Bundesregierung und der Länder, United Nations Environment Programme, UNESCO, Europäische Gemeinschaft etc.) sowie für Forschung und Industrie. Schriften: Die Informationswissenschaften (mit W. Kunz) 1972; UMPLIS – Entwicklung eines Umwelt-Planungs-Informationssystems (mit W. Kunz, W. Reuter) 1980.

Gestorben 1990.

Claude Schnaidt
geboren 1931 in Genf. Architekt, Professor an der Ecole d'architecture Paris-Villemin und an der Ecole nationale Supérieure des arts décoratifs. Studium am Technikum und an der Architekturschule der Universität Genf, anschließend an der HfG Ulm.

1958–60 Mitarbeiter des Instituts für industrialisiertes Bauen in Ulm. 1960/61 Funktionär der Wirtschaftskommission für Europa der UNO in Genf. 1961/62 Architekt-Entwerfer im Typisierungsbüro für städtische Bauten in Waschau. 1962–68 Dozent an der Abteilung Bauen der HfG Ulm. 1968–71 Mitgründer, Vorsitzender und Forschungsleiter des Institut de l'Environnement Paris. 1971–73 UNESCO-Berater für die Gründung der Ecole d'architecture et d'urbanisme von Dakar. 1983 Ehrendoktor der Hochschule für Architektur und Bauwesen Weimar. Forschungen über Geschichte der modernen Architektur, Bauhaus, Funktionalismus, Wohnungstypologie, Entwurfsmethode.

Zahlreiche Aufsätze zu technischen, pädagogischen und kulturellen Fragen der Umweltgestaltung. Autor von: Hannes Meyer – Projekte, Bauten und Schriften, 1965; l'âge de la pierre, 1980; Umweltbürger und Umweltmacher, 1982; L'imitation et l'invention, 1983.

Lebt in Paris.

Christian Staub
geboren 1918 Menzingen/Schweiz. Studium Malerei in Paris 1938–40, Studium der Fotografie bei H. Finsler Kunstgewerbeschule Zürich 1941–44. Bildjournalist in der Schweiz 1944–1946 und in Wien 1946–48. Fotograf der Werbeagentur Foote, Cone & Belding für Schweizer Uhrenindustrie 1948–1958.

Dozent für Fotografie und Dokumentarfilm an der HfG Ulm 1958–63. Gastprofessor: National Institute of Design Ahmedabad 1963–66, University of California, Berkeley 1966. Seit 1967 Professor für Fotografie, University of Washington.

In folgenden Museen vertreten: Museum of Modern Art New York, The Institute of Art Detroit, Museum für Fotografie Mexico.

Fotografien für zahlreiche Architekturzeitschriften, Bücher (Circus, 1955; Bienne – noir sur blanc, 1957; Fritz Wotruba, 1947), die Wanderausstellung „Nehru's India" 1965. Auftragsarbeiten für Braun, Stuttgarter Gardinen und Rosenthal. Einzelausstellungen u.a. in Seattle, Zug, Lausanne, London.

Lebt in Seattle.

Friedrich Vordemberge-Gildewart
geboren 1899 Osnabrück. Ab 1919 Studium Kunstgewerbeschule und TH Hannover (Architektur + Malerei). Seit 1924 als Maler, Typograph und Publizist tätig. 1925 Mitglied des De Stijl und des Sturm. Atelier in der Kestner-Gesellschaft Hannover. Mitarbeiter avantgardistischer Zeitschriften. Zusammenwirken mit Kurt Schwitters, Gründungsmitglied der Gruppe „abstraction – création" Paris 1932. Teilnahme an vielen internationalen Ausstellungen.

1938 Emigration nach Amsterdam. 1952 Lehrauftrag Akademie Rotterdam. 1954–62 Dozent für Visuelle Kommunikation an der HfG Ulm.

Werke in vielen bedeutenden Museen der Welt. Auszeichnungen u.a. Justus Möser Medaille der Stadt Osnabrück, 2. Preis der Biennale von São Paulo 1953.

Gestorben 1962 in Ulm.

Walter Zeischegg
geboren 1917 in Wien. Baufach- und Kunstgewerbeschule in Graz, 1936 Beginn des Studiums der Bildhauerei an der Akademie der Bildenden Künste Wien. Unterbrechung des Studiums durch Einberufung zur Wehrmacht. 1946 Wiederaufnahme des Studiums in der Meisterklasse von Fritz Wotruba. Freiberufliche Tätigkeit als Bildhauer und Entwerfer für Industrieprodukte. Untersuchungen zur Entwurfsmorphologie. Ergonomische Studien (vermittelt durch Carola Giedeon, die von seinen Skulpturen begeistert war), Kontakt mit Max Bill.

1951–54 Mitwirkung an Konzept, Aufbau der HfG. 1954–68 Dozent für Produktgestaltung. Entwicklung des gesamten Programms der Firma Helit. Umfangreiche Forschungen für die Anwendung von Magneten, zahlreiche Patente, etwa Lichtstromschiene, Einwegmischbatterien und anderes. Permanente Forschungen und Entwicklungen auf dem Gebiet der sphärischen Geometrie, zahlreiche Skulpturen. Ein „Abfallprodukt" aus diesen Untersuchungen: der weltweit verbreitete Helit Aschenbecher.

Auszeichnungen: Museum of Modern Art New York, Design Center Stuttgart, Corporate Design Award der Hannover Messe.

Gestorben 1983.

Assistenten mit Lehrberechtigung

Bernd Meurer 1963–68.
Ab 1972 Professor an der FH Darmstadt
Hans Roericht 1965–66.
Ab 1973 Professor an der HDK Berlin
Günter Schmitz 1963–67.
Ab 1967 Professor an der Texas A+M University

Werkstattmeister und technische Lehrer

Roland Fürst
geboren 1939. Fotografenmeister. 1964–67 Leiter der Fotowerkstatt. Anschließend selbständig, mehrere Lehraufträge. Seit 1986 Fachhochschullehrer für Fotografie an der FH Mannheim.

Ernst Hahn
geboren 1918. Leiter der Fotowerkstätte 1954–56, dann Leiter des Zentralen Foto-Labors Siemens Berlin.

Conrad Hildebrandt
geboren 1920. Werkkunstschule Kiel. Leiter der Kunststoffwerkstätte von 1954–68.

Paul Hildinger
geboren 1921 in Ulm, Tischlermeister. 1953–67 Leiter der Holzwerkstatt. Seit 1967 selbständig in Ulm tätig.

Herbert Maeser
geboren 1915, Schriftsetzermeister. 1960–68 Leiter der Typowerkstatt. 1968/69 am Institut für Umweltplanung. 1969–79 Lehrer an der gewerblichen Berufsschule Memmingen. Lehraufträge und freiberufliche Tätigkeit.

Peter Matthes
geboren 1937, Porzellanmodelleur. Studium an der Akademie der bildenden Künste Nürnberg. 1964–68 Leiter der Gipswerkstatt.

Otto Schild
geboren 1914 in Berlin, Porzellanmodelleur. Ab 1948 bei Prof. Wagenfeld und der TH Stuttgart angestellt. 1953–61 Leiter der Gipswerkstatt. 1969–79 Professur an der HfbK Hamburg.

Josef Schlecker
geboren 1926 in Ehingen, Werkzeugmachermeister. 1946–52 Institut für Griff-Forschung, 1954–68 Leiter der Metallwerkstatt. 1968–85 im Atelier Walter Zeischegg, seit 1985 bei Prodesign Neu-Ulm.

Wolfgang Siol
geboren 1929 in Berlin, Fotografenmeister. Aufbau des Fotolabors Heinrich Hertz Institut Berlin. 1956–63 Leiter der Fotowerkstatt. 1963/64 Gastdozent für Fotografie an der HfG, anschließend selbständig. Seit 1980 Dozent für Fotografie an der FH Hamburg.

Cornelius Uittenhout
geboren 1921 in Leiden/Niederlande, Goldschmiedemeister. 1954–61 Leiter der Metallwerkstatt. 1961–63 WKS Kassel, ab 1963 dort Dozent. Seit 1968 Dozent für Produktform an der Akademie Eindhoven/Niederlande.

Gastdozenten	Lehrfach	von/bis
Acosta, W. de	Baukonstruktion	59–60
Albers, Josef	Grundlehre	53–55, 58–59
Alsleben, Kurd	Strukturtheorie	65–68
Altvater, Elmar	Politische Ökonomie	67–68
Ammende, Hans P.	angew. Physiologie	61–62
Archer, L. Bruce	Produktgestaltung	60–62
Arndt, Hans Werner	Sprachwissenschaft	60–66
Auer, Felix	Haustechnik	66–68
Authenried, Bernd	Haustechnik	61–62
Bahrick, Henry P.	human engineering	59–60
Von Baravalle, H.	Grundlehre	54–59
Bartels, Heinz	Ergonomie	60–65
Bauer, Konrad	techn. Konstruieren	58–59
Baumann, Horst	Fotografie	63–64
Bechtle, Günter	Ökonomie	66–68
Bellmann, Hans	Produktgestaltung	53–54
Bense, Max	Information	58–58
Berg, Arnljot	Film	66–67
Berghan, Wilfried	Film	60–62
Berns, Harald	techn. Konstruieren	60–61
Birkel, Eberhard	techn. Physik	67–68
Blaser, Werner	Produktgestaltung	55–57
Bonetto, Rodolfo	Produktgestaltung	61–65
Bremer, Claus	Literatur–Seminar	61–65
Brückner, Peter	Sozialpsychologie	67–68
Burandt, Ulrich	Ergonomie	61–67
Burckhardt, Lucius	Kultur–Soziologie	58–59
Burtin, Will	vis. Kommunikation	65–66
Cincers, Raduz	Film	66–67
Ciribini, Giuseppe	Bauen	58–59
Cornelius, Peter	vis. Kommunikation	63–68
Curjel, Hans	Kulturgeschichte	53–57, 61–62
Czajka, Wadyslaw	Ökonomie des Bauens	63–68
Dahrendorf, Ralf	Politologie	61–63
Dietz, A.	Bauen	61–62
Doermer, Christian	Film	61–63
Doernach, Rudolf	Bauen	60–63
Dörries, Bernhard	Film	61–65, 66–67
Dressel, Gerhard	Bauen	59–61
Dressen, Peter		57–58
Durst, Hermann	techn. Physik	61–62
Edelstein, Wolfgang	Film	66–67
Eichhorn, Gerhard	Technologie Bauen	57–59
Emde, Helmut	konstrukt.Geometrie	61–68
Enzensberger, H.M.	Information	56–57
Fabri, Albrecht	Information	56–57
Fetscher, Iring	Soziologie	60–61
Fieger, Erwin	Farbfotografie	63–64
Fischer, Kurt J.	Film	60–62
Fischer, Ludwig	Rhetorik	67–68
Frank, Helmar	Strukturtheorie	63–65
Franke, Wolf D.	darst. Geometrie	61–62
Franzen, Erich	Soziologie	56–58
Frateili, Enzo	Bauen	63
Frei, Otto	Bauen	58–60
Friedeburg, L. von	Soziologie	62
Gerstner, Karl	vis. Kommunikation	61–63
Gomringer, Eugen	Information	56–57
Gonda, Tomás	vis. Kommunikation	63–66
Gotterbarm, Paul	technische Mechanik	66–67
Grandjean, Etienne	Arbeitsphysiologie	57–59
Gredinger, Paul	vis. Kommunikation	61–63

Gastdozenten	Lehrfach	von/bis
Gregor, Ulrich	Geschichte des Films	61–63
Gugelot, Hans	Produktgestaltung	62–65
Gunzenhäuser	Kommunikationstechnik	67–68
Haan, Hermann	Bauen	57–58
Haenle, Siegfried	Techn. Entwerfen	57–68
Hall, Chadwick	Fotografie	65–66
Hamburger, Käte	Information	56–58, 61–62
Hartmann, Erwin	Physiologie	61–67
Hartmann, Horst	Produktgestaltung	61–63
Hauser, Heinrich	technische Physik	63–64
Heck, Ludwig	Technologie Rundfunk	61–62
Heeger, Fritz	Sozialpsychologie	63–65
Henne, Hermann	Baustatik	60–65
Hennecke, Hans	Literaturgeschichte	60–62
Hiestand, Ernst	Verpackung	67–68
Hoffmann, Hans P.	Ökonomie	63–66
Horisberger, Bruno	angew. Physiologie	57–59
Huff, William S.	Grundlehre	63–68
Irle, Martin	Psychologie	61–62
Itten, Johannes	Grundlehre	54–55
Jens, Walter	Literaturgeschichte	63–64
Johnsch, Peter	Ökonomie Bauen	67–68
Kaiser, Joachim	Literaturgeschichte	58–61
Kammerer, Guido	Ökonomie	66–68
Kandel, L.	Architekturkritik	66–67
Kapal, Ewald	angew. Physiologie	58–62
Khittl, Ferdinand	Film	61–62
Knoll, Rudolf	Fertigungslehre	58–60
Kotulla, Theodor	Film	61–63
Krammer, Gisela	Kulturgeschichte	61–62
Krampen, Martin	Sozialpsychologie	61–63, 66–68
Kückelmann, N.	Allgemeines Recht	65–67
Künzel, Helmut	techn. Physik, Bauen	63–68
Küsgen, Horst	Ökonomie Bauen	67–68
Kutter, Markus	vis. Kommunikation	61–63
Lachenmann, H.	Kulturgeschichte	63–64, 66–67
Ladiges, Peter	Kulturgesch. Literatur	61–66
Lakatos, Bertalan	techn. Physik, Bauen	63–67
Lehr, Albert	Ökonomie	61–66
Leonhard, Michael	Bauen	59–60
Limberg, Klaus	techn. Entwerfen	63–67
Lindemann, Helmut	Politologie	63–64
Loeper, Hans	Film	61–62
Lussen, Eberhard	Baustatik	59–60
Lutz, Burkart	Ökonomie	61–68
Mackensen, Rainer	Soziologie/Ökologie	60–61
Mai, Wolfgang		67–68
Mainka-Jellinghaus, B.	Film	66–67
Makowski, Z.S.	Baukonstruktion	63–64
Martin, Bruce	Bauen	57–60
Mauch, Thomas	Literaturgeschichte	66–67
McBride, Will	Fotoreportage	65–66
Minke, Gernot	Tragwerksysteme	66–68
Mitchell, Neal	Bauen	65–66
Morschel, Jürgen	Kunstgeschichte	66–67
Müller, Aemilius	Farbtheorie	54–55
Müller, Hans D.	Film	63–68
Müller-Brockmann, J.	vis. Kommunikation	61–63
Nestle, Fritz	Physik	63–64
Neuburg, Hans	vis. Kommunikation	61–63
Neumann, E.	vis. Kommunikation	65–67
Neusel-Helvaci, A.	Tragwerkslehre	67–68

Gastdozenten	Lehrfach	von/bis
Nonné-Schmidt, H.	Grundlehre	53–58
Norberg-Schulz, C.	Bauen	57–58
Nussbaum, Walter		67–68
Oestreich, Dieter	Produktgestaltung	57–58
Oestreich, Herbert	Produktgestaltung	60
Passow, Wilfried	Literaturgeschichte	61–62
Patalas, Enno	Geschichte des Films	62–63
Patterson, James	Bauen	65–66
Pee, Herbert	Kulturgeschichte	63–64
Pelau, Stas	Haustechnik	63–65
Perrine, Mervyn W.	Wahrnehmungslehre	58–61
Pirker, Theo	Industriesoziologie	62–64
Pizzetti, Giulio	Baustatik	57–60
Platschek, Hans	Geschichte der Malerei	62–63
Podach, E.F.	Anthropologie	56–57
Pörtner, Paul	Funkregie	63–64
Pross, Harry	Soziologie	61–63
Pross, Helge	Soziologie	61
Querengässer, Fritz	vis. Kommunikation	57–58, 63–68
Raacke, Peter	Produktgestaltung	62–67
Rago, Thomas	Fotografie	57–58
Rapp, Alfons	Haustechnik	61–66
Rauch, Thomas	Film	66–67
Rautenstrauß, W.	Konstruktionslehre	61–62
Reichl, Ernst	techn. Konstruieren	66–68
Reiher, Hermann	Bauphysik	59–63
Reinke, Wilfried	Film	66–67
Röll, Eduard	Film	66–67
Roelli, Werner	vis. Kommunikation	64–65
Rohrberg, Klaus	technische Physik	67–68
Roos, Hans Dieter	Filmgeschichte	65–66
Rübenach, Bernhard	Rundfunk	57–61
Ruehl, Raimond	Film	61–62
Ruge, Gerd	Politologie	62–63
Rykwert, Joseph	Bauen	57–58
Sader, Manfred	Psychologie	61–64
Schatz, Paul	Geometrie	54–55
Scheidegger, Ernst	Fotografie	55–57
Schiller, Wolfgang	Film	62–63
Schleiermacher, D.	Film	62–66
Schloemp, Petrus	Filmpraxis	62–63
Schober, Herbert	Physiologie	57–66
Schön, Johannes	Techn. Zeichnen	57–58, 59–60
Schönfeld, Arnold	Verpackungstechnik	60–61
Schrenk, Martin	Ökonomie	62–63
Schröter, Rolf	Sachfotografie	67–68
Schütte, Wolfgang	Soziologie/Bauen	61–63
Schütze, Christian	Kommunikationsmittel	59–60, 62–63
Schumacher, Karl	Fotografie	63–64
Schwennicke, Fritz	Film	61–62

Gastdozenten	Lehrfach	von/bis
Seitz, Fritz	Farbtheorie	67–68
Senft, Harro	Film	61–63, 64–66
Siol, Wolfgang	Fototheorie	63–64
Sörgel, Werner	Arbeitsmethodik	65–68
Sombart, Nicolaus	Philosophie	61–62
Spata, Jan	Film	66–67
Speidel, M.	Architekturkritik	65–66
Sperlich, Hans G.	Kulturgeschichte	57–61
Spitzen, Franz J.	Film	61–62
Stachowiak, H.	Kybernetik	64–65
Stankowsky, Anton	vis. Kommunikation	62–63
Stolper, Hans	Haustechnik	62–63
Stritzinger, W.	Fotografie	66–67
Strobel, Hans Rolf	Filmpraxis	62–63, 64–65
Sugiura, Kohei	vis. Kommunikation	64–67
Sukopp, Hans	Filmtechnologie	60–61, 67–68
Sulzer, Peter	Bauen	62–65
Teller, H.	Fertigungstechnik	61–62
Thiele, Rolf	Rundfunktechnologie	61–62
Thornley, D.G.	Bauen	60–61
Tmin, Alfred	Bauen	62–63
Tonne, Friedrich	techn. Physik Bauen	59–68
Treinen, Heiner	Soziologie	63–65
Tucny, Petr	Ergonomie	66–68
Uhde, J.	Musikgeschichte	62–63
Urchs, Wolfgang	Filmpraxis	62–63
Vesely, Herbert	Film	58–59
Vivarelli, Carlo	vis. Kommunikation	62–63
Von Voss, Herbert	Patentrecht	58–63
Wachsmann, K.	Bauen	54–57
Wallis, Matthew	Baumethodik	54–60
Walser, Martin	Information	57–58
Walther, Elisabeth	Information	56–58
Wasowski, Z.	Haustechnik	59–62
Wegner, Klaus	Psychologie	60–61
Weller, Konrad	Konstruktion Bauen	60–68
Wicha, Hansjörg	Filmgestaltung	65–67
Wilde, Monica	Film	66–67
Wirth, Wolf	Filmpraxis	62–63
Wormbs, Rudolf	Grundl. Städtebau	67–68
Zillmann, Adolf	Theorien Werbung	62–66
Zimmermann, G.	Soziologie	65–68

Gastvorträge unter anderem von: Reyner Banham, Gillo Dorfles, Charles Eames, Buckminster Fuller, Walter Gropius, Hugo Häring, S.J. Hayakawa, F.H.K. Henrion, Ludwig Mies van der Rohe, Alexander Mitscherlich, Hans Werner Richter, Norbert Wiener.

Studenten
Die HfG war für die Aufnahme von maximal 150 Studenten für alle Abteilungen über vier Studienjahre ausgelegt.

Studierende von 1953–68 insgesamt	640
davon	
Abteilung Produktgestaltung	220
Abteilung Visuelle Kommunikation	135
Abteilung Bauen	127
Abteilung Film	23
Abteilung Information	14
nur Grundlehre	121

Der Anteil der weiblichen Studenten lag bei ca. 15 %. Nahezu die Hälfte der Studierenden kam aus dem Ausland: Ägypten, Algerien, Argentinien, Belgien, Brasilien, Chile, Großbritannien, Finnland, Frankreich, Griechenland, Indien, Indonesien, Israel, Italien, Japan, Jugoslawien, Kanada, Kolumbien, Liberia, Mexiko, Neuseeland, Niederlande, Norwegen, Österreich, Peru, Polen, Schweden, Schweiz, Spanien, Süd-Korea, Südafrika, Thailand, Trinidad, Türkei, Ungarn, USA, Venezuela, Vietnam.

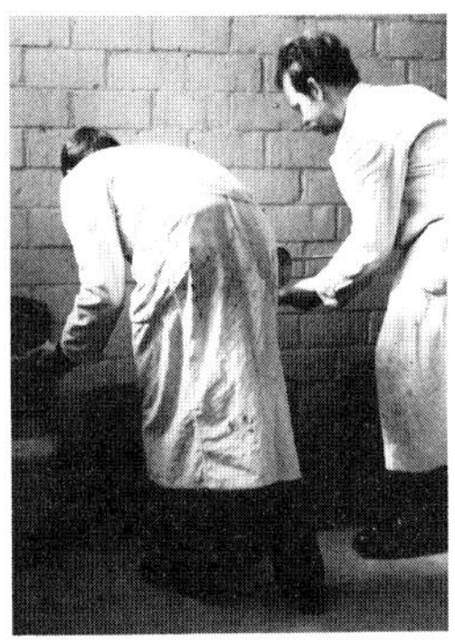

	Fach	Studienjahr/Stunden 1.	2.	3.	4.	Dozent
Gesamtunterricht aller Abteilungen	Darstellungsmittel	70				Froeshaug
	Kulturgeschichte des 20. Jh.	140				Sperlich
	Mathematik, Physik, Chemie	70				Eichhorn
	Mathematische Operationsanalyse		35	35	12	Rittel
	Methodologie	70				Rittel
	Soziologie	70	35			Kesting
	Urheberrecht und Verschiedenes		22	22		
	Visuelle Methodik (Übungen)	420				Froeshaug, Maldonado
	Werkstattarbeit	280				Hildinger, Schild, Schlecker, Siol, Uittenhout
	Wissenschaftstheorie	35				Rittel
Produktform	Abteilungsarbeit (Entwurf)		525	525	525	Gugelot, Leowald, Zeischegg
	Angewandte Physiologie		48	48		Grandjean, Horisberger
	Fachgeschichtliches Seminar		70			
	Fertigungslehre		105	105	36	Knoll
	Mechanik		70			Eichhorn
	Soziologie			35		Kesting
	Werkstoff und Grundlagen technischer Formgebung		105	105		Haenle

	Fach	Studienjahr/Stunden 1.	2.	3.	4.	Dozent
Bauen	Abteilungsarbeit (Entwurf)		525	525	525	Ohl
	Angewandte Physiologie		48	48		Grandjean, Horisberger
	Baustatik		88	88	88	Pizzetti
	Fachgeschichtliches Seminar		70	70		
	Fertigungslehre		72	72	36	Knoll
	Industrialisiertes Bauen (Seminare)				20	Ciribini, Martin, Frei Otto, Wallis
	Soziologie			35		Kesting
	Werkstoffkunde		72	72	36	Haenle
Visuelle Kommunikation	Abteilungsarbeit (Entwurf)		525	525	525	Aicher, Froeshaug, Staub, Vordemberge-Gildewart
	Fachgeschichtliches Seminar		70	70		
	Semiotik		70	70		Maldonado
	Soziologie			35		Kesting
	Technologie		105			
Information	Abteilungsarbeit (Entwurf)		525	525	525	Kalow, Rübenach
	Foto, Film, Ton		105	105		Staub
	Geschichte, Betriebslehre und Kommunikationsmittel		48	24		
	Geschichte der modernen Literatur		22	46		Kalow
	Informationstheorie		35	35		
	Linguistik		22	22		
	Semiotik		48	48		Maldonado
	Soziologie		35	70		Kesting
	Typografie		24			Aicher

	Fach	Studienjahr/Stunden 1.	2.	3.	4.	Dozent
Gesamtunterricht aller Abteilungen	Ergonomie	30				Burandt
	Kulturgeschichte des 20. Jh.	70				Dörries, Kapitzki, Lachenmann, Lindinger, Morschel, Schnaidt
	Kybernetik		6	6		Moles
	Methodologie	60	60			Alsleben, Moles
	Ökonomie	20				Lutz
	Politik		18			
	Psychologie	30				Krampen
	Soziodynamik der Kultur		30			Moles
	Soziologie	10	72			Lutz, Zimmermann
Produktgestaltung	Designtheorie		20			Bonsiepe, Maldonado
	Ergonomie		60	240		Burandt
	Gestaltungsarbeit (Entwurf)	400	716	632		Bonsiepe, Lindinger, Raacke, Zeischegg
	Konstruktive Geometrie	120	56	60		Emde
	Modell- und Darstellungstechniken	256				Aicher, Fürst, Hildebrandt, Hildinger, Kapitzki, Schlecker, Stritzinger, Sugiura
	Soziologie (Beratung)			72		Lutz
	Technische Physik	60	30			Limberg
	Technisches Entwerfen (Werkstoffkunde, Konstruktionslehre	90	112	112		Haenle, Limberg, Reichl
Bauen	Bauablaufplanung			16		Schmidt
	Baugeschichte und Architekturkritik		40			Kandel
	Gestaltungsarbeit (Entwurf)	390	568	854	408	Ohl, Schmitz, Schnaidt, Wirsing
	Grundlagen des Städtebaus			32		Ginelli
	Haustechnik		30			Auer, Hartmann
	Industrialisiertes Bauen			120	40	Yokohama
	Konstruktive Geometrie	60				Emde
	Modell- und Darstellungstechniken	268				Fürst, Hildebrandt, Hildinger, Maeser, Matthes, Schlecker, Schmitz, Stritzinger
	Modularkoordination	24	24			Schmitz
	Organisation			24		Niewerth
	Ökonomie Bauen			40		Jokusch
	Soziologie (Beratung)			72		Lutz
	Technische Physik		46			Künzel, Tonne, Rohrberg
	Technisches Entwerfen: Fertigungslehre, Konstruktion, Werkstoffkunde, Statik	142	120			Gotterbarm, Haenle, Weller
	Tragwerklehre		40			Minke

	Fach	Studienjahr/Stunden 1.	2.	3.	4.	Dozent
Visuelle Kommunikation	Begriffsbildung	30				Moles
	Designanalyse und -kritik		30	30		
	Geschichte der Kommunikation		32	32		Neumann
	Gestaltungsarbeit (Entwurf)		632	752	222	Aicher, Cornelius, Kapitzki, Krampen, Sugiura
	Kommunikationslehre (Foto, Typo)	160				Fürst, Maeser
	Kommunikationstechniken und angewandte Darstellungstechniken	136				Aicher, Fürst, Kapitzki, Maeser, Stritzinger, Sugiura
	Psychologie		60			Krampen
	Soziologie (Beratung)			72		Lutz
	Theorie der Kommunikation	30	120	120		Krampen, Moles
	Visuelle Methodik (Übungen)	672				Bonsiepe, Huff, Lindinger, Querengässer, Sugiura
Filmgestaltung	Bildungsforschung, pädagogische und soziologische Begriffsbildung	35			35	Edelstein
	Deutsche Filmagenturen	7			7	Loewenthal
	Dokumentarfilm	28			35	Cincera
	Drehbuchentwurf für 2500 Meter	nach Vereinbarung				
	Filmgeschichte und Filmanalyse	84			84	Mai
	Filmherstellungsverfahren Produktionsmodelle				28	Kluge, Reitz
	Filmische Abspielbasis	7			7	Backheuer
	Filmrecht, Urheberrecht, Förderungsmaßnahmen	7			7	Kückelmann
	Film und öffentliche Verantwortung	7			7	Krüger
	Film und Publizistik	7			7	Gaus
	Filmverleih	7			7	Braun
	Kameraunterricht	70				Reitz, Spata
	Kopierwerkstechnik	14			21	Röll
	Praktikum in Form einer Kameraassistenz	nach Vereinbarung				
	Produktionstechnik mit Blimp und synchroner Tonaufnahme				28	Reitz
	Realisation von filmischen Mikrostrukturen				42	Berg, Kluge, Reitz
	Schneidetechnische Praxis und Montage	35				Berg
	Soziologische und politische Themenstellungen	70			91	Kroher, Sörgel
	Texte				35	Müller
	Tonstudio, Tontechnik	112			35	Reitz, Wicha

Arbeitsgruppe HfG-Synopse, *HfG-Synopse — eine synchron-optische Darstellung der Hochschule für Gestaltung Ulm.* Edition HfG-Synopse N.H. Roericht, Ulm 1986

Petra Kellner, Holger Poessnecker, *Produktgestaltung an der HfG Ulm.* Heft Designtheorie 3, Hanau 1978

Alexander Kluge, Klaus Eder, *Ulmer Dramaturgien/Reibungsverluste.* Carl Hanser Verlag, München/Wien 1980

Norbert Korrek, *Versuch einer Biographie, Die Hochschule für Gestaltung Ulm.* Dissertation an der Universität Weimar, 1984

Martin Krampen, Horst Kächele (Hrsg), *Umwelt, Gestaltung und Persönlichkeit — Reflexionen 30 Jahre nach Gründung der Hochschule für Gestaltung Ulm.* Georg Olms Verlag, Hildesheim 1986

Bernd Meurer (Hrsg), *Bernhard Rübenach — Der rechte Winkel von Ulm.* Verlag der Georg Büchner Buchhandlung, Darmstadt 1987

Eva von Seckendorff, *Die Hochschule für Gestaltung Ulm — Gründung und Ära Max Bill.*
Dissertation an der Universität Hamburg 1986

Hartmut Seeling, *Geschichte der Hochschule für Gestaltung Ulm — Ein Beitrag zur Entwicklung ihres Programms und die Arbeiten im Bereich der visuellen Kommunikation.*
Dissertation an der Universität Köln 1985

Zahlreiche Abhandlungen in der Literatur zur Geschichte des Design und der Architektur.

Publikationen der HfG

Katalog der Wanderausstellung der HfG
Design Center Stuttgart 1963, Neue Sammlung München 1964, Stedelijk Museum Amsterdam 1965.

Ulm. Die Zeitschrift der Hochschule für Gestaltung, Nr. 1 — 21, Ulm 1958—68

Output. Zeitschrift der Studenten der HfG, Nr. 1 — 22, Ulm 1961—64

Beiträge in internationalen Fachzeitschriften, umfassende Darstellungen in:

„La scuola di Ulm: organizzazione e metodi li lavoro", Comunità 72, Milano 1959

„Hochschule für Gestaltung Ulm",
Stile industria 21, Milano 1959

„HfG Ulm. Ein Rückblick".
Archithese 15, Niederteufen/Schweiz 1975

„Tre scuole: Bauhaus, Vchutemas, Ulm",
Casabella 435, Milano 1978

„Il contributo della scuola di Ulm",
Rassegna 19, Milano 1984

„Design aus Ulm — Gestaltung vor 30 Jahren",
Westermanns Monatshefte 7, Braunschweig 1985

who was who / club off ulm
Adressensammlung ehemaliger Ulmer

Etwa 30 Rundfunk-/Fernsehsendungen.

Dank an Fotografen, Leih- und Ratgeber

Diese Dokumentation verdankt ihr Zustandekommen sehr wesentlich der engagierten Unterstützung vieler Ulmer und Ulmer Freunde

Die meisten Fotos aus der Ulmer Zeit stammen von den damaligen Leitern der HfG-Foto-Werkstätte, den Fotografen
Ernst Hahn
Wolfgang Siol
Roland Fürst

Viele Fotos vom Leben in Ulm verdanken wir den passionierten Dokumentaristen
Hans G. Conrad
Sisi von Schweinitz

Hilfreich bei den Datierungen waren darüber hinaus die „HfG-Synopse" von
Hans Roericht
Petra Kellner
Marcela Quijano
Sibille Riemann

sowie die Adressen-Sammlung von Ulmern im „Who was who" des Club off Ulm

Mit Fotos, Dokumenten Negativen, Manuskripten und Notizen halfen uns
Inge und Otl Aicher
Mario Carrieri
Ello Delugan
Horst Eifert
Erco
Roland Fürst
Ilse Grubrich-Simitis
Günther Hörmann
Peter Hofmeister
William S. Huff
Herbert Kapitzki
Walter Kiehlneker
Joe Klatt
Herbert Lindinger
Lufthansa
Tomás Maldonado
Almir Mavignier
Bernd Meurer
Christoph Naske
Herbert Ohl
Andries van Onck
Michael Penck
Edgar Reitz
Foto Selinger
C.J. Uittenhout
Ursula Wenzel
Hans Werner
Erdmann Wingert

Die Abbildungen im Kapitel „...danach" stammen fast ausnahmslos von den dort genannten Autoren

Originalarbeiten und Modelle stellten uns als Leihgaben zur Verfügung:
Reinhard Butter
Michael Conrad
Thomas Dawo
Günther Elstner
Susanne Eppinger-Curdes
Klaus Erler
Bernd Franck
Klaus Franck
Rolf Garnich
Ilse Grubrich-Simitis
Hans von Klier
Herbert Lindinger
Ernst Moeckl
Josef Müller-Brockmann
Bernd Rübenach
Walter Zeischegg/Nachlaß

Leihgaben verdanken wir außerdem folgenden Institutionen:
Stiftung Hochschule für Gestaltung Ulm
HfG-Stadtarchiv Ulm
Bauhaus Archiv Berlin
Neue Sammlung München
Museum of Modern Art New York

Neben den anfangs genannten Sponsoren möchten wir danken:
BASF
Erco
Helit
Lufthansa
Pfaff
Rosenthal
Wilkhahn

Mit Rat standen uns zur Seite:
Richard Bachinger
Max Bill
Bernhard E. Bürdek
François Burkhardt
Nicholas Chaparos
Michael Conrad
Kai Ehlert
Klaus Erler
Bernd Franck
Klaus Franck
Fred Hochstrasser
Günther Hörmann
Gert Kalow
Herbert Kapitzki
Hans von Klier
Karl-Heinz Krug
Stefan Lengyel
Tomás Maldonado
Almir Mavignier
Bernd Meurer
Shutaro Mukai
Gerda Müller-Krauspe
Sudhakar Nadkarni
Herbert Ohl
Sisi von Schweinitz
Cornelia Vargas
Dr. Paolo Viti
C.W. Voltz
Dr. Hans Wichmann
Dr. Renzo Zorzi

Prof. Herbert Lindinger,
geb. 1933, 1962–68 Dozent der HfG Ulm.
Ab 1971 o. Prof. Institut für Industrial Design
(IID) der Universität Hannover

Prof. Egon Chemaitis,
geb. 1944, Studium an der HdK Berlin.
1983–86 wissenschaftlicher Mitarbeiter am IID der
Universität Hannover,
seit 1986 Prof. an der HdK Berlin

Dr. Michael Erlhoff,
geb. 1946, Studium Deutsche Literaturwissenschaft,
Soziologie und Kunstgeschichte.
Autor etlicher Bücher, Radio-Essays und Texte,
verantwortlich für einige Ausstellungen und für
die Design-Abteilung der documenta 8, gegenwärtig
Fachlicher Leiter des Rats für Formgebung

Sibille Riemann,
geb. 1956, Studium an der HdK Berlin.
Mitglied der Arbeitsgruppe HfG-Synopse,
seit 1985 Mitarbeiterin am IID der
Universität Hannover

Helmut Staubach,
geb. 1949, Studium Design in Schwäbisch Gmünd und
an der HbK Kassel.
1982–86 wissenschaftlicher Mitarbeiter am IID der
Universität Hannover,
seither freiberuflicher Designer